船舶計算

大韓造船學會 編

東 明 社

머 리 말

이 책은 선박의 설계, 건조 및 운용과 관련된 기본 계산법에 관한 사항을 소개하고 있다. 주된 내용은 계산법의 기초, 배수량 등곡선도 계산, 복원성 계산, 톤수계산, 만재흘수선 계산, 진수계산 등이다. 따라서 이 책은 대학의 교재로 사용할 수 있을 뿐만 아니라 산업현장에서도 활용도가 높을 것으로 기대한다.

이 책은 대한조선학회의 도서편찬위원회가 주관하여 편찬하였다. 지금으로부터 17여년 전 1982년 1월 대한조선학회가 '선박계산'을 처음으로 편찬한 바 있었다. 이제 다시 '선박계산'을 편찬하면서 관련규정 및 조선현장의 변화성을 반영토록 노력하였다.

예를 들면 여객선 경우도 MSC의 손상 복원력 기준이 가침길이 계산의 필요성을 약화시켰으므로, 가침길이 계산과 관련된 내용을 대폭 축소시켰다. 또한, 현장의 case study 예를 PC 프로그램 리스트와 함께 부록으로 소개하였다. 아울러 산업현장의 감각이 좀 더 효과적으로 반영될 수 있도록 하기 위하여 각 장의 집필은 학교와 산업체 소속위원이 한 팀이 되어서 수행하였다.

이 책에 사용한 우리말 용어는 1997년 9월 대한조선학회가 편찬한 「조선용어사전」의 내용과 같게 하였다.

하지만 1997년 4월 이 책의 초판발행 때 대학의 개강일자에 맞추려고 너무 급하게 출판하면서 원고상의 오류 및 오타가 많았음을 사죄드린다. 이제 제 2 판을 내면서 이들을 수정토록 노력하였다. 그러나 아직도 내용상의 미흡한 점이 상당히 있을 것으로 사료된다. 이 책을 사랑하시는 마음에서 앞으로도 오류를 발견하시면 이 책의 편집위원장(권영중, 전화 : (052) 259-2153, FAX : (052) 259-2836 또는 E-mail : yjkwon@mail.ulsan.ac.kr)에게 연락주시면 감사하겠다. 앞으로 계속해서 수정 보완토록 노력하겠다.

집필과 편집을 하여 주신 여러 위원들께 심심한 감사의 말씀을 드린다. 또한 원고정리를 도와 준 이정준군과 손관용군의 노고에도 특별한 감사를 표한다. 아울러 이 책의 출판을 맡아 주신 동명사에 경의의 말씀을 드린다.

1999. 8. 25.

大韓造船學會 圖書編纂委員長 權 寧 中

◈ **編輯委員會**

○ 委員長 : 權 寧 中 (蔚山大學校 教授)

○ 幹　事 : 李 昌 億 (蔚山科學大學 教授)

○ 委　員 (성명 가나다 順) :

具 鐘 道 (海軍士官學校 教授)

金 受 映 (釜山大學校 教授)

李 奎 列 (執筆當時 KRISO部長, 現在 서울大學校 教授)

李 起 杓 (서울大學校 教授)

李 昊 誠 (執筆當時 漢拏重工業株式會社 船舶海洋研究所長)

◈ **執筆委員會(*표는 章別 집필책임위원임)**

• 제 1 장 : 李 起 杓* (서울大學校 教授)

李 奎 列 (執筆當時 KRISO部長, 現在 서울大學校 教授)

• 제 2 장 : 具 鐘 道* (海軍士官學校 教授)

朴 濟 雄 (朝鮮大學校 教授)

• 제 3 장 : 李 昌 億* (蔚山科學大學 教授)

李 世 赫 (現代重工業株式會社 專務理事)

• 제 4 장 : 金 受 映* (釜山大學校 教授)

李 永 吉* (仁荷大學校 教授)

印 應 植 (大宇重工業株式會社 專務理事)

李 起 浩 (三星重工業株式會社 常務理事)

• 제 5 장 : 柳 在 文* (忠南大學校 教授)

張 乃 燦 (韓國船級 팀장)

• 제 6 장 : 朴 命 圭* (韓國海洋大學校 教授)

張 乃 燦 (韓國船級 팀장)

• 제 7 장 : 金 東 俊* (釜慶大學校 教授)

朴 圭 源 (韓進重工業株式會社 常務理事)

• 부　록 : 李 昊 誠* (執筆當時 漢拏重工業株式會社 船舶海洋研究所長)

차　　례

제 5 장 만재흘수선 계산 157

제 6 장 선박의 적량측정 195

제 7 장 진 수 계 산 233

제 **1** 장

기 본 계 산

선박은 주선체와 상부 구조물(superstructure)로 크게 나누어서 생각할 수 있다.

주선체(main hull)에는 타(rudder), 추진기(propeller)와 같은 부가물(appendage)이 부착되어 있다. 조선공학자에게는 물과 접하고 있는 주선체의 표면, 즉 배수표면(displacement surface)이 매우 중요한 의미를 갖는다. 반면에 선박의 건조자에게는 늑골(frame)의 외각선에 의해 나타나는 매끄러운 표면, 즉 형표면(molded surface)이 더 의미를 갖는다. 형표면은 배수표면과 외판(hull plating)의 두께만큼 차이가 나게 된다(그림 1·1).

이 장에서는 부가물이 없는 알몸 선체(bare hull)의 형표면을 대상으로 선박계산에 관련된 기본용어의 정의, 선형의 기하학적 특성과 표현방법을 설명하고, 선형의 특성을 파악하기 위해 2차원, 그리고 3차원 도형에서 구해야 되는 계산의 종류 및 그 계산법을 설명한다.

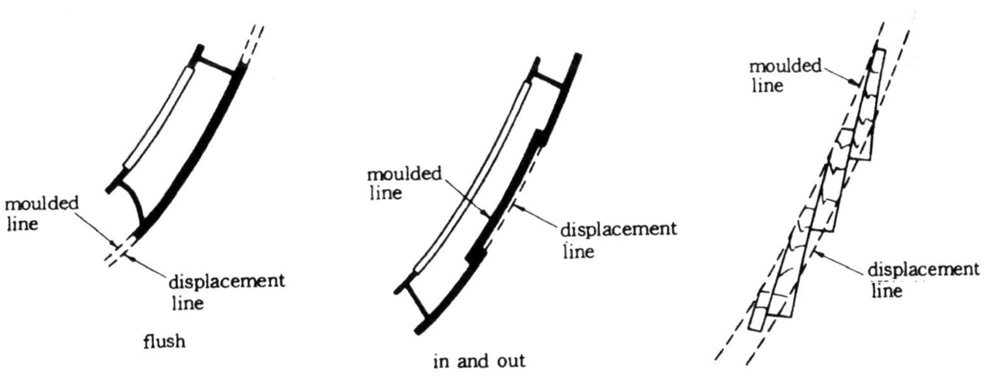

그림 1·1 배수선(displacement line)과 형선(molded line)

1.1 용어의 정의

1.1.1 참 고 면

선체는 선박에서 물과 접하고 있는 부분이며, 3차원 곡면으로 되어 있으므로 선체의 형상

(선형)을 2차원 평면 위에 투영시키기 위해 서로 수직인 3개의 참고면(reference plane)을 설정하고 있다. 대부분 선박의 선체는 좌우대칭이며, 대칭의 중심면인 중심선면(center line plane)을 참고면으로 택하고 있다. 그리고 이 면 위에 나타난 선체의 형상을 측면도(sheer plan, profile)라고 한다. 두 번째 참고면인 설계 수선면(design water plane)은 중심선면에 수직이고 물표면과는 평행인 면이다. 보통의 경우 설계 수선면은 용골선(keel line)과 평행이지만 그렇지 않은 경우도 있다. 중심선면과 설계 수선면 모두에 수직인 평면을 세 번째 참고면으로 택하고 있으며, 이 평면을 횡단면(transverse plane)이라고 한다. 중심선면과 수직이고 설계 수선면에 평행인 평면을 수선면(water plane), 그리고 중심선면에 평행이고 수선면에 수직인 평면을 종단면(buttock plane)이라고 한다.

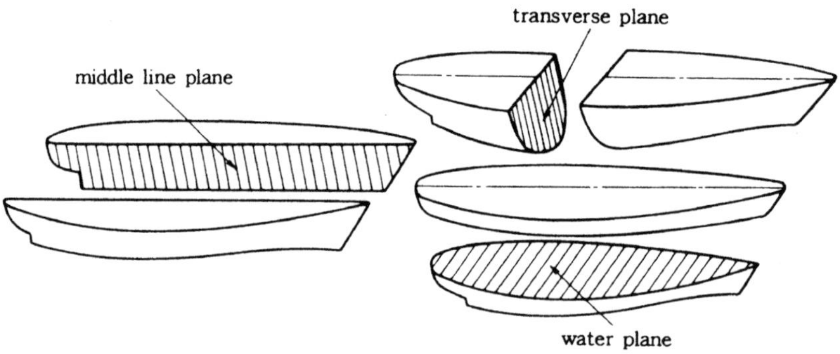

그림 1·2 참 고 면

1.1.2 선도와 오프셋

곡면으로 이루어진 3차원 선체는 그림 1·2에서와 같이 3개의 참고면과 평행하게 잘려진 단면들을 투영하여 2차원 평면 위에 나타내고 있다. 선박의 길이방향으로 여러 곳에서의 횡단면 모양들을 투영해서 그린 그림이 정면도(body plan)이다. 정면도에는 횡단면의 참모양이, 그리고 수선면과 종단면은 직선으로 보인다. 직선으로 나타난 수선면과 종단면을 각각 수선(waterline), 그리고 종단선 또는 버톡라인(buttock line)이라고 한다. 횡단면들이 좌우대칭인 관계로 반쪽 단면들만을 그리며, 또 관습상 선박의 앞부분을 오른쪽에, 뒷부분을 왼쪽에 배치한다. 선박의 높이방향으로 여러 곳에서의 수선면 모양을 투영해서 그린 그림이 반폭도(half breadth plan)이다. 반폭도에는 수선면의 참모양이, 종단면과 횡단면은 직선으로 보인다. 직선으로 나타난 횡단면을 종선(ordinate) 또는 스테이션(station)이라고 한다. 수선면들도 좌우대칭이므로 반쪽면만 그린다. 그리고 폭방향으로 여러 곳에서 종단면 모양을 그린 그림이 측면도이다. 그림 1·3에서와 같이 측면도, 반폭도 그리고 정면도를 한 도면 위에 그린 그림을 선도(lines)라고 한다. 선도를 작성할 때는 3개의 참고면들에 평행하게, 즉 선박의 길이, 폭 그리고 높이의 모든 방향으로 등간격으로 자르는 것이 편리하므로, 높이와 폭방향은 1 m 간격으로 그리고, 길이방향은 선수와 선미에 기준이 되는 수선을 세운 후 그

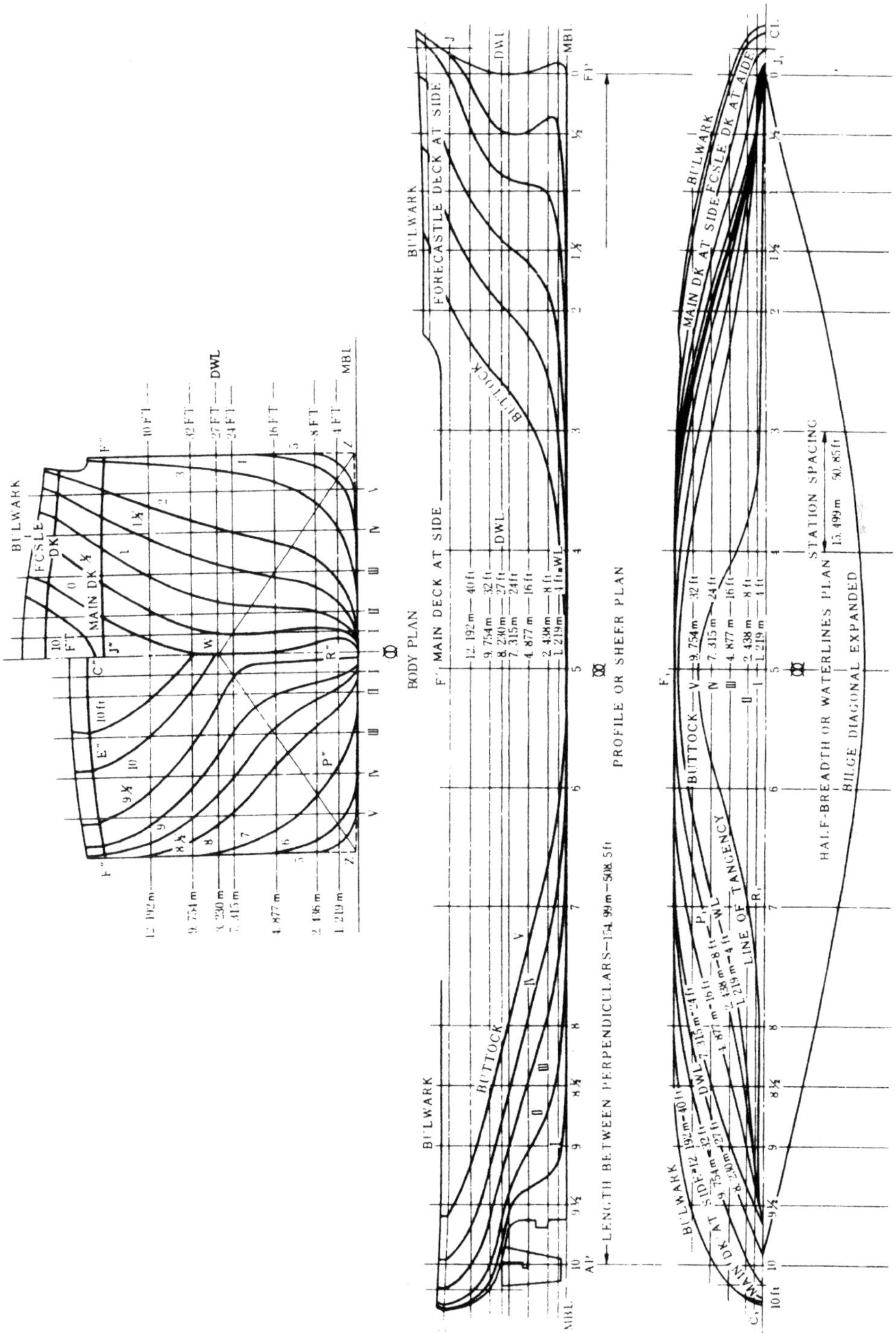

그림 1·3 선도(lines)

표 1·1 오프셋표(table of offsets)

station	half breadths(m) half siding	bottom tangent	4 ft WL 1.219 m	8 ft WL 2.438 m	16 ft WL 4.877 m	24 ft WL 7.315 m	27 ft WL 8.230 m	32 ft WL 9.754 m	station
0 FP	0	—	0.759	0.581	0.108	—	—	0.133	0, FP
½	0.394	—	1.308	1.432	1.270	1.172	1.245	1.613	½
1	0.483	—	1.968	2.438	2.730	2.962	3.140	3.610	1
1½	0.571	—	2.978	3.848	4.626	5.102	5.359	5.886	1½
2	0.660	—	4.324	5.534	6.575	7.315	7.597	8.093	2
3	0.660	0.860	7.509	8.909	10.173	10.792	10.956	11.195	3
4	0.660	3.832	10.293	11.208	11.830	11.986	12.007	12.033	4
5	0.660	9.144	11.417	11.916	12.039	12.039	12.039	12.039	5
6	0.660	6.268	10.344	11.338	11.983	12.039	12.039	12.039	6
7	0.660	2.324	6.833	8.490	10.627	11.703	11.899	12.033	7
8	0.660	0.679	3.314	4.423	6.788	9.458	10.271	11.246	8
8½	0.660	0.660	2.207	2.896	4.518	7.306	8.417	9.976	8½
9	0.660	—	1.445	1.778	2.508	4.677	5.962	7.973	9
9½	0.432	—	0.549	0.568	0.600	1.553	3.057	5.410	9½
10, AP	—	—	—	—	—	—	—	2.130	10, AP
10 ft aft(3.048 m)	—	—	—	—	—	—	—	—	10 ft aft(3.048 m)

station	half breadths(m) 40 ft WL 12.192 m	main deck	Foc'sle deck	buttock heights(m) I 4 ft 1.219 m	II 8 ft 2.438 m	III 16 ft 4.877 m	IV 24 ft 7.315 m	V 32 ft 9.754 m	station
0, FP	0.879	2.337	4.477	12.872	14.967	—	—	—	0, FP
½	2.775	4.483	6.674	0.911	11.586	15.335	—	—	½
1	4.823	6.518	8.477	0.378	2.438	12.284	15.888	—	1
1½	6.988	8.404	9.934	0.178	0.787	6.401	12.808	17.066	1½
2	8.979	9.966	11.011	0.083	0.368	1.654	7.315	14.167	2
3	11.484	11.716	11.944	0.019	0.089	0.359	1.111	3.810	3
4	12.039	12.039	—	0.016	0.048	0.117	0.251	0.851	4
5	12.039	12.039	—	0.016	0.048	0.111	0.178	0.279	5
6	12.039	12.039	—	0.016	0.048	0.111	0.213	0.835	6
7	12.039	12.039	—	0.016	0.048	0.394	1.524	3.708	7
8	11.932	12.039	—	0.044	0.517	2.953	5.347	7.630	8
8½	11.389	11.890	—	0.175	1.600	5.264	7.325	9.503	8½
9	10.252	11.370	—	0.676	4.712	7.461	9.223	11.510	9
9½	8.236	10.001	—	7.074	7.852	9.389	11.271	14.478	9½
10, AP	4.861	6.826	—	9.093	9.989	12.211	—	—	10, AP
10 ft aft(3.048 m)	2.658	4.553	—	10.598	11.919	—	—	—	10 ft aft(3.048 m)

사이를 등간격으로 자르고 있다.

보통의 경우 선수와 선미에 세운 수선 사이의 길이를 20등분하고 있으며, 이 때는 선미수선과 선수수선을 포함한 21개의 등간격으로 배치된 스테이션이 얻어진다. 반폭도에서 중심선면으로부터 종선을 따라 잰 수선면의 반폭을 오프셋(offset)이라고 하고, 이 값은 정면도에서도 얻을 수 있다. 모든 수선면과 모든 스테이션에서 얻어진 오프셋들을 표로 정리한 것이 표 1·1의 오프셋표(table of offsets)이다. 오프셋표는 선체의 형상을 숫자로 나타낸 표이고, 이 표를 사용하여 선도가 작성된다.

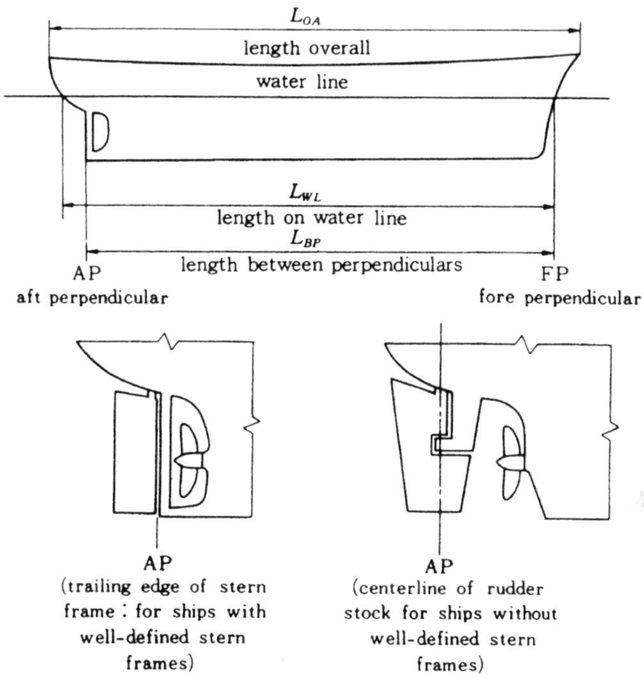

그림 1·4 선체 길이

1.1.3 주요치수

선수재(stem)의 앞쪽선과 계획만재흘수선(designed load water line)과의 교점이 선수부에서의 기준점이 되고, 이 교점을 지나 수선에 수직인 직선을 선수수선(Forward Perpendicular, FP)이라고 한다. 선미부에서는 타두재(rudder stock)의 중심선 또는 타두재가 없는 선박에서는 타주재(rudder post)의 뒤쪽 선과 설계수선과의 교점을 기준으로 삼으며, 이 점을 지나고 수선에 수직인 직선을 선미수선(After Perpendicular, AP)이라고 한다. 이 두 수선 사이의 수평거리가 수선간 길이(length between perpendiculars, L_{BP} 또는 L_{PP})이다. 선박의 길이는 이것 이외에도 전장(length overall, L_{OA}) 또는 수선길이(length on water-line, L_{WL}) 등으로 나타낸다. 그러나 선박 계산법에서는 수선간 길이(L_{PP})가 선박 길이의 기준이다.

수선간 길이의 중앙에서의 횡단면을 선체 중앙부(amidship 또는 midship)라고 하며, 기호 ⨂을 사용하여 이 위치를 나타낸다. 이 횡단면 위에 나타난 선체의 단면모양을 중앙 횡단면(midship section)이라고 한다(그림 1·5). 모든 배에서 중앙 횡단면이 최대면적을 갖지는 않는다. 그러나 화물선, 대형 유조선 등에서는 중앙 횡단면이 최대면적을 가지며, 또 중앙 횡단면의 형상이 상당한 거리에 걸쳐서 유지되고 있다. 이와 같이 중앙 횡단면이 일정하게 유지되는 부분을 선체중앙 평행부(parallel middle body)라고 한다.

형흘수(molded draft, d_{mld})는 횡단면에서 용골(keel)의 상면으로부터 계획만재흘수선까지의 수직거리이다. 특별한 언급이 없는 한 이 값은 중앙 횡단면에서의 값이며, 트림(trim)이 진 선박에서는 선수흘수와 선미흘수의 평균값이다. 횡단면에서 용골의 상면으로부터 현측의 갑판보(deck beam) 상면까지의 수직거리를 형깊이(molded depth, D_{mld})라고 한다.

형폭(molded breadth, B_{mld})은 늑골선(frame line)에서 좌우 현측 사이의 최대수평 거리이며 반드시 선체 중앙면에서의 값일 필요는 없다.

설계수선으로부터 갑판재(deck plating)의 상면까지의 거리를 건현(freeboard)이라고 하며, 건현은 선박의 예비 복원력과 관계가 깊다.

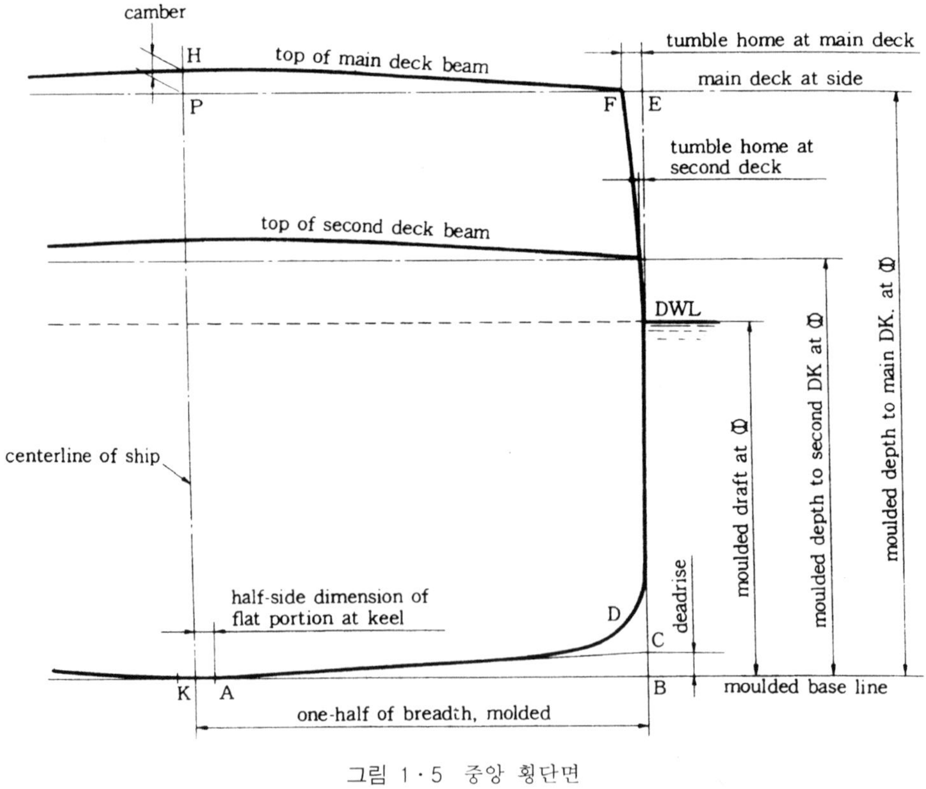

그림 1·5 중앙 횡단면

1.1.4 기하학적 특성

선박의 중앙 횡단면(그림 1·5)에서 볼 수 있는 선형의 특징으로 선저 기울기(rise of floor 또는 deadrise), 텀블홈(tumble home), 플래어(flare) 그리고 캠버(camber) 등이 있다. 선저 기울기는 선체 중앙단면의 용골 또는 그 근처에서 선저를 나타내는 곡선에 접선을 그어 이 접선이 최대폭과 접하는 수직선과의 교점으로부터 용골상면 사이의 거리이다. 텀블홈은 늑골의 현측 선이 갑판쪽으로 올라감에 따라 배의 안쪽으로 휘어진 상태를 말하며, 이와는 반대로 바깥쪽으로 휘어진 상태를 플래어라고 한다.

또, 갑판선은 선박의 중심선에서 현측으로 갈수록 아래로 휘어진 포물선 모양을 하고 있다. 갑판선이 양쪽 현측의 늑골선과 만나는 점을 연결한 직선으로부터 선박 중심선에서 잰 갑판선과의 수직거리를 캠버라고 한다.

선체의 측면도(그림 1·6)에서 볼 수 있는 기하학적 특징으로 시어(sheer)와 레이크(rake)가 있다. 시어는 길이방향 갑판선이 선수부와 선미부로 가면서 휘어져 올라가는 것을 말한다. 또, 레이크는 연돌(funnel), 마스트(mast) 그리고 선수부 윤곽선처럼 수직선(vertical)으로부터 벗어난 것을 말한다.

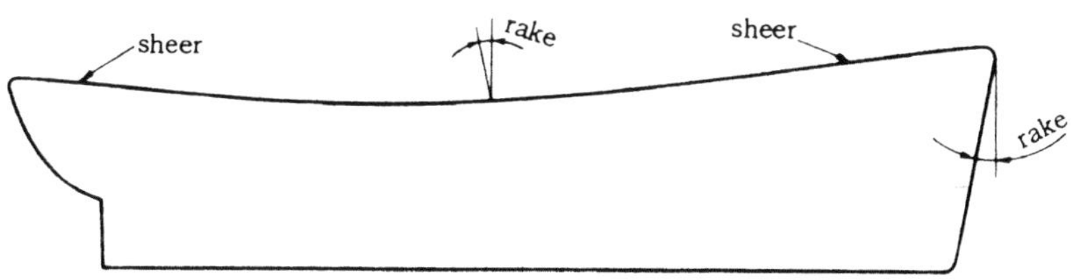

그림 1·6 측 면 도

1.2 선형의 표현

선체형상(이하 선형이라 한다)은 선박의 설계 및 생산이 진행됨에 따라 점차 상세하게 정의된다. 최근에는 컴퓨터의 발달로 최소한의 데이터를 입력하여 선형을 수학적으로 표현한 후, 임의의 원하는 선형상의 위치에서 선박계산에 필요한 늑골선(frame line), 수선(waterline), 종단면선(buttock line) 등의 곡선(curve)정보와 생산에 필요한 곡면(surface)정보를 보간(interpolation)해서 얻어 내고 있다.

선박계산의 일반적 과정은 선형을 표현하는 경계곡선으로부터 횡단면 형상과 수선면 형상을 보간법을 이용하여 먼저 구해 놓는다. 그런 다음 횡단면 형상으로부터 적분하여 횡단면 면적을 구하고, 이를 길이 방향으로 적분하여 배수량, 용적, 중심 등을 계산하고, 또한 수선면 형상으로부터 수선면적 및 중심을 계산한다. 이들을 토대로 유체 정역학적 특성값과 트림 및 복원성능을 계산할 수 있다. 따라서 선박계산 수행을 위해서 먼저 선형이 표현되어야 한다. 이를 위해서 선형의 테두리를 경계짓는 선체 중심선(center line), 갑판 현측선(deck side line), 선저접선(bottom tangent line 또는 bottom flat line), 선측접선(side tangent line 또는 side flat line), 꺾인 선(knuckle line), 수선 및 중앙 횡단면선(midship section) 등을 경계곡선식으로 표현하여 선형을 수학적으로 표현한 후, 실제 선박계산에 이용되는 늑골선을 만든다. 일반적으로 수학적으로 경계곡선을 표현하기 위해서는 공간상의 점들을 입력한 후, 이들을 포물선(parabolic curve) 또는 3차 스플라인(cubic spline)으로 보간(inter-polation)한다. 그림 1·7에는 선형을 이루는 주요 경계곡선이 나타나 있다.

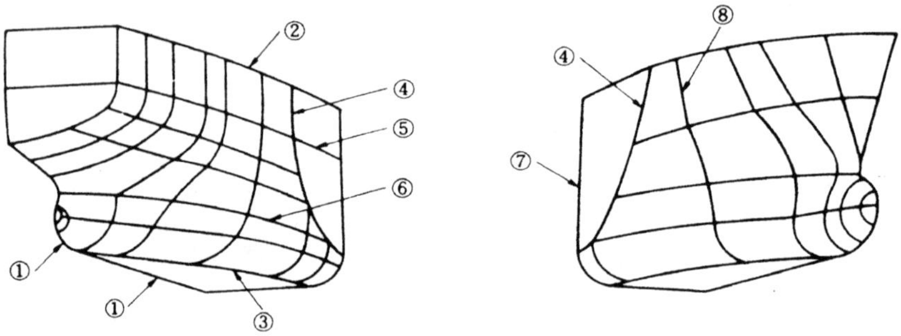

그림 1·7 선형을 구성하는 주요 경계곡선, ① 선체 중심선(center line), ② 갑판 현측선(deck side line), ③ 선저접선(bottom tangent line 또는 bottom flat line), ④선측접선(side tangent line 또는 side flat line), ⑤ 꺾인 선(knuckle line), ⑥ 수선(waterline), ⑦ 중앙 횡단면선(midship section), ⑧ 늑골선(frame line)

1.2.1 좌 표 계

선형을 표현하기 위한 일반 좌표계가 그림 1·8에 나타나 있다. y축은 선박의 폭방향을, z축은 선박의 높이방향을, x축은 선박의 길이방향을 나타낸다. yz단면은 횡단면을, xy단면은 수선면을, xz단면은 종단면(center line, buttock line이 표시됨)을 나타낸다. 선박계산을 수행하기 위한 선형의 용적 등 기하학적인 수치계산은 yz단면에 표시되는 임의의 늑골선

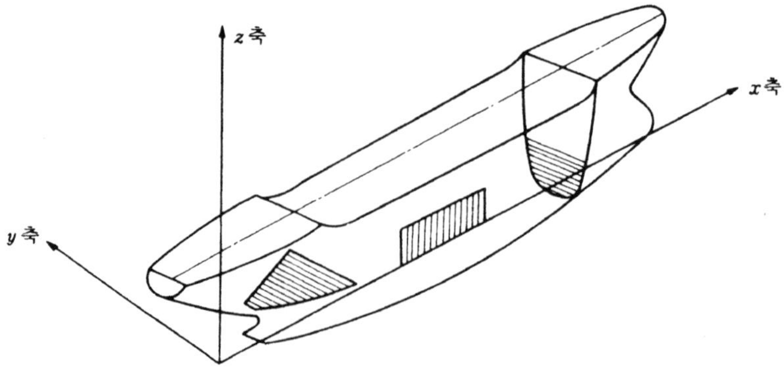

그림 1·8 선형 표현 좌표계

(또는 횡단면선)을 기초로 하여 x축 방향으로 적분하면 구할 수 있다. 따라서 x축상의 임의의 횡단면 형상을 표현하기 위하여 먼저 경계곡선들인 선체 중심선, 갑판 현측선, 선저접선, 선측접선, 꺾인 선, 수선 및 중앙 횡단면선 등을 입력하여야 한다. 이들 곡선중 xz단면에 나타나는 선체 중심선과 xy단면에 나타나는 수선 및 yz단면에 나타나는 늑골선은 2차원 평면곡선이며, 갑판 현측선, 선저접선, 선측접선, 꺾인 선은 3차원 공간곡선이다. 이들 공간곡선을 간단히 처리하기 위하여 xy단면과 xz단면에 각각 투영하여 나타나는 2개의 2차원 평면곡선 형태로 표현할 수 있다.

1.2.2 길이방향의 경계곡선을 기준으로 한 선형표현

선형은 데이터 입력방법에 따라 달라지는데, 여기서는 선박계산용 초기선형을 표현하는데 많이 사용되는 방법을 소개한다. 이 방법은 길이방향의 형상을 나타내는 선체 중심선, 선저접선, 중앙 횡단면선, 갑판 현측선, 갑판캠버, 선측접선, 수선 등의 데이터를 입력하여 선형을 수학적으로 표현한 후, 이들 정보로부터 임의의 길이방향에 위치하는 횡단면 형상을 포물선 또는 3차 스플라인으로 보간하여 늑골선을 구한다. 이를 'frame line building'(늑골선 표현 또는 늑골선 생성)이라고 한다.

다음에는 이들 곡선들의 표현방법 및 늑골선을 만드는 과정에 대해서 설명한다.

[1] 측 면 도

측면도(sheer plan 또는 center line contour)는 3부분으로 구분되어 표현된다(그림 1·9). 표현하는 순서는 선미부터 선수방향, 즉 구역 1, 구역 2, 구역 3의 순서이며 구역 1 및 구역 3에서는 x, z좌표, 구역 2에서는 x, y좌표를 입력한다. 구역 1에서는 z좌표가 감소하는

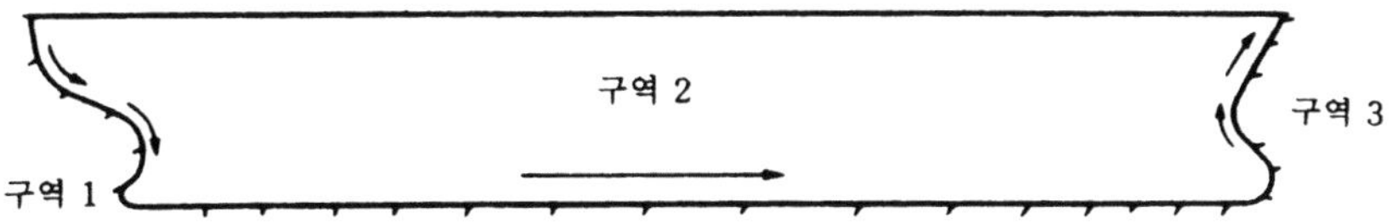

그림 1·9 측 면 도

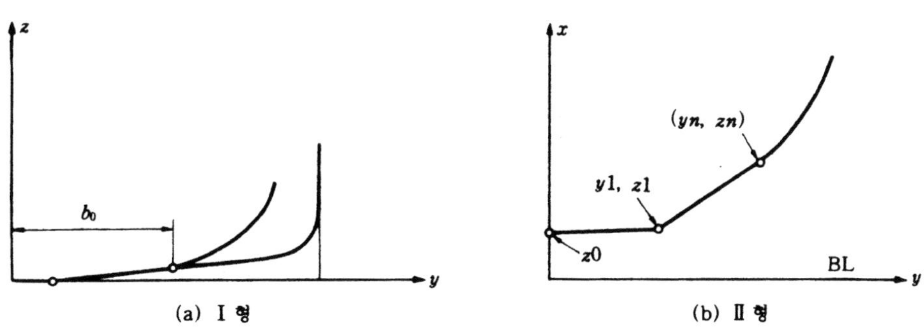

그림 1·10 횡단면 형태의 정의

방향, 구역 2에서는 x좌표가 증가하는 방향, 구역 3에서는 z좌표가 증가하는 방향으로 정의한다.

측면도 표현시 선저접선과 선저형상을 동시에 표현하기 위하여 각 구역의 횡단면 형태를 그림 1·10과 같이 구분하여 구역 1, 3에서는 II형, 구역 2에서는 I형으로 표현한다. II형의 경우, 선저형상을 다각형(polygon) 횡단면으로 표현할 수 있다. 입력정보는 높이 좌표 zo이며, 다각형으로 표현할 경우 zo, $y1$, $z1$, yn, zn을 입력한다.

I형인 경우, 선저부분이 기선(base line)과 일치한다. 따라서 선저접선을 표현할 수 있다. II형의 입력정보는 'b_0'(중심선으로부터 선저가 꺾이는 점까지의 수평거리)이다. 그림 1·11의 중앙 횡단면 형상(midship section)에서 표현된 용골판의 반폭(a), 배의 반폭(b) 및 선저 기울기(rise of floor : c)를 이용하여 선저가 꺾이는 점의 높이를 구할 수 있다. 측면도 표현에서 입력된 점들은 선형보간으로 직선으로 연결되고 흘수선 길이와 선수, 선미 횡단면 형상의 상·하한을 결정하는 데 사용된다(그림 1·11).

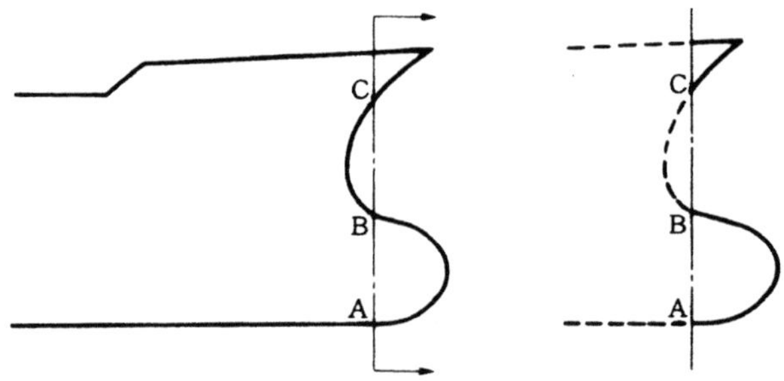

그림 1·11　선수·선미 횡단면 형상의 상·하한 결정

[2] 중앙 횡단면 형상

중앙 횡단면(midship section) 형상은 그림 1·12와 같이 표현한다.

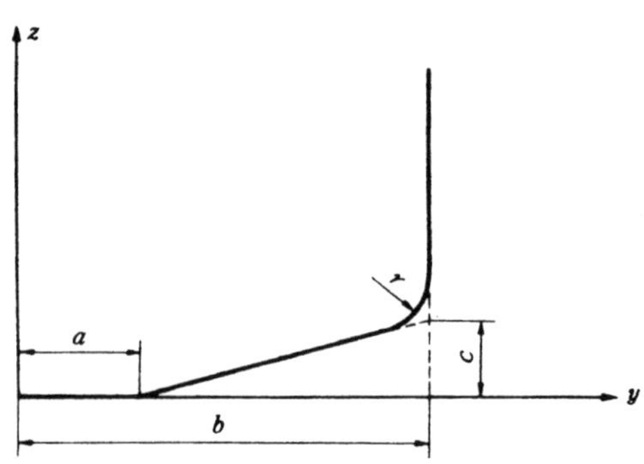

그림 1·12　중앙 횡단면 형상(midship section), a : 용골판의 반폭(half breadth of keel plate), b : 배의 반폭, c : 선저구배(rise of floor), r : 빌지 반지름(bilge radius)

[3] 갑판 현측선

갑판 현측선(deck side line)의 표현은 공간상의 점(x, y, z좌표)을 입력하고 이 점들을

3차 스플라인 곡선으로 보간(interpolation)한다. 갑판 현측선 정의시 갑판캠버의 번호를 같이 입력하고 실제 캠버형상 정보를 '갑판캠버 표현'으로부터 참조할 수 있다. 또한, 갑판 모서리 반지름(deck corner radius)을 입력하여 원호를 갖게 한다.

[4] 꺾인 선

일반적으로 선저접선 및 선측접선은 꺾인 선(knuckle line)으로 나타난다. 꺾인 선이 많은 선형으로는 고속 활주형선, 특수선, 어선, 바지선 등이 있다.

꺾인 선이 있는 경우의 늑골선 생성(frame line building)은 꺾인 점들 사이에 있는 구간들을 분리하여 보간한다. 그림 1·13에는 임의의 길이방향의 위치에서 횡단면과 꺾인 선들과 만나는 점 a, b, c, s와 3개의 갑판과 만나는 점 d1, d2, d가 나타나 있다. 꺾인 점 사이에 수선이 없을 경우에는 꺾인 점 사이는 직선으로 보간하고(그림 1·13에서 a-b, b-c), 꺾인 점 사이에 수선이 있을 경우에는 꺾인 점 사이는 곡선으로 보간한다(c-s).

갑판 현측선, 선저접선, 선측접선, 꺾인 선은 3차원 공간곡선이다. 이들 공간곡선을 간단히 처리하기 위하여 xy 단면과 xz 단면에 각각 투영하여(S-projection, T-projection) 나타나는 2개의 곡선을 2차원 평면곡선 형태로 표현할 수 있다(그림 1·14).

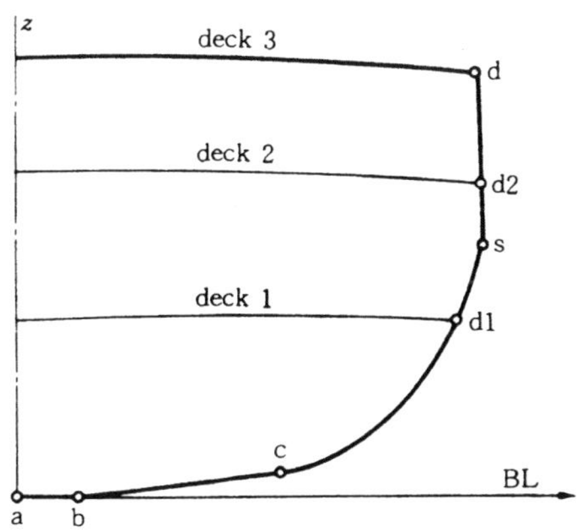

그림 1·13 꺾인 선 사이의 늑골선 정의

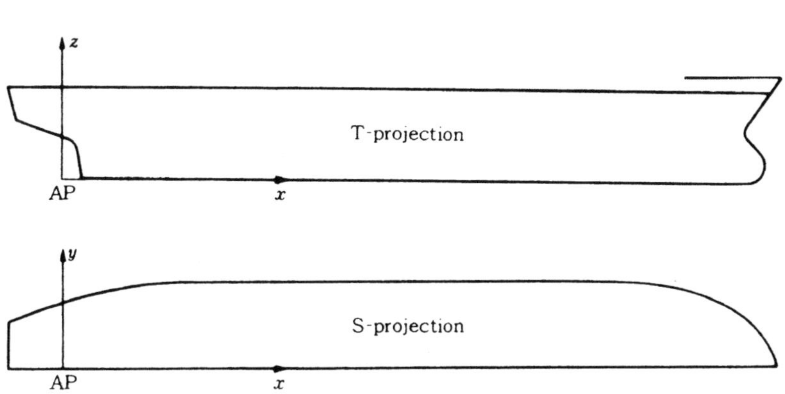

그림 1·14 3차원 공간곡선의 xy- 및 xz-단면 투영(S-Projection, T-Projection)

[5] 갑판캠버

갑판캠버(deck camber)는 직선으로 연결된 다각형(polygon) 또는 포물선(parabolic curve)으로 표현된다(그림 1·15). 다각형 캠버의 경우 점 A, B, C, D를 입력하고, 포물선 캠버인 경우 캠버의 높이 V_0를 주면 포물선으로 연결한다.

캠버와 캠버 사이는 길이방향으로 직선으로 보간하므로 보간 대상이 되는 두 캠버를 표현하는 점의 개수는 같아야 한다(그림 1·16).

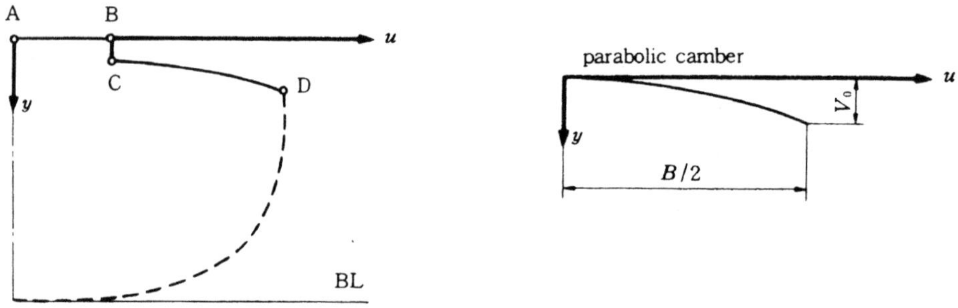

그림 1·15 갑판캠버 정의

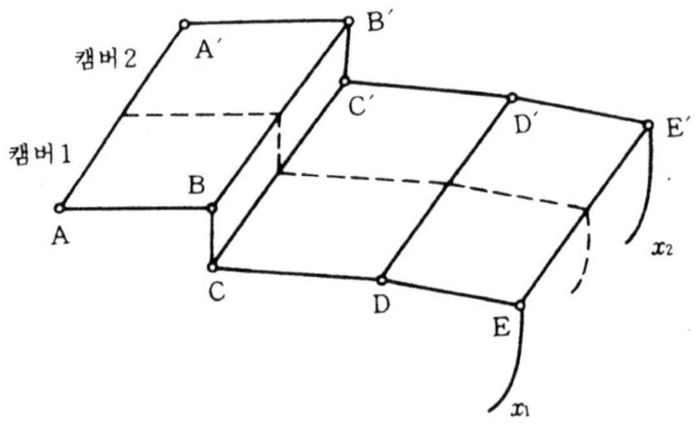

그림 1·16 갑판캠버 사이의 직선보간

[6] 수 선

일반적으로 오프셋에 표시되어 있는 점들을 입력한다. 즉, 수선(water line)별로 x좌표와 수선의 반폭을 선미로부터 선수쪽으로 입력한다. 이들 점들은 3차 스플라인 곡선으로 보간된다. 선박계산용으로는 40개의 x좌표 및 20개의 수선을 입력하면 충분하다.

1.2.3 늑골선 생성

늑골선 표현은 1.2.2절에서 입력된 선형정보로부터 임의의 길이방향, 즉 임의의 x좌표에 위치하는 늑골의 횡단면 형상의 좌표를 구하는 것을 말한다. 주어진 x좌표에서 기선(base line)으로부터 갑판까지의 횡단면 형상의 좌표를 구하는 과정은 다음과 같다(그림 1·17).

① 측면도의 점들을 직선으로 보간하여(linear interpolation) 점 a를 구한다. 이 때 점 a는 꺾인 점(knuckle point)으로 간주한다.

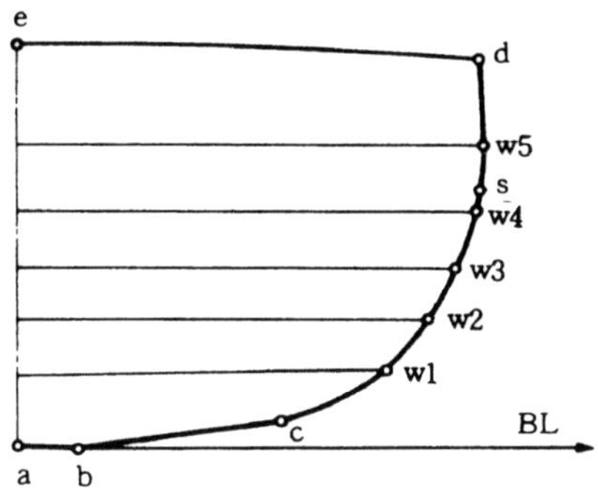

그림 1·17 늑골선 정의

② 갑판 현측선의 점들을 길이방향으로 3차 스플라인으로 보간한 후, 주어진 x좌표와 만나는 점 d를 구한다. 그리고 주어진 x좌표의 앞뒤에 있는 캠버 번호를 찾아낸다.

③ 선저접선 및 선저 횡단면 형상의 점들을 길이방향으로 3차 스플라인으로 보간한 후, 주어진 x좌표와 만나는 점 b와 c를 구한다.

④ 높이에 따른 각 수선의 점들을 길이방향으로 3차 스플라인으로 보간한 후, 주어진 x좌표와 만나는 점 w1~w5를 구하여 각 점을 그림 1·17과 같이 표시한다.

⑤ 꺾인 선이 있는 경우 꺾인 선들을 길이방향으로 3차 스플라인으로 보간한 후, 주어진 x좌표와 만나는 꺾인 점을 구한다. 위에서 구한 점 b와 c는 꺾인 점이다. 꺾인 점 사이에 수선이 없을 경우에는 꺾인 점 사이는 직선으로 보간한다(그림 1·17에서 a-b, b-c). 꺾인 점 사이에 수선이 있을 경우에는(w1~w5), 꺾인 점 사이를 하나의 독립된 구간으로 간주하고(c-s), 이 구간 내에 있는 점 c, w1, w2, w3, w4, s를 'parabolic blending'이라는 방법으로 연속되는 4점을 왼쪽, 오른쪽 각각 3점씩 취하여 만들어지는 2개의 포물선을 혼합한 3차 곡선으로 보간하면 구간 c-s 사이의 늑골선을 만들 수 있다. 구간 s-d 사이도 같은 방법으로 늑골선을 만든다.

⑥ 갑판 현측선과의 교점 d를 구할 때 찾아 낸 x좌표의 앞뒤에 있는 캠버번호를 이용하여 이 캠버 사이를 길이방향으로 직선으로 보간한 후 주어진 x좌표와 만나는 점 e를 구한다.

이와 같이 구해진 직선 a-b, b-c와 곡선 c-s, s-d, 직선 d-e는 x좌표에서의 하나의 횡단면 형상, 즉 하나의 늑골선을 구성하였다. 같은 방법으로 임의의 x좌표에서 늑골선을 구할 수 있다.

1.2.4 면적 및 용적계산

선박을 길이방향으로 몇 개의 구역으로 나누어 각 구역에서 횡단면 형상을 1.2.3의 늑골선 생성방법에 따라 구한다. 횡단면 형상으로부터 횡단면 면적 및 면적의 모멘트 등을 구하고 이 면적을 길이방향으로 적분하면 용적이 된다.

그림 1·18에는 선박이 5개의 구역으로 나누어져 있으며, 구역 4에서는 7개의 단면으로 나

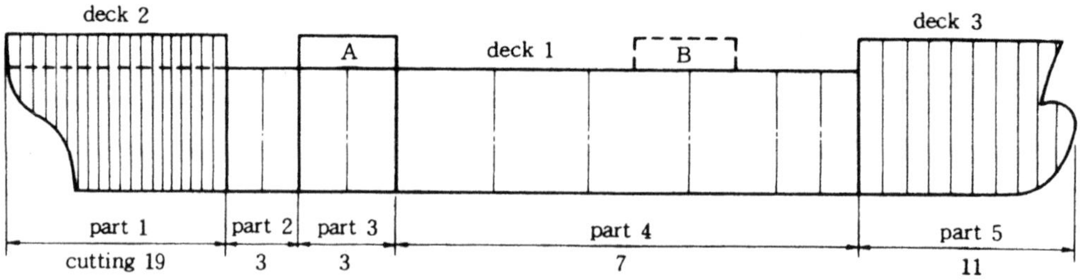

그림 1·18 면적 및 용적계산

눈 경우를 나타낸다. 위와 같이 각 구역의 개수, 구역 내의 횡단면 개수 및 갑판번호를 정의하고 각 횡단면의 x좌표에서 그 단면의 y, z좌표를 구할 수 있으며 임의의 흘수(draft)까지 면적을 계산하여 각 구역에서 길이방향으로 심프슨 공식(Simpson rule)을 이용하여 적분하면 그 흘수에서의 용적이 된다.

1.3 배수량과 중량

물 속에 일부분 또는 전체가 잠긴 물체의 정적인 거동을 결정하는 물리법칙이 아르키메데스(Archimedes)의 원리이다. 즉, 물체의 물 속에 잠긴 부분의 부피에 해당하는, 다시 말해서 물체가 밀어낸 물의 중량만큼 중력의 반대방향으로 부력을 받는다. 따라서, 정수 중에서 평형을 유지하고 있는 물체는 중력의 방향으로 작용하는 그 물체의 중량과 중력의 반대방향으로 작용하는 부력이 서로 크기가 같다. 물체의 물 속에 잠긴 부분의 용적을 배수용적(displacement volume)이라고 하며, 기호 ∇을 써서 표시한다. 물의 밀도(단위 용적당 질량)를 ρ, 중력가속도를 g, 비중량을 γ라고 하면 물체가 밀어낸 물의 중량, 즉 배수량(또는 배수중량) Δ는

$$\Delta = \rho g \nabla = \gamma \nabla \tag{1·1}$$

이 된다. 아르키메데스 원리에 의하여 이 배수량(displacement)은 선박의 중량(W)과 같다. inch-pound 단위계에서는 ∇의 단위로 ft^3을 사용하고, 청수(fresh water)와 해수(salt water)의 경우는 각각 $\rho g = 1/35.9$ longtons/ft^3 (62.4 lb/ft^3)과 $\rho g = 1/35.0$ longtons/ft^3 (64.0 lb/ft^3)이므로, 청수 또는 해수 중에서 배수량과 배수용적은 각각 $\Delta = \nabla / 35.9$ 또는 $\nabla / 35.0$ longtons (2240 lb/ton)의 관계가 있다.

SI(System International) 단위계에서는 힘의 단위로 newtons, ρ의 단위로 kg/m^3 또는 힘의 단위로 kilonewtons, ρ의 단위로 t/m^3이 사용된다. 청수의 ρg는 약 9.81 kN/m^3 ($\rho = 1.000$ t/m^3)이며 해수의 γ는 10.06 kN/m^3 ($\rho = 1.025$ t/m^3)이다. SI 단위계에서 힘의 단위가 아닌 질량의 단위로 표시된 배수량을 생각하면,

$$\Delta = \rho\nabla \qquad (1 \cdot 2)$$

이며, 이 때 Δ의 단위로 metric ton(1 t=1000 kilograms), ∇의 단위로 m^3이 사용되고, 청수의 경우 $\rho = 1.000\,t/m^3$, 해수의 경우 $\rho = 1.025\,t/m^3$이다. 이 때 ton을 관습적인 무게의 단위 'ton중'에서 '중(重)'이 생략된 것으로 보아서, SI 단위계의 $1.000\,t/m^3$ 및 $1.025\,t/m^3$을 비중량으로 간주해서 쓰기도 한다[부록 Ⅲ 참조].

1.4 선형계수

선형계수는 여러 선박들에 대한 선형, 배수량, 제원 등을 비교할 때 이용되며, 또 선박의 마력추정이나 선형, 수선면 그리고 횡단면 등의 비척도 등도 선형계수로부터 쉽게 파악할 수 있다.

1.4.1 방형계수

방형계수 또는 방형비척 계수(block coefficient, C_B)는 임의의 수선까지의 배수용적과 길이, 폭, 흘수를 세 변으로 하는 직육면체의 용적과의 비이다. 즉

$$C_B = \frac{\nabla}{L \cdot B \cdot d} \qquad (1 \cdot 3)$$

여기서 L은 길이로서 수선간 길이(L_{PP})가 주로 쓰이나, 수선 길이(L_{WL}), 또는 특정 기관에서 정한 특수한 길이 등이 쓰이기도 한다. B는 폭으로서 선체 중앙부의 형폭(B_{mld})이 사용되지만 이 폭 역시 정해진 수선 아래 부분의 최대형폭이 사용되기도 한다. C_B의 값은 대략 0.36부터 0.90까지 선종에 따라 변하며, 뚱뚱한 배일수록 큰 값을 갖는다.

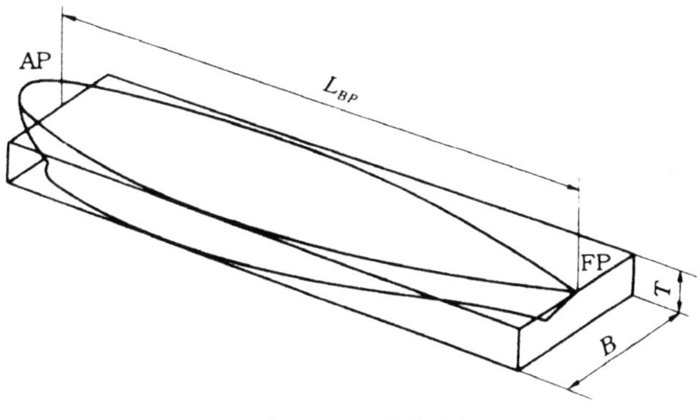

그림 1 · 19 방형계수

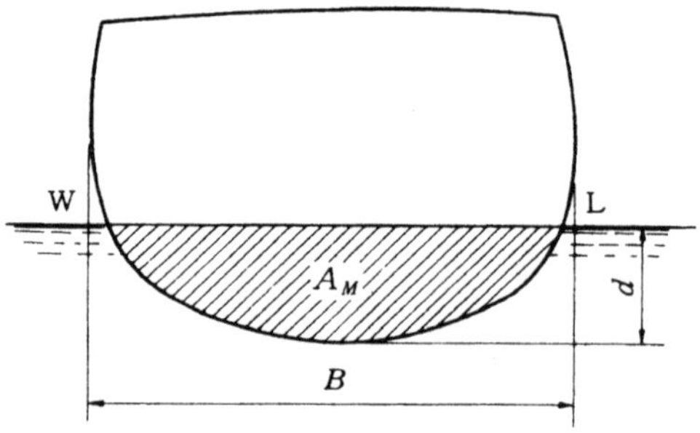

그림 1·20 중앙단면 계수

1.4.2 중앙단면 계수

중앙단면 계수(midship section coefficient, C_M 또는 $C_{⊗}$)는 간략하게 중앙부 계수(midship coefficient)라고도 불린다. 이 계수는 임의의 수선 아래 잠긴 중앙단면의 단면적과 형폭 그리고 형흘수를 두 변으로 하는 직사각형의 면적과의 비이다. 즉

$$C_M = \frac{A_M}{B \cdot d} \tag{1·4}$$

일반선박에서는 C_M의 값이 대략 0.75부터 0.995 사이의 값을 가지나, 슬랙 빌지(slack bilge)가 붙은 특수한 선형에 대해서는 0.62보다 작은 값을 가질 수도 있다.

1.4.3 수선면 계수

수선면 계수(waterplane coefficient, C_{WP} 또는 C_W)는 임의의 수선에서 수선면의 면적과 그 수선면을 내포하고 있는 직사각형의 면적과의 비이다. 즉

$$C_{WP} = \frac{A_W}{L_{BP} \cdot B} \tag{1·5}$$

설계수선에서의 이 값은 선박의 종류, 속력 등에 따라 변하나 대략 0.65에서 0.95 정도의 값을 갖고 있다.

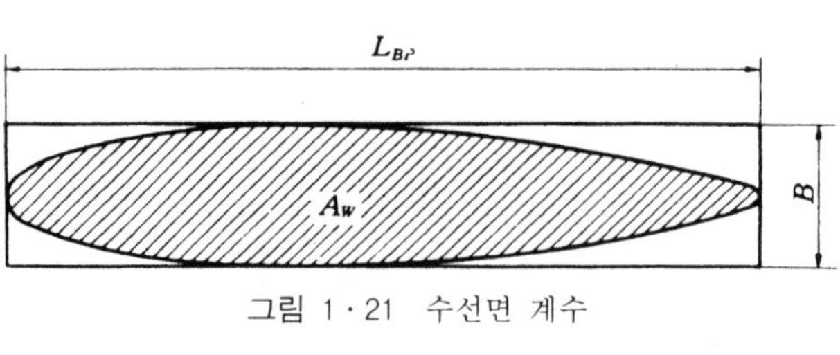

그림 1·21 수선면 계수

1.4.4 주형계수

주형계수(prismatic coefficient, C_P)는 종주형 계수 또는 주형비척 계수(longitudinal

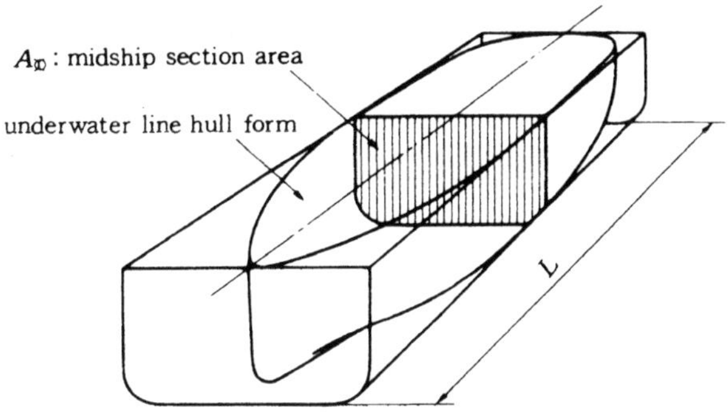

그림 1·22 주형계수

prismatic coefficient)라고도 하며, 임의의 수선까지의 배수용적(∇)과 중앙부 횡단면적을 횡단면으로 하고 길이가 L_{BP}인 주상체의 용적과의 비이다. 즉

$$C_P = \frac{\nabla}{A_M \cdot L_{BP}} = \frac{\nabla}{B \cdot d \cdot C_M \cdot L_{BP}} = \frac{C_B}{C_M} \qquad (1 \cdot 6)$$

이 계수는 선박의 길이방향으로의 부력의 분포를 나타내며, 선박의 속력과 동력을 추정할 때에 자주 쓰이는 계수이다. 주형계수는 대략 0.500에서 0.85 사이의 값을 갖으며, 날씬하고 빠른 선박은 작은 값을, 저속의 뚱뚱한 선박은 큰 값을 갖는다.

1.4.5 연직주형 계수

연직주형 계수 또는 연직주형 비척계수(vertical prismatic coefficient, C_{VP})는 임의의 수선까지의 배수용적(∇)과 이 수선에서의 수선면적을 횡단면으로, 이 수선까지의 흘수를 길이로 하는 주상체의 용적과의 비이다. 즉

$$C_{VP} = \frac{\nabla}{A_W \cdot d} = \frac{\nabla}{C_W \cdot L_{BP} \cdot B \cdot d} = \frac{C_B}{C_{WP}} \qquad (1 \cdot 7)$$

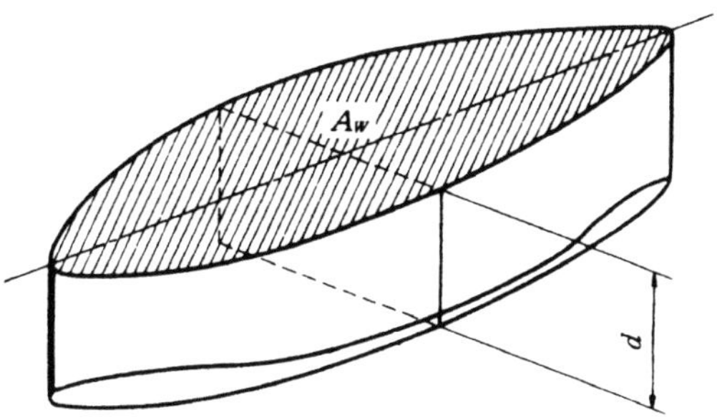

그림 1·23 연직주형 계수

1.4.6 용적계수

용적계수(volumetric coefficient, C_V)는 배수용적과 길이의 1/10의 세제곱과의 비이다. 즉

$$C_V = \frac{\nabla}{(L/10)^3} \tag{1·8}$$

전에는 배수량과 길이와의 관계를 나타내기 위해 무차원 계수가 아닌 $\Delta/(L/100)^3$이 자주 사용되었으며, 이 때에 배수량의 단위로는 longton을, 길이의 단위로는 ft를 사용하였다.

용적계수의 값이 작은 경우는 구축함 같이 길이가 길고 배수량이 적은 선박을 나타내며, 트로울러(trawler)와 같이 길이가 짧고 배수량이 큰 선박은 큰 값을 갖는다.

1.4.7 치수들의 비

물 속에 잠긴 선체의 형상, 즉 선형을 표시하는 3가지의 기본치수(길이, 폭, 흘수)는 서로의 비로 나타내기도 한다. 자주 쓰이는 치수들의 비와 그 값의 범위를 표시하면 아래와 같다.

길이-폭 비 $=L/B$; 3.5~10.0
길이-흘수 비$=L/d$; 10~30
폭-흘수 비 $=B/d$; 1.8~5.0

1.5 근사 적분법

1.5.1 선형의 특성

앞절까지 선형이 갖는 기하학적 특성들과 선형의 표현방법에 대해서 알아보았다. 이제부터는 이 도형들에 대하여 무엇이 선박계산에 필요하며, 또 어떻게 계산을 수행하는지를 알아보자.

[1] 평면도형

선도에서 수선면, 횡단면, 종단면 등이 대표적인 평면도형이다. 이들 2차원 평면도형에 대한 면적, 도심, 모멘트 그리고 2차 모멘트 등이 선형에 대한 특성값의 계산에 사용된다.

평면도형의 면적은 그림 1·24에서와 같이 직각 좌표계 O-xy를 사용하여 식으로 나타내면

$$A = \int y\,dx = \int x\,dy \tag{1·9}$$

이다. 즉, 면적은 길이가 y이고, 폭이 δx인 작은 띠를 x축 방향으로 적분하거나 또는 폭이 x이고 높이가 δy인 작은 띠를 y축 방향으로 적분하여 얻을 수 있다.

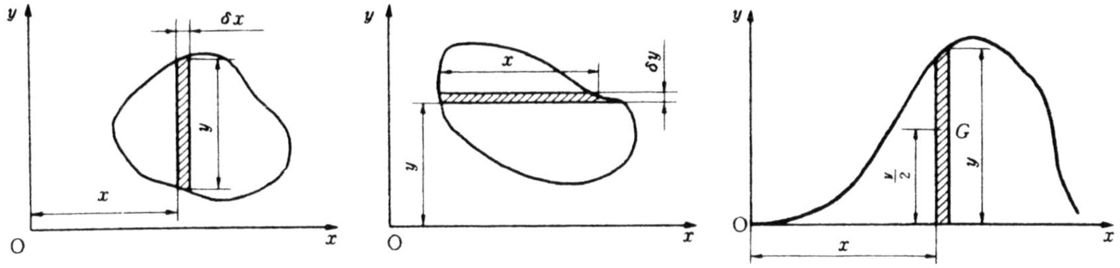

그림 1·24 도형의 면적

이 도형의 x축과 y축에 대한 모멘트를 각각 M_x, M_y라고 하면

$$\begin{aligned} M_y &= \int xy\,dx \\ M_x &= \int yx\,dy \end{aligned} \qquad (1 \cdot 10)$$

이다. 반쪽 수선면과 같이(그림 1·24(c)) 한쪽이 x축에 의해 닫혀진 도형에서 x축에 대한 모멘트 M_x는

$$M_x = \int \frac{1}{2} y^2 dx \qquad (1 \cdot 11)$$

이다.

y축과 x축에 관한 모멘트를 그 도형의 면적으로 나누면 x축 방향과 y축 방향으로의 도심 $G(\overline{x}, \overline{y})$이 얻어진다.

$$\begin{aligned} \overline{x} &= \frac{1}{A} \int xy\,dx \\ \overline{y} &= \frac{1}{A} \int yx\,dy \quad \text{또는} \quad \frac{1}{2A} \int y^2 dx \end{aligned} \qquad (1 \cdot 12)$$

그림 1·25에서의 수선면과 같이 좌우대칭인 도형에서는 $\overline{y} = 0$이다.

2차 모멘트(moment of inertia)는 모멘트의 모멘트이다. 수선면처럼 어느 한 축에 대해 대

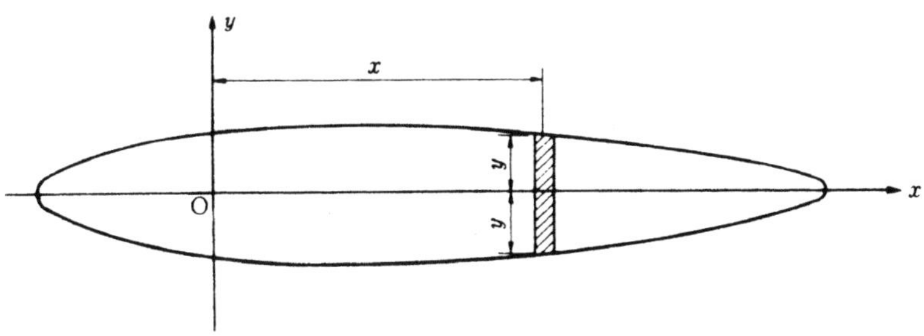

그림 1·25 수 선 면

칭인 단면은 반쪽 단면에 대한 면적의 2차 모멘트를 구하여 2배를 하면 된다. 반쪽 수선면의 x축에 대한 면적의 2차 모멘트, I_{xx} 또는 I_T(transverse moment of inertia)는

$$I_T = \frac{1}{3}\int y^3 dx \tag{1·13}$$

이며, y축에 대한 면적의 2차 모멘트, I_{yy} 또는 I_L(longitudinal moment of inertia)는

$$I_L = \int x^2 y dx \tag{1·14}$$

평행축 정리(parallel axis theorem)를 사용하면 2차 모멘트의 기준 축을 평행이동시킬 수 있다. 즉, 그림 1·26에서와 같이 R를 지나는 축에 관한 2차 모멘트 I_R와 이 축과 평행하면서 단면의 도심(G)을 지나는 축에 관한 2차 모멘트 I_Q 사이에는

$$I_R = I_Q + Ah^2 \tag{1·15}$$

의 관계가 있다.

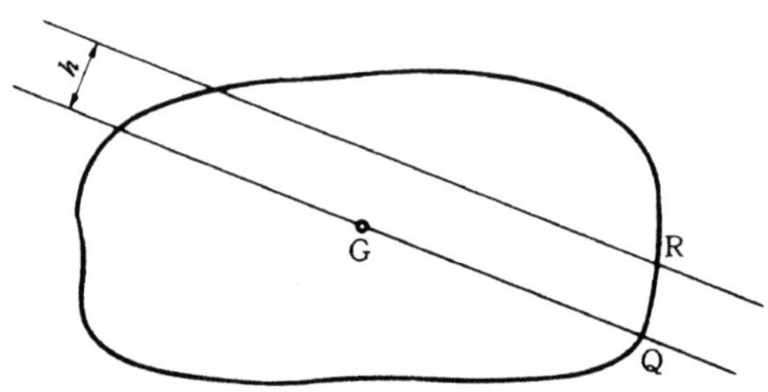

그림 1·26 평행축 정리

[2] 입체도형

3차원 도형인 선체를 3개의 참고면에 평행하게 자른 2차원 평면으로 나타내었다. 따라서 3차원 도형의 용적, 용적의 모멘트도 2차원 평면에 대해서 구한 면적을 사용하여 손쉽게 구할 수 있다. 그림 1·27에 횡단면적의 길이방향 분포곡선을 보여 주고 있다. 따라서 이 선

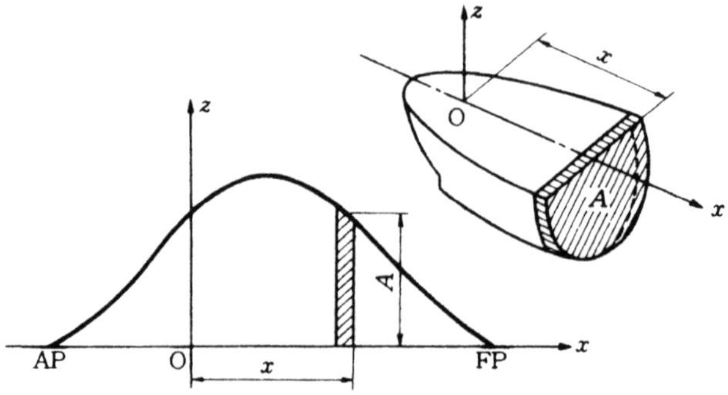

그림 1·27 횡단면적의 적분

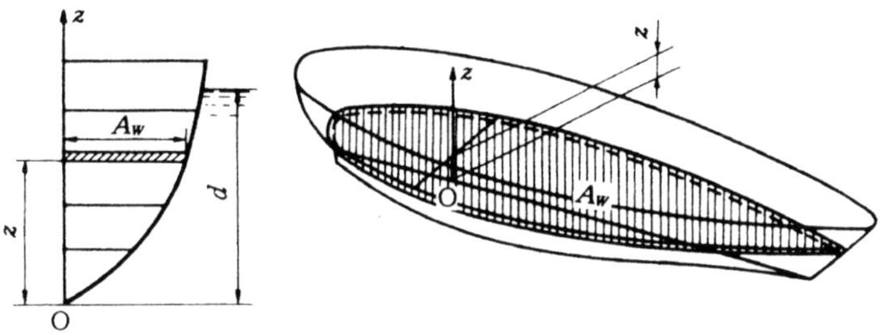

그림 1 · 28 수선면적의 적분

박의 배수용적은

$$\nabla = \int_{AP}^{FP} A\,dx \tag{1 · 16}$$

과 같이 횡단면적을 길이방향으로 적분하여 구할 수 있다. 또, 이 배수용적은 수선면적의 흘수방향 분포곡선을 사용하면 흘수 d까지 수선면적을 적분하여 다음과 같이 구할 수 있다(그림 1 · 28).

$$\nabla = \int_0^d A_w\,dz \tag{1 · 17}$$

z축에 대한 배수용적의 길이방향 모멘트 M_L(longitudinal moment)과 기선(base line)에 대한 높이방향 모멘트 M_V(vertical moment)는

$$\begin{aligned} M_L &= \int_{AP}^{FP} Ax\,dx \\ M_V &= \int_0^d A_w z\,dz \end{aligned} \tag{1 · 18}$$

이다. 이 용적의 모멘트들을 용적으로 나누면 길이방향 그리고 높이방향으로의 용적의 중심, 즉 부심을 구할 수 있으며, 선형이 좌우대칭이므로 중심선에 대한 폭방향 모멘트 M_T (transverse moment)는 0이다.

1.5.2 선박계산에 자주 사용되는 근사 적분법

앞절에서 평면도형과 입체도형에서 구해야 할 특성값들을 적분기호를 사용하여 간단하게 표시하였다. 선체의 횡단면, 수선면, 횡단면적 곡선 또는 수선면적 곡선을 함수식으로 표현한다는 것은 대단히 어려우므로, 근사 적분법을 사용하여 적분을 수행하고 있다. 근사적분을 위한 여러 방법이 있으나 여기서는 선박계산 때에 가장 많이 사용되는 방법들만을 소개한다.

[1] 사다리꼴 공식

이 법칙은 도형의 면적을 구하기 위해 사용되는 가장 간단한 방법 중의 하나이다. 그림

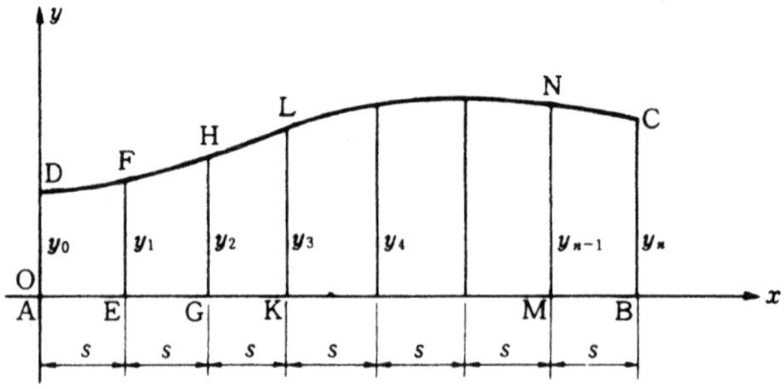

그림 1·29

1·29와 같이 주어진 곡선에 x축에 등간격으로 $n+1$개의 종선 y_0, y_1, … , y_n을 세운 후, 매 2종선 사이의 도형을 사다리꼴로 가정하여 면적을 구한다. 즉

$$\frac{1}{2}s(y_0+y_1)+\frac{1}{2}s(y_1+y_2)+\frac{1}{2}s(y_2+y_3)\ \cdots$$

와 같이 각 사다리꼴의 면적을 합하면, 도형의 면적 A가 아래와 같이 주어진다.

$$A=\frac{1}{2}s(y_0+2y_1+\cdots+2y_{n-1}+y_n) \qquad (1\cdot19)$$

이것을 사다리꼴 공식이라고 하고 종선의 수가 많으면 많을수록 더욱더 정확한 면적을 구할 수 있다.

이 도형의 y축에 대한 모멘트 M_y는 매 사다리꼴의 면적에 y축으로부터 도형중심까지의 거리를 곱한 후 합하면 되므로

$$M_y=s^2\left[\frac{1}{6}y_0+y_1+2y_2+\cdots+(n-1)y_{(n-1)}+\left(\frac{3n-1}{6}\right)y_n\right] \qquad (1\cdot20)$$

으로 되고, y축에 관한 이 도형의 2차 모멘트 I_y는

$$\begin{aligned}I_y=s^3\Bigg[&\frac{1}{12}y_0+\frac{7}{6}y_1+\frac{25}{6}y_2+\cdots+\left(\frac{6n^2-12n+7}{6}\right)y_{(n-1)}\\&+\left(\frac{6n^2-4n+1}{12}\right)y_n\Bigg]\end{aligned} \qquad (1\cdot21)$$

이다.

[2] 심프슨의 공식

심프슨(Simpson)의 공식에는 제1공식과 제2공식이 있다. 이 공식은 Newton-Cotes법칙의 특수한 경우에 해당된다. 심프슨의 공식에서는 적분하고자 하는 임의의 곡선을 $y=a+bx+cx^2$ 또는 $y=a+bx+cx^2+dx^3$로 표시되는 2차 또는 3차 포물선으로 가정한다.

그림 1·30에서와 같이 적분 구간 $2s$에 등간격으로 3개의 종선 y_1, y_2, 그리고 y_3를 세운 후 면적 A가 이 3개의 종선에 가중값(weighting value)을 곱하여

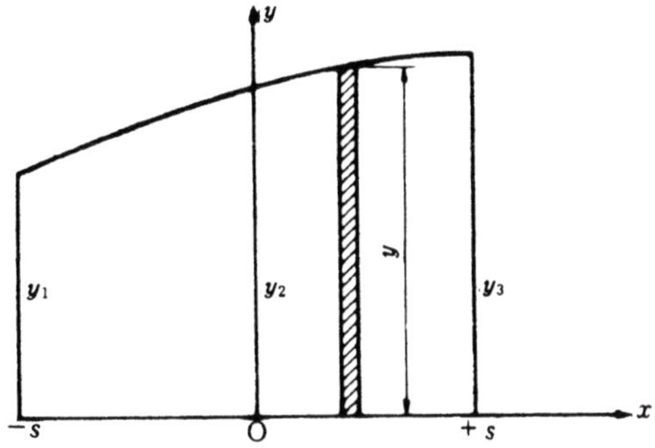

그림 1·30 심프슨의 적분

$$A = k_1 y_1 + k_2 y_2 + k_3 y_3 \tag{1·22}$$

로 표시할 수 있다고 가정한다. 또, 임의의 곡선을 2차 포물선으로 가정하면 A는 다음과 같다.

$$A = \int_{-s}^{s} y\,dx = \int_{-s}^{s} (a + bx + cx^2)\,dx = 2as + \frac{2}{3}cs^3 \tag{1·23}$$

한편 종선의 값은

$$y_1 = a - bs + cs^2$$
$$y_2 = a$$
$$y_3 = a + bs + cs^2$$

이므로 식 (1·22)에 대입하면

$$A = (k_1 + k_2 + k_3)a - (k_1 - k_3)bs + (k_1 + k_3)cs^2 \tag{1·24}$$

이다. 식 (1·23)과 식 (1·24)로부터 가중값을 구하면

$$\left.\begin{aligned} k_1 + k_2 + k_3 &= 2s \\ k_1 - k_3 &= 0 \\ k_1 + k_3 &= \frac{2}{3}s \end{aligned}\right\} \quad \therefore\ k_1 = k_3 = \frac{1}{3}s,\ \ k_2 = \frac{4}{3}s$$

이고, 따라서 면적 A는

$$A = \frac{1}{3}s(y_1 + 4y_2 + y_3) \tag{1·25}$$

이다. 이것을 심프슨의 제1공식 또는 3종선 공식이라고 한다.

그림 1·30에서의 곡선에 대해서 이 공식을 적용해 면적을 구해보자. 면적을 구하기 위해서는 먼저 x축에 등간격(s)으로 홀수개의 종선을 세우고, 연속된 종선 3개씩을 사용하여

구한 면적을 합하면 된다.

$$
\begin{aligned}
A &= \frac{1}{3}s(y_0+4y_1+y_2)+\frac{1}{3}s(y_2+4y_3+y_4)+\ \cdots \\
&= \frac{1}{3}s(y_0+4y_1+y_2+2y_2+\ \cdots\ +4y_{n-1}+y_n)
\end{aligned}
\qquad (1\cdot 26)
$$

이 식에서 가중값 중 1, 4, 2, … 를 심프슨의 곱수(multiplier)라고 한다. 또, 심프슨의 공식은 적분을 구하기 위해 사용되는 근사식이므로 직각 좌표계뿐만 아니라 극좌표계에서도 사용할 수 있고, 모멘트와 2차 모멘트에 대해서도 피적분 함수까지 세운 종선에 적합한 가중값을 곱하여 구할 수 있다. 예로써 그림 1·29에 보여 준 도형의 y축에 대한 모멘트 M_y와 2차 모멘트 I_y는

$$M_y=\frac{s^2}{3}[1y_1+4y_2+12y_3+\cdots+2(n-2)y_{(n-2)}+4(n-1)y_{(n-1)}+ny_n] \qquad (1\cdot 27)$$

$$I_y=\frac{s^3}{3}[1y_1+8y_2+36y_3+\cdots+2(n-2)^2y_{(n-2)}+4(n-1)^2y_{(n-1)}+n^2y_n] \qquad (1\cdot 28)$$

이다.

사다리꼴 공식에서는 연속된 2개의 종선의 크기가 직선적으로 변한다고 가정하였고, 심프슨의 공식에서는 연속된 3개의 종선의 크기가 2차 또는 3차 곡선을 만족한다고 가정하여 적분을 수행하였다. 따라서, 임의의 곡면도형에 대해서 사다리꼴 공식보다는 심프슨의 공식이 적은 수의 종선을 사용하여 좀 더 정확한 적분값을 얻을 수 있다. 수선면, 횡단면적 곡선 등 선박계산에서는 심프슨의 근사적분 공식을 사용하여 충분한 정도의 결과를 얻을 수 있다. 또, 곡선의 변화가 심할 때에는 종선 사이에 새로운 종선(half ordinate)을 세움으로써 계산 결과의 정확도를 높일 수 있게 된다.

등간격으로 세워진 연속된 4개의 종선을 사용하여(그림 1·31) 면적 A를

$$A=k_1y_1+k_2y_2+k_3y_3+k_4y_4 \qquad (1\cdot 29)$$

로 표시한 후, 앞에서와 같은 방법으로 3차 포물선에 대한 적분을 수행하여 심프슨의 곱수를

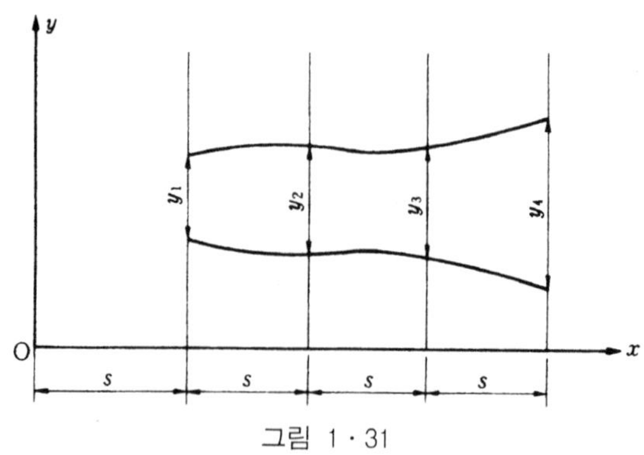

그림 1·31

구하면, 면적 A가

$$A=\frac{3}{8}s(y_1+3y_2+3y_3+y_4) \qquad (1\cdot30)$$

로 된다. 이 식이 심프슨의 제2공식이다. 이 공식을 사용하여 그림 1·29에 보인 도형의 면적을 구하면

$$A=\frac{3}{8}s(y_0+3y_1+3y_2+2y_3+3y_4+\cdots+y_n) \qquad (1\cdot31)$$

이다. 이 때 종선의 수는 4, 7, 10과 같이 $4+3n(n=0, 1, \cdots)$이 되어야 한다.

심프슨 공식의 특별한 경우로 그림 1·32에서와 같이 연속된 3종선을 사용하여 2종선 사이의 면적을 구할 수 있다. 첫번째와 두 번째 종선 사이의 면적 A_1은

$$A_1=\frac{1}{12}s(5y_1+8y_2-y_3) \qquad (1\cdot32)$$

이다. 또, 첫번째 종선에 대한 면적 A_1의 모멘트는

$$M_1=\frac{1}{24}s^2(3y_1+10y_2-y_3) \qquad (1\cdot33)$$

이다. 이 공식들은 곱수들을 사용하여 5·8·−1 공식, 그리고 3·10·−1공식이라고도 한다.

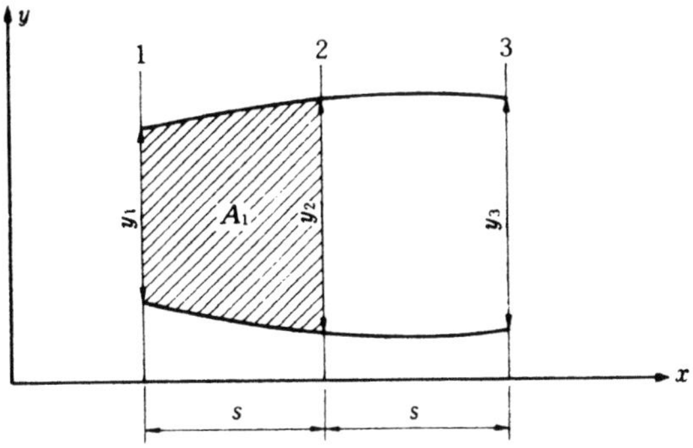

그림 1·32

[3] 체비셰프의 공식

사다리꼴 공식이나 심프슨의 공식에서는 적분구간을 등간격으로 나눈 후 임의의 곡선에 종선을 세우고 이 종선에 가중값을 곱하여 적분값을 구하였다. 그러나 체비셰프(Tcheby-cheff) 공식에서는 적분구간의 적당한 위치에 종선을 세운 후 이 종선의 평균값에 적분구간을 곱하여 적분값을 구한다. 종선의 수는 피적분함수의 차수에 따라 달라지게 된다. 예로써 그림 1·33에 그려진 빗금 친 도형의 면적을 얻기 위해 세워야 할 종선의 위치를 구해보자.

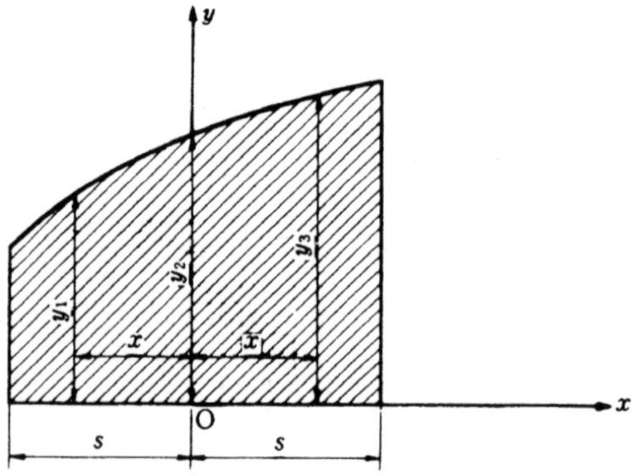

그림 1 · 33

3개의 종선을 사용한다고 가정하면 면적 A는

$$A = p(y_1 + y_2 + y_3) \qquad (1 \cdot 34)$$

이다. 3개의 종선을 사용하였으므로 곡선의 식을 3차 포물선으로 가정하면,

$$\begin{aligned} y_1 &= a_0 - a_1 x + a_2 x^2 - a_3 x^3 \\ y_2 &= y_0 \\ y_3 &= a_0 + a_1 x + a_2 x^2 + a_3 x^3 \end{aligned} \qquad (1 \cdot 35)$$

이다. 따라서, 면적 A는

$$A = p(3a_0 + 2a_2 x^2) \qquad (1 \cdot 36)$$

한편, 심프슨의 공식을 사용하여 면적을 구하면

$$A = 2a_0 s + \frac{2}{3} a_2 s^3 \qquad (1 \cdot 37)$$

이므로, 식 (1 · 36) 과 식 (1 · 37)로부터

$$\begin{aligned} &3p = 2s, \quad \therefore\ p = \frac{2}{3} s \\ &2px^2 = \frac{2}{3} s^3 \end{aligned} \qquad (1 \cdot 38)$$

이다. 따라서, $x = \pm \frac{1}{\sqrt{2}} s = \pm 0.7071 s$이고,

$$A = \frac{2}{3} s(y_1 + y_2 + y_3) \qquad (1 \cdot 39)$$

가 된다. 즉, 원점을 기준으로 $0.7071s$만큼 떨어진 곳에 종선을 세우면, 이들 종선 3개를 사용하여 면적을 구할 수 있다. 이 것이 체비셰프의 3종선 공식이다.

표 1·2 체비셰프의 종선위치

Number of ordinates. n	Spacing each side of mid−ordinate as a factor of the half length s					Degree of curve
2	0.57735					3
3	0	0.70711				3
4	0.18759	0.79465				5
5	0	0.37454	0.83250			5
6	0.26664	0.42252	0.86625			7
7	0	0.32391	0.52966	0.88386		7
8	0.10268	0.40620	0.59380	0.89733		5
9	0	0.16791	0.52876	0.60102	0.91159	9
10	0.08375	0.31273	0.50000	0.68727	0.91625	5

이와 동일한 방법으로 2, 3, 4, … 등 여러 개의 종선을 사용한 체비셰프의 공식을 얻을 수 있으며, 종선의 수에 따른 위치를 표 1·2에 나타내었다.

8종선과 10종선 공식의 경우에는 전체 적분구간을 반으로 나눈 후 각 구간에서 4종선과 5종선의 공식을 사용하여 면적을 구하였기 때문에 사용된 곡선의 차수가 5차로 되어 있다. 지금은 체비셰프 공식을 잘 사용하지 않는다. 그러나 과거에 면적계(planimeter)나 적분계(integrator)를 사용하여 기계적으로 배수용적, 용적의 모멘트 그리고 2차 모멘트를 구할 때에는 곱수를 곱하지 않고도 적분값을 구할 수 있는 장점 때문에 널리 사용하였고, 특히 종선의 위치가 스테이션의 위치와 거의 일치하는 8종선 공식이 주로 사용되었다.

제 **2** 장

배수량 등 계산과 그 곡선도

2.1 배수량 등곡선도의 의의

배수량 등곡선도(hydrostatic curve)는 배의 배수량뿐만 아니라, 배의 성능과 조종 및 재화 등에 관련된 양이나 계수들, 즉 다음과 같은 값의 흘수에 따른 변화량을 포함하고 있다.

2.1.1 배 수 량

배수량(displacement)은 배수용적과 배수유체의 비중량(또는 밀도) 곱으로 표시되고(부록 Ⅲ 참조), 배수용적(displacement volume)은 만재흘수선 아래의 배의 체적이기 때문에 배수량(displacement tons)을 계산하기 위해서는 바로 이 체적을 계산해서 구하면 된다. 그런데 선체 대부분이 자유곡면으로 둘러싸인 입체형이어서 체적을 간단하게 구하는 것은 어려우므로 심프슨의 제 1 공식과 같은 근사 적분식을 이용해서 구한다. 한편, 외판의 배수량은 침수표면적을 계산해서 구하게 된다.

2.1.2 부심의 위치

부력(buoyancy)은 배의 중량에 대항하여 배를 뜨도록 하는 힘으로서 유체와 접하고 있는 배 전체에 걸쳐서 작용하지만, 편의상 그 힘이 한 점에 작용하고 있다고 가정하여서 그 작용점을 부심(center of buoyancy)이라고 하며, 이 부심은 흘수선 아래의 배 체적의 중심이 된다. 이 부심의 위치를 구하는 계산도 간단하지 않아서 근사 적분법을 사용한다.

그런데 선체는 좌우대칭이므로 배의 부심위치는 횡방향으로 경사가 일어나지 않은 상태를 기준으로 해서 길이방향과 깊이방향으로의 위치만을 구하는데, 깊이방향의 위치는 기선을 기준으로 해서 표시하며 기호 KB로 보통 나타낸다. 또한, 길이방향의 위치는 선체 중앙부 ⊗으로부터의 거리로 나타내는 것이 보통이며 기호 ⊗B로 나타낸다. ⊗B는 보통 선수측을 (+)로, 선미측을 (−)로 표시하며 설계 초기에는 선형이 명확하지 않기 때문에 깊이 방향의 부심 위치를 간단하게 구할 때는 다음과 같은 모리시(Morrish)의 공식을 사용하기도 한다.

$$\mathrm{KB}=\frac{1}{3}\left(\frac{5d}{2}-\frac{\nabla}{A_W}\right)=\frac{d}{3}\left(\frac{5}{2}-\frac{C_B}{C_W}\right)=\frac{d}{3}\left(\frac{5}{2}-C_{VP}\right)$$

2.1.3 센티미터당 배수톤수

배는 화물을 실으면 가라앉고 화물을 내리면 떠오른다. 그런데, 흘수는 화물의 중량과 같은 배수량이 될 때까지 변화하기 때문에 배의 흘수를 1 cm 변화시키는 데 몇 톤의 중량이 필요한가를 알고 있으면 배수량 계산을 하는 데 매우 편리하다. 이것을 센티미터당 배수톤수(tons per 1 cm immersion, TPC)라 한다. 흘수면의 면적을 $A_W(\mathrm{m}^2)$, 관습적 단위의 비중량을 $\gamma(\mathrm{t/m}^3)$라고 하면

$$\mathrm{TPC}=(A_W\times\gamma)/100\ (\mathrm{t/m}^3)$$

이다.

2.1.4 배의 선형계수

배의 선형계수에는 방형(비척)계수(C_B), 수선면 계수(C_W), 중앙 횡단면 계수(C_M), 주형(비척)계수(C_P) 및 연직주형(비척) 계수(C_{VP})가 있다. 배의 길이를 L (m), 폭을 B (m), 흘수를 d (m), 배수용적을 ∇ (m^3), 배수량을 Δ(ton), 유체의 비중량을 $\gamma(\mathrm{t/m}^3)$, 흘수선 다음의 중앙 횡단면적을 $A_M(\mathrm{m}^2)$, 흘수선의 면적 또는 수선면적을 $A_W(\mathrm{m}^2)$라고 하면,

$$C_B=\Delta/(L\times B\times d\times\gamma),\quad C_W=A_W/(L\times B),\quad C_M=A_M/(B\times d)$$
$$C_P=\Delta/(L\times A_M\times\gamma)=C_B/C_M,\quad C_{VP}=\Delta/(d\times A_W\times\gamma)=C_B/C_W$$

그리고 각 계수들간의 관계는

$$C_B/(C_M\times C_W)=C_P/C_W=C_{VP}/C_M=C_R$$

인데 C_R를 관계계수라고 한다.

2.1.5 횡메타센터 반지름($\mathrm{BM_T}$)

그림 2·1은 수선 WL로 떠 있던 배가 ϕ만큼 횡경사하여 수선 W′L′가 되었을 때의 그림이다.

용적 WOW′가 LOL′로 이동하였다고 생각하면 된다.

$$V\times \mathrm{BB}_\phi=v\times gg' \tag{2·1}$$

삼각형 WOW′의 면적은 $\mathrm{WW'}=\mathrm{LL'}=y\cdot\phi$이므로, $\Delta\mathrm{WOW'}=\frac{1}{2}y^2\cdot\phi$이다.

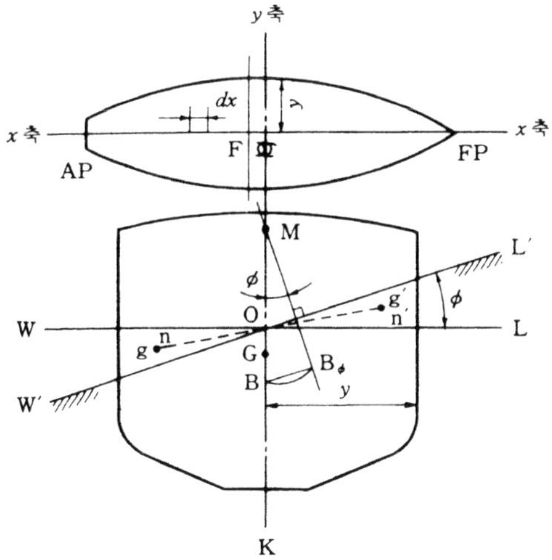

V : WL 이하의 배수용적
y : 수선면의 반폭
dx : 배길이 L의 증분
g : 쐐기 WOW′의 용적중심
g' : 쐐기 LOL′의 용적중심
n : 삼각형 WOW′의 용적중심
n' : 삼각형 LOL′의 용적중심
v : 쐐기 WOW′의 용적 또는 쐐기 LOL′의 용적
B : 수선 WL 이하의 용적중심(부심)
B_ϕ : W′L′ 이하의 용적중심(부심)

그림 2 · 1

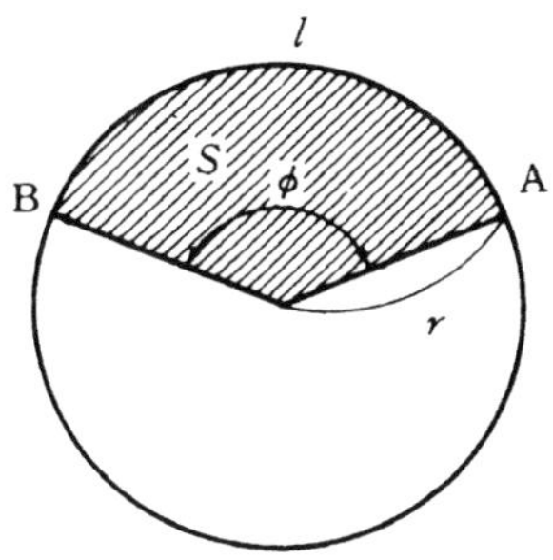

[참고] $\frac{l}{2\pi r}=\frac{\phi}{2\pi}$, $\therefore l=r\cdot\phi$,

$\frac{S}{\pi r^2}=\frac{\phi}{2\pi}$, $\therefore S=\frac{1}{2}r^2\phi$

그림 2 · 2

그러므로 dx에 대한 미소용적 WOW′는 $\frac{1}{2}y^2\cdot\phi\,dx$이다.

$$\mathrm{On}=\mathrm{On}'=\frac{2}{3}y, \quad \therefore\ \mathrm{nn}'=\frac{4}{3}y$$

그러므로 미소용적 WOW′를 n에서 n′로 이동한 모멘트는 다음과 같다.

$$\frac{4}{3}y\cdot\frac{1}{2}y^2\cdot\phi\,dx=\frac{2}{3}\phi y^3dx \tag{2·2}$$

따라서, 배수용적 WOW′를 LOL′에 이동하는 이동 모멘트는 다음과 같이 표시할 수 있다.

$$v\times gg'=\frac{2}{3}\phi\int_0^L y^3dx \tag{2·3}$$

식 (2 · 1)과 식 (2 · 3)을 같다고 놓으면

$$V\times \mathrm{BB}_\phi=\frac{2}{3}\phi\int_0^L y^3dx$$

그런데 $\widehat{BB_\phi} = BM \cdot \phi \fallingdotseq \overline{BB_\phi}$이므로

$$V \times BM \cdot \phi = \frac{2}{3}\phi \int_0^L y^3 dx, \quad \therefore \ BM = \frac{\frac{2}{3}\int_0^L y^3 dx}{V}$$

그런데 $\frac{2}{3}\int_0^L y^3 dx = I_T$이므로

$$BM = \frac{I_T}{V} \tag{2 \cdot 4}$$

2.1.6 종메타센터 반지름(BM$_L$)

$$BB' // gg', \quad BB' \times V = v \times gg'$$

$$\therefore \ BB' = \frac{v \times gg'}{V} \tag{2 \cdot 5}$$

$\Delta BB'M_L$에서 $\tan\theta = \frac{BB'}{BM_L}$

$$\therefore \ BB' = BM_L \tan\theta \tag{2 \cdot 6}$$

식 (2 · 5)과 식 (2 · 6)을 같다고 놓으면

$$\frac{v \times gg'}{V} = BM_L \tan\theta$$

$$\therefore \ BM_L = \frac{v \times gg'}{V \cdot \theta} \tag{2 \cdot 7}$$

F(부면심)에서 선미쪽으로 x만큼 떨어진 부분에서 길이가 dx인 미소부분의 용적은 반폭이 y라 할 때, $2y\,dx \cdot x\tan\theta$로 표시된다($\because \Delta FCD$에서 $\tan\theta = CD/x$, $\therefore CD = x\tan\theta$). 이것에 x를 곱하면 용적 모멘트가 얻어진다.

$$v \times gg' = v \times gF + v \times Fg' = \left(2\int_{FP}^{F} x^2 \cdot ydx + 2\int_{F}^{AP} x^2 \cdot ydx\right)\tan\theta$$
$$= \left(\int_{FP}^{AP} x^2 \cdot 2ydx\right)\tan\theta$$

그런데 $2y$는 수선면의 폭이 되므로 적분의 값은 부면심 F를 지나는 횡축에 대한 수선면 WL의 관성 모멘트 I_L임을 안다.

$$\therefore \ v \times gg' = I_L \tan\theta \tag{2 \cdot 8}$$

식 (2 · 7)에 식 (2 · 8)을 대입하면

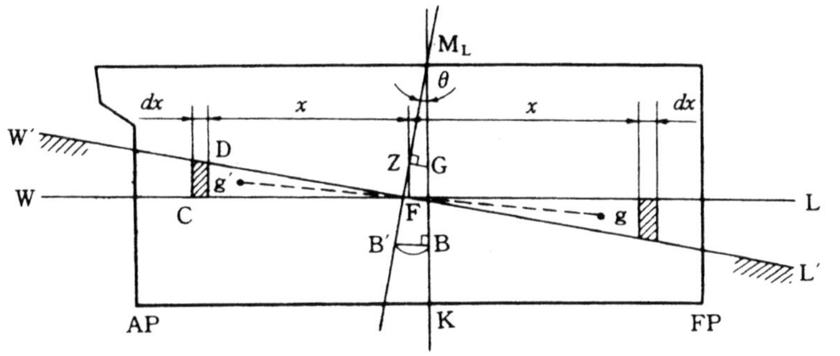

그림 2·3

$$BM_L = \frac{I_L \cdot \tan\theta}{V \cdot \tan\theta}, \quad \therefore BM_L = \frac{I_L}{V}$$

여기서, BM_L을 종메타센터 반지름(longitudinal metacentric radius)이라고 한다.

$$W \times GZ = W \times GM_L \sin\theta \ (\because \ \triangle GZM_L\text{에서}, \ \sin\theta = GZ/GM_L, \ \therefore \ GZ = GM_L \sin\theta)$$

$$GM_L = KB + BM_L - KG \text{ 또는 } GM_L = BM_L - BG$$

2.1.7 센티미터당 트림 모멘트

센티미터당 트림 모멘트(moment to change trim 1 cm , MTC)는 배가 1 cm의 트림변화를 일으키는데 필요한 모멘트를 말하며, 다음 식과 같이 표시된다. 이 관계는 종경사 문제를 다룰 때 매우 중요하게 쓰인다.

$$MTC = \frac{\Delta \times GM_L}{100 \cdot L} (t \cdot m)$$

여기서 GM_L은 종방향의 메타센터와 무게중심과의 거리, 즉 종메타센터 높이를 말하며, Δ는 선박의 배수량을 의미하고, L은 배의 길이를 나타낸다.

2.1.8 침수 표면적과 외판 배수량

침수 표면적(area of wetted surface)은 해수와 접하고 있는 선체의 표면적으로서 이것은 선체의 저항, 특히 마찰저항과 밀접한 관계가 있다. 그러므로 침수 표면적에다 외판의 평균두께를 곱하면 외판의 용적이 구해지고, 여기에 해수의 밀도(또는 비중량)을 곱하면 외판배수량(shell displacement)이 구해진다. 그런데, 침수 표면적을 정확하게 구하려면 전개도를 그려야 하지만 이것이 복잡한 곡선으로 이루어져 있기 때문에 실제로는 침수 표면적을 구하기 위해서 직접 전개도를 그리는 대신에 스테이션 면의 표면길이 또는 거스길이(girth length)를 종방향으로 적분해서 전개면의 면적을 구하는 것이 보통이다.

2.1.9 센티미터당 트림배수 톤수

2.1.1절~2.1.8절까지의 여러 값들은 배가 만재흘수선에 평행한 흘수면으로 떠 있을 경우에 그 흘수를 알면 도표에서도 구할 수 있다. 그러나 배가 트림된 상태의 배수량은 도표상에서 정확하게 구할 수 없기 때문에 평균흘수와 트림을 알아야지만 구할 수 있다. 센티미터당 배수톤수를 TPC (t/cm), 길이를 L (m), 선체중앙부로부터의 부면심을 LCF (m)라고 하면, 센티미터당 트림톤수 −(T w=PC×LCF)/L (t)가 되고 w(cm)가 (+)일 때는 선미트림 톤수가 증가하고, (−)일 때는 선미트림 톤수가 감소한다.

2.2 배수량 등곡선도와 그 활용

2.1.1절에서 2.1.9절까지 소개가 된 여러 값들은 흘수의 변화에 따라 변한다. 그러므로 2.1.1절에서 2.1.9절까지의 값은 흘수를 세로축으로 하고 흘수에 대응된 여러 값들을 가로축에 표시해서 그래프로 작성하는데 이렇게 그래프화 된 곡선군을 총칭해서 배수량 등곡선도(hydrostatic curve)라 한다. 그리고 이들 곡선군에는 배수량, 부심, 선형계수, 센티미터당 트림톤수, MTC, TPC, KM, LCF, 수선면적과 형 배수량(외판을 포함하지 않은 배수량) 등이 포함될 수 있다.

2.2.1 배수량 등곡선도를 그리는 방법과 읽는 방법

배수량 등곡선도는 설계시에 작성이 되고 배의 승조원들은 이것을 이용해야 하기 때문에 그리는 방법과 읽는 방법을 알아야 한다.

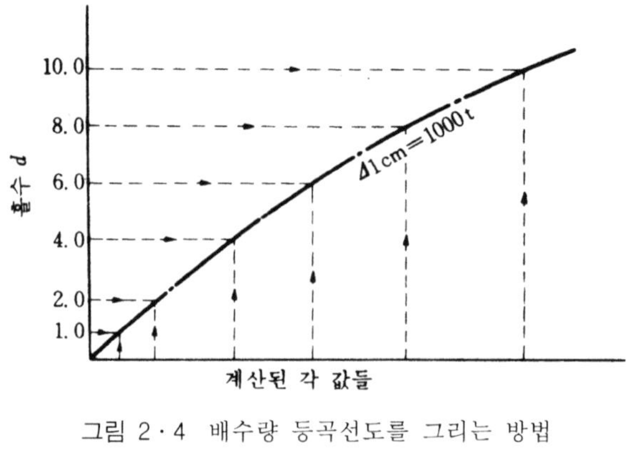

그림 2·4 배수량 등곡선도를 그리는 방법

[1] 그리는 방법

① 2.1.1~2.1.9 절에서 소개된 여러 값들을 적당한 간격으로 흘수를 변화시키면서 배수량

계산표에 의해 구한다.

② 그림 2·4와 같이 흘수를 세로축으로, 배수량 등, 각각의 값들을 가로축으로 하여서 매끈한 곡선으로 그린다.

③ 가로축에 표시된 각각의 값들을 택할 때에는 축척(scale), 즉 1 cm가 얼마에 상당하는가를 정해 두어야 한다.

[2] 읽는 방법

① 배에 표시되어 있는 흘수표(draft mark) 등을 이용해서 배가 떠 있는 임의의 상태에서의 흘수를 읽는다.

② 이렇게 읽은 흘수를 상당(相當)흘수라고 하며, 이 흘수로부터 가로축에 평행선을 그어서 각 곡선들과의 교점을 구하고, 이 교점들의 가로축 상에서의 값들이 얼마인가를 알아낸다.

예를 들면 1 cm=1000 ton으로 표시된 배수량 등곡선도로부터 읽은 어떤 흘수에서의 평행선과 곡선과의 교점이 19.5 cm라면 이 흘수에서의 배수량은 19.5×1000=19,500 ton이다.

배수량 등곡선도에서 각종 값들의 크기에 따라 축척이 다르기 때문에 각 곡선들마다 그 명칭과 축척을 표시해야 한다. 이와 같이 계획만재흘수선에 평행한 어떤 흘수를 알게 되면 이 곡선도로부터 필요로 하는 여러 값들을 읽을 수 있다. 그리고 계획만재흘수선에 평행하지 않은 경우도 종종 있을 수가 있는데, 이런 경우는 본전(Bonjean)곡선을 이용하면 편리하다. 본전곡선에 관해서는 2.4 절에서 좀더 상세히 설명하기로 한다.

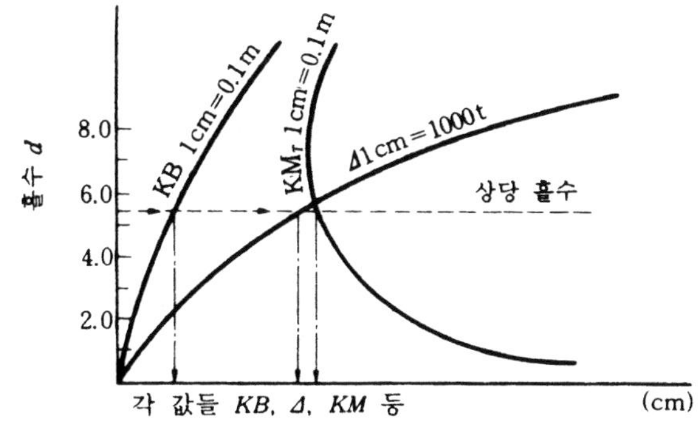

그림 2·5 배수량 등곡선도를 읽는 방법

[3] 트림상태에서의 배수량 계산

① 선수미의 흘수를 읽어서 평균흘수 d_M(m), 트림 t(cm)를 구한다.

② 배수량 등곡선도에 의해 d_M(m)에서의 배수량 Δ(ton), 매센티미터당 트림톤수 w(ton)을 읽는다.

③ 트림에 의한 톤수를 구한다($t\times w$ (ton)).

④ 변화된 배수량을 $\Delta + t\times w$ (ton)인 관계로부터 구한다.

트림이 클 경우에는 위의 방법이 오차가 크기 때문에 본전곡선을 이용한다.

예 제 2.1. 배수량 등곡선도가 그림 2·6과 같이 표시되는 어떤 배의 선수흘수가 5.060 m 이고, 선미흘수가 5.700 m일 때 배수량은 얼마인가? 단, L=128 m이다.

풀이 $d_M=(d_F+d_A)/2=(5.060+5.700)/2=5.380\,\text{m}$

$t=d_A-d_F=5.700-5.060=0.640\,\text{m}=64\,\text{cm}$

배수량 등곡선도에 의하면, d_M에서의 배수량 Δ=9000 ton이고, w(ton)=0.2 ton이므로 0.640 트림에 대한 변화톤수는 $t\times w$ (ton) = 64 × 0.2 = 12.8 ton으로 구하는 배수량은 $\Delta+(t\times w)$ (ton)=9,012.8 ton이다.

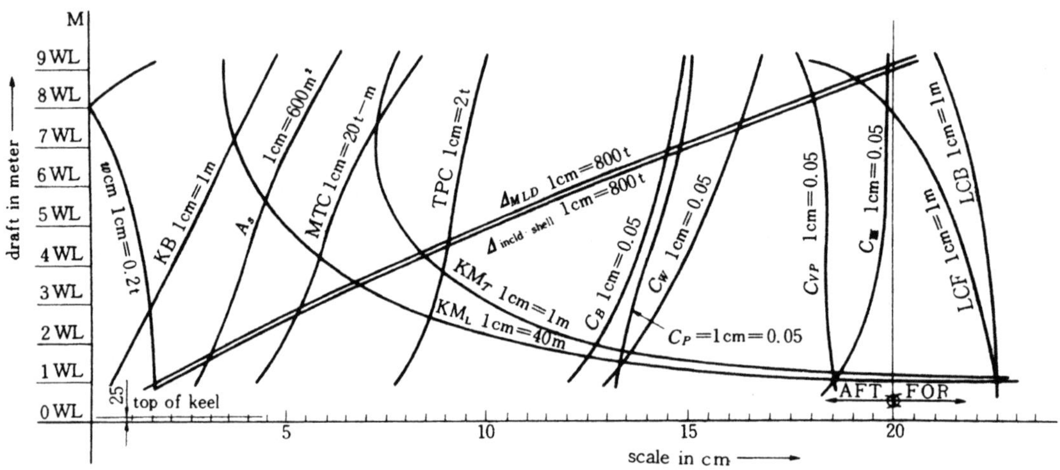

$w$cm : correction of displacement for change of 1cm. trim
KB : center of buoyancy above base line
A_s: area of wetted surface
TPC : tons per 1cm. immersion
Δ : displacement in tons including shell displacement
KM_L: longitudinal metacenter above base line
C_B: block coefficient
C_W: water-plane area coefficient
$C_⊗$: midship coefficient
⊗B : center of buoyancy from midship center
MTC : moment to change trim 1cm.
Δ_{MLD} : displacement in tons moulded
C_P : prismatic coefficient
C_{VP} : vertical prismatic coefficient
⊗F : center of floatation from midship

그림 2·6　배수량 등곡선도

[4] 길이방향의 중심위치 LCG를 구하는 계산

① 선수·선미흘수를 읽고 평균흘수 d_M(m)과 트림 t(m)를 구한다.

② d_M(m)에서 ⊗로부터의 부면심 위치 LCF (m)를 배수량 등곡선도로부터 읽고, 그림 2·7로부터 트림에 의해 변화된 배수량에 대한 흘수의 수정값 δ(m)를 구한다.

$$\delta=\frac{LCF\times t}{L}$$

③ 배수량 등곡선도로부터 흘수 $(d_M+\delta)$ (m)에서 배수량 Δ(ton)과 ⊗으로부터의 부심

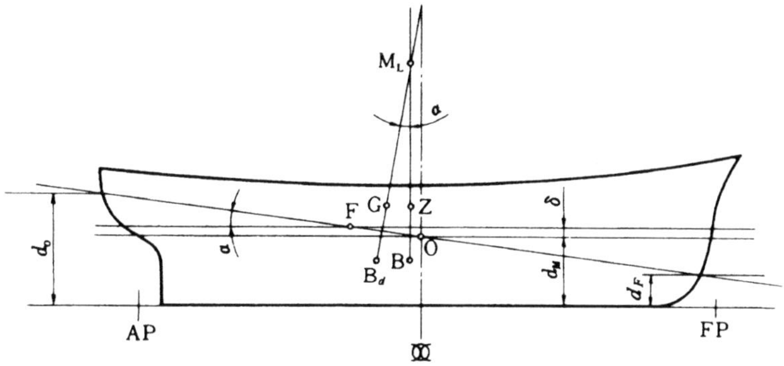

그림 2·7 트림시의 수정량

의 위치 LCB(m) 및 매센티미터당 변화 트림 모멘트 MTC(ton · m)를 읽는다.

④ 트림에 의해 수정된 HGB(m)를 다음과 같이 구한다.

$$t = \frac{\text{트림모멘트}}{\text{MTC}} = \frac{\Delta \cdot \text{HGB}}{\text{MTC}}$$

$$\therefore \text{HGB} = \frac{\text{MTC} \times t}{\Delta}$$

⑤ LCB에서 HGB를 빼서 ⊗으로부터의 중심위치 LCG(m)를 구한다.

예 제 2.2. 예제 2.1의 계산에서 배의 ⊗으로부터의 중심위치 LCG를 구하라.

풀이 $d_M = 5.380\,\text{m}$, $t = 0.640\,\text{m} = 64\,\text{cm}$이고 배수량 등곡선도에서 d_M에서의 LCF=1.300 m이므로

$\delta = (\text{LCF} \times t)/L = (1.300 \times 0.640)/128 = 0.0065\,\text{m}$

배수량 곡선도에 의해($d_M + \delta$)에서의 Δ =9012.8 ton, LCB=2.100 m, MTC=126 ton · m이므로 0.640 m 트림에 의해 수정된 HGB(m)는

$\text{HGB} = (126 \times 64)/9{,}012.8 = 0.895\,\text{m}$

그러므로 구하는 ⊗으로부터의 중심위치 LCG(m)는

$\text{LCG} = \text{LCB} - \text{HGB} = 2.100 - 0.895 = 1.025\,\text{m}$

적하상태에서 트림을 수정하려면 흘수에 대한 센티미터당 배수톤수(TPC), 배수량과 재화중량 톤수 및 센티미터당 트림 모멘트(MTC)의 값들이 필요하므로, 이들의 값들을 눈금으로 표시하여 작성한 것을 자주 사용한다. 이런 눈금을 바로 재화중량 눈금(deadweight scale)이라 하는데, 이 값은 배수량 등곡선도를 이용해서 작성된다.

용적도(capacity plan)는 화물이나 연료 등의 적재능력을 표시하는 것으로서, 화물창과 연료유 탱크 등의 배치나 그 용적과 용적의 중심위치 등을 나타낸 도면이다. 이것은 화물적재시에 이용하는데, 탱크의 경우에는 깊이와 용적의 관계를 표시한 곡선들도 있다. 또, 용적도는 재화 용적도보다 한층 더 상세하여 화물의 종류 등에 따라 각 화물창(cargo hold)의 적하(storage)를 위한 배치를 나타내고 있다.

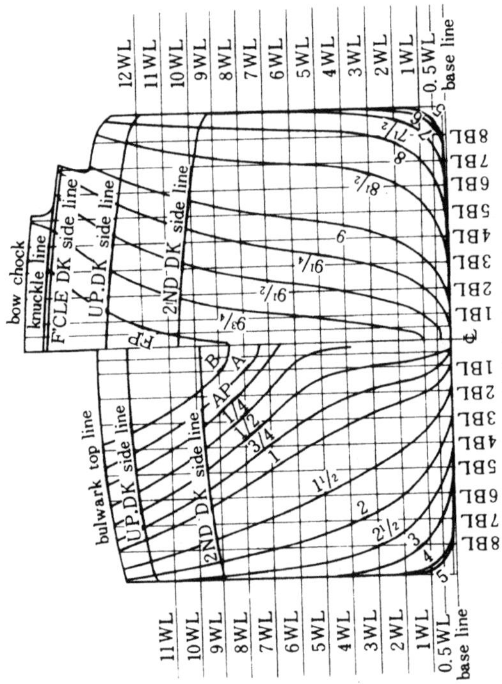

(a) body plan

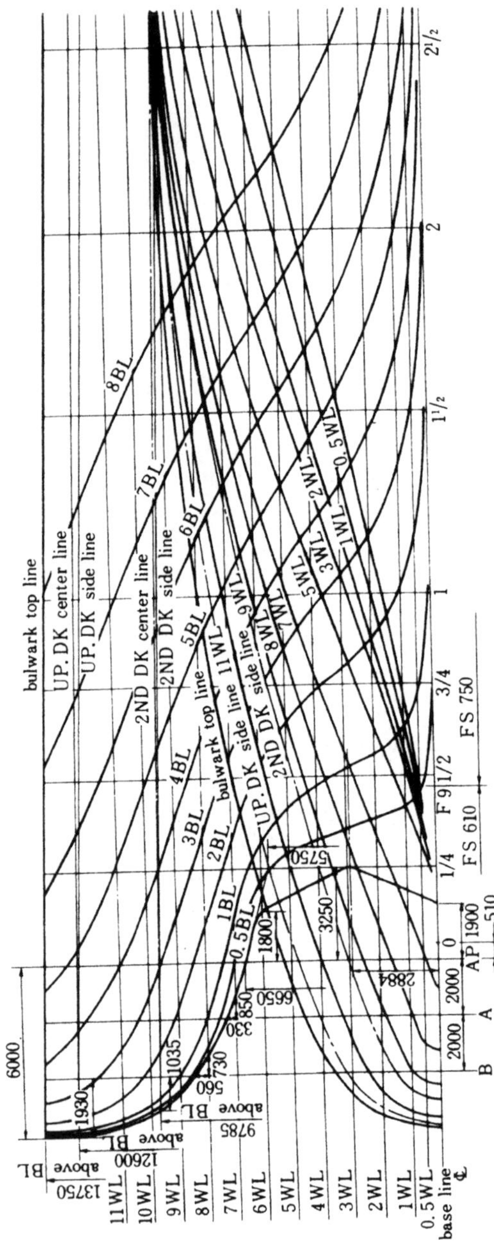

(b) after part of half breadth & sheer plan

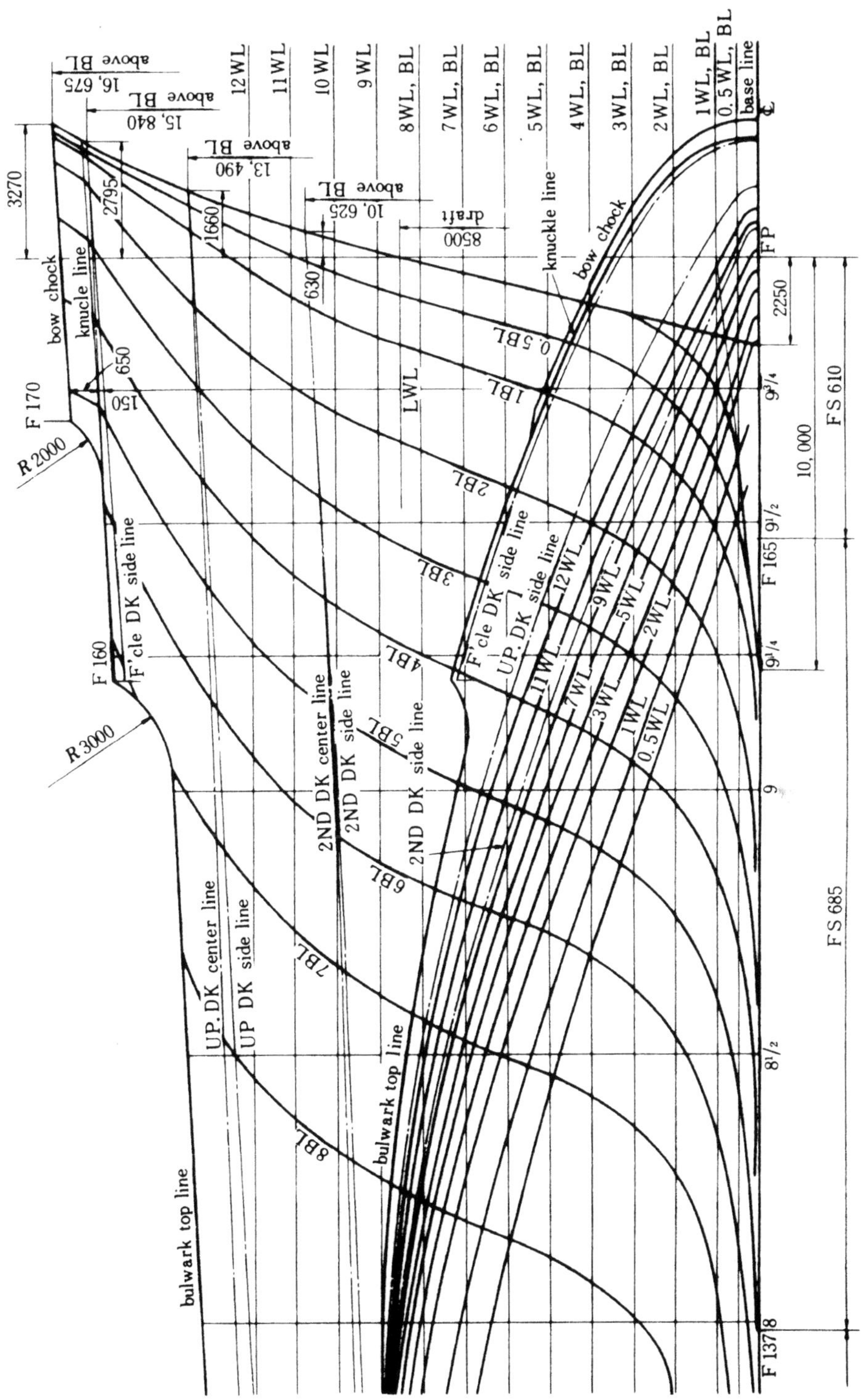

(c) forward part half breadth & sheer plan

그림 2·8 계산용 선체의 선도

2.3 배수량 등곡선도 계산표

제 1 장의 내용을 기초로 해서 그림 2 · 8과 같은 선도와 표 2 · 2의 오프셋(offsets)을 이용해서 만재배수 톤수가 16,134.6 ton인 어떤 화물선의 배수량, 부심의 위치, 횡 및 종메타센터 높이 등을 계산해 보자.

이들을 계산하는데는 매우 복잡한 과정을 거쳐야 하기 때문에, 계산의 오류나 중복을 피하고 쉽게 검산을 할 수 있도록 하기 위하여, 표 2 · 1에 예시된 것과 같은 일정 양식의 배수량 계산양식(displacement sheet)을 사용하면 편리하다.

일반적으로 배의 배수량 계산 때 근사 적분식인 심프슨의 제 1 공식을 사용하면 편리하며, 오차를 최소화하기 위해서는 고려할 단면위치를 적당하게 설정하는 것이 중요하다. 따라서, 계산의 정확도와 계산방법 때문에 배를 주선체와 부가물(appendage)로 나누고, 부가물에 대

표 2 · 1 배수량 등곡선도 계산표

배수량 계산표 No.1

계산자 성명 __________

제 번선 주 요 목 표 계산 연월일 __________

	(1A)	(1B)	(1C)	(1D)	
	1.0~3.0 m의 배수량과 부심의 위치 (displacement & center of buoyancy)	3.0~5.0 m의 배수량과 부심의 위치	5.0~7.0 m의 배수량과 부심의 위치	7.0~9.0 m의 배수량과 부심의 위치	

배수량 계산표 No.2

(2) 하부 부가물 (lower appendage)	(3) 선미 부가물 (cruiser stern appendage)	(6) 횡메타센터 (transverse metacenter)	(8) 종합 계산표 (summary of calculations)
(4) 침수면적과 외판 배수량(wetted surface area & shell displacement	(5) 각 수선에 대한 배수량 및 부심위치 (displacements & CB for successive WL)	(7) 종메타센터 (longitudinal metacenter)	

표 2·2 오프셋표

principal particulars

length over all	137.270 m	lowest point at sheer amidship		designed draft loaded	8.500 m
length bet. perpendiculars	128.000 m	camber at 18.2 m breadth on UP.DK	0.350 m	displacement(designed)	15,024 ton
breadth moulded	18.200 m	〃 〃 2nd DK	0.150 m	service speed	13.5 kt
depth moulded(from top of keel)	11.400 m	rise of floor	0.070 m	DK height UP DK to 2nd DK(at CL)	2.800 m
sheer at fore perpendicular	2.000 m	half siding at keel	0.565 m	〃 〃(at side, ⊗)	2.600 m
sheer at aft perpendicular	1.000 m	radius of bilge circle	0.500 m	f'cle DK to UP(at CL)	2.300 m

half breadth

no. of ord.	water line														2nd deck	steering. en.flat	upper deck	f'cle deck	bulwark top line
	base line	0.5WL	1WL	2WL	3WL	4WL	5WL	6WL	7WL	8WL	9WL	10WL	11WL	12WL					
B											.980	1.845	2.495		1.665	2.020	3.263		3.655
A										.960	1.860	2.670	3.350		2.450	2.820	4.130		4.600
AP									.500	1.645	2.530	3.320	4.020		3.070	3.440	4.765		5.250
¼						.200	.280	.610	1.630	2.670	3.515	4.240	4.895		3.950	4.300	5.620		6.130
½	.355	.575	.695	.840	.930	1.065	1.325	1.880	2.745	3.640	4.410	5.090	5.690		4.780		6.345		6.865
¾	.550	1.050	1.300	1.600	1.825	2.090	2.480	3.075	3.815	4.575	5.275	5.870	6.415		5.570		6.970		7.450
1	.830	1.615	1.975	2.425	2.780	3.175	3.650	4.220	4.840	5.475	6.070	6.600	7.075		6.280		7.500		7.910
1½	1.640	2.950	3.520	4.250	4.820	5.310	5.770	6.200	6.625	7.040	7.425	7.790	8.100		7.525		8.310		8.555
2	2.740	4.375	5.100	6.025	6.655	7.100	7.450	7.710	7.960	8.190	8.395	8.570	8.735		8.420		8.830		8.960
2½	4.090	5.750	6.525	7.460	8.020	8.350	8.530	8.680	8.795	8.875	8.945	8.995	9.040		8.950		9.065		9.100
3	5.590	7.055	7.725	8.475	8.800	8.945	9.030	9.075	9.100	9.100	9.100	9.100	9.100		9.100		9.100		9.100
4	7.550	8.625	8.975	9.100	9.100	9.100	9.100	9.100	9.100	9.100	9.100	9.100	9.100		9.100		9.100		9.100
5	7.600	8.675	9.000	9.100	9.100	9.100	9.100	9.100	9.100	9.100	9.100	9.100	9.100	9.100	9.100		9.100		9.100
6	7.600	8.675	9.000	9.100	9.100	9.100	9.100	9.100	9.100	9.100	9.100	9.100	9.100	9.100	9.100		9.100		9.100
7	6.840	8.280	8.710	8.990	9.070	9.090	9.100	9.100	9.100	9.100	9.100	9.100	9.100	9.100	9.100		9.100		9.100
7½	5.765	7.570	8.150	8.630	8.825	8.910	8.950	8.975	8.990	9.010	9.030	9.050	9.070	9.090	9.040		9.085		9.100
8	4.350	6.375	7.075	7.735	8.020	8.170	8.250	8.325	8.400	8.455	8.530	8.595	8.675	8.760	8.565		8.770		8.920
8½	2.675	4.715	5.395	6.150	6.510	6.700	6.850	6.975	7.100	7.215	7.350	7.505	7.680	7.900	7.470		7.990		8.350
9	1.045	2.650	3.200	3.900	4.300	4.540	4.710	4.880	5.050	5.225	5.415	5.650	5.940	6.300	5.650		6.580		7.120
9¼	.450	1.525	2.040	2.650	3.030	3.260	3.450	3.640	3.825	4.010	4.210	4.455	4.780	5.180	4.500		5.580	6.970	
9½		.500	.945	1.450	1.760	1.990	2.170	2.350	2.525	2.705	2.890	3.140	3.465	3.875	3.225		4.395	6.000	
9¾				.400	.610	.790	.945	1.080	1.225	1.375	1.540	1.750	2.030	2.425	1.860		3.015	4.725	
FP											.160	.330	.540	.810	.450		1.420	3.200	

height above base line

no. of ord.	bow & buttock line									2nd DK side line	2nd DK center line	steering engine. flat.S.L	Do. center line	UP.DK side line	UP.DK center line	f'cle DK side line	f'cle DK center line	bulwark top line
	0.5BL	1BL	2BL	3BL	4BL	5BL	6BL	7BL	8BL									
B	8.670	9.020	10.255	11.940						9.757	9.762	10.255	10.262	12.517	12.562			13.967
A	7.535	8.040	9.160	10.465	12.185					9.712	9.723	10.209	10.223	12.451	12.523			13.631
AP	7.000	7.415	8.390	9.575	10.975	12.920				9.664	9.681	10.160	10.181	12.384	12.481			13.564
¼	5.775	6.460	7.340	8.375	9.660	11.175	13.130			9.592	9.620	10.087	10.120	12.287	12.420			13.467
½	.255	3.550	6.150	7.275	8.450	9.855	11.530			9.523	9.564			12.194	12.364			13.374
¾	0	.440	3.690	5.875	7.250	8.585	10.225	12.175		9.457	9.513			12.107	12.313			13.287
1	0	.050	1.045	3.550	5.630	7.255	8.875	10.825		9.390	9.462			12.024	12.262			13.204
1½	0	.004	.055	0.540	1.615	3.355	5.540	7.925	10.660	9.263	9.366			11.874	12.166			13.054
2	0	.004	.012	.030	.305	.925	1.975	3.730	7.175	9.145	9.273			11.744	12.073			12.924
2½	0	.004	.012	.020	.028	.200	.635	1.440	2.965	9.036	9.181			11.634	11.981			12.814
3	0	.004	.012	.020	.028	.036	.085	.463	1.290	8.944	9.094			11.544	11.894			12.724
4	0	.004	.012	.020	.028	.036	.045	.053	.140	8.824	8.974			11.424	11.774			12.604
5	0	.004	.012	.020	.028	.036	.045	.053	.110	8.784	8.934			11.384	11.734			12.564
6	0	.004	.012	.020	.028	.036	.045	.053	.110	8.864	9.014			11.464	11.814			12.644
7	0	.004	.012	.020	.028	.036	.045	.055	.325	9.104	9.254			11.704	12.054			12.884
7½	0	.004	.012	.020	.028	.036	.055	.240	.810	9.284	9.433			11.884	12.233			13.064
8	0	.004	.012	.020	.028	.075	.315	.920	2.875	9.497	9.630			12.104	12.430			13.284
8½	0	.004	.012	.030	.200	.675	1.725	6.200	12.375	9.733	9.834			12.364	12.634			13.544
9	0	.004	.175	.775	2.180	6.675	11.190	13.595		9.989	10.047			12.664	12.847			13.844
9¼	.030	.180	.950	2.940	7.925	11.575	13.590			10.124	10.161			12.829	12.961	15.056	15.261	
9½	.500	1.075	4.060	9.440	12.255	13.950	15.234			10.267	10.286			13.004	13.086	15.234	15.386	
9¾	2.435	5.390	10.875	13.150	14.580	16.085				10.422	10.428			13.189	13.228	15.434	15.528	
FP	10.775	12.500	14.280	15.450						10.592	10.592			13.384	13.392	15.649	15.692	

표 2·3 주선체의 배수량, 부심위치의 계산 예

displacement tables　　제　　번선　　No.

principal particulars

- length over all .... 137.270 m
- length tween perpendiculars .... 128.000 m
- breadth molded .... 18.200 m
- depth molded for top of keel .... 11.400 m
- sheer fore .... 2.000 m
- sheer aft .... 1.000 m
- lowest point of sheer .... amidship

- draft leaded from top of keel .... 8.500 m
- draft loaded from base line .... 8.484 m
- rise of floor .... 0.350 m

calculated by

- radius of bilge circle .... 1.500 m
- parallel body 20%
- service speed .... 1.35 kN
- deck height
- upper deck to 2nd deck .... 2.800 m

station 번호	주선면 간격수 (l)	Simpson 곱수(sm)	1.00 m WL (sm) 1		2.00 m WL 4		3.00 m WL 1		면적함수 Σ(sm)·y	곱 Σ(sm·y)·(sm)	moment 함수 Σ(sm·y)·(sm)·l	3.00 m WL 1		4.00 m WL 4		5.00 m WL 1		면적함수	곱	moment 함수
no. of ords.	water line mults. for lev.	simp. mults.	1.000 m WL 1		2.000 m WL 4		3.000 m WL 1		funct. of areas	multiples of areas	moments	3.000 m WL 1		4.000 m WL 4		5.000 m WL 1		funct. of area	multiples of area	moment
AP	−5	¼	(y) / (sm)y	(sm)y																
¼	−4¾	1												.200	.200	.280	.280			
														.800		.280		1.080	1.080	−4.940
½	−4½	½	.695	$.347_5$	.840	.420	.930	.465						1.065	$.532_5$	1.325	$.662_5$			
			.695		3.360		.930		4.985	2.492_5	-11.216_{25}	.930		4.260		1.325		6.515	3.257_5	-14.658_{75}
¾	−4¼	1	1.300	1.300	1.600	1.600	1.825	1.825						2.090	2.090	2.480	2.480			
			1.300		6.400		1.825		9.525	9.525	-40.481_{25}	1.825		8.360		2.480		12.665	12.665	-53.826_{25}
1	−4	¾	1.975	1.481_{25}	2.425	1.818_{75}	2.780	2.085						3.175	2.381_{25}	3.650	2.737_5			
			1.975		9.700		2.780		14.455	10.841_{25}	−43.365	2.780		12.700		3.650		19.130	14.347_5	−57.390
1½	−3½	2	3.520	7.040	4.250	8.500	4.820	9.640						5.310	10.620	5.770	11.540			
			3.520		17.000		4.820		25.340	50.680	−177.380	4.820		21.240		5.770		31.830	63.660	−222.810
2	−3	1½	5.100	7.650	6.025	9.037_5	6.655	9.982_5						7.100	10.650	7.450	11.175			
			5.100		24.100		6.655		35.855	53.782_5	-161.347_5	6.655		28.400		7.450		42.505	63.757_5	-191.272_5
3	−2	4	7.725	30.900	8.475	33.900	8.800	35.200						8.945	35.780	9.030	36.120			
			7.725		33.900		8.800		50.425	201.700	−403.400	8.800		35.780		9.030		53.610	214.440	−428.880
4	−1	2	8.975	17.950	9.100	18.200	9.100	18.200						9.100	18.200	9.100	18.200			
			8.975		36.400		9.100		54.475	108.950	−108.950	9.100		36.400		9.100		54.600	109.200	−109.200
5	0	4	9.000	36.000	9.100	36.400	9.100	36.400						9.100	36.400	9.100	36.400			
			9.000		36.400		9.100		54.500	218.000	−	9.100		36.400		9.100		54.600	218.400	0
6	1	2	9.000	18.000	9.100	18.200	9.100	18.200						9.100	18.200	9.100	18.200			
			9.000		36.400		9.100		54.500	109.000	109.000	9.100		36.400		9.100		54.600	109.200	109.200
7	2	4	8.710	34.840	8.990	35.960	9.070	36.280						9.090	36.360	9.100	36.400			
			8.710		35.960		9.070		53.740	214.960	429.920	9.070		36.360		9.100		54.530	218.120	436.240
8	3	1½	7.075	10.612_5	7.735	11.602_5	8.020	12.030						8.170	12.255	8.250	12.375			
			7.075		30.940		8.020		46.035	69.052_5	207.157_5	8.020		32.680		8.250		48.950	73.425	220.275
8½	3½	2	5.395	10.790	6.150	12.300	6.510	13.020						6.700	13.400	6.850	13.700			
			5.395		24.600		6.510		36.505	73.010	255.535	6.510		26.800		6.850		40.160	80.320	281.120
9	4	¾	3.200	2.400	3.900	2.925	4.300	3.225						4.540	3.405	4.710	3.532_5			
			3.200		15.600		4.300		23.100	17.325	69.300	4.300		18.160		4.710		27.170	20.377_5	81.510
9¼	4¼	1	2.040	2.040	2.650	2.650	3.030	3.030						3.260	3.260	3.450	3.450			
			2.040		10.600		3.030		15.670	15.670	66.597_5	3.030		13.040		3.450		19.520	19.520	82.960
9½	4½	½	.945	$.472_5$	1.450	0.725	1.765	.880						1.990	.995	2.170	1.085			
			.945		5.800		1.765		8.505	4.252_5	19.136_{25}	1.760		7.960		2.170		11.890	5.945	26.752_5
9¾	4¾	1			.400	.400	.610	.610						.790	.790	.945	.945			
					1.600		.610		2.210	2.210	10.497_5	.610		3.160		.945		4.715	4.715	22.396_{25}
FP	5	¼																		
funct. of WL				181.823_{75}		194.638_{25}		201.072_5		$1,161.451_{25}$	−946.140		201.072_5		205.518_{75}		209.282_5		1,232.430	−1,082.978
simp.mults. (sm)				1		4		1		○2.9156	$1,167.143_{75}$		1		4		1		○ 2.915_6	1,260.454
mults. of WL				181.823_{75}		778.555		201.072_5	$1,161.451_{25}$	§3,384.2	221.003_{75}		201.072_5		822.075		209.282_5	1,232.430	§3,593.3	177.476
mults. for lev. (l)				−1		0		1			† 12.8000		−1		0		1			† 12.800
funct. of moments				-181.826_{75}		0		201.072_5	19.248_{75}	$1,161.451_{25}$	3828.85		-201.072_5		0		209.282_5	8.210	1,232.430)	2271.693
								$1,161.451_{25}$	* 1.000	LCB	) 2.436						1,232.430	* 1.000	LCB	1.843
								VCB	) 19.248_{75}	(⊗B)							VCB	) 8.210	(⊗B)	
								above BL	0.016_6								above BL	0.007		
								(KB)	2.017								(KB)	4.007		

표 2·3 (계 속)

station 번호 / no. of ords.	간격수 (l) / mults. for lev.	Simpson 곱수(sm) / simp. mults.	5.00 m WL 1 / 5.000 m WL 1	6.00 m WL 4 / 6.000 m WL 4		7.00 m WL 1 / 7.000 m WL 1		면적함수 Σ(sm)·y / funct. of areas	곱 Σ(sm·y)·(sm) / multiples of areas	moment 함수 Σ(sm·y)·(sm)·l / moments	7.00 m WL 1 / 7.000 m WL 1	8.00 m WL 4 / 8.000 m WL 4		9.00 m WL 1 / 9.000 m WL 1		면적함수 / funct. of area	곱 / multiples of area	moment 함수 / moment
AP	−5	¼				.500	.125					1.645	.411$_{25}$	2.530	.632$_{5}$			
						.500		.500	.125	−.625	.500	6.581		2.530		9.610	2.402$_{5}$	−12.012$_{5}$
¼	−4¾	1		.610	.610	1.630	1.630					2.670	2.670	3.515	3.515			
			.280	2.440		1.630		4.350	4.350	−20.662$_{5}$	1.630	10.680		3.515		15.825	15.825	−75.168$_{75}$
½	−4½	½		1.880	.940	2.745	1.372$_{5}$					3.640	1.820	4.410	2.205			
			1.325	7.520		2.745		11.590	5.795	−26.077$_{5}$	2.745	14.560		4.410		21.715	10.857$_{5}$	−48.858$_{75}$
¾	−4¼	1		3.075	3.075	3.815	3.815					4.575	4.575	5.275	5.275			
			2.480	12.300		3.815		18.595	18.595	−79.028$_{75}$	3.815	18.300		5.275		27.390	27.390	−116.407$_{5}$
1	−4	¾		4.220	3.165	4.840	3.630					5.475	4.106$_{25}$	6.070	4.552$_{5}$			
			3.650	16.884		4.840		25.370	19.027$_{5}$	−76.110	4.840	21.900		6.070		32.810	24.607$_{5}$	−98.430
1½	−3½	2		6.200	12.400	6.625	13.250					7.040	14.080	7.425	14.850			
			5.770	24.800		6.625		37.195	74.390	−260.365	6.625	28.160		7.425		42.210	84.420	−295.470
2	−3	1½		7.710	11.565	7.960	11.940					8.190	12.285	8.395	12.592$_{5}$			
			7.450	30.840		7.960		46.250	69.375	−208.125	7.960	32.760		8.395		49.115	73.672$_{5}$	−221.017$_{5}$
3	−2	4		9.075	36.400	9.100	36.400					9.100	36.400	9.100	36.400			
			9.030	36.300		9.100		54.430	217.720	−435.440	9.100	36.400		9.100		54.600	218.400	−436.800
4	−1	2		9.100	18.200	9.100	18.200					9.100	18.200	9.100	18.200			
			9.100	36.400		9.100		54.600	109.200	−109.200	9.100	36.400		9.100		54.600	109.200	−109.200
5	0	4		9.100	36.300	9.100	36.400					9.100	36.400	9.100	36.400			
			9.100	36.400		9.100		54.600	218.400	0	9.100	36.400		9.100		54.600	218.400	0
6	1	2		9.100	18.200	9.100	18.200					9.100	18.200	9.100	18.200			
			9.100	36.400		9.100		54.600	109.200	109.200	9.100	36.400		9.100		54.600	109.200	109.200
7	2	4		9.100	36.400	9.100	36.400					9.100	36.400	9.100	36.400			
			9.100	36.400		9.100		54.600	218.400	436.800	9.100	36.400		9.100		54.600	218.400	436.800
8	3	1½		8.325	12.4875	8.400	12.600					8.455	12.682$_{5}$	8.530	12.795			
			8.250	33.300		8.400		49.950	74.925	224.775	8.400	33.820		8.530		50.750	76.125	228.375
8½	3½	2		6.975	13.950	7.100	14.200					7.215	14.430	7.350	14.700			
			6.850	27.900		7.100		41.850	83.700	292.950	7.100	28.860		7.350		43.310	86.620	303.170
9	4	¾		4.880	3.660	5.050	3.787$_{5}$					5.225	3.918$_{75}$	5.415	4.061$_{25}$			
			4.710	19.520		5.050		29.280	21.960	87.840	5.050	20.900		5.415		31.365	23.523$_{75}$	94.096
9¼	4¼	1		3.640	3.640	3.825	3.825					4.010	4.010	4.210	4.210			
			3.450	14.560		3.825		21.835	21.835	92.768$_{75}$	3.825	16.040		4.210		24.075	24.075	102.318$_{75}$
9½	4½	½		2.350	1.175	2.525	1.262$_{5}$					2.705	1.352$_{5}$	2.895	1.447$_{5}$			
			2.170	9.400		2.525		14.095	7.047$_{5}$	31.313$_{75}$	2.525	10.820		2.895		16.240	8.120	36.540
9¾	4¾	1		1.080	1.080	1.225	1.225					1.375	1.375	1.540	1.540			
			.945	4.320		1.225		6.490	6.490	30.827$_{5}$	1.225	5.500		1.540		8.265	8.265	39.258$_{75}$
FP	5	¼												.160	.040			
														.160		.160	.040	.200
funct. of WL			209.282$_{5}$		213.247$_{5}$		218.262$_{5}$		1,280.53$_{5}$	−1,215.634	−218.262$_{5}$		223.316$_{75}$		228.016$_{25}$		1,339.543$_{75}$	−1,413.365
simp. mults. (sm)			1		4		1		○2.915$_{6}$	1,306.505	1		4		1		○2.9156	1,349.958
mults. of WL			209.282$_{5}$		852.990		218.262$_{5}$	1,280.535	§3,733.5	90.871	218.262$_{5}$		893.265		228.016$_{25}$	1,339.543$_{75}$	§3,905.6	−63.407
mults. for lev. (l)			−1		0		1			† 12.8000	−1		0		1			† 12.800
funct. of moments			−209.282$_{5}$		0		218.262$_{5}$	8.980	1,280.535$_{5}$	1,163.149	−218.262$_{5}$		0		228.016$_{25}$	9.753$_{75}$	1,339.54375)	−811.610
								* 1.000	LCB)	0.908						* 1.000	LCB	−0.606
						1,280.535 VCB above BL (KB)		) 8.980 0.007 6.007	(⊗B)					1,339.543$_{75}$ VCB above BL (KB)		) 9.753$_{75}$ 0.007$_{3}$ 8.007	(⊗B)	

[주] 배수량 곱수(displacement multipliers) *: 수선간격(water lines apert), ○: $1.025 \times \frac{*1.000}{3} \times \frac{†12.8}{3} \times 2 = 2.9156$, †: Station 간격(ordinates apert), §: 배수량 톤(displacement in tons).

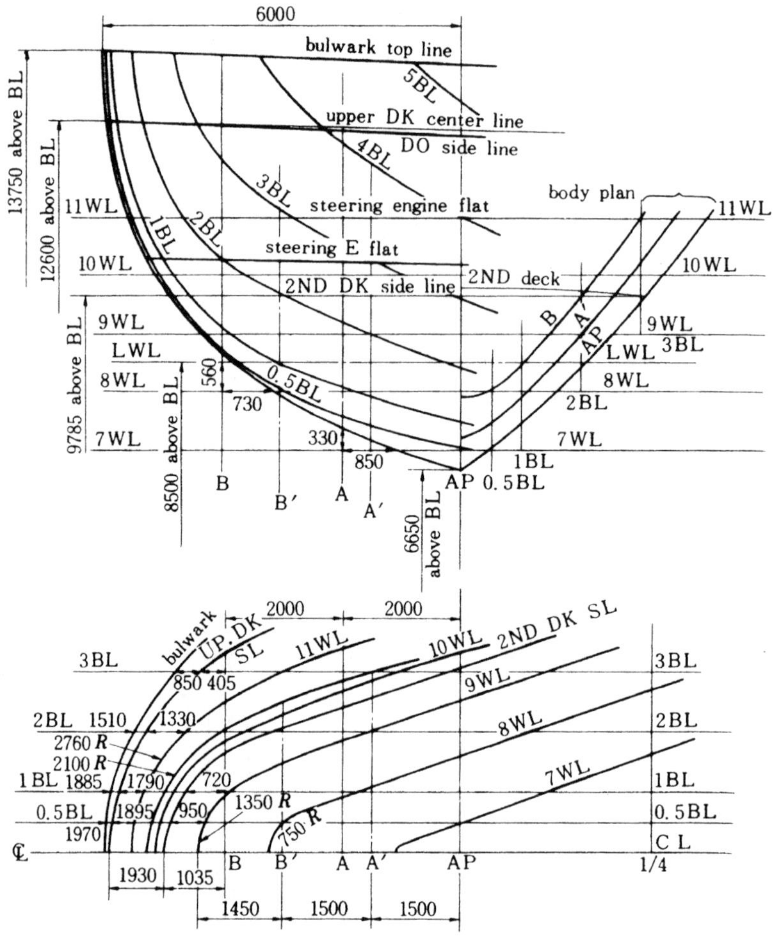

그림 2·9 선미 부가물

해서는 별도로 계산을 한 후, 주선체 계산에 포함시키게 된다. 부가물로서는 다음과 같은 것들이 있다.

(1) 하부 부가물(lower appendage)

만곡부(bilge) 이하를 심프슨의 제 1 공식으로 근사계산한다.

(2) 선미 부가물(stern appendage)

선미수선(AP)으로부터 뒤쪽에 있는 부분을 의미한다.

(3) 선수 부가물(bow appendage)

선수수선(FP)으로부터 앞쪽에 있는 부분을 의미한다.

(4) 외판 부가물(shell appendage)

강선(steel ship)에서는 선도(lines)가 형표면(molded surface, 외판의 내면)으로 표시되어 있기 때문에, 외판의 배수량을 계산하여 주선체 배수량에 포함시켜야만 한다.

표 2·4 하부 부가물에 대한 계산 예

하부 부가물(1.000 WL 이하) appendage(below 1.000 m WL)								
ordinate 번 호	Simpson 곱 수	편측면적	면적함수	간격수	moment 함 수	하부 부가물의 부심 KB		
no. of ord. or sect	① simp. mults	② area	①×②=③ function of area	④ levers for hori. moment	③×④=⑤ function of horizontal moments	vertical CB from base line KB		
AP	$\frac{1}{4}$	–	–	−5	–	용적함수	수선면 함수	용적·면적
$\frac{1}{4}$	1	0.175	0.175	$-4\frac{3}{4}$	−0.8313	(∇) function of volume	(A) function of W.plan	∇/A
$\frac{1}{2}$	$\frac{1}{2}$	0.668	0.334	$-4\frac{1}{2}$	−1.5030			
$\frac{3}{4}$	1	1.050	1.050	$-4\frac{1}{4}$	−4.4625			
1	$\frac{3}{4}$	1.595	1.196	−4	−4.7840	164.521	◉ 181.824	0.905
$1\frac{1}{2}$	2	2.958	5.916	$-3\frac{1}{2}$	−20.7060	홀 수 d	곱 수 multiplier	
2	$1\frac{1}{2}$	4.321	6.482	−3	−19.4460			
3	4	6.997	27.988	−2	−55.9760	1.000	2.5	2.500
4	2	8.154	16.308	−1	−16.3080		− ∇/A=	
5	4	8.463	33.852	0	–		÷3) 1.595	
6	2	8.463	16.926	1	16.9260		KB= 0.532	
7	4	7.999	31.996	2	63.9920			
8	$1\frac{1}{2}$	6.063	9.095	3	27.2850			
$8\frac{1}{2}$	2	4.810	9.620	$3\frac{1}{2}$	33.6700			
9	$\frac{3}{4}$	2.598	1.949	4	7.7960	Morrish 공식		
$9\frac{1}{4}$	1	1.415	1.415	$4\frac{1}{4}$	6.0138	$KB=\frac{1}{3}\left(2.5d-\frac{\nabla}{A}\right)$		
$9\frac{1}{2}$	$\frac{1}{2}$	0.437	0.219	$4\frac{1}{2}$	0.9855			
$9\frac{3}{4}$	1	–	–	$4\frac{3}{4}$	–			
FP	$\frac{1}{4}$	–	–	5	–	[주의]		
		Σ=	164.521		Σ=32.6515	1. 편측의 면적을 planimeter로 구한다.		
		$\frac{2}{3}$×† 12.800=	8.533		† = 12.800	2. 수선면 함수는 표 2·3의 것을 사용한다.		
		volume(cubic m)=	1,403.858		164.521) 417.939			
		tons dispt.=vol.×1.025=	1,438.95		LCB= 2.540	3. ordinate의 간격		

이상과 같은 부가물 외에도 2축 이상인 다축선(多軸船)일 경우에는 선미관 보스(stern boss)가 크기 때문에, 그것에 대한 배수량을 구하여 주선체의 배수량에 포함을 시켜야 하지만 타(rudder), 프로펠러(propeller), 방형용골(bar keel) 및 빌지부 용골(bilge keel) 등은 선미재(stern frame)에 있는 아퍼처(aperture) 공간의 배수용적과 상쇄되기 때문에, 이들은 가산하지 않는 것이 보통이다.

2.3.1 주선체에 대한 계산

주선체의 배수량, 부심의 상하방향의 위치(KB)와 전후방향의 위치(LCB)는 오프셋상의 반폭을 이용하여 심프슨의 제 1 공식으로 표 2·3과 같이 계산을 한다.

표 2·5 선미 부가물의 계산 예(AP 후부의 9.0 m WL 아래)

cruiser stern appendage(below 9.0 m WL after AP)

배수량과 부심의 위치(disp. & LCB)

단 면	면 적	곱 수(sm)	면적함수	레버	moment 함수
AP	3.282	1	3.282	0	0
A′	2.101	3	6.303	−1	−6.303
B′	1.078	3	3.234	−2	−6.468
C′	0	1	0	−3	0
aperture † = 1.500 m			(1) 12.819		−12.771
mults 2×† 1.500×3/8 =			1.125		† 1.500
volume(m^3) =			14.421	(1) 12.819	−19.157
tons dispt.(∇ ×1.025) =			14.782	B from AP	= 1.494
				LCB from ⊠	= − 65.494

부심의 높이(KB)

면적함수	ordinate 함수	∇ / A (1) ÷ (2)
(1) 12.819	(2) 13.135	0.976
흘 수 draft	곱 수 multiplier	
2.350	⅓	1.175
	∇ /A	0.976
	÷3	2.151
	CB (below 9 m WL)	= 0.717
	KB	= 8.283

침수 표면적과 외판 배수량

단 면	거 스	곱 수(sm)	곱
AP	3.505	1	3.505
A′	2.790	3	8.370
B′	1.980	3	5.940
C′	0	1	0
		Σ =	17.815
		mults = 2×† 1.5×3/8 =	1.125
			20.042
		sec θ (midle WL)* =	1.051
		wetted surface area	21.046
		t 16 mm× $\frac{1.0\times1.025}{1000}$	0.0164
		shell displacement	0.345

수선면적 / 부면심

단 면	반 폭	곱 수 (sm)	함 수	레 버	함 수
AP	2.530	1	2.530	0	0
A′	2.030	3	6.090	−1	−6.090
B′	1.505	3	4.515	−2	−9.030
C′	0	1	0	−3	0
			(2) 13.135		−15.120
mults.=2×† 1.500×3/8 =			1.125		† 1.500
water plane area =			(5) 14.777	(2) 13.135	−22.680
distance of CG of W.P. fromAP =					(4) −1.727
distance of AP from ⊠ =					−64.000
LCF from ⊠(:⊠F) =					(7) −65.727
				⊠F² =	4,320.04
				$(4)^2$ =	2.99
				differ =	4,317.06
				×(5) =	(6) 63,793.20

수선면의 2차 moment

레 버	2차 moment 함수	반폭의 세제곱	곱 수 (sm)	함 수
0	0	16.194	1	16.194
−1	6.090	8.365	3	25.095
−2	18.060	3.409	3	10.227
−3	0	0	1	0
mults.	24.150	mults.	Σ =	51.516
(3) =	2.531	=2×1/3×† 1.5×3/8=		0.375
I_{AP} =	61.124		$I(A_{PP})$ =	19.319
(6)	63,793.20		ν =	1.025
$I_⊠$ =	63,854.32			19.802
	1.025			
$\nu I_⊠$ =	65,450.7			

〈표 2·8에 의해〉

νI(main part) = 46,966.624

νI (total) = 46,986.426

I/∇ = BM = $1.025\,I/\Delta$ = 2.923

9.000 m WL

function of ord.	(N) 228.016	LCF from ⊠(⊠F)	moments
2×† 12.8/3	8.533		
area	1,945.661	−1.243	−2,418.457
Do(app.)	(5) 14.777	(7) −65.727	−971.248
total area	1,960.438	1960.438	−3,389.705
↓ 〈표 2·10으로〉		⊠F =	−1.729
		⊠F² =	2.989
$I_⊠$ (main part)	2,052,215.0	A_W· ⊠F² =	5,859.749
		ν =	1.025
Do (app.)	65,450.7		6,006.243
$I_⊠$ (sum)	2,117,665.7	$\frac{I_L}{\nabla}$ = BML = 131.383 (= I_L×1.025/ Δ)	
A_W· ⊠F²	−6006.2		
νI_L	2,111,659.5		

(3) 곱수(multiplier) = $(†)^3$×2×3/8 = 2.531
† = section aperture

* [주] θ : 반폭도에서 중심선에 대한 중간수선의 평균 경사각

표 2·6 침수면적 및 외판 배수량 계산 예

침수 표면적과 외판 배수량											
횡단면	Simpson 곱 수	CL~1.0 m WL		CL~3.0 m WL		CL~5.0 m WL		CL~7.0 m WL		CL~9.0 m WL	
		편측 거스(g)	곱 $g\cdot(sm)$	편측 거스	곱	편측 거스	곱	편측 거스	곱	편측 거스	곱
AP	¼							0.320	0.080	1.755	0.439
¼	1	1.200	1.200	3.210	3.210	5.220	5.220	7.720	7.720	10.450	10.450
½	½	1.410	0.705	3.440	1.720	5.440	2.720	7.950	3.975	10.570	5.285
¾	1	1.880	1.880	3.980	3.980	6.090	6.090	8.490	8.490	11.000	11.000
1	¾	2.450	1.838	4.610	3.458	6.790	5.093	9.150	6.863	11.480	8.610
1½	2	3.850	7.700	6.250	12.500	8.480	16.960	10.650	21.300	12.825	23.650
2	1½	5.365	8.048	7.925	11.888	10.110	15.165	12.185	18.278	14.245	21.368
3	4	8.005	32.020	10.355	41.420	12.375	49.500	14.380	57.520	16.380	65.520
4	2	9.345	18.690	11.390	22.780	13.390	26.780	15.390	30.780	17.390	34.780
5	4	9.370	37.480	11.410	45.640	13.410	53.640	15.410	61.640	17.410	69.640
6	2	9.370	18.740	11.410	22.820	13.410	26.820	15.410	30.820	17.410	34.820
7	4	9.050	36.200	11.105	44.420	13.125	42.500	15.125	60.500	17.125	68.500
8	1½	7.370	11.055	9.610	14.415	11.645	17.468	13.660	20.490	15.680	23.520
8½	2	5.675	11.350	8.010	16.020	10.055	20.110	12.110	24.220	14.140	28.280
9	¾	3.570	2.678	5.860	4.395	7.930	5.948	9.980	7.485	12.020	9.015
9¼	1	2.405	2.405	4.665	4.665	6.750	6.750	8.780	8.780	10.830	10.830
9½	½	1.250	0.625	3.470	1.735	5.530	2.765	7.550	3.775	9.605	4.803
9¾	1			1.250	1.250	4.205	4.205	6.235	6.235	8.275	8.275
FP	¼									0.620	0.155
$\Sigma g\cdot(sm)$ =			192.614	$\Sigma g\cdot(sm)$ = 257.216		$\Sigma g\cdot(sm)$ = 307.734		$\Sigma g\cdot(sm)$ = 378.951		$\Sigma g\cdot(sm)$ = 441.190	
곱수=† 12.8×2/3 =			8.533	8.533		8.533		8.533		8.533	
침수 표면적 =			1,643.575	2,194.824		2,625.894		3,233.589		3,764.674	
침수 표면적의 차 =			1,643.575	551.249		438.750		607.695		531.085	
곱수 = $\frac{t[\mathrm{mm}]\times 1.025}{1000}$ =			0.0164	0.0164		0.0164		0.0164		0.0164	
외판 배수량 =			26.95	9.04		7.20		9.97		8.76	
총합계(전체 배수량) =			26.95	35.99		43.19		53.19		61.95	

2.3.2 하부 부가물에 대한 계산

표 2·4와 같이 곡선부에서 만곡이 급한 부분에 관해서 오차는 크지만 심프슨의 제 1 공식을 사용해서 면적을 구하고, 부심높이(KB)는 다음과 같이 표기되는 모리시(Morrish)의 공식을 이용해서 구한다.

$$\mathrm{KB} = \frac{1}{3}\left(\frac{5d}{2} - \frac{\nabla}{A_W}\right)$$

2.3.3 선미 부가물에 대한 계산

카운터형 선미(counter stern)는 만재흘수선 상부에 후방으로 튀어나온 선미가 있지만 순양함형 선미(cruiser stern)는 만재흘수선 아래에 선미 돌출부가 있기 때문에, 이와 같은 부분에 대해서는 부가물로서 표 2·5와 같이 계산을 한다.

선미수선(AP)으로부터 뒤쪽을 적당한 등간격으로 등분을 하고, 그 단면에서 단면적과 수선면의 반폭을 구한다. 단면적은 심프슨의 공식으로 구하면 되는데, 부심높이(KB)는 하부 부가물의 계산과 같은 식을 사용하여 구한다.

2.3.4 침수 표면적과 외판 배수량에 대한 계산

선체의 표면은 완전히 전개를 할 수가 없는 곡면으로 되어 있고, 또 외판의 배수량이 배의 배수량의 1~6% 정도가 되기 때문에 외판의 수면 아래 면적, 즉 침수 표면적(wetted surface area)은 근사적인 방법으로 표 2·6과 같이 구해도 별 지장은 없다. 그리고 선체의 각 단면에서 선체 중심선으로부터 단면을 따라 측정한 직선길이인 거스길이(girth length)는 테이프나 바텐을 사용해서 선도에 직접 대고 측정을 하거나, 곡선길이 측정기(curve meter)를 이용해서 측정한다. 이렇게 해서 얻어진 거스길이와 심프슨의 공식을 이용하여 침수 표면적을 구하고, 여기에 평균외판 두께와 해수밀도(또는 비중량)를 곱해서 외판의 배수량을 얻는다.

하지만 각 스테이션 횡단면 곡선의 거스길이와 심프슨 공식만을 이용해서 침수 표면적을 구한 경우는 횡단면 곡선의 굴곡영향은 반영하였지만, 수평단면곡선(WL)의 굴곡효과는 제대로 고려하였다고 볼 수 없다. 이러한 문제점을 아래와 같은 방법으로 보완하여 계산하기도 한다(표 2·5 참조).

$$\text{침수 표면적} = (\text{횡단면 거스길이와 심프슨 공식으로 구한 면적}) \times \left(\frac{l}{L_{BP}} \text{ 또는 } \sec\theta\right)$$

여기서 l : 반폭도에서 대상 수선(WL)의 중간위치수선(WL)의 전단 및 후단까지 거스길이

L_{BP} : 수선간 길이

θ : 반폭도에서 종 중심선에 대한 중간위치수선(WL)의 경사각. 단, 이 때 θ는 각 스테이션위치에서 측정한다.

외판 배수량은 다음과 같은 식으로 표시할 수 있다.

$$\text{외판 배수량} = (\text{침수 표면적}) \times \frac{t}{1000} \times M \times \gamma$$

여기서 t : mm 단위로 표시된 외판두께

M : 내외장(內外張)인 경우 평균 두께수정계수(상선의 경우 통상 1.0~1.5)

γ : 선체주위의 유체밀도. 바닷물의 경우 1.025 ton/m^{3}이며, 청수의 경우 1.000 ton/m^{3}이다.

2.3.5 각 수선 아래의 배수량과 부심위치에 대한 계산

주선체, 하부 부가물, 선미 부가물, 선수 부가물 등의 배수량과 부심의 위치는 표 2·7과 같이 각각 독립적으로 계산을 해서 합하면 된다. 각 수선 아래의 전체 배수량과 부심의 위치는 표 2·7과 같이 계산하면 된다.

표 2·7 각 수선에 대한 배수량과 부심위치의 계산 예

각 수선에 대한 배수량과 부심의 위치								
항목 / 수선	각 배수량	합 배수량	연직방향			수평방향		
			각 KB	모멘트	KB	각 LCB	모멘트	LCB
BL~1.00 m WL	1,439.0		0.532	765.548		2.540	3,655.060	
1.00 m WL		1,439.0			0.532			2.540
1.00~3.00 m WL	3,386.3		2.017	6,830.167		2.436	8,232.095	
3.00 m WL		4,825.3		7,595.715	1.574		11,887.155	2.466
3.00~5.00 m WL	3,593.3		4.007	14,398.353		1.843	6,622.452	
5.00 m WL		8,418.5		21,994.068	2.613		18,509.607	2.199
5.00~7.00 m WL	3,733.5		6.007	22,427.135		0.903	3,390.625	
7.00 m WL		12,152.1		44,421.203	3.655		21,899.625	1.802
7.00~9.00 m WL	3,905.6		8.007	31,272.139		− 0.606	−2,366.794	
appendage	14.8		8.283	122.588		−65.494	−969.311	
9.00 m WL		16,072.5		75,815.930	4.717		18,563.520	1.155

2.3.6 횡메타센터 반지름 BM_T에 대한 계산

횡메타센터 반지름(transverse metacenter)은 각 수선면의 선체 중심선에 대한 수선면적의 관성 모멘트를 수선 아래의 배수용적으로 나누면 표 2·8과 같이 얻게 되는데, 만재흘수선 부근에서는 선미 부가물도 포함시켜 계산해야만 한다.

2.3.7 부면심 LCF 및 종메타센터 반지름 BM_L에 대한 계산

부면심(LCF)과 종메타센터 반지름(BM_L)의 계산방법은 선수와 선미의 부가물을 포함해서 앞에서 설명한 대로 표 2·9와 같이 계산한다.

표 2·8 횡메타센터의 계산 예

수선면		1.00 m WL			3.00 m WL			5.00 m WL			7.00 m WL			9.00 m WL		
station 위 치	곱 수 (sm)	반 폭 (y)	반 폭의 세제곱 (y^3)	세제곱 함 수 ($sm \cdot y^3$)	반 폭 (y)	반 폭의 세제곱 (y^3)	세제곱 함 수 ($sm \cdot y^3$)	반 폭 (y)	반 폭의 세제곱 (y^3)	세제곱 함 수 ($sm \cdot y^3$)	반 폭 (y)	반 폭의 세제곱 (y^3)	세제곱 함 수 ($sm \cdot y^3$)	반 폭 (y)	반 폭의 세제곱 (y^3)	세제곱 함 수 ($sm \cdot y^3$)
water line		1.00 m WL			3.00 m WL			5.00 m WL			7.00 m WL			9.00m WL		
no. of ords.	simp. mults	ordinates	cubes of ordinates	function of cubes	ordinates	cubes of ordinates	function of cubes	ordinates	cubes of ordinates	function of cubes	ordinates	cubes of ordinates	function of cubes	ordinates	cubes of ordinates	function of cubes
AP	¼										.500	.1250	.03125	2.530	16.1943	4.0486
¼	1							.280	.2195	.2195	1.630	4.3307	4.3307	3.525	43.4286	43.4286
½	½	.695	.3357	.16785	.930	.8046	.4023	1.325	2.3262	1.1631	2.745	20.6836	10.3418	4.410	85.7660	85.7660
¾	1	1.300	2.1970	2.19700	1.825	6.0784	6.0784	2.480	15.2530	15.2530	3.815	55.5244	55.5244	5.275	146.7802	110.0852
1	¾	1.975	7.7037	5.77775	2.780	21.4850	16.1138	3.650	48.6271	36.4703	4.840	113.3800	85.0350	6.070	223.6485	167.7364
1½	2	3.520	43.6142	87.2284	4.820	111.9802	223.9604	5.770	192.1000	384.2000	6.625	290.7754	581.5508	7.425	409.3449	818.6898
2	1½	5.100	132.6510	198.9765	6.655	294.7435	442.1152	7.450	413.4936	620.2404	7.960	504.3583	756.5375	8.395	591.6462	887.4693
3	4	7.725	460.9942	1843.9768	8.800	681.4720	2725.8880	9.030	736.3143	2945.2572	9.100	753.5710	3014.2840	9.100	753.5710	3014.2840
4	2	8.975	722.9419	1445.8838	9.100	753.5710	1507.1420	9.100	753.5710	1507.1420	9.100	753.5710	1507.1420	9.100	753.5710	1507.1420
5	4	9.000	729.0000	2916.0000	9.100	753.5710	3014.2840	9.100	753.5710	3104.2840	9.100	753.5710	3014.2840	9.100	753.5710	3014.2840
6	2	9.000	729.0000	1458.0000	9.100	753.5710	1507.1420	9.100	753.5710	1507.1420	9.100	753.5710	1507.1420	9.100	753.5710	1507.1420
7	4	8.715	660.7763	2643.1052	9.070	746.1426	2984.5704	9.100	753.5710	3014.5710	9.100	753.5710	3014.2840	9.100	753.5710	3014.2840
8	1½	7.075	354.1435	531.2153	8.020	515.8496	773.7744	8.250	561.5156	842.2734	8.400	592.7040	889.0560	8.530	620.6505	930.9758
8½	2	5.395	157.0270	314.0540	6.520	275.8940	551.7890	6.850	321.4191	642.8382	7.100	357.9110	715.8220	7.350	397.0654	794.1308
9	¾	3.200	32.7680	24.5760	4.300	79.5070	59.6303	4.710	104.4871	78.3653	5.050	128.7876	96.5907	5.415	158.7798	119.0849
9¼	1	2.040	8.4897	8.4897	3.030	27.8181	27.8181	3.450	41.0636	41.0636	3.825	55.9621	55.9621	4.210	74.6185	74.6185
9½	½	.945	.8439	.4220	1.760	5.4518	2.7259	2.170	10.2183	5.1092	2.525	16.0984	8.0492	2.895	24.2631	12.1316
9¾	1				.610	.2270	.2270	.945	.8439	.8439	1.225	1.8383	1.8383	1.540	3.6523	3.6523
FP	¼													.160	.0041	.0010
○ 곱 수				11480.0703			13843.6612			14656.4361			15347.80575			16108.9548
multiplier				○ 2.91556			○ 2.91556			○ 2.91556			○ 2.91556			○ 2.91556
$= \frac{† \times 1.025 \times 2}{3 \times 3}$		§ 1439.0		) 33470.83376	§ 4825.3		) 40362.0248	§ 8418.6		) 42731.7188	§ 12152.1		) 44665.979			) 46966.624
= † × 0.2278		BM_T at 1.000 m		WL 23.260	BM_T at 3.000 m		WL 8.365	BM_T at 5.000 m		WL 5.076	BM_T at 7.000m		WL 3.675			↓ (표 2·5로)
= 2.91556																

† ordinates aperture, § displacement : excluding shell(including shell in case of wooden ship)

표 2·9 부면심 및 종메타센터의 계산 예

수 선 면		1.00 m WL				3.00 m WL				5.00 m WL			
station 번 호	곱 수 (간격수) (l)	반 폭의 함 수 $(sm \cdot y)$	부면심의 함 수 $(sm \cdot y \cdot l)$	곱 수 (간격수) (l)	2차 moment 함 수 $(sm \cdot y \cdot l^2)$	반 폭의 함 수 $(sm \cdot y)$	부면심의 함 수 $(sm \cdot y \cdot l)$	곱 수 (간격수) (l)	2차 moment 함 수 $(sm \cdot y \cdot l^2)$	반 폭의 함 수 $(sm \cdot y)$	부면심의 함 수 $(sm \cdot y \cdot l)$	곱 수 (간격수) (l)	2차 moment 함 수 $(sm \cdot y \cdot l^2)$
water line		1.00 m WL				3.00 m WL				5.00 m WL			
no. of ords.	mults. for lev.	functions of ordinates (N)	functions for C.G.of W. plane (M)	mults. for lever	functions for moment of inertia of W. plane (O)	functions of ordinates (N)	functions for C.G. of W. plane(M)	mults. for lever	functions for moment of inertia of W. plane (O)	functions of ordinates (N)	functions for C.G. of W. plane (M)	mults. for lever	functions for moment of inertia of W. plane (O)
AP	−5			−5				−5				−5	
¼	−4¾			−4¾				−4¾		.280	−1.330	−4¾	6.318
½	−4½	.3475	−1.564	−4½	7.038	.465	−2.093	−4½	9.419	.6625	−2.981	−4½	13.415
¾	−4¼	1.300	−5.525	−4¼	23.481	1.825	−7.756	−4¼	32.963	2.480	−10.540	−4¼	44.795
1	−4	1.48125	−5.925	−4	23.700	2.085	−8.340	−4	33.360	2.7375	−10.950	−4	43.800
1½	−3½	7.040	−24.640	−3½	86.240	9.640	−33.740	−3½	118.090	11.540	−40.390	−3½	141.365
2	−3	7.650	−22.950	−3	68.850	9.9825	−29.948	−3	89.844	11.175	−33.525	−3	100.575
3	−2	30.900	−61.800	−2	123.600	35.200	−70.400	−2	140.800	36.120	−72.240	−2	144.480
4	−1	17.950	−17.950	−1	17.950	18.200	−18.200	−1	18.200	18.200	−18.200	−1	18.200
5	0	36.000	−	0	−	36.400	−	0	−	36.400	−	0	−
6	1	18.000	18.000	1	18.000	18.200	18.200	1	18.200	18.200	18.200	1	18.200
7	2	34.840	69.680	2	139.360	36.280	72.560	2	145.120	36.400	72.800	2	145.600
8	3	10.6125	31.8375	3	95.513	12.030	36.090	3	108.270	12.375	37.125	3	111.375
8½	3½	10.790	37.765	3½	132.178	13.020	45.570	3½	159.495	13.700	47.950	3½	167.825
9	4	2.400	9.600	4	38.400	3.225	12.900	4	51.600	3.5325	14.130	4	56.520
9¼	4¼	2.040	8.670	4¼	36.848	3.030	12.878	4¼	54.732	3.450	14.663	4¼	62.318
9½	4½	.4725	2.126	4½	9.567	.880	3.960	4½	17.820	1.085	4.883	4½	21.974
9¾	4¾			4¾		.610	2.898	4¾	13.766	.945	4.489	4¾	21.323
FP	5			5				5				5	
× 곱 수 multiplier		181.82735	−140.354			201.0725	−170.477			209.2825	−190.156		
$= \frac{(\dagger)^3 \times 1.025 \times 2}{3}$			177.679				205.056				214.240		
$= (\dagger)3 \times 0.6833$			37.325		820.725		34.579		1,011.679		24.084		1,118.083
$= 1,433.054$		$\dagger \frac{12.8}{N}$	0.0704	$\frac{M^2}{N} =$	7.662	$\dagger \frac{12.8}{N}$	0.0637	$\frac{M^2}{N} =$	5.947	$\dagger \frac{12.8}{N}$	0.0612	$\frac{M^2}{N} =$	2.772
		⊗F: LCF from ⊗=	2.628	$0 - \frac{M^2}{N} =$	813.063	⊗F =	2.203	$0 - \frac{M^2}{N} =$	1,005.732	⊗F =	1.474	$0 - \frac{M^2}{N} =$	1,115.311
				§	1433.054 ×			§	1433.054 ×			§	1433.054 ×
				1,439.0)	1,165,163.184			4,825.3)	1,441,208.266			8,418.6)	1,589,300.890
				BM_L at 1.000 m WL	809.703			BM_L at 3.000 m WL	298.690			BM_L at 5.000m WL	189.853

표 2·9 (계 속)

수 선 면		7.00 m WL				9.00 m WL			
station 번 호	곱 수 (간격수) (l)	반 폭의 함 수 ($sm \cdot y$)	부면심의 함 수 ($sm \cdot y \cdot l$)	곱 수 (간격수) (l)	2차 moment 함 수 ($sm \cdot y \cdot l^2$)	반 폭의 함 수 ($sm \cdot y$)	부면심의 함 수 ($sm \cdot y \cdot l$)	곱 수 (간격수) (l)	2차 moment 함 수 ($sm \cdot y \cdot l^2$)
water line		7.00 m WL				9.00 m WL			
no. of ords.	mults. for lev.	functions of ordinates (N)	functions for C.G. of W. plane (M)	mults. for lever	functions for moment of inertia of W. plane (O)	functions of ordinates (N)	functions for C.G. of W. plane (M)	mults. for lever	functions for moment of inertia of W. plane (O)
AP	−5	.125	− .625	−5	3.125	.6325	−3.163	−5	15.815
¼	−4¾	1.630	−7.743	−4¾	36.779	3.515	−16.696	−4¾	79.306
½	−4½	1.3725	−6.176	−4½	27.792	2.205	−9.923	−4½	44.654
¾	−4¼	3.815	−16.214	−4¼	68.910	5.275	−22.419	−4¼	95.281
1	−4	3.630	−14.520	−4	58.080	4.5525	−18.210	−4	72.840
1½	−3½	13.250	−46.375	−3½	162.313	14.850	−51.975	−3½	181.913
2	−3	11.940	−35.820	−3	107.460	12.5925	−37.778	−3	113.334
3	−2	36.400	−72.800	−2	145.600	36.400	−72.800	−2	145.600
4	−1	18.200	−18.200	−1	18.200	18.200	−18.200	−1	18.200
5	0	36.400	−	0	−	36.400	−	0	−
6	1	18.200	18.200	1	18.200	18.200	18.200	1	18.200
7	2	36.400	72.800	2	145.600	36.400	72.800	2	145.600
8	3	12.600	37.800	3	113.400	12.795	38.385	3	115.155
8½	3½	14.200	49.700	3½	173.950	14.700	51.450	3½	180.075
9	4	3.7825	15.150	4	60.600	4.06125	16.245	4	64.980
9¼	4¼	3.825	16.256	4¼	69.088	4.210	17.893	4¼	76.045
9½	4½	1.2625	5.681	4½	25.565	1.4475	6.514	4½	29.313
9¾	4¾	1.225	5.819	4¾	27.640	1.540	7.315	4¾	34.746
FP	5			5		.040	0.200	5	1.000
× 곱 수 multiplier		218.2625	−218.473			228.01625	−251.164		
$= \frac{(†)^3 \times 1.025 \times 2}{3}$			221.406				229.002		
$= (†)3 \times 0.6833$			2.933		1,262.302		22.162		1,432.057
= 1,433.054		$\frac{†\ 12.8}{N}$	0.0586	$\frac{M^2}{N}$ =	0.039	$\frac{†\ 12.8}{N}$	0.0561	$\frac{M^2}{N}$ =	
		ⓍF =	0.172	0 − $\frac{M^2}{N}$ =	1,262.263	ⓍF =	−1.243	0 − $\frac{M^2}{N}$ =	
				§	1,433.054 ×	표 2·5		§	1433.054 ×
			12,152.1	)	1,808,891.041			)	2,052,215.012
			BM$_L$ at 1.000m WL		148.854			표 2·5	

† : ordinates aperture, ⓍF : LCF form Ⓧ
§ : displacement : excluding shell(including skin in case of wooden ship)

표 2·10 종합 계산표의 예

종합계산(summary of calculations)							
수 선 면			1.00 m WL	3.00 m WL	5.00 m WL	7.00 m WL	9.00 m WL
수선면 WL	수선면적 함수[$\Sigma y \cdot (sm)$]		181.824	201.073	209.283	218.263	표 2·5으로
	수선면적 A_W=[$\Sigma y \cdot (sm)$][2×† 12.8/3]		1551.56	1715.82	1785.87	1862.50	1960.440
	수선면적 계수 $C_W = A_W / L \cdot B$		0.666	0.737	0.767	0.799	0.842
	매센티배수 톤수 TPC=A_W×1.025/100		15.9	17.6	18.3	19.1	20.1
중 앙 횡단면	면적함수 [$\Sigma y \cdot (sm)$]		25.389	79.889	134.489	189.089	243.689
	면적($A_⊗$=[$\Sigma y \cdot (sm)$]×[2×1.00/3])		16.926	53.262	89.664	126.066	162.467
	중앙 횡단면 계수($C_M = A_⊗ / B \cdot$ draft)		0.930	0.975	0.985	0.984	0.992
배수량 (As)	형표면	배수량(Δ_{MLD})	1,439.0	4,825.3	8,418.5	12,152.1	16,072.5
		방형계수($C_B = \Delta / L \times B \times$draft×1.025)	0.603	0.674	0.705	0.727	0.748
		주형계수($C_P = C_B / C_M$)	0.648	0.691	0.716	0.736	0.754
		연직 주형계수($C_{VP} = C_B / C_W$)	0.905	0.915	0.919	0.910	0.888
	외판 배수량 Δ_{SHELL}		26.95	35.99	43.19	53.19	62.95
	외판을 포함한 배수량 Δ		1,466.0	4,861.3	8,461.7	12,205.3	16,134.5
침 수 표면적	외판침수 표면적(As)		1,643.6	2,194.0	2,625.9	3,233.6	3,785.7
연 직 방 향	기선에서 부심높이(KB)		0.532	1.574	2.613	3.655	4.717
	메타센터 반지름(BM_T)		23.260	8.365	5.076	3.675	2.923
	기선에서 메타센터 높이(KM_T)		23.792	9.939	7.689	7.330	7.640
종방향	⊗에서 부심까지(LCB)		2.540	2.466	2.199	1.802	1.155
	⊗에서 부면심까지(LCF)		2.628	2.203	1.474	0.172	−1.729
	종메타센터 반지름(BM_L)		809.703	298.690	189.853	148.854	131.383
	기선에서 종메타센터 높이(KM_L)		810.235	300.263	192.466	152.509	136.100
매센티 트리밍 모멘트(MTC≒$\Delta \cdot BM_L / L \times 100$)			91.0	112.6	124.9	141.3	165.000
매센티 트림수정톤수 w=(LCF×TPC/L)			−0.320	−0.303	−0.211	−0.026	0.272

2.3.8 종합계산

2.3.1~2.3.7절에서 구한 모든 계산결과를 표 2·10과 같이 하나의 표로 종합하면 종합 계산표가 된다.

2.3.9 배수량 등곡선도

배수량 등곡선도(hydrostatic curve) 계산의 종합 계산표에 나타낸 결과를 그림 2·10과 같이 그래프로 표시하면 배수량 등곡선도가 되고, 배의 운용시 이것을 사용하면 상당히 편리하다. 그런데 흘수는 방형 용골(bar keel)의 아랫면에서 측정한 값을 사용하기 때문에 계산결과는 용골의 두께만큼 위쪽으로 옮겨야 한다. 또한 부심의 전후방향 위치(LCB)와 부면

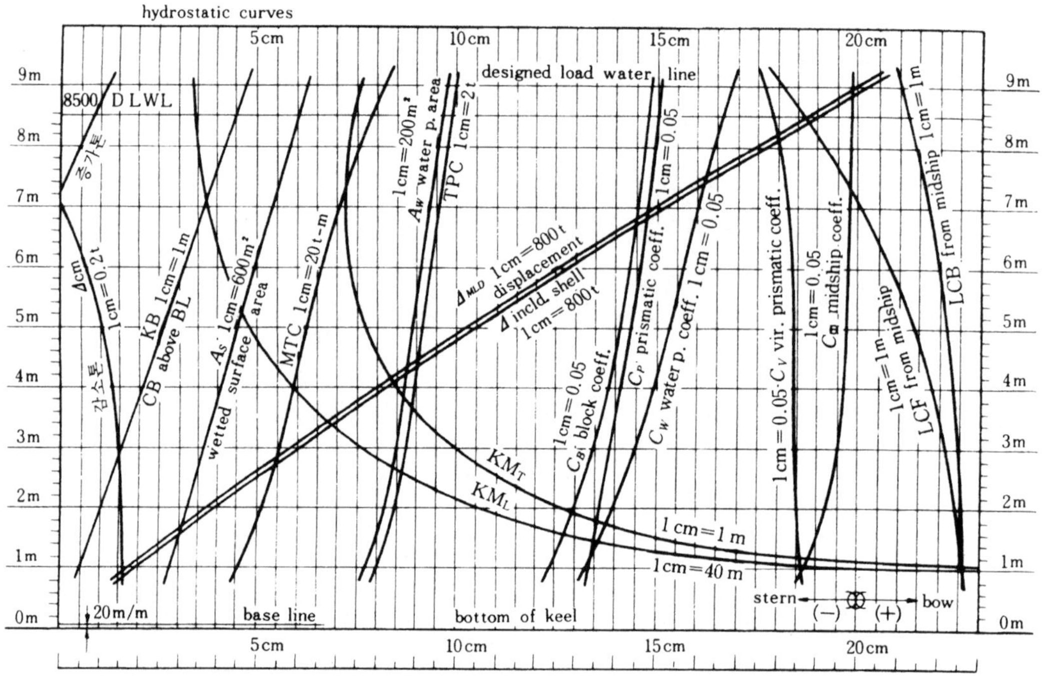

그림 2 · 10　배수량 등곡선도

심 위치(LCF)는 곡선도의 적당한 곳에 배의 중앙(⊠)위치를 정하여 좌측을 선미, 우측을 선수로 표시한다. 그리고 각 곡선들에는 그 곡선의 명칭과 축척을 표기한다.

2.4 본전곡선

2.4.1 횡단면적 곡선

그림 2 · 11(a)에는 선박 정면도상의 어떤 스테이션의 횡단면을 중심선을 기준으로 해서 한쪽 면만을 그린 것인데, 이 그림에서 기선에서 수선 W_1L_1까지의 KCL_1W_1K 면적은 면적계나 적분기 또는 근사 적분법으로 구할 수 있다. 이렇게 구한 횡단면적을 두 배하면 W_1L_1 아래의 전체 횡단면적이 될 것이며, 이 면적을 흘수선 W_1L_1과 같은 높이에 수평방향으로 적당한 눈금을 정해서 표시한 점이 Q이다. 마찬가지로 수선 WL 및 HF 아래의 전체 횡단면적을 구해서 수평방향으로 표시한 점이 각각 P 및 F′이다. 따라서, 이렇게 그려진 그림 2 · 11(b)를 통하여 임의의 흘수선 아래 횡단면적을 알 수가 있다. 이를테면 H′F′는 흘수선 HF 아래의 전체 횡단면적을 의미한다.

수선 아래의 횡단면적을 구할 때 목선에서는 외판(planking)의 바깥쪽까지를 기준으로 해서 면적을 구하지만 강선인 경우는 형선(moulded line)으로 둘러싸인 단면을 기준으로 해서

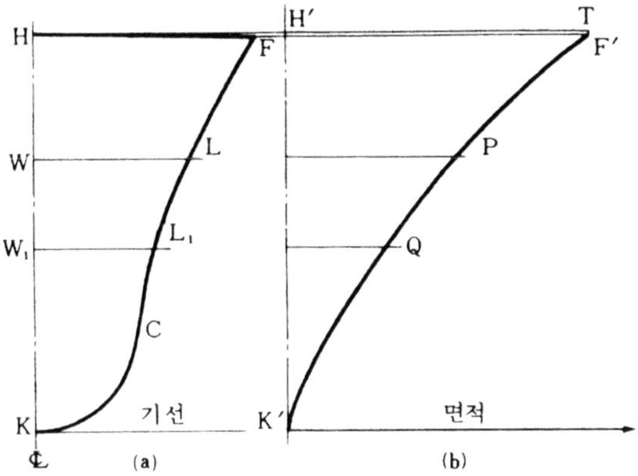

그림 2·11 정면도의 단면 (a)와 Bonjean 곡선(b)

면적을 구하는 것이 관례이다.

일반적으로 빌지부 용골과 같이 큰 부가물을 갖는 배에서는 이와 같은 부가물의 단면을 가산하고, 배의 급격한 횡단면 형상변화에 대해 수정을 가한 외판두께를 횡단면적에 포함시켜서 구하는 것이 바람직할 것이다.

정면도의 모든 스테이션에 대해서 위에서 설명한 바와 같이 수선 아래의 횡단면적을 구하고, 이 횡단면적을 그림 2·11(b)에 예시된 방법으로 표시한 곡선을 본전곡선(Bonjean's curve)이라 한다.

본전곡선의 주요한 용도는 임의의 수선이나 트림된 수선에서 배의 배수용적을 구하는데

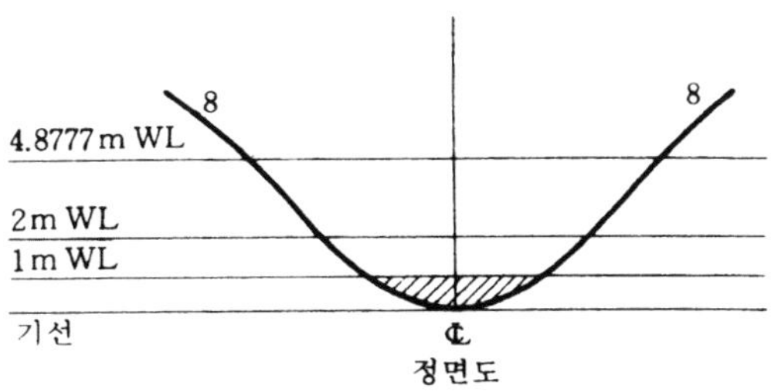

기선상의 높이(m)	반 폭(m)	곱 수	곱
0	0.66	5	3.30
1	3.08	8	24.64
2	4.02	−1	−4.02
			Σ=23.92

1 m 수선하부의 횡단면적 $= \frac{S}{12} \times \Sigma(\text{반폭} \times sm) = \frac{1}{12} \times 23.92$

$= 1.99\ m^2$, 배의 한쪽

$= 3.99\ m^2$, 배의 양쪽

이용하는 것이다. 그리고 본전곡선을 계산할 때 낮은 수선의 경우에는 수선간격을 좀 더 작게 한 수선들을 이용하여 표 2·11에서 예로든 것같이 5·8·−1 공식(five-eight minus one rule)을 사용하면 편리할 것이다. 가장 낮은 수선 아래의 횡단면 형상이 너무 뾰족한 경우는 통상의 약산 적분법으로 면적을 구하면 오차가 너무 클 수 있으므로 면적계를 쓰는 것이 바람직할 수도 있다. 그리고 형기선에 대한 각 단면의 면적 모멘트는 3·10·−1 공식(three-ten minus one rule)을 사용해서 계산할 수도 있으며 이들 연직 모멘트를 종방향으로 적분하여서 형기선에 대한 배수용적 모멘트를 구할 수 있다.

2.4.2 본전곡선의 작성

본전(Bonjean)곡선을 표기하는 방법은 크게 두 가지가 있다. 그 첫번째 방법은 본전곡선을 작성할 때 수평방향으로 횡단면적을 나타내기 위한 수직의 기준축을 배의 중앙부에 한 개만 설정하고, 그림 2·12와 같이 이 연직축의 오른쪽에는 선수부(fore body)의 횡단면적을, 또 왼쪽에는 선미부(aft body)의 횡단면적을 수평방향으로 그려 넣는 방법이다. 여기서 흘수는 용골흘수(keel draft)나 형흘수 중 어느 것을 기준으로 해도 좋지만, 형기선부터 용골 끝부분까지의 높이는 본전곡선에 표시해 주어야 한다. 이런 표시법으로 본전곡선을 작성하면 그림이 압축되고 횡단면적을 읽을 수 있는 눈금을 한 개만 사용해도 되는 편리성이 있다. 뿐만 아니라 인접되어 있는 스테이션의 횡단면 형상의 변화를 쉽게 비교할 수도 있다는 유리한

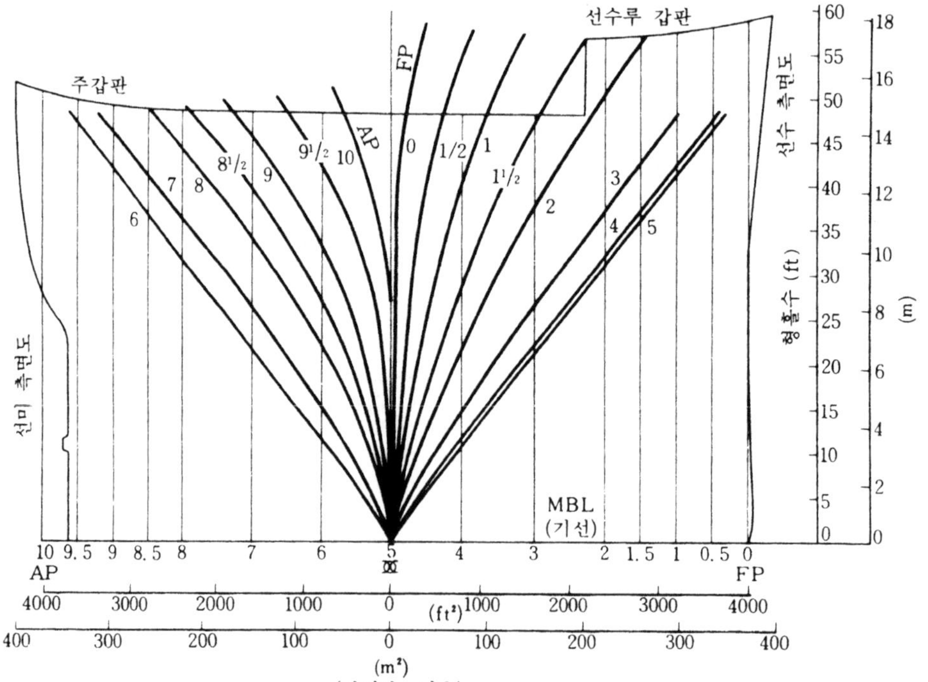

그림 2·12 본전(Bonjean) 곡선-공동 연직축형

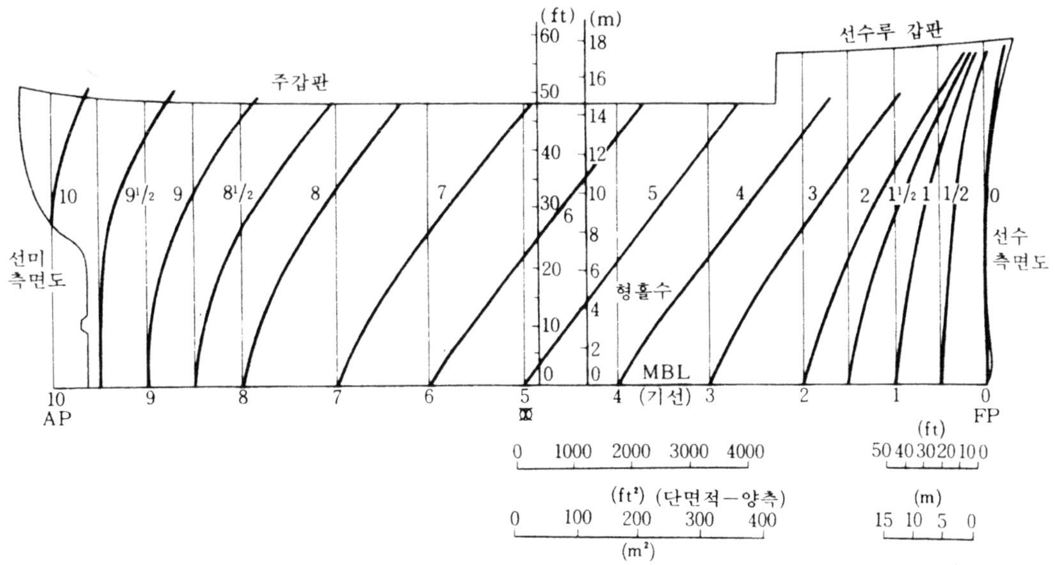

그림 2 · 13 본전곡선-별도의 기준축형

점이 있다.

본전곡선을 작성하는 두 번째의 방법은 그림 2 · 13과 같이 수평방향으로 횡단면적을 나타내기 위한 수직의 기준축을 매 스테이션으로 하고, 매 스테이션마다 수평방향으로 횡단면적을 그려 주는 방법이다. 이러한 작성법은 측면도에 트림선을 그려 넣기에는 편리하지만, 매 스테이션마다 별도로 수평의 면적 축이 설정되어 있으므로 겹쳐 있는 부분의 횡단면적 눈금을 읽기가 불편할 수도 있다.

본전곡선의 작성 때는 흘수를 나타내는 눈금도 적당한 위치에 표시해 주어야 한다.

2.4.3 본전곡선의 용도

배수용적과 세로방향의 부심의 위치를 계산하는 방법은 횡단면적을 적분해서 얻는 것이 일반적인 방법인데, 만일 배가 등흘수(even keel) 상태가 아닌 트림상태로 떠 있는 경우에는 본전곡선을 이용해서 이들 값들을 구하는 것이 훨씬 편리하다.

트림된 수선인 경우 그림 2 · 14와 같이 배의 측면도에 트림 선을 그려서 본전곡선에 기재된 흘수와 각 스테이션에서의 횡단면적을 읽을 수 있다. 즉, 그림 2 · 14에서 수선 AF와 스테이션 3에서의 종선의 교점을 J라 하면 3J는 그 스테이션에서의 수면의 높이를 나타내고, 교점 J에서의 해당면적 곡선의 수평좌표 JP는 이 스테이션의 수면 밑 횡단면적을 나타낸다. 그래서 기선을 기준 축으로 하고 수면하 횡단면적을 종축으로 해서 각 스테이션마다 그려 넣는 곡선을 이 배의 수선 AF에 대한 단면적 곡선(sectional area curve)이라 한다.

이렇게 작성된 단면적 곡선의 아래 전체면적은 이 흘수선에 대한 배수용적이 되며, 또 이 단면적 곡선과 근사 적분법을 이용해서 부심의 종방향 위치도 구할 수 있을 것이다. 이런 값들은 진수계산, 손상시 복원성 및 종강도 계산 등에 이용된다.

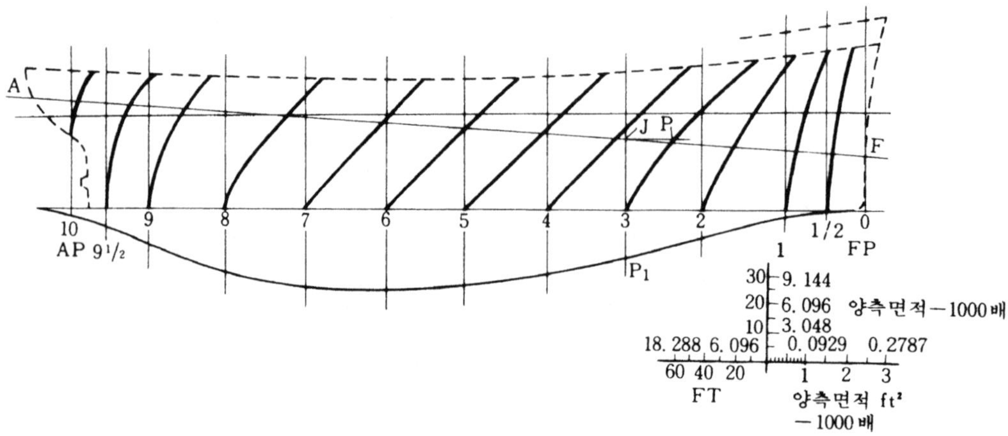

그림 2·14 본전곡선에 의한 계산 예

제 **3** 장

복원력 계산

선박의 복원력 해석에 앞서 배가 수선면에 떠서 정지상태에 있기 위한 세 가지 조건에 대해 알아보자.

① 중력과 부력은 크기는 같지만 작용방향은 반대이다.

② 중력과 부력의 작용선은 일치해야 한다.

③ 평형위치에서 작은 경사가 이루어지더라도 제자리로 되돌아와야 한다.

이 중에서 ③항을 복원성능(stability)이라고 부르며, 이는 모든 배가 만족해야 하는 중요한 성질이다.

3.1 복 원 력

평형상태에 있는 물체에 외력이 작용했을 때, 그림 3·1과 같이 밑면이 약간 들어올려졌다고 해도 주어진 외력이 없어지면 즉시 원위치로 돌아온다. 그 이유는 물체의 무게중심 G에서 아래쪽으로 향하고 있는 중량 W와 접촉점에 작용하는 반작용력 R에 의해 생기는 모멘트의 방향이 외력에 의한 위치변화의 방향과 반대가 되기 때문이다. 따라서, 이와 같은 상태의 평형을 안정(stable)하다고 말한다.

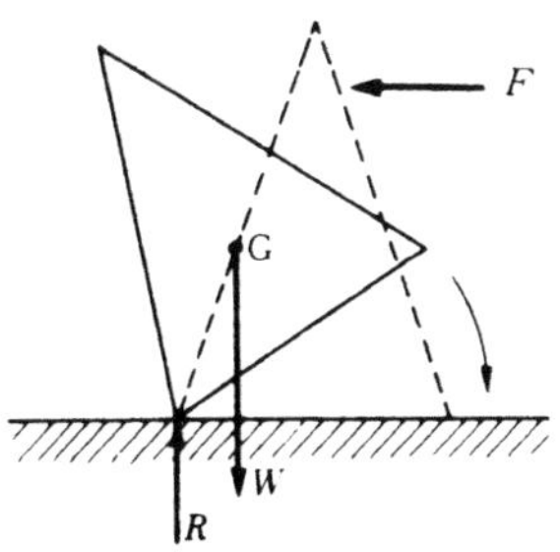

그림 3·1

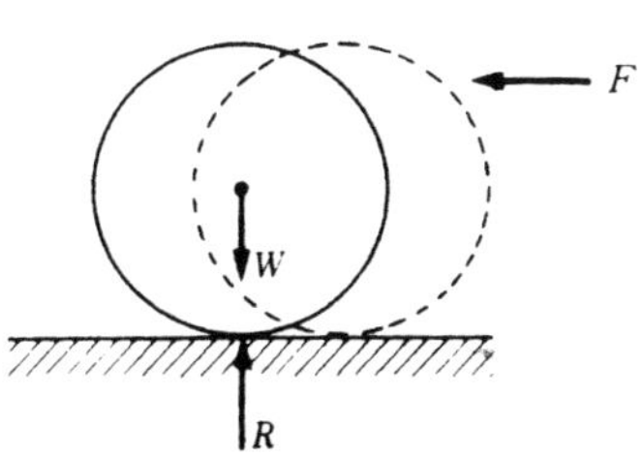

그림 3·2

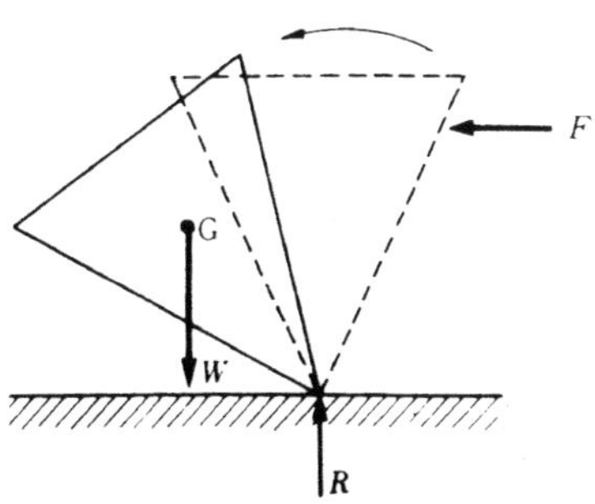

그림 3·3

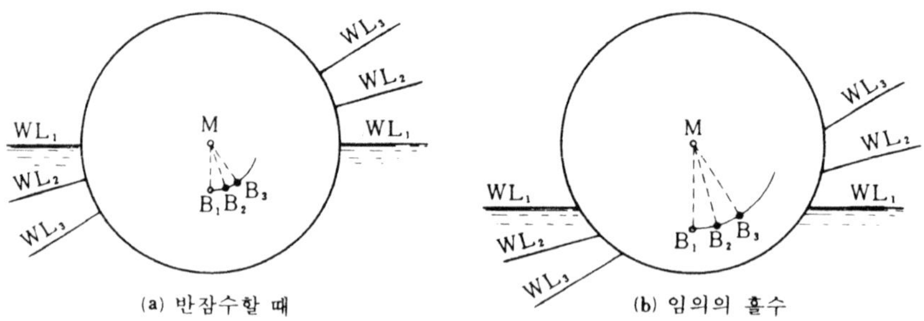

(a) 반잠수할 때 (b) 임의의 흘수

그림 3·4

그림 3·2의 경우는 외력에 의해서 위치의 변화가 생기더라도 항상 물체의 중량 W와 반작용력 R가 같은 연직선상에 놓이게 되므로, 물체의 중량 W에 의한 모멘트가 작용하지 않게 되고, 따라서 주어진 외력이 없어지면 그 상태에서 그대로 머물러 있게 된다. 이와 같은 평형을 중립평형(neutral equilibrium)이라고 한다.

끝으로 그림 3·3의 경우는 물체의 중량 W에 의한 모멘트의 방향이 물체의 위치를 더욱더 변화시키는 방향으로 움직일 것이다. 따라서, 이 물체는 외력이 없어지더라도 원위치로부터 더욱더 변화되는 방향으로 움직일 것이다. 이와 같은 이 물체의 상태를 불안정(unstable)이라고 한다.

선박의 경우에는 반작용력에 해당하는 힘인 부력(buoyancy)이 발생한다. 이 부력은 선박의 배수량과 그 크기가 같으며, 작용방향은 배수량의 작용방향과 반대가 된다. 그림 3·4에 나타낸 것과 같이 부력의 작용점은 물 속에 잠긴 배수량 형상에 대한 중심의 연직선상에 존재하게 된다. 그러므로 선박이 바람 등과 같은 외력에 의해서 경사가 일어나게 되면 수선 아래의 배수량 형상이 변하게 되므로 체적에 대한 부심의 중심위치가 변화하게 된다.
선박이 외력에 의해서 경사졌을 때 무게중심의 위치 G와 부심의 위치 B 및 메타센터 위치 M의 변화에 대한 다섯 가지 경우를 그림 3·5에서 그림 3·9까지 나타내었다.

그림 3·5 및 그림 3·6에서는 부력과 배수량에 의한 짝힘이 배를 일으켜 세우려는 방향으로 작용하고 있다

즉, 중심 G가 경심 M의 위치보다 아래에 있어 안정평형을 이루고 있으므로, 이 배는 외

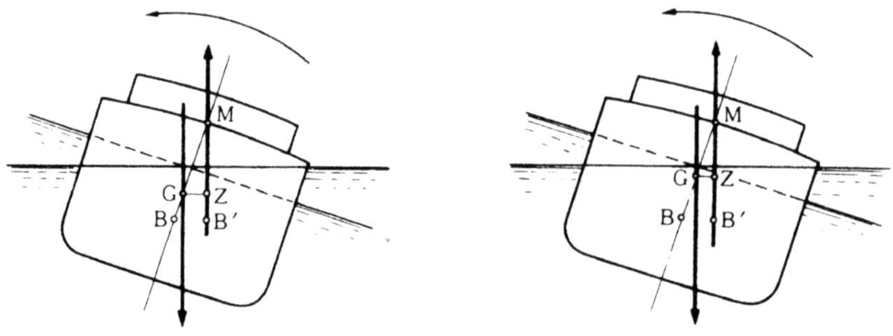

그림 3·5 그림 3·6

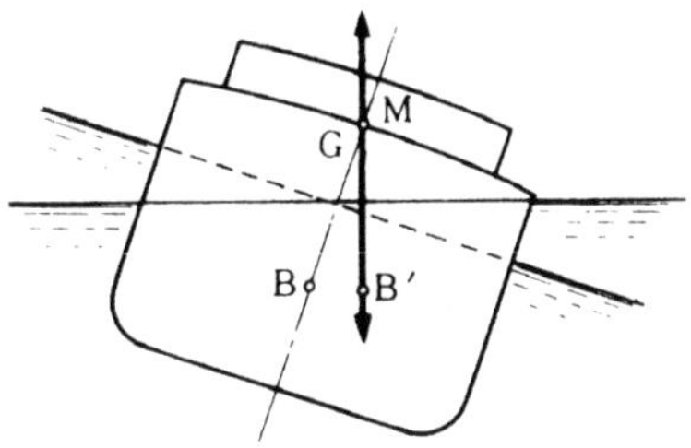

그림 3 · 7

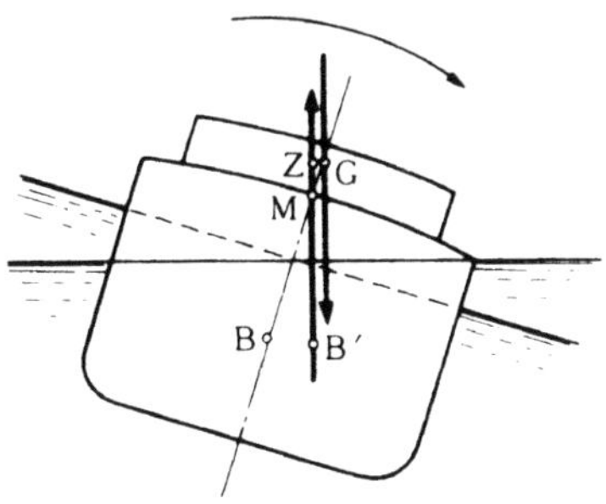

그림 3 · 8

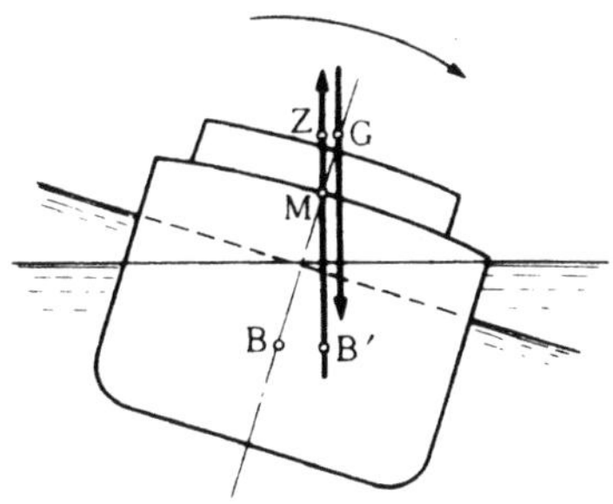

그림 3 · 9

력이 없어지면 즉시 원위치로 돌아오게 된다. 이 때의 짝힘을 복원 모멘트(righting moment)라 하고, 배는 (+)의 복원력(positive stability)을 갖는 상태에 있다고 한다.

그림 3 · 7에서는 중심 G가 경심 M과 일치됨에 따라서, 배가 외력에 의해서 경사지더라도 부심 B의 위치가 항상 같은 연직선 위에 놓이게 되므로, 어떠한 짝힘도 발생되지 않는다. 따라서, 중립평형 상태에 놓여, 이 배는 외력이 없어지더라도 항상 그 임의의 상태에 그대로 머물러 있게 된다. 그러나 그림 3 · 8과 3 · 9에서와 같이 불안정 평형을 이루고 있는 배에서는 배수량과 부력에 의한 짝힘이 배가 더욱 기울어지도록 작용하고 있다.

즉, 중심 G가 경심 M의 위치보다 위에 있게 되면 불안정 평형을 이루게 된다. 따라서, 이 때의 짝힘을 전복 모멘트(upsetting moment)라 하고, 배는 (−)의 복원력(negative stability)을 갖는 상태에 있다고 한다. 또, 이 배는 외력이 없어지더라도 점점 더 경사지므로 부심과 중심이 같은 연직선 위에 올 때까지 기울어지게 될 것이다.

이상과 같이 배의 복원성을 판가름하기 위해서는 부심 B와 중심 G의 종(longitudinal), 횡(transverse) 및 연직(vertical)방향의 위치가 중요하다. 배의 복원성은 횡복원력과 종복원력으로 나뉘는데, 현실적으로 종복원력의 부족으로 인하여 배가 전복될 경우는 없으므로 횡복원성능만 다루기로 한다.

3.1.1 초기 복원력

모든 선박에는 복원성능이 있지만, 그 복원력의 크기는 선박에 따라서 차이가 있으며, 원상태로 되돌아오려는 힘의 크기에 따라 복원력의 좋고 나쁨을 판단하고 있다. 그림 3 · 10에

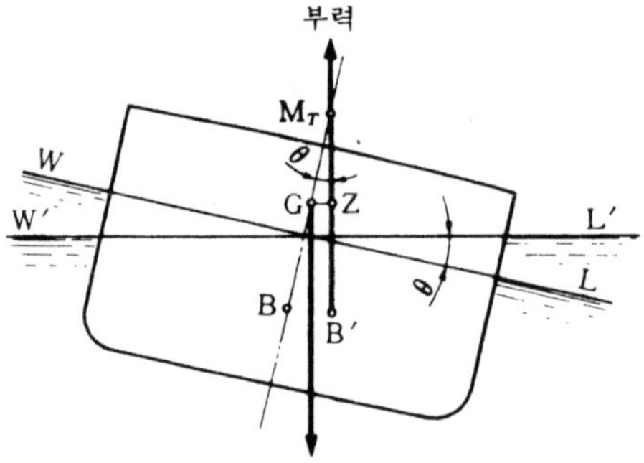

그림 3 · 10

나타낸 것과 같이 파랑 등의 외력에 의해서 배가 작은 각도로 경사를 했다면, 무게중심 G에 대한 중량과 이동된 부심 B′를 통하여 위로 작용하는 부력에 의한 짝힘 때문에 배는 직립상태(upright position)로 되돌아가려고 한다.

Z는 중심 G로부터 부력의 작용선에 내린 수직선의 교점이므로, $\Delta \times GZ$ 만큼의 우력이 작용하게 된다. 이 우력을 복원우력(righting couple), 복원력 또는 복원 모멘트(righting moment)라 한다. 이 크기에 따라 복원성능이 달라진다. 여기서, GZ를 복원팔(righting arm 또는 righting lever)이라고 한다.

GZ의 값은 경사각 θ에 따라서 달라지므로, 얼마가 되는지를 계산하여 복원력 곡선(stability curve)으로 나타내 주어야 한다. 만약, 배의 경사각도 θ가 15° 이내의 작은 각도라면 횡메타센터(transverse metacentric) M_T의 위치는 변하지 않는다고 가정해도 될 정도로 변화가 작으므로, 이 때 복원력은 횡메타센터 높이(transverse metacentric height) GM_T로 표시 할 수도 있다.

그림 3 · 10의 직각 삼각형 GM_TZ에서

$$\sin\theta = \frac{GZ}{GM_T} \tag{3 · 1}$$

$$\therefore\ GZ = GM_T \cdot \sin\theta \tag{3 · 2}$$

경사각 θ가 작은 각도라면 GZ는 다음의 식으로서 구할 수 있다

$$\therefore\ \text{복원력} = \Delta\, GZ = \Delta \cdot GM_T . \sin\theta \fallingdotseq \Delta \cdot GM_T \cdot \theta \tag{3 · 3}$$

(단, θ는 radian으로 표시된 값임)

이상에서 살펴 본 바와 같이 θ가 15° 이내의 작은 각도로 경사되는 경우의 복원력을 초기 복원력(initial stability)이라고 부른다. 따라서, 식 3 · 3으로부터 횡메타센터 높이 GM_T가 초기 복원성능의 척도가 됨을 알 수 있으며, 무게중심 G와 횡메타센터 M_T의 상대적인 위치에 따라서 아래와 같이 복원 성능이 달라질 수 있음을 알 수 있다.

$GM_T > 0$ 이면, 안정

$GM_T = 0$ 이면, 중립평형

$GM_T < 0$ 이면, 불안정

또한, 배의 초기 복원성능을 판정하기 위한 횡메타센터 높이 GM_T는 아래 관계식을 이용해서 구할 수 있다.

$$GM_T = KM_T - KG = KB + BM_T - KG \qquad (3 \cdot 4)$$

예 제 3.1. $\Delta = 18,000$ ton, $GM_T = 0.56$ m의 선박을 $5°$ 경사시켰을 때의 복원력을 구하라.

풀이 복원력 $= \Delta \cdot GM_T \cdot \sin\theta$

$= 18,000 \times 0.56 \times \sin 5°$

$= 18,000 \times 0.56 \times 0.0872 = 879.976$

$\therefore$ 879.976ton · m

초기 복원력(initial stability)은 GM_T에 비례한다. 따라서, GM_T는 초기 복원력이 큰가 작은가를 판정하는 중요한 값이 된다.

예 제 3.2. 한 변이 a인 정사각형의 횡단면을 가지고, 길이가 l인 균일 재질의 통나무가 정수 중에 떠 있다. 이 통나무의 비중을 0.500이라고 할 때, 이 통나무의 한 측면이 위로 향한 상태로 떠 있을 수 있겠는가?

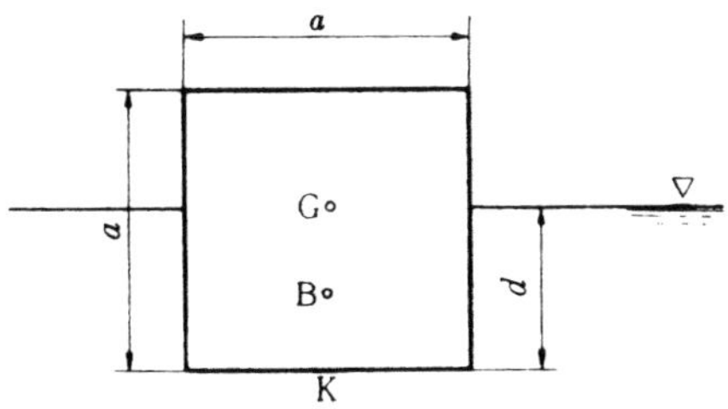

그림 3 · 11

풀이 초기 복원성능을 판정하면 되므로 GM_T의 부호를 조사하면 된다. 통나무의 비중이 0.500이므로, 그 흘수 d는

$a \times d \times l \times$(청수의 비중) $= a \times a \times l \times$(통나무의 비중)

$$d = \frac{a \times (\text{통나무의 비중})}{(\text{청수의 비중})} = \frac{a \times 0.500}{(1.000)} = 0.500a$$

이다. 또, 균일 재질의 통나무라고 했으므로 부심의 연직위치 KB는

$$KB = \frac{d}{2} = \frac{a}{4}$$

이고, 중심의 연직위치 KG는

$$\mathrm{KG} = \frac{a}{2}$$

이다. 또, 횡메타센터 반지름 $\mathrm{BM_T}$는

$$\mathrm{BM_T} = \frac{I_T}{\nabla}$$

로 계산할 수 있고, I_T는 중심 G를 지나는 축에 관한 수선면의 2차 관성 모멘트이므로

$$I_T = \frac{a^3 l}{12}$$

이고,

$$\nabla = ald = \frac{a^2}{2} l$$

$$\mathrm{BM_T} = \frac{a}{6}$$

이다. 이로부터 횡메타센터 높이 $\mathrm{GM_T}$는

$$\mathrm{GM_T} = \mathrm{KB} + \mathrm{BM_T} - \mathrm{KG} = \frac{a}{4} + \frac{a}{6} - \frac{a}{2} = -\frac{a}{12} < 0$$

따라서, 이 통나무는 면을 위로 한 상태로 청수 중에 떠 있을 수는 없다.

그림 3 · 12

3.1.2 트림 및 중심위치

선박의 여러 가지 상태에 대한 트림과 복원력을 계산할 필요가 있다. 이 때 트림과 복원력은 다음과 같은 단계로 계산한다. 표 3 · 1, 표 3 · 2에 수록된 계산의 예를 참조하기 바란다.

① 배수량을 구성하는 각 항목의 중량과 그 중심의 ⊗으로부터의 거리와, 용골(keel) 상면의 기선(base line)으로부터의 거리에 대한 모멘트(moment)를 계산하여, LCG와 KG를 각각 구한다. 이 때 중심 G가 ⊗후방에 있을 때에는 (+), 전방에 있을 때에는 (−)로 한다.

② 이 상태의 배수량(Δ)에 상당하는 등흘수(even keel) d를 배수량 등곡선도(H-S curve)에서 구하고, 이 흘수에서의 LCB, MTC를 구한다. 이 때 부심 B가 ⊗후방에 있다면 (+), 전방에 있다면 (−)로 한다.

③ LCG=LCB이면 선박이 등흘수(even keel) 상태로 떠 있지만, LCG≠LCB이면, $\Delta \times$ HGB로 (LCG−LCB=HGB) 모멘트를 받게 되므로 배는 다음과 같이 트림하게 된다.

$$t\,(\mathrm{cm}) = \frac{\Delta \cdot \mathrm{HGB}}{100 \cdot \mathrm{MTC}} \qquad (3 \cdot 5)$$

부심 LCB가 중심 LCG보다 전방에 위치하면 선미트림(trim by stern)이 되고, LCB가 LCG보다 후방에 위치하면 선수트림(trim by bow)이 된다.

④ 트림을 알 수 있다면 LCF를 사용하여 다음 식에 의해서 선수흘수 d_F와 선미흘수 d_A를 구할 수 있다.

표 3·1 트림 및 복원성 계산 예

Item	weight (ton)	LCG (m)	horizontal moment (ton · m)		KG (m)	vertical moment (ton · m)
			Fore(−)	Aft(+)		
full loaded departure condition						
light weight	4,993	2.38		11,883	8.38	41,841
constant	173	7.48		1,294	7.38	1,277
fuel oil	1,210	−0.80	−968		0.72	871
fresh water	319	25.05		7,991	3.63	1,158
feed water	32	−2.44	−78		0.96	31
cargo	10,283	−0.71	−7,301		8.01	82,367
△	17,010	0.75		(+) 12,821*	7.50	127,545

d (m)	8.72	$\frac{\sum(r'i)}{\Delta} = GG_0$ (m)	0.26
LCB (m)	0.84	KG_0(m)	7.76
LCG−LCB=HGB (m)	−0.09	KM_T(m)	8.00
MTC (ton · m)	189.3	G_0M_T(m)	0.24
$\frac{\Delta \cdot HGB}{100MTC} = t$(m)	−0.08		
LCF (m)	3.61		
$d + \frac{\frac{L}{2} - LCF}{L} \cdot t = d_A$	8.68		
$d - \frac{\frac{L}{2} + LCF}{L} \cdot t = d_F$(m)	8.76		

free surface effect

tank	i(m^4)	r'	$r'i$ (ton · m)
No. 2 F. O. T. (P)	600	0.935	561
No. 2 F. O. T. (S)	600	0.935	561
No. 2 F. O. T. (P)	297	0.935	278
No. 2 F. O. T. (S)	297	0.935	278
No. 2 F. O. T. (P)	652	0.935	610
No. 2 F. O. T. (S)	652	0.935	610
No. 2 F. O. T. (P)	582	0.935	544
No. 2 F. O. T. (S)	582	0.935	544
D. O. T (P)	81	0.935	76
D. O. T (S)	81	0.935	76
F. O. T (P)	134	0.935	125
F. O. T (S)	134	0.935	125
$\sum(r'i)$			4,388

* fore moment의 합계와 aft moment의 합계의 차를 계산하여 적는다.

표 3·2 트림과 복원성의 종합표

item	unit	ballasted condition		full loaded condition	
		departure	arrival	departure	arrival
light weight	ton	4,993	4,993	4,993	4,993
constant	〃	173	166	173	166
fuel oil	〃	1,210	0	1,210	0
freshwater	〃	319	0	319	0
feed water	〃	32	0	32	0
cargo	〃	0	0	10,283	10,283
water ballast	〃	532	1,252	0	808
deadweight	〃	2,266	1,418	12,017	11,257
displacement	〃	7,259	6,411	17,010	16,250
draught d_A	m	5.59	5.36	8.68	8.51
draught d_F	〃	2.61	1.97	8.76	8.26
draught d_M	〃	4.10	3.67	8.72	8.39
trim	〃	2.98	3.39	−0.08	0.25
TPC	ton	19.86	19.63	22.70	22.38
MTC	ton · m	132.4	129.1	189.3	182.5
LCG	m	5.67	7.08	0.75	1.01
LCB	〃	0.23	0.25	0.84	0.73
HGB	〃	5.44	6.83	−0.09	0.28
KM_L	〃	269.0	297.0	165.8	167.3
GM_L	〃	262.6	289.7	158.3	159.5
LCF	〃	0.05	−0.01	3.61	3.20
KG	〃	6.44	7.32	7.50	7.84
GG_0	〃	0.60	0	0.26	0
KG_0	〃	7.04	7.32	7.76	7.84
KM_T	〃	8.90	9.43	8.00	7.93
G_0M_T	〃	1.86	2.11	0.24	0.09
maximum GZ	〃	1.42	1.21	0.36	0.34
θ at GZ_{max}	deg	50.6	49.6	37.5	40.0
θ_r	deg	94.0	88.4	68.6	67.1
dynamical stability	ton · m	10,380	7,850	3,980	3,360

L=145.00 m　　kinds general cargo carrier
B=19.40 m　　type flush decker with long forecastle
D=12.20 m　　diesel engine 9000 BHP/128 RPM

$$d_A = d + \frac{\frac{L}{2} - \text{LCF}}{L} \cdot t \qquad (3 \cdot 6)$$

$$d_F = d - \frac{\frac{L}{2} + \text{LCF}}{L} \cdot t \qquad (3 \cdot 7)$$

식 (3·6)과 식 (3·7)의 d_A와 d_F는 선미트림에서 부면심(LCF)이 ⊗의 후방에 위치한 경우를 가정하여서 계산하는 식이며, 트림(t)과 LCF의 위치에 따라 (+)와 (−)의 부호를 고려하여 계산해야 한다.

⑤ 선박 내부에 있는 자유표면(free surface)에 의한 중심의 겉보기 상승량(apparent rise of center of gravity) GG_0를 계산하여, 아래와 같은 관계식에서 KG_0를 구할 수 있다.

$$KG + GG_0 = KG_0 \tag{3·8}$$

⑥ 등흘수 d에 의해서 KM_T을 배수량 등곡선도로부터 구하고 다음과 같은 관계식에서 G_0M_T를 계산한다.

$$KM_T - KG_0 = G_0M_T \tag{3·9}$$

G_0M_T는 겉보기 메타센터 높이(apparent metacentric height)라고 하며, 보통 (+)로 되도록 설계하지만, 만약 (−)로 된다면 배는 직립으로 떠 있는 것이 불가능하게 된다.

표 3·2는 밸러스트(ballast) 상태 때의 출항 및 입항 경우와 만재상태 때의 출항 및 입항 상태의 트림 및 복원성 계산의 대표적인 예를 보여 주고 있다. 실제로는 필요에 따라 기타의 여러 가지 화물 적재상태에 대해서도 계산한다.

3.2 횡복원력

배의 중량과 중심위치는 흘수, 트림, 그리고 복원성능 등을 결정하기 위한 중요한 요소이므로, 성공적으로 배를 설계하기 위해서는 초기설계 단계에서부터 이 값들의 정확한 추정이 필요하다.

설계초기에는 경하상태의 중량과 중심의 높이를 유사선 또는 기준선을 이용하여 추정하며, 이 때 배의 중량은 선각, 의장, 추진기관의 세 부분으로 크게 나누어 다루고 있다.

유사선들의 선각 강재중량은 대개 용적수(cubic number), 즉 $L \times B \times D/100$에 비례한다. 그러나 배의 비만 정도, 배의 길이와 깊이의 비, 격벽의 수, 선루의 길이 등의 특성에 따라 다소의 조정이 필요하다. 선각강재의 중심높이는 근사적으로 배의 깊이에 비례한다. 의장품에 대해서도 중량이 거의 용적수에 따라 변화하나, 내장공사, 선실비품 등과 같은 예외도 있다. 의장품의 중량은 여객선에서는 많은 비중을 차지하고 있으나, 화물선이나 유조선 등에서는 그리 중요하지 않다. 기관의 중량은 기관의 종류, 소요마력, 회전수 등에 따라 추정한다.

추정한 중량과 중심위치를 사용하여 만족스러운 복원성능을 갖도록 배의 폭, 깊이, 흘수 등과 같은 주요치수를 조정한다. 이 값들에 의한 선도, 일반 배치도, 중앙 횡단면도 등이 대략적으로 완성되면, 중량과 중심의 위치를 산정하기 위해 상세한 계산이 실시된다.

상세한 중량과 중심의 추정을 위해서는 판단력과 주의력을 필요로 하는 길고도 지루한 작업이 요구된다. 이미 도면에 그려진 항목의 중량과 중심의 위치는 실제의 값을 사용하고, 나머지 부분에 대해서는 설계자의 경험과 유사선을 이용하여 될 수 있는 대로 최선의 추정이 되도록 노력한다. 실제 작업과 상세한 계산에서도 이미 많은 추정값이 사용되었으므로, 대개는 중량과 중심위치의 계산결과에는 통상 표 3·3과 같은 여유분이 포함되어 있다.

표 3·3 여유분(margin)

중량의 여유(경하중량의 %)		VCG의 여유(m)	
화 물 선	1.5~2.5	화 물 선	0.15~0.23
유 조 선	1.5~2.5	유 조 선	없음
화 객 선	2.0~3.0	화 객 선	0.002~0.23
대형 정기 여객선	2.5~3.5	대형 정기 여객선	0.23~0.31
소형 해군함정	6.0~7.0	소형 해군함정	0.15~0.23
대형 해군함정	3.5~7.0	대형 해군함정	0.15~0.23

3.2.1 경사시험

배의 건조가 거의 끝나갈 무렵이나 기존 선박의 큰 개조공사를 마무리 할 때에는 경사시험을 실시하여 배의 중량과 중심의 연직 및 종 방향의 위치를 그림 3·13과 같이 결정한다.

경사시험과 관련된 기본원리와 시험준비 방법을 설명하면 다음과 같다.

1) 시험방법과 원리

경사시험의 방법과 원리를 단계별로 설명하면 아래와 같다.

① 시험할 때에 선수와 선미의 흘수 d_A, d_F를 읽는다.

② 평균흘수는 $d_M = \frac{1}{2}(d_A + d_F)$로 계산한다.

③ 그림 3·14는 배수량 등곡선도(H-S curves)의 일부분이다. 이 그림에서 ⊗을 나타내는 세로선에 d_M을 긋고, 이 점을 지나는 트림 수선을 그어 LCF 곡선과와의 교점을 구하고, 이 점으로부터 기선(base line)에 평행선을 그어 상당흘수 d_{eq}를 구한다.

④ 상당 흘수 d_{eq}에 대한 Δ과 KM_T를 읽는다.

⑤ 탑재 중량 w(ton)을 이동거리 d(m)로 이동시켜, 그림 3·15에 나타낸 것과 같이 경사각(θ)을 구해 둔다.

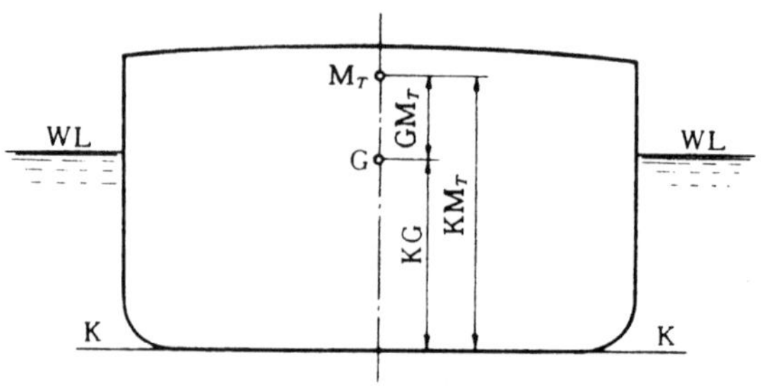

그림 3·13

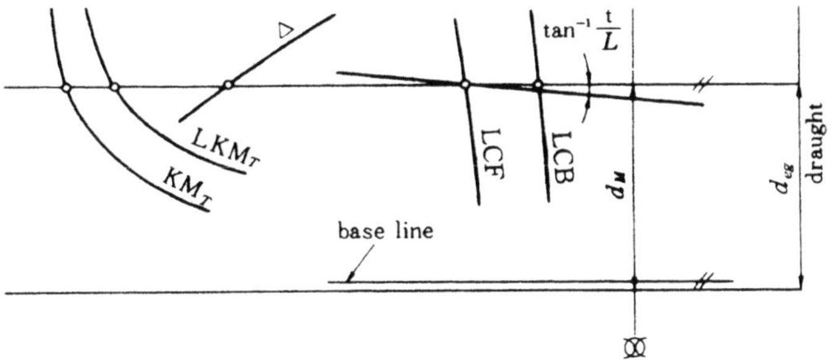

그림 3 · 14

⑥ $\tan\theta = \dfrac{w \cdot d}{\Delta \cdot GM_T}$ 또는 $GM_T = \dfrac{w \cdot d}{\Delta \cdot \tan\theta}$ (3 · 10)

에서 GM_T를 구한다.

이 때 다음과 같은 방법으로도 GM_T계산이 가능하다.

그림 3 · 16에서와 같이 갑판 위의 중량 w가 거리 d만큼 수평이동함에 따른 배의 중심 G의 수평이동 거리 GG′는

$$GG' = \frac{w \cdot d}{\Delta} \qquad (3 \cdot 11)$$

로 표시되고, 이 때 배는 새로운 중심 G′와 부심 B′가 같은 연직선 위에 놓일 때까지 경사하게 된다. 경사각을 θ라고 하면,

$$\tan\theta = \frac{GG'}{GM_T} \qquad (3 \cdot 12)$$

이므로, 위에서 구한 GG′의 값을 대입하면 배의 메타센터 높이 GM_T는,

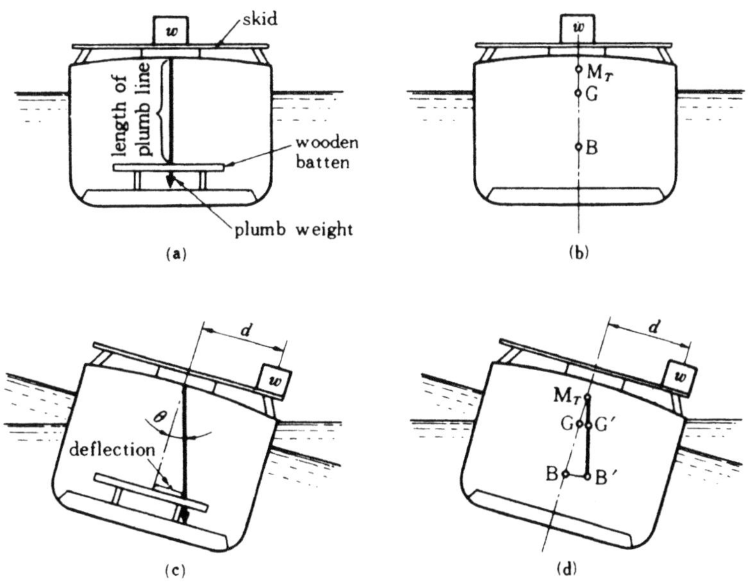

그림 3 · 15

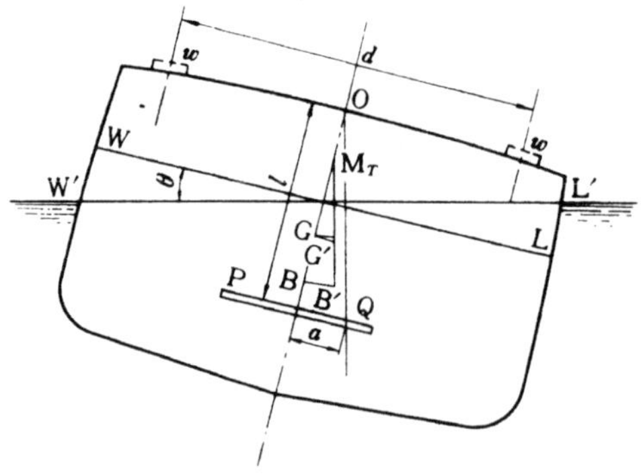

그림 3 · 16

$$GM_T = \frac{w \cdot d}{\Delta \cdot \tan\theta} \tag{3 · 13}$$

로 구해진다. 여기서 Δ로 표시된 배의 중량은 경사시험을 하기 위한 준비가 완료된 상태에서 배의 흘수를 읽어 배수량 곡선으로부터 구하게 된다.

식 (3 · 13)에서 $\tan\theta$의 값은 경사시험 중 측정될 값 중의 하나로서, 이 값을 결정하기 위해 다음과 같은 방법이 사용되고 있다. 격벽 등과 같이 작업하기 쉬운 곳을 택한 후, 배의 중앙선에 위치한 점으로부터 추(pendulum)를 늘어뜨린다. 추의 길이를 적당히 잡은 다음 그 끝에 그림 3 · 16의 PQ와 같이 배의 중앙선에 수직되게 자 또는 수평 바텐(batten)을 고정시키고 이 위에 배의 중앙선을 지나는 점을 표시해 둔다. 경사시험을 하기 전의 상태에서는 가능하면 매어단 추가 배의 중앙선과 일치하도록 하는 것이 좋다. 배가 θ도만큼 경사했을 때에는 추의 선과 배의 중앙선이 이루는 각도는 θ가 될 것이므로

$$\tan\theta = a/l \tag{3 · 14}$$

로 표시되며, 여기서 l은 추의 길이이고, a는 추가 수평자를 따라 움직인 거리이다.

이 값을 대입하면 경사시의 메타센터 높이 (GM_T)는 다음과 같이 표시된다.

$$GM_T = \frac{w \cdot d}{\Delta \cdot \frac{a}{l}} \tag{3 · 15}$$

⑦ 앞에서 읽은 KM_T을 써서

$$KG = KM_T - GM_T$$

또는

$$KG = KB + BM_T - \frac{w \cdot d \cdot l}{\Delta \cdot a} \tag{3 · 16}$$

로부터 KG를 구할 수 있다.

⑧ 상당 흘수 d_{eq}에 대한 KM_L을 읽어서

$$GM_L = KM_L - KG \tag{3·17}$$

를 계산한다.

⑨ 길이방향의 G와 B가 같은 연직선상에 있지 않을 때에는 트림하고 있기 때문에 Δ에 LCG−LCB=HGB를 곱한 값이 트림 모멘트(trimming moment)가 된다.

$$d_A - d_F = t = \frac{\Delta \cdot HGB \cdot L}{\Delta \cdot GM_L} = \frac{HGB \cdot L}{GM_L} \tag{3·18}$$

⑩ $HGB = GM_L \cdot \dfrac{t}{L}$

⑪ 상당 흘수 d_{eq}에 대한 LCB를 읽어서 LCG=HGB+LCB를 구한다.

2) 시험준비

(1) 탑재물의 현상조사

정확한 경하중량(light weight)을 구해 둔다. 그러나 경사 시험시에 탑재하지 않은 각종 의장품과 본선 중량물이 아니어서 제거할 중량물에 대해서는, 그 중량과 중심의 위치를 조사하여 수정계산을 할 수 있도록 기록해 두어야 한다.

각 탱크(tank)를 점검하여 자유표면 영향(free surface effect)이 발생하지 않도록 해야 하지만, 불가피할 경우에는 그 중량과 중심에 대해 수정해 주어야 한다.

(2) 이동 중량물의 설정

갑판의 선체 중앙부 좌우 양현이 중량물을 이동하기에 편리한 장소이어야 한다.

이동 중량물의 위치를 정확히 갑판 상에 표시하고 이동거리 d(m)를 측정한다. 이동 중량물 w는 최근에는 크레인(crane)으로 이동하며, 이동에 의한 경사도는 2~3°로 하는 것이 좋지만, 선박이 대형화되면서 이동 중량물도 커지게 되었기 때문에 최근에는 1~2°로 설정하고 있다. 이동 중량물은 주로 시멘트 블록(cement block)을 사용하지만, 경우에 따라서 대형선은 본선 펌프를 이용하여 양현측에 위치하는 윙 밸러스트 탱크(wing ballast tank)의 수위차를 이용하기도 한다.

(3) 흘수의 측정

경사시험을 할 때의 배수량(Δ)을 정확히 결정하기 위해서는 흘수와 선박주변 해수의 비중량을 직접 측정하여서 사용하여야 한다.

이 때 Δ에는 이동 중량물 및 시험용구의 중량도 포함시켜야 한다. 흘수로부터 Δ를 구할 때에 d_A와 d_F 이외에 중앙부 양현의 d_P(좌현흘수)와 d_S(우현흘수)를 측정하여

$$d_{\otimes} = \frac{1}{2}(d_P + d_S) \tag{3·19}$$

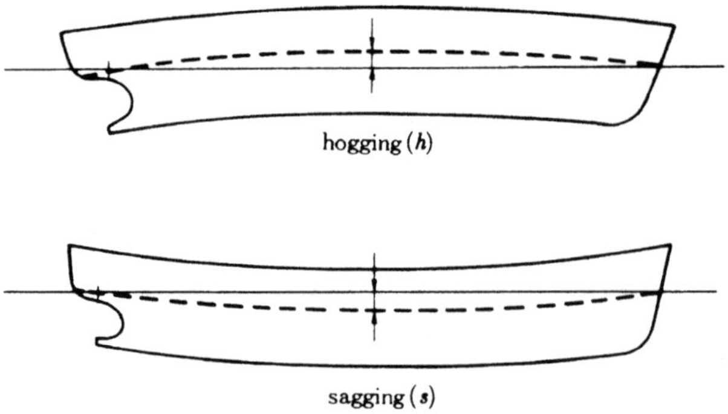

그림 3 · 17

를 구하고, 평균흘수 d_M은

$$d_M = \frac{1}{2}(d_A + d_F) \qquad (3 \cdot 20)$$

로부터 구할 수 있는데, 이 때 d_M은 $d_{\otimes}$과 같지 않은 경우가 보통이다.

이는 그림 3 · 17에 나타낸 것과 같이 선박이 호깅(hogging)과 새깅(sagging)상태로 되기 때문이다. 통상 그림 3 · 17에 나타낸 변형량 h와 s값의 $\frac{3}{4}$을 $\frac{1}{2}(d_A + d_F)$에 수정해 주고 있다.

다시 말하면,

$$d_M = \frac{1}{2}(d_A + d_F) - \frac{3}{4}h \qquad (3 \cdot 21)$$

또는

$$d_M = \frac{1}{2}(d_A + d_F) + \frac{3}{4}s \qquad (3 \cdot 22)$$

이다.

[3] 주의사항

경사시험 때 정확한 경사 모멘트를 얻기 위해 이동 중량물 w 이외의 물건이 경사를 일으키지 않도록 다음과 같은 사항에 주의해야 한다.

① 바람과 비가 오는 날을 피해야 한다. 만일 바람이 부는 경우에는 선수를 바람이 부는 방향으로 향하게 하여 바람의 영향을 최소로 해야 한다.

② 파도와 조류의 영향이 없는 장소를 택해야 한다. 건식독(dry dock) 내에서 시험을 행하는 것이 보다 정확한 결과를 얻을 수 있다.

③ 계선색은 결박해서는 안 된다. 선수미 방향으로 지지해야 하며, 배가 경사를 하는 데에 구속되는 일이 없도록 해야 한다.

④ 선 내의 유동수, 이동되기 쉬운 화물, 사다리 그리고 구명정 등은 제거하든가 아니면

표 3·4 경사시험 기록의 한 예

番船. 傾斜試驗成績(주요치수 ___ × ___ × ___)

___年 ___月 ___日 _____造船所 _____號 독(dock)에서 시행

開始___時___分. 終了___時___分.

船首方向___°, 風向___°, 風速_____m/sec, 波의 상태________.

繫留狀態________

海水의 比重_______

船首吃水___ m. 船尾吃水_____ m. 船體中央에서의 吃水_____ m.

試驗時의 排水量___ ton. KM_T = _____ m. KB = _____m. LCB = ±___m.

移動重量_______ ton. 移動距離_______ m.

振子의 길이 : 船首쪽 _____ m. 船體中央쪽___ m. 船尾쪽___ m.

甲板上의 人員_______ 名. 工具 및 試驗器具 중량_____ ton.

試驗時 배의 상태 :

船體完成 정도, 艤裝品 설치 정도, 보트의 有無 및 積載狀況

主機狀態, 보일러(boiler), 豫備給水槽(reserve feed water tank), 復水器(condenser), 二重底內水槽, 기타의 탱크(tank) 내의 물의 존재상태, 만곡부 워터(bilge water) 등의 自由水面의 존재여부, 燃料, 倉庫品, 食料 등의 積荷狀態를 상세하게 기록한다.

중량의 이동 w = _____ton	이동 거리 l (m)	진자의 이동량 (S)		
		선수부 (길이 h= m)	중앙부 (길이 m)	선미부 (길이 m)
중앙위치	0 m	0 m	0 m	0 m
중앙에서 좌현에				
좌현에서 중앙에				
중앙에서 우현에				
우현에서 중앙에				
	평균 l=______	평균 S=______ 평균 $\tan\theta$ =____		
		전평균 $\tan\theta$ =________________		

$$GM_T = \frac{w \cdot l}{\Delta \cdot \tan\theta} = \frac{\times}{\times} = \_\_\_\_\_ \text{ m} \quad KG = KM_T - GM_T = \_\_\_\_\_ - \_\_\_\_\_ = \_\_\_\_\_ \text{ m}$$

	중량 ton	중앙에서 후방		중앙에서 전방		기선에서 상방	
		거리 m	모멘트 m·ton	거리 m	모멘트 m·ton	거리 m	모멘트 m·ton
시험시 배의 배수량에서 제거해야 할 중량 ⋮	⋮						
소계							
시험 후 적재한 중량 ⋮	⋮						
합계 : 경하상태 W_L						÷W_L) ______	
		÷W_L) 전후방향 모멘트=±______				KG=______ m	

LCG=±________m

이동되지 않도록 고정한다. 보일러와 탱크(tank) 내의 물과 기름은 배수해 버리든가 아니면 가득 채워 놓는다.

⑤ 시험에 관계되지 않는 사람은 될 수 있으면 선외로 퇴선해야 한다. 부득이 잔류해야 하는 사람은 시험 중에 위치를 이동해서는 안 된다.

예 제 3.3. 20 ton의 중량물을 갑판 위에서 가로방향으로 17 m 이동시켰다. 이 때 길이가 6 m인 추의 끝이 수평자 위에서 20.5 cm 움직였다. 이 배의 배수량은 10,700 ton이고, KM_T는 7.1 m이다. 이 배에는 장차 100 ton짜리 발전기를 탑재할 예정이며, 기선으로부터 발전기의 중심까지의 높이는 3 m이다. 또, 기선으로부터 경사 시험용 중량의 중심까지 높이는 9.5 m이었다. 경하상태에서 이 배의 KG를 결정하라.

풀이 중량의 이동으로 인한 배의 경사각의 tan는

$$\tan\theta = \frac{20.5}{6\times100} = 0.034$$

이므로, 식 (3 · 13)으로부터 GM_T를 구할 수 있다.

$$GM_T = \frac{w\cdot d}{\Delta\tan\theta} = \frac{20\times17}{10,700\times0.034} = 0.94\ \text{m}$$

또, $KM_T = 7.1\text{m}$, $GM_T = 0.94\text{m}$이므로, 경사 시험시 KG는 다음과 같다.

$$KG = KM_T - GM_T = 6.16\text{m}$$

배의 경하상태에는 발전기가 탑재될 예정이며, 경사시험을 위한 이동중량은 제거되어야 하므로, 이 중량들의 기선에 관한 모멘트를 계산해야 한다.

		중 량 (ton)	기선에서 상방	
			거 리 (m)	모멘트 (m · ton)
시험 때의 배의 배수량에서 제외해야 할 중량	이동중량	20	9.5	190
	소 계	−20		−190
시험 후 적재할 중량	발 전 기	100	3.0	300
	소 계	+100		+300
경사시험 때의 배의 배수량		+10,700	6.16	65,900
	합 계	10,780		66,010

이 표로부터 경하상태에서의 배의 KG는 다음과 같이 구할 수 있다.

$$KG = \frac{66,010}{10,780} = 6.12\text{m}$$

3.2.2 대경사 각도에서의 복원성

배가 큰 각도로 경사하게 되면, 작은 경사각에 대한 복원성능을 따질 때와 여러 가지 차이점이 있다. 먼저 그림 3 · 18에서와 같이 원래의 수선과 경사된 수선이 배의 중심선에서 교차하지 않게 된다. 또, 횡메타센터 M_T도 그 위치가 메타센터의 궤적을 따라 옮겨가게 되므로, 초기 복원성능을 판정하기 위한 척도로서 사용된 횡메타센터 높이 GM_T는 그 의미를

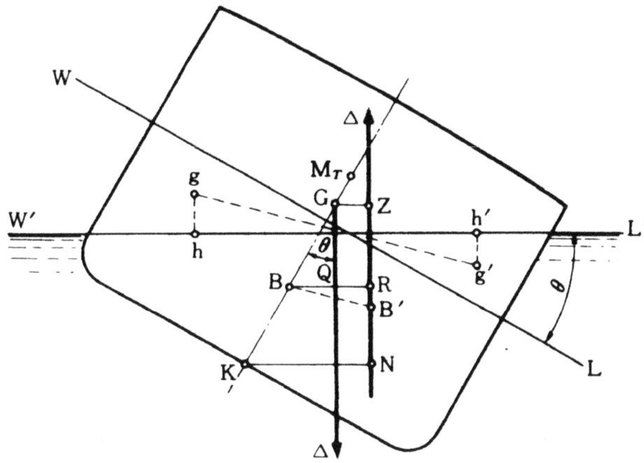

그림 3·18

잃게 된다. 따라서, 큰 경사각에서의 복원성능의 척도로서 복원팔 GZ를 사용하는 것이 편리해 진다.

복원팔 GZ를 쐐기의 방법(wedge method)을 사용하여 구해 보자. 배의 경사로 인하여 물속에 잠긴 부분의 용적과 물 위에 드러난 부분의 용적은 서로 같다고 가정한다. 물 위로 드러난 쐐기의 용적중심을 g, 물 밑에 잠긴 쐐기의 용적중심을 g′라 하고, 각 쐐기의 용적을 v라고 하자. 또 배의 경사 때문에 변화된 새 부심의 위치를 B′라 하고 h, h′, Z, R, Q 등을 각각 그림 3·18과 같이 잡으면, 모멘트의 원리에 의해서 아래의 관계식이 성립한다. 여기서 ∇는 배수용적이다.

$$BB' /\!/ gg' \tag{3·23}$$

$$\frac{BB'}{gg'} = \frac{v}{\nabla} \tag{3·24}$$

경사수선 W′L′에 평행하게 BR를 연결하면

$$BR /\!/ hh' \tag{3·25}$$

$$\frac{BR}{hh'} = \frac{v}{\nabla} \tag{3·26}$$

의 관계를 갖게 되므로

$$BR = hh' \cdot \frac{v}{\nabla} \tag{3·27}$$

와 같이 구할 수 있게 된다. 따라서, 큰 각도로 경사하는 경우의 복원력은 다음과 같다.

$$\begin{aligned} \text{대각도 경사 복원력} &= \nabla \cdot GZ \\ &= \nabla \cdot (BR - BQ) \\ &= \nabla \cdot \left(hh' \cdot \frac{v}{\nabla} - BG \cdot \sin\theta\right) \end{aligned} \tag{3·28}$$

이 식은 애트우드의 공식(Attwood's formula)이라고 부른다. 이 식의 ( )속에 있는 제 1 항은 선형에 관계하기 때문에 형상 복원력(form stability)이라고 하고, 제 2 항은 중심의 높이, 즉 중량분포에 관계하기 때문에 중량 복원력(weight stability)이라고도 한다.

배의 무게중심 G는 화물의 적재량 및 적재상태에 따라 일정하지 않다. 무게중심 G가 부심 B보다 아래에 놓여 있는 특별한 경우에는 식 (3·28)을

$$GZ = hh' \times \frac{v}{\nabla} - BG \sin\theta \qquad (3 \cdot 29)$$

와 같이 바꾸어 사용해야 된다. 그러나 이와 같이 배의 무게중심 G의 변화에 따라 매번 올바른 식을 찾아서 사용한다는 것은 매우 번잡한 일이므로, 이를 피하기 위해서 그림 3·18에서와 같이 점 K를 이용하여 복원팔을

$$GZ = KN - KG \sin\theta \qquad (3 \cdot 30)$$

로 사용하기도 한다.

예 제 3.4. 배수량이 11,200 ton이고 KB가 3.85 m, KG가 6.1 m인 배가 있다. 이 배가 직립상태로부터 45° 경사하였을 때 물에 들어간 쐐기와 물로부터 나온 쐐기의 중량이 각각 2360 ton이었다고 한다. 또, 이 때 경사수선에 평행하게 잰 쐐기들의 도심간 거리는 8.3 m이었다. 45° 경사각에서 이 배의 복원팔을 계산하라.

풀이 KG=6.1 m, KB=3.85 m, hh′=8.3 m

이므로, 식 (3·27)로부터

$$BR = \frac{v \cdot hh'}{\nabla} = \frac{2360 \times 8.3}{11,200} = 1.750 \text{ m}$$

이다. 또, BG는

$$BG = KG - KB = 6.1 - 3.85 = 2.25 \text{ m}$$

이므로, 식 (3·28)로부터 복원팔 GZ는 다음과 같이 구해진다.

$$GZ = \frac{v \cdot hh'}{\nabla} - BG \sin\theta = 1.75 - 2.25 \times 0.707 = 0.16 \text{ m}$$

3.3 동복원력

어느 물체에 힘 F를 가하여 힘의 작용방향으로 거리 s만큼 이동시켰을 때에 힘 F가 한 일 W는

$$W = F \cdot s \qquad (3 \cdot 31)$$

로 표시된다. 이와 비슷하게, 놓여 있는 물체를 들어올렸을 때 해 준 일은 물체의 무게에 들어올린 거리를 곱하면 된다.

배가 외력에 의해서 경사되었을 때에 외력이 해 준 일의 크기를 위에서와 같은 방법으로 계산한다는 것은 대부분의 경우에 불가능하다. 그러나 다행하게도 배의 복원 모멘트를 사용해 그 일의 크기를 계산할 수 있다. 배는 무게중심에서 아랫방향으로 작용하는 배수량과 부심을 통해 윗방향으로 작용하는 부력이 서로 그 크기가 같고, 같은 연직선 위에 올 때에 평형을 이루게 된다. 외력에 의해 배가 기울어졌을 때, 기울어지기 전과 비교하여 중심의 위치는 위로 올라갔고, 부심의 위치는 아래쪽으로 내려왔다. 즉, 배의 배수량에 해당하는 무게가 중심의 수직이동 거리만큼 위로 움직였고 부력은 부심의 수직 이동거리만큼 아래로 움직였다. 그러므로 외력이 배에다 해 준 일은 배수량에 중심의 상승 거리를 곱한 값과 부력에 부심의 하강 거리를 곱한 값을 더한 값이 된다. 즉

(배에 해 준 일)=(중심과 부심의 연직이동 거리에 배수량을 곱한다)

어느 주어진 경사각에서 위의 일을 계산했을 때 그 값을 동복원력(dynamical stability)이라고 하며, 이는 그 경사각까지 배를 기울이기 위하여 필요로 한 일의 크기를 나타낸다.

3.3.1 동복원력의 계산

그림 3 · 18에서와 같이 배가 외력에 의해서 θ°까지 경사되었다고 생각한다. g, g′는 각각 물 밖으로 나온 쐐기와 물 속으로 들어간 쐐기의 중심을 나타내며, 이들 중심으로부터 새로운 수선 W′L′에 수선을 그어 만난 점을 각각 h와 h′라 한다. 새로운 부심 B′을 지나는 연직수선에 직립상태에서의 부심 B로부터 수선을 그어 만나는 점을 R라 한다.

경사각도 θ에서의 중심과 부심간의 연직거리는 B′Z이고, 직립상태에서의 중심과 부심간의 연직거리는 BG였다. 따라서, θ°까지의 경사 때문에 생긴 중심과 부심의 연직이동 거리는

$$\mathrm{B'}Z-\mathrm{BG}$$

가 되고, 동복원력은 위에서 설명한 정의에 따라

$$(\text{동복원력})=\Delta\,(\mathrm{B'Z-BG}) \tag{3 · 32}$$

로 계산이 되고, Δ는 배의 배수량(ton)이다.

여기서

$$\mathrm{B'}Z=\mathrm{B'}R+\mathrm{RZ}=\mathrm{B'}R+\mathrm{BG}\cos\theta \tag{3 · 33}$$

이다. 한쪽 쐐기의 용적을 v라고 하고, 배의 배수용적을 ∇라고 하면

$$v\cdot(\mathrm{gh}+\mathrm{g'h'})=\nabla\cdot\mathrm{B'}R \tag{3 · 34}$$

또는

$$\mathrm{B'}R=\frac{v\cdot(\mathrm{gh}+\mathrm{g'h'})}{\nabla} \tag{3 · 35}$$

의 관계가 있다. 이 관계식을 위의 식 (3・33)에 대입하면

$$B'Z = \frac{v \cdot (gh + g'h')}{\nabla} + BG\cos\theta \qquad (3 \cdot 36)$$

따라서, 동복원력은 식 (3・32)로부터

$$(\text{동복원력}) = \Delta\left[\frac{v \cdot (gh + g'h')}{\nabla} - BG(1 - \cos\theta)\right] \qquad (3 \cdot 37)$$

로 나타나며, 이 계산식을 모슬리(Moseley)의 공식이라고 한다.

3.3.2 동복원력과 정복원력 곡선과의 관계

그림 3・18에서 $\theta°$까지 경사된 배가 미소각 $d\theta$만큼 더 경사되었다고 가정하자. 그러면 배의 부심은 새로운 위치 B′′로 이동이 될 것이다. B′B′′는 수선 W′L′에 평행하게 될 것이므로, 미소각도만큼 경사할 때에 부심의 연직방향으로의 위치변동은 없게 된다. 새로운 부심 B′′로부터 미소각 $d\theta$만큼 경사된 수선 W′′L′′에 수선을 긋고, 이 새로운 수선에 직각으로 만나도록 GZ′′를 긋는다. GZ′′는 이 때의 복원팔이다. 그러면 GZ와 GZ′′의 사이각은

$$\angle ZGZ'' = d\theta \qquad (3 \cdot 38)$$

가 되고, 미소각 $d\theta$만큼 배가 더 경사됨으로써 Z점의 상승거리는 $GZ \times d\theta$가 된다. 따라서, 배를 경사각도 θ로부터 $\theta + d\theta$까지 경사시키기 위해서 하여 준 일은 다음과 같이 된다.

$$\Delta \cdot (GZ \cdot d\theta) \qquad (3 \cdot 39)$$

이제 이 배의 정복원력곡선을 그려라. 그러면 경사각도 θ에서 세로선이 윗식의 GZ를 나타내고 있을 것이다. 경사각도 $\theta + d\theta$되는 곳에서 새로운 세로선을 세워라. 그러면 θ와 $\theta + d\theta$에서 세운 세로선들에 의해서 잘라진 부분의 면적은 $GZ \cdot d\theta$가 된다. 그러므로 이 값에다 배의 배수량을 곱하면, 배를 미소각도 $d\theta$만큼 더 경사시키기 위하여 하여 준 일을 표시한 식 (3・39)와 같게 된다. 이 관계는 미소각도의 경사 때에 대해서 유도하였지만, 임의의 경사각도 θ에 대해서도 적용이 된다. 즉, 경사각도 θ에서의 배의 동복원력은

$$(\text{동복원력}) = \int_{\theta}^{0} \Delta GZ\, d\theta \qquad (3 \cdot 40)$$

로 표시가 된다.

정복원력곡선이 작성되어 있을 때에는

$$\begin{pmatrix}\text{경사각도 } \theta \text{에서의 배의} \\ \text{동복원력}\end{pmatrix} = \begin{pmatrix}\text{경사각도 } \theta \text{까지의} \\ \text{정복원력 곡선 아래의 면적}\end{pmatrix} \times \Delta$$

의 관계로부터 손쉽게 임의의 각도에서의 배의 동복원력을 계산할 수 있다.

3.4 복원력 곡선

3.4.1 복원력 곡선

[1] 정복원력 곡선

일정한 배수량에서의 여러 가지 경사각 θ에 대한 복원팔 GZ를 $GZ-\theta$ 또는 $\Delta GZ-\theta$ 평면에 도시하면 그림 3·19와 같은 곡선을 얻을 수가 있으며, 이 곡선을 정복원력 곡선이라고 한다. 이 그림에서 보듯이 복원팔 GZ는 경사각이 증가함에 따라 변화한다.

$\Delta \cdot GZ$를 정복원력(statical stability)이라고 하며, 복원 모멘트(righting moment)라고도 부른다.

$$\text{정복원력 또는 복원 모멘트}$$

$$= \Delta \cdot GZ \tag{3·41}$$

$$= \Delta \cdot \left(hh' \cdot \frac{v}{\nabla} - BG \cdot \sin\theta\right)$$

복원팔 GZ가 최대가 되는 경사각을 최대 복원력 각도(angle of maximum stability)라고 하며, 정복원력 곡선이 기선과 만나는 경사각을 복원력 소멸각도(angle of vanishing stability)라고 한다. 경사각이 복원력 소멸각도를 지나게 되면 복원팔은 (−)의 값을 갖게 되고, 따라서 이 때의 짝힘 ΔGZ는 배를 전복시키려는 방향으로 작용하는 전복력이 되므로, 원점부터 복원력 소멸각도까지를 복원력 범위(range of stability)라고 한다. 배의 경사각도가 작을 때, 즉 θ의 작은 값에서는 복원팔이

$$GZ = GM_T \sin\theta = GM_T \cdot \theta \quad (\theta : \text{radian}) \tag{3·42}$$

로 되므로, 이 관계를

$$\frac{GZ}{\theta} = \frac{GM_T}{1} \tag{3·43}$$

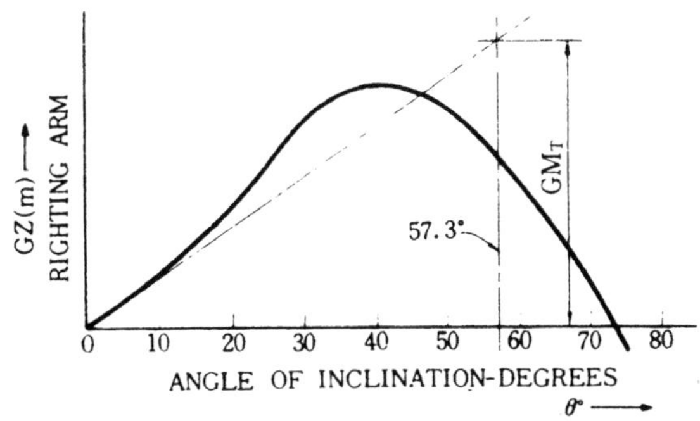

그림 3·19

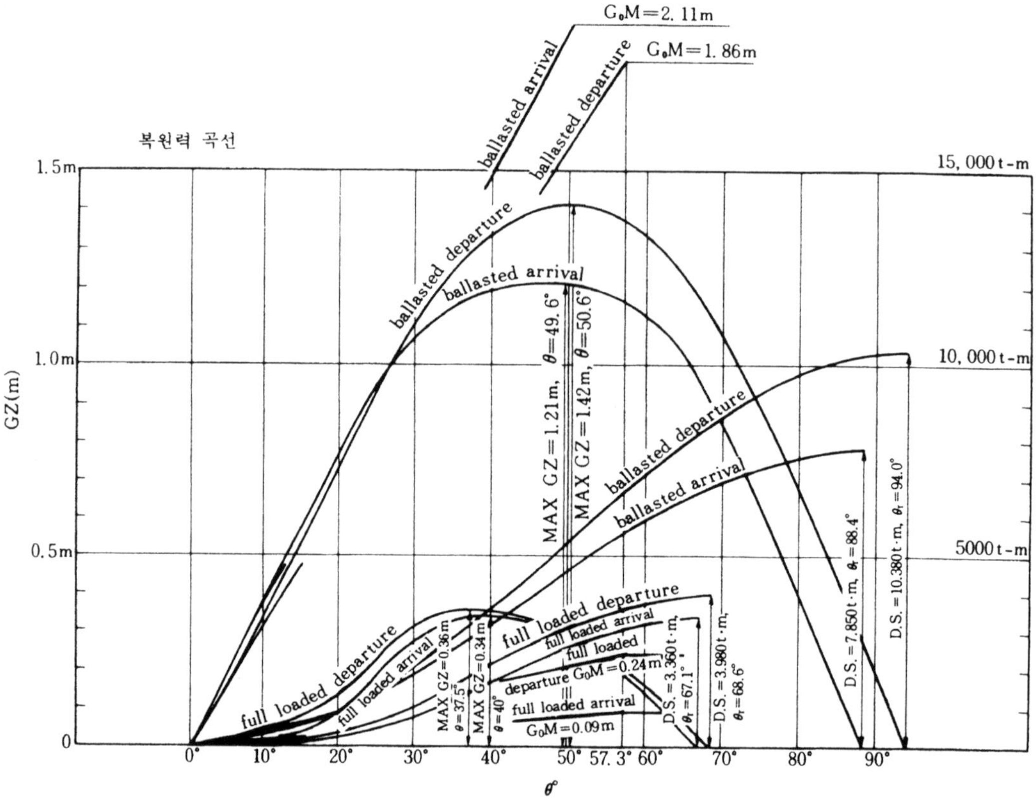

그림 3 · 20

으로 바꿔 쓰고, 또 θ를 $\theta=\phi^\circ$와 같이 라디안에서 각도로 다시 바꾸면

$$\frac{GZ}{\phi^\circ}=\frac{GM_T}{57.3^\circ} \qquad (3 \cdot 44)$$

이 되므로, 정복원력 곡선의 원점에서 접선을 그은 후 57.3°에서의 높이를 읽으면, 이 값이 횡메타센터 높이 GM_T을 나타내게 된다.

그림 3 · 20은 표 3 · 1과 표 3 · 2에서 트림(trim)과 복원성능(stability)을 계산한 배의 밸러스트 상태(ballast condition)와 만재상태(full loaded condition) 때의 정복원력 곡선(statical stability curves)을 나타낸 것이다.

[2] 복원력 교차곡선

정복원력 곡선에 의해서 구한 여러 가지 배수량에 대한 복원팔 GZ를 일정한 경사각에 대해서 이어 주면 그림 3 · 21과 같은 복원력 교차곡선(cross curve of stability)을 얻게 된다. 이 복원력 교차곡선은 일정한 경사각도에 대한 $\Delta-GZ$ 곡선이다. 따라서, 이 복원력 교차곡선으로부터 일정한 경사각도에서 각종 배수량에 대한 복원팔을 구할 수 있다.

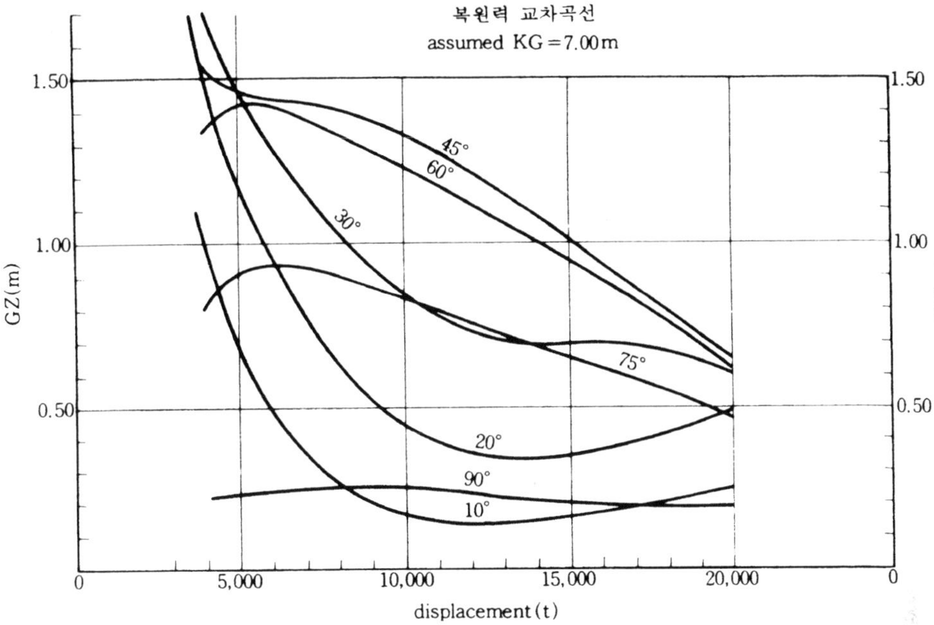

그림 3·21

또, 이 복원력 교차곡선에서 동일한 배수량을 가지면서 경사각도가 변화함에 따른 복원팔의 변화도 알아 낼 수가 있으므로, 이로부터 정복원력 곡선도 그릴 수가 있다. 복원력 교차곡선과 정복원력 곡선과의 관계를 3차원적인 그림으로 나타내면 그림 3·22와 같게 된다.

보통 복원력 교차곡선을 얻기 위한 계산에서 배의 중심위치 KG를 가정하고 있으므로, 반드시 이 가정 중심높이를 표시해야 한다. 배의 어떤 상태에서의 실제의 KG에 대한 복원팔 GZ의 값은 복원력 교차곡선에 표시된 가정 중심높이가 KG_0라고 하면, G와 G_0의 상대적 위치에 따라서 $GG_0 \sin\theta$(θ는 경사각)를 복원팔에 가감하여 얻게 된다. 그러나 앞 절에서와 같이 가정 중심 높이를 0으로 잡으면, 복원팔 GZ는 복원력 교차곡선에 나타난 GZ에서 항상 $KG \sin\theta$의 값을 빼면 되므로, 중심위치의 변화에 따른 부호에 신경을 쓸 필요가 없게 된다.

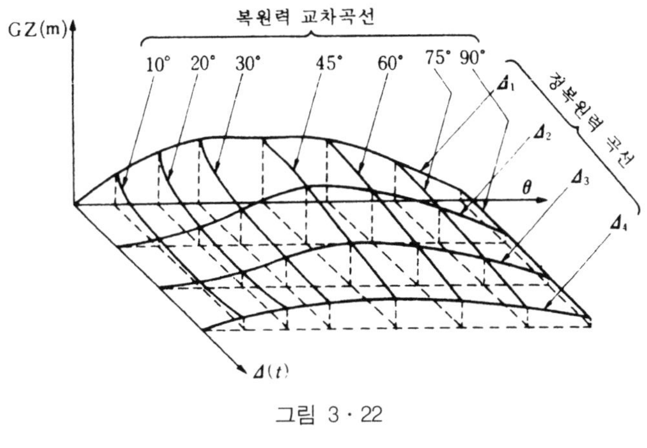

그림 3·22

예 제 3.5. 배수량이 10,400 ton인 어느 상선의 복원력 교차곡선으로부터 KN값이 다음의 표와 같았다.

경사각도(θ°)	5	10	20	30	45	60	75	90
KN (m)	0.65	1.35	2.70	4.10	5.80	6.70	6.90	6.50

(a) KG가 6.900 m일 때 정복원력 곡선을 그려라.

(b) 복원력 범위를 추정하라.

(c) 경사각도가 50°일 때 복원 모멘트를 추정하라.

(d) 이 배의 초기 횡메타센터 높이를 계산하라.

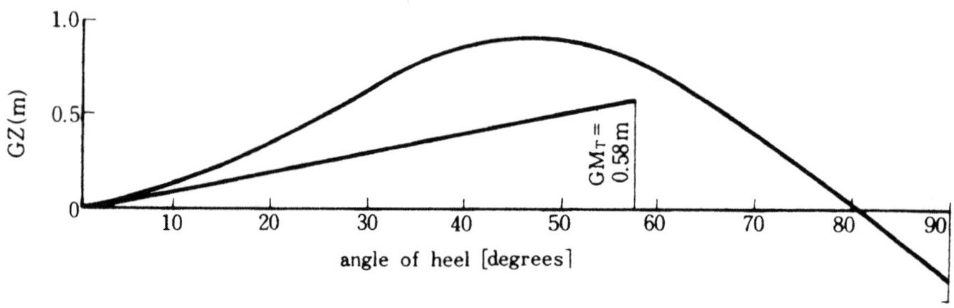

그림 3 · 23

풀이 KG가 6.900m 이므로, 식 (3 · 30)을 사용하여 각 경사각도에서의 복원팔을 계산하면 다음의 표와 같다.

경사각도	$\sin\theta$	KG $\sin\theta$	KN	GZ=(KN−KG $\sin\theta$)
5°	0.087	0.60	0.65	0.05
10°	0.174	1.20	1.35	0.15
20°	0.342	2.36	2.70	0.34
30°	0.500	3.45	4.10	0.65
45°	0.707	4.88	5.80	0.92
60°	0.866	5.98	6.70	0.72
75°	0.966	6.67	6.90	0.23
90°	1.000	6.90	6.50	−0.40

(a) 정복원력 곡선은 위의 표로부터 그림 3 · 23과 같이 그려진다.

(b) 위의 정복원력 곡선으로부터(복원력 범위)≈80°

(c) 50° 경사각도에서의 복원 모멘트 M은

$$M = \Delta \times GZ]_{1^\circ}^{50^\circ} = 10,400 \times 0.9 = 9,360 \text{ton} \cdot \text{m}$$

(d) 작은 각도의 경사에서는

$$GZ = GM_T \sin\theta$$

이므로, 초기 횡메타센터 높이 GM_T는

$$GM_T = \frac{GZ}{\sin\theta}$$

이다. 따라서, 경사각도 5° 에서의 GZ 값을 사용하면

$$GM_T = \frac{GZ}{\sin 5^\circ} = \frac{0.05}{0.087} = 0.58\,\text{m}$$

한편, 작은 경사각도에서 θ를 radian으로 표시하면

$$GZ \fallingdotseq GM_T \cdot \theta$$

의 관계가 성립하고 5°는 대략 0.087 radian이므로

$$GM_T \fallingdotseq \frac{GZ}{\theta} = \frac{0.05}{0.087} = 0.58\,\text{m}$$

[3] 동복원력 곡선

앞의 3·3에서 설명한 바와 같이 선박을 직립 상태로부터 어떤 각도까지 경사시키는 데에 필요한 일을 그 경사각에 있어서의 동복원력이라고 한다. 즉, 동복원력은 어떤 경사 각도까지의 정복원력 곡선(statical stability curve) 아래의 면적을 의미한다.

바꾸어 말하면, 동복원력은 정복원력을 적분하여 얻어진 것이기 때문에 다음과 같은 식으로 나타낼 수가 있다. 이 관계를 그림으로 나타내면 그림 3·24와 같으며, 예를 들면 빗금친 면적 OAB에 대응되는 길이 AD가 동복원력을 나타낸다.

$$\text{동복원력(D.S.)} = \int_0^\theta \Delta GZ \cdot d\theta = \Delta \cdot \int_0^\theta GZ \cdot d\theta \tag{3·45}$$

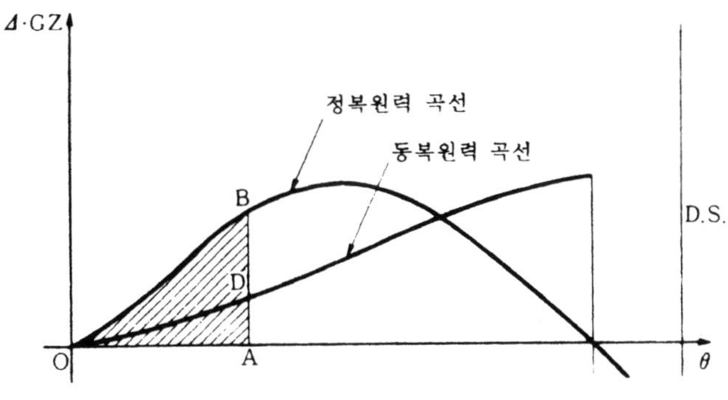

그림 3·24

3.4.2 선형과 복원력 곡선과의 관계

선형이 복원력에 미치는 영향을 알아보기 위해서 배의 수선 윗부분에서의 모양과 수선 아랫부분에서의 모양을 생각한다. 따라서, 흘수, 폭 그리고 건현 세 가지 요소를 변화시키면서 그 영향을 조사하기로 하다. 물론, 배에서 한 가지 요소가 변하면 이에 따라 다른 요소에도 영향을 주겠지만, 여기서는 편의상 다른 요소에는 영향이 없다고 생각하고, 선형의 변화가 배의 중심의 위치에는 전혀 영향을 주지 않는다고 생각하기로 하고, 위의 각 요소의 변화가 복원력에 미치는 영향을 다음과 같은 치수를 갖는 직사각형 바지(barge)선을 예로 들어

설명한다.

흘수 ········· 7 m, 폭 ········· 17 m, 건현 ········· 2 m

이 바지선에 대한 정복원력 곡선을 그림 3 · 25에 A로 표시했다. 이 곡선으로부터 상갑판의 모서리가 물에 잠기기 시작하는 13.2° 근처를 지나면서부터 복원력 곡선의 기울기가 감소하기 시작하여 20° 근처에서 최대값을 갖고, 복원력 소멸각도가 대략 38° 임을 알 수 있다.

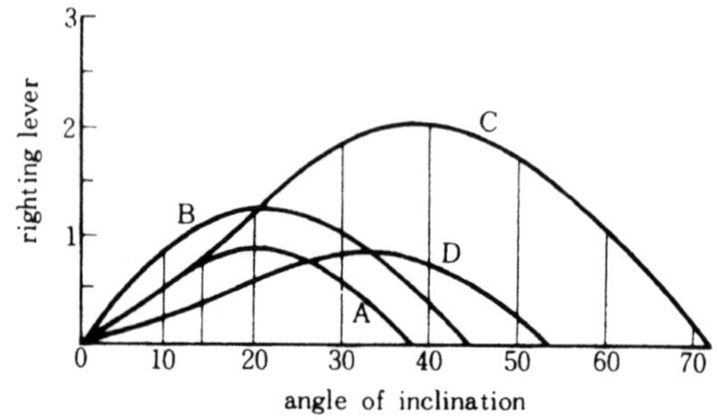

그림 3 · 25

먼저 배에서 폭의 변화가 복원력에 미치는 영향을 알아보기 위해서 위에 제시한 바지선의 폭만을 1.5 m 증가시켰다. 새로운 바지선의 치수는

흘수 ········· 7 m, 폭 ········· 18.5 m, 건현 ········· 2 m

와 같고, 이 때의 정복원력 곡선을 그림 3 · 25의 B로 나타내었다. 이 경우에 복원력 소멸각도는 대략 45°까지 증가되었다. 비록 배의 무게중심의 위치는 변하지 않는다고 가정했으나, 폭이 증가되면 이로 인하여 횡메타센터 반지름이 커지고, 따라서 메타센터 높이 GM_T가 증가한다. 이 GM_T의 증가는 앞 절에서 설명한 바와 같이 정복원력 곡선의 원점에서의 기울기를 크게 해주므로, 곡선 A보다 작은 경사각에서의 복원 모멘트가 증가하게 된다.

다음에는 원래의 바지선 치수 중에서 건현만을 1.5 m 증가시켜, 건현의 변화로 인한 영향을 알아보기로 하자. 새로운 바지선의 치수는

흘수 ········· 7 m, 폭 ········· 17 m, 건현 ········· 3.5 m

로 되고, 그림 3 · 25의 곡선 C는 이 때의 정복원력 곡선이다. 이 곡선은 곡선 A 나 B와는 크게 대조가 됨을 알 수 있다. 우선, 복원력 소멸 각도가 72° 정도로 크게 증가했다. 곡선 A와 C는 원래의 바지선 상갑판의 모서리가 물에 잠기기 시작하는 13.2° 까지는 서로 일치하나, 건현을 증가시킴으로써 곡선 C에서는 복원력이 40° 까지 증가한다.

위의 곡선들로부터 폭과 건현이 대경사 각도에서의 복원력에 미치는 영향을 정리하면 다음과 같다.

① 폭의 증가는 초기 복원력을 증가시키고, 따라서 원점 근처에서의 정복원력 곡선의 기울기를 증가시킨다. 그러나 폭의 증가가 정복원력 곡선과 가로축에 의해서 닫혀진 지역의

면적에 크게 영향을 주지는 않는다.

② 건현의 증가는, 이로 인하여 배의 무게중심의 위치가 변하지 않는다고 가정하면 초기 복원력에 영향을 주지는 않는다. 그러나 건현이 증가하면 복원력 소멸각도가 증가하게 된다.

3.5 복원력의 감소

복원력은 선박의 안전성 판정에 직접적으로 영향을 주는 중요한 성능이다. 복원력에 상반된 영향을 주는 요소로는 복원력과 반대방향으로 작용하는 경사력이 있으며, 선박의 복원력을 감소시키는 경사력의 종류에는 다음과 같은 것을 예로 들 수 있다.

① 선박 내에 있는 화물, 유동 중량물 또는 받침목의 지지력에 의한 경사력

② 선박이 독(dock)에 입거할 때에 받는 받침목의 지지력에 의한 경사력

③ 선박이 해상에서 선회할 때에 받는 유체력에 의한 경사력

④ 선박이 가로방향으로부터 받는 풍압력에 의한 경사력

⑤ 군함과 같이 함포 사격을 할 때에 반작용력에 의한 경사력

선박이 화물을 싣지 않은 상태에서 운항을 하게 되면 배수톤수에 대한 중량 중심이 지나치게 높아지게 되고, 화물을 너무 과대하게 실으면 경사할 때에 예비부력(reserved buoyancy)이 작아지므로 복원성능이 나빠지게 된다. 따라서, 선박 운항상의 안전성을 유지시킬 수 있는 한도 내에서 적당한 흘수까지 화물을 실어야 한다.

화물을 실을 수 있는 최대흘수를 만재흘수선이라고 하며, 선박의 깊이에서 만재흘수선까

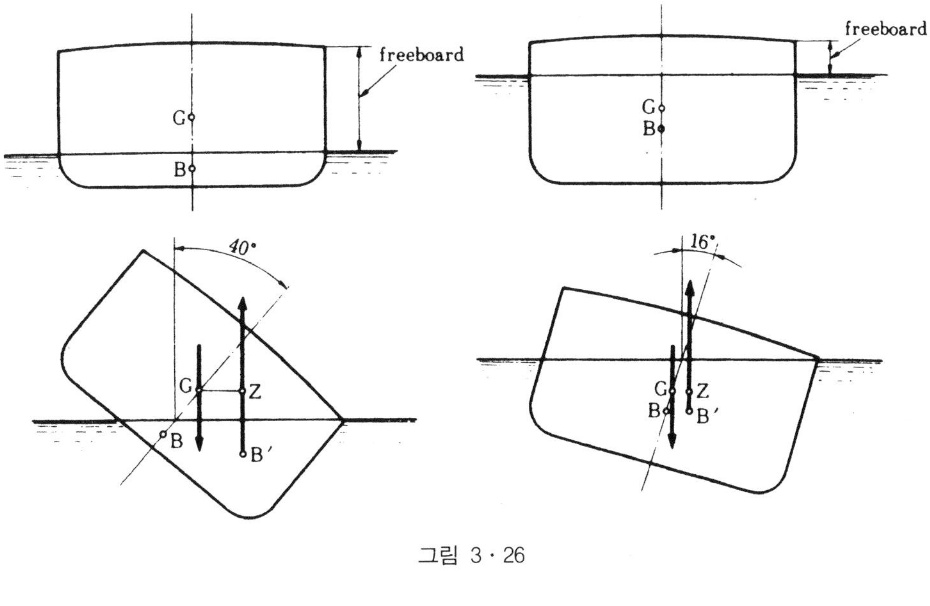

그림 3 · 26

지의 흘수를 뺀 수면상부에서 갑판상면까지의 현측 높이를 건현(freeboard)이라고 한다.

건현이 크면 만재흘수가 낮아지므로 화물을 적게 실을 수밖에 없으나, 그 대신 경사에 따른 예비부력이 커지므로 안전하다고 볼 수 있으며, 건현이 작으면 그림 3·26에 나타낸 것과 같이 복원력의 범위가 적어지게 된다.

예를 들면 건현(freeboard)이 작은 P선과 건현이 큰 Q선을 그림 3·27에 나타낸 것과 같이 비교해 보면, P선과 Q선의 폭 B와 KG가 동일하다고 하면 P선보다 Q선의 쪽이 건현이 큰 경우의 정복원력 곡선을 나타내고 있다.

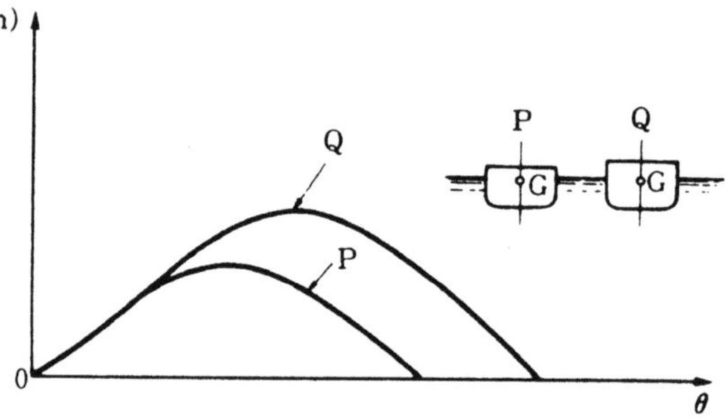

그림 3·27

θ가 작은 것은 P선과 Q선에서 차이가 없지만, 어떤 θ이상이 되면 건현이 큰 쪽이 최대 복원정 GZ와 그 때의 경사각이 크게 되어 복원력의 범위(range of stability)도 증가하여 복원성을 좋게 할 수가 있다.

이와 같이 건현은 복원성을 평가하는 데에 중요한 요소가 되므로 만재흘수선 조약에 따라서 결정하여야 하며, 건현이 너무 작게 되지 않도록 설계할 때에 그 높이를 결정하는 것이 중요하다.

3.5.1 횡경사 모멘트의 발생

[1] 선 내에 있는 자유표면의 영향

선 내의 탱크에 자유표면(공기와 접해 있는 표면)이 있는 액체가 있으면 그림 3·28에서와 같이 경사 때 배의 중심을 GG_0만큼 상승시키는 효과가 나타나서 배의 복원성능을 나쁘게 한다. 이와 같은 영향을 자유표면 효과라고 부른다.

그림 3·28에 나타낸 것과 같이 선 내의 탱크에 비중량(또는 밀도 : 부록 Ⅲ 참조) γ', 용적 v의 유동 액체가 있으면 롤링에 따라 이 자유표면이 각도 θ로 경사되고, 액면 wl이 $w'l'$로 경사한다.

그러면 wl 이하의 액체의 중량 $\gamma' \cdot v$의 중심 b는 b′로 이동한다.

이 경우에 자유표면이 있는 탱크를 배라 간주하면 최초수선 wl로 떠있던 것이 경사하여 $w'l'$로 되었을 때에 부심 b가 b′로 이동하는 것과 똑 같고, 다만 부력과 중력의 작용방향이 반대인 것에 불과하다. 이 탱크 배의 경심(metacenter)을 m이라고 하고, i를 wl의 자유표면의 종 중심선에 대한 수선면의 관성 모멘트(또는 2차 모멘트)라고 하면,

$$\mathrm{bm} = \frac{i}{v} \tag{3 · 46}$$

와 같은 식이 성립된다.

한편, 경사 전의 부심 b에서 중력의 작용선과 경사 후의 부심 b'에서 중력 작용선의 연장선이 만나는 점이 m이므로 자유수의 중력 작용점이 경사 후에는 m으로 이동한 것으로 생각할 수도 있으며, 이 때의 m을 자유수의 겉보기 중심이라고 한다.

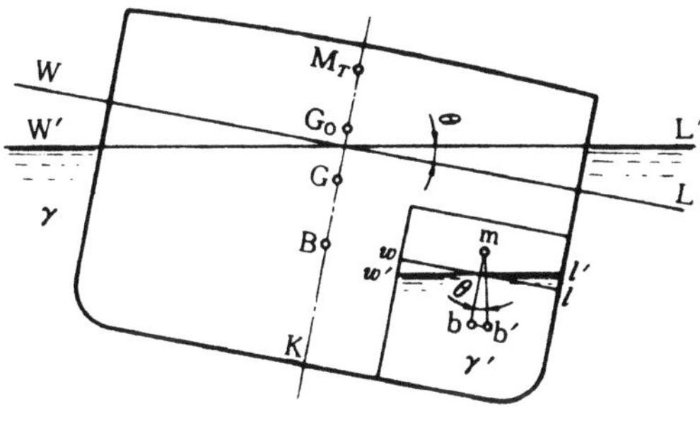

그림 3 · 28

횡메타센터 반지름 bm의 값은 자유수의 이동 때문에 그 중심이 bm만큼 상승한 것과 같은 효과가 있다. 이러한 자유수의 이동 때문에 선박의 전체 중량의 중심도 G에서 G_0로 상승하게 되므로, 중심의 상승량 GG_0는 다음과 같이 나타낼 수 있다.

해수의 비중량을 γ, 선박의 전체 배수용적을 ∇라고 하면,

$$\gamma \cdot \nabla \cdot GG_0 = \gamma' \cdot v \times \mathrm{bm} \tag{3 · 47}$$

이 식에서 $\gamma \cdot \nabla = \Delta$라고 하고, $\mathrm{bm} = \frac{i}{v}$를 대입하여 GG_0를 구하면,

$$GG_0 = \frac{\gamma' \cdot v}{\gamma \cdot \nabla} \cdot \frac{i}{v} = \frac{\gamma' \cdot i}{\gamma \cdot \nabla} = \frac{\gamma' \cdot i}{\Delta} \tag{3 · 48}$$

여기서 γ와 γ'는 선박주위 유체(통상 해수) 및 탱크 내 액체화물의 비중량을 각각 의미한다.

이 식에서 주목할 수 있는 것은 GG_0가 유동액체의 용적 v에는 관계가 되지 않는다는 것이다. 바꾸어 말하면, 소량의 액체에서도 폭이 넓은 자유표면이 있으면 큰 복원력의 감소가 초래될 수 있다는 것이다.

또한, 탱크를 길이방향으로 설치하여 폭을 좁게 하면 복원력의 감소를 작게 할 수가 있으므로 큰 효과를 볼 수 있다.

갑판상에 유입되는 해수 등도 소량이라고 하더라도 상당한 자유표면(free surface)을 갖기 때문에 불워크(bulwark) 아래에 방수구(freeing port)를 크게 하여 갑판상의 해수를 빨리 선외로 배출시킬 수 있도록 배치하는 것이 필요하다.

선 내의 탱크에서는 연료유(fuel oil)를 만재시키든가 아니면 표 3·1에 나타낸 것과 같이 자유표면 효과(free surface effect)를 계산해 둔다.

선 내의 탱크는 길이를 크게 한다면 장방형, 삼각형, 사다리꼴형 등에 가까운 경우가 많으므로, 그 때의 수선면에 대한 관성 모멘트 I는 다음과 같이 계산할 수 있다.

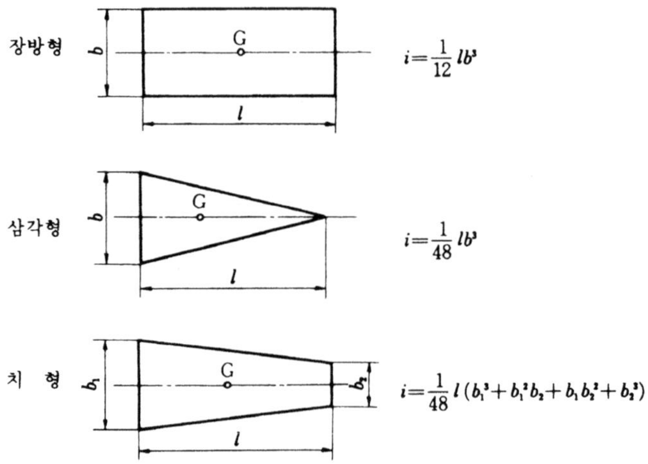

그림 3·29

예 제 3.6. 선체 중앙부 양현에 길이 20 m, 폭 9 m의 이중저 연료유 탱크가 있다. 밸러스트 상태의 배수량은 7200 ton이고 만재상태의 배수량은 17,000 ton이라고 하면, 이 탱크의 자유표면 효과에 의한 중심의 상승량은 얼마가 되겠는가? 또한, 이 탱크를 3열(列)로 하면 중심의 상승량은 또한 어떻게 되겠는가? 단, 연료유의 비중량은 $0.935\ \text{ton/m}^3$이다.

풀이 (a) 편현의 탱크의 $i=\frac{1}{12}lb^3=\frac{1}{12}\times20\times9^3=1215 \quad (\therefore\ \gamma'\cdot i=1136)$

$$\therefore\ GG_0=\frac{Z\cdot\gamma'\cdot i}{\triangle}\begin{cases}\dfrac{2\times1136}{7200}=0.316\,\text{m}\\[2ex]\dfrac{2\times1136}{17{,}000}=0.134\,\text{m}\end{cases}$$

여기서 Z는 탱크의 개수를 의미한다.

(b) 3열 탱크의 경우에는

$$i=\frac{1}{12}lb^3=\frac{1}{12}\times20\times6^3=360 \quad (\therefore\ \gamma'\cdot i=337)$$

$$\therefore\ GG_0=\frac{3\cdot\gamma'\cdot i}{\Delta}\begin{cases}\dfrac{3\times337}{7200}=0.14\,\text{m}\\[2ex]\dfrac{3\times337}{17{,}000}=0.059\,\text{m}\end{cases}$$

[2] 갑판 위에 있는 유동 중량물로 인한 영향

데릭 붐(derrick boom)과 크레인(crane)으로서 화물을 취급할 때에 화물의 중량은 화물을 들어올린 위치에 화물의 중심이 있으므로, 선박의 중심 G보다는 위에 있게 된다.

그림 3·30과 같이 중량 w의 화물을 들어올렸을 때에는,

$$\Delta \times GG_0 = w \cdot gm$$

$$\therefore \ GG_0 = \frac{w \cdot gm}{\Delta} \qquad (3 \cdot 49)$$

따라서, GM_T는 G_0M_T로 감소하게 된다.

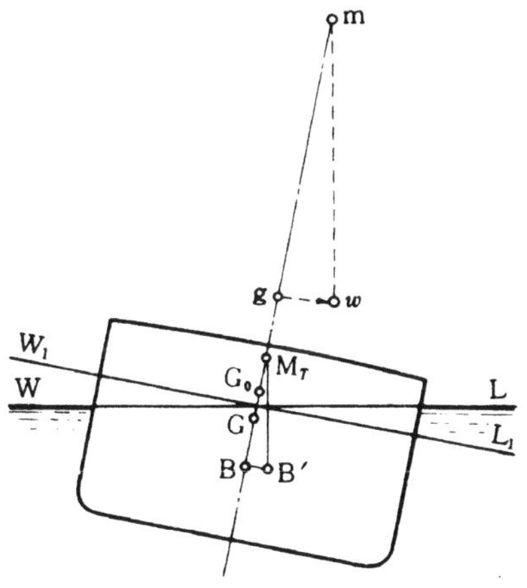

그림 3·30

이를테면 갑판상에 있는 화물을 들어올리는 경우에 화물의 중심이 올라가서, GM_T가 G_0M_T로 감소되기 때문에 선체가 갑자기 크게 흔들리는 것과 같이 된다.

그 밖에 선 내에 비치되어 있는 유동물(流動物)도 중심을 상승시키는 요인이 되므로, 가능한 한 움직이지 않도록 고정시켜 둘 필요가 있다.

예 제 3.7. $\Delta = 18000$ ton, $GM_T = 1.5$ m의 화물선의 선저에 실려 있는 200 ton의 화물을 육상으로 옮기려고 한다. 중량물 데릭(heavy derrick)의 끝단으로부터 화물의 중심까지는 27 m라고 한다. 화물을 들어올린 후 우현의 선체 중심선으로부터 16 m 정도까지 돌린 후 안벽으로 하역할 때에 선박이 경사되는 경사각은 얼마가 되겠는가?

풀이 $\Delta \cdot GG_0 = w \cdot gm$

$18,000 \cdot GG_0 = 200 \times 27$

$\therefore \ GG_0 = 0.3$ m

$\therefore \ G_0M_T = 1.5\text{m} - 0.3\text{m} = 1.2\text{m}$

$\Delta \cdot G_0M_T \cdot \tan\theta = w \cdot l$

$$18,000 \times 1.2 \cdot \tan\theta = 200 \times 16$$

$$\tan\theta = \frac{3200}{21,600} = 0.148$$

$$\therefore\ \theta = 8^\circ - 25'$$

[3] 선박을 독에 입거할 때의 영향

선박을 독(dock)에 입거(docking)시키고 해수를 배수시킬 때에 선미트림(trim by stern)이 되므로, 선미가 독의 용골 받침목(keel block)에 닿아서 배의 중량 일부가 여기에 지지되게 된다. 배수를 하는 과정에 배의 용골이 용골 받침목에 닿는 순간에 용골 받침목이 지지하는 힘은 최대가 되며, 이 때 복원성능은 최악의 상태가 된다. 이러한 현상은 배를 띄울 때에도 발생되므로 지주(支柱)라든가 계선로프를 사용할 때에 주의를 해야 한다.

그림 3 · 31(a)는 떠 있을 때에 배를 경사시킨 상태이며, 그림 3 · 31(b)는 배의 중량 일부가 용골 받침목에 의해서 지지되고 나머지는 물에 의해서 지지되면서 경사시킨 상태를 나타내고 있다.

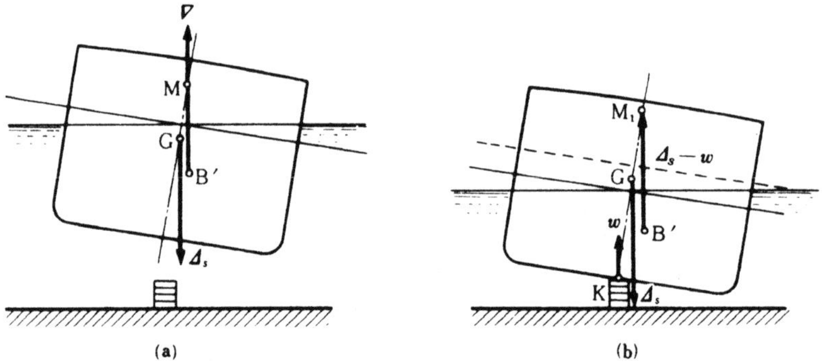

그림 3 · 31

이 때의 복원력은 다음과 같이 된다.

$$\text{복원력} = \{(\Delta_S - w)GM_1 - w \cdot KG\} \cdot \sin\theta$$

$$= (\Delta_S - w) \cdot \sin\theta \left(GM_1 - \frac{w}{(\Delta_S - w)} \cdot KG\right) \qquad (3 \cdot 50)$$

여기서, Δ_S는 배의 배수량이며, w는 용골 받침목에 의해서 지지되는 윗방향으로의 힘을 의미한다. 또한, $\left(GM_1 - \frac{w}{(\Delta_S - w)} \cdot KG\right)$은 겉보기의 메타센터 높이이다.

여기서, w를 알 수만 있다면 복원력이 얼마나 되는지를 알 수 있을 것이며 w의 계산은 다음과 같이 할 수 있다.

그림 3 · 32에 나타낸 것과 같이 배의 중심 G와 선미수선 AP까지의 거리와 부심 B까지의 거리를 각각 a 및 b라고 하고, AP에 대한 b곡선 및 그 모멘트 $\Delta_S \cdot b$를 그린다. 이제 AP에 대한 중량모멘트 $\Delta_S \cdot a$의 수직의 직선과 $\Delta \cdot b$ 곡선과의 교점 P를 지나 수평으로 수

선 WL을 그으면 Δ곡선과 Q점에서 만난다. 이 점의 배수량 Δ는 다음과 같다.

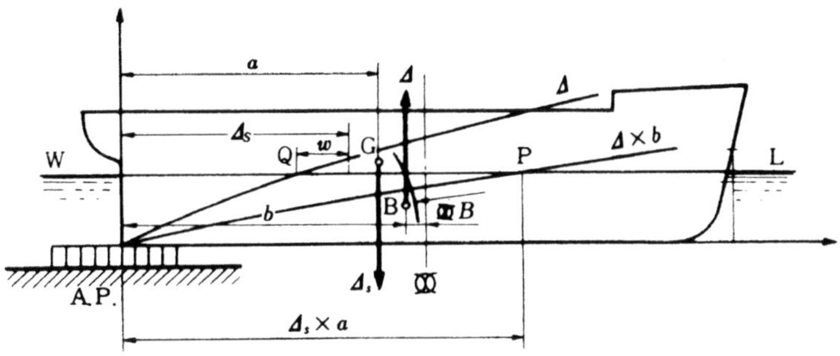

그림 3·32

$$\Delta = \Delta_S - w \tag{3·51}$$

따라서, 윗방향으로 작용하는 반력 w는 다음과 같이 표시된다.

$$w = \Delta_S - \Delta \tag{3·52}$$

한편, 근사적으로는 w를 다음과 같이 계산해도 좋다.

최초의 흘수 d_A와 d_F, 그리고 트림(trim) t, 또한 배의 배수량(displacement)을 Δ라 하면 배의 AP로부터 w의 중량을 이동시켜서 정확히 등흘수(even keel)로 되게 하는 것과 같은 문제로 생각하여 풀 수 있다.

AP로부터 부면심 LCF까지 w를 거리 l만큼 이동시켜서 등흘수(even keel)가 되게 하면, 최초의 흘수 d_A와 d_F는

$$d_A - \frac{\frac{L}{2} - \mathrm{LCF}}{L} \cdot \frac{w \cdot l}{100\,\mathrm{MTC}} = d_F + \frac{\frac{L}{2} + \mathrm{LCF}}{L} \cdot \frac{w \cdot l}{100\,\mathrm{MTC}} \tag{3·53}$$

로 된다.

그리고 이 때 w의 이동에 의한 부면심 LCF는 큰 차이는 없는 것으로 가정한다. 그러면 흘수는

$$d_A - \frac{w}{100\,\mathrm{TPC}} - \frac{\frac{L}{2} - \mathrm{LCF}}{L} \cdot \frac{w \cdot l}{100\,\mathrm{MTC}}$$

$$= d_F - \frac{w}{100\,\mathrm{TPC}} + \frac{\frac{L}{2} + \mathrm{LCF}}{L} \cdot \frac{w \cdot l}{100\,\mathrm{MTC}} \tag{3·54}$$

여기서 $\dfrac{w \cdot l}{100\,\mathrm{MTC}} = t$가 되므로

$$w = \frac{100\,\mathrm{MTC} \cdot t}{l} \qquad (3 \cdot 55)$$

이 된다.

또한, 용골(keel) 전체가 용골 받침목(keel block)에 접촉하는 경우는 흘수 상승량이 $\frac{w}{100\,\mathrm{TPC}}$ 임을 감안하여서 흘수는

$$d_A - \frac{\mathrm{MTC} \cdot t}{\mathrm{TPC} \cdot l} - \frac{\frac{L}{2} - \mathrm{LCF}}{L} \cdot t = d_F - \frac{\mathrm{MTC} \cdot t}{\mathrm{TPC} \cdot l} + \frac{\frac{L}{2} + \mathrm{LCF}}{L} \cdot t \qquad (3 \cdot 56)$$

로 되며, w는 역시 식 (3 · 55)와 같이 된다.

한편, 그림 3 · 33에 나타낸 것과 같이 초기 수선 WL보다 낮은 수선 W_1L_1에서 용골 받침목 위에 정지하고 있다고 했을 때에 중량중심의 겉보기 상승량 GG_0를 생각해 보기로 한다.

여기서 w : 용골 받침목에 의해서 지지되는 윗방향으로의 힘

G : 배의 원래 무게 중심

Δ : 배의 원래 배수량

$\Delta - w$: 수선 W_1L_1에 해당하는 배의 배수량

G_vM_1 : 수선 W_1L_1에 대한 배의 겉보기 횡메타센터 높이

점 K에서 배로부터 제거한 중량으로서의 힘 w를 생각하면 중심은 점 G_v로 상승한다. 이 겉보기 중심까지의 높이 KG_v는

$$KG_v = \frac{KG \cdot \Delta}{\Delta - w} \qquad (3 \cdot 57)$$

로 표시되므로, 겉보기 횡메타센터 높이 G_vM_1은

$$G_vM_1 = KM_1 - \frac{KG \cdot \Delta}{\Delta - w} \qquad (3 \cdot 58)$$

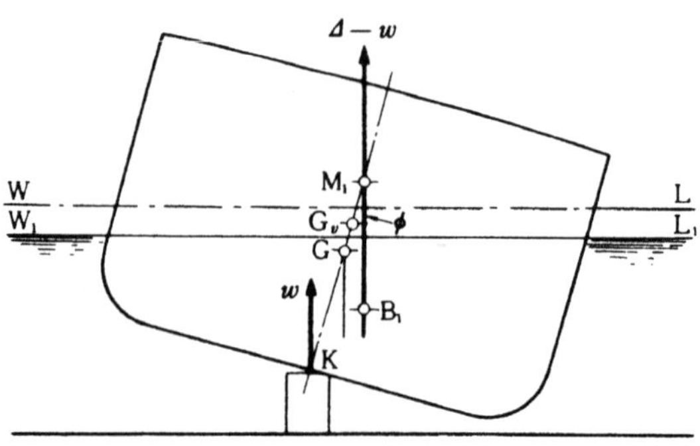

그림 3 · 33

이다. 또, 겉보기 중심의 상승 거리 GG_v는

$$GG_v = KG_v - KG = \frac{KG \cdot w}{\Delta - w} \qquad (3 \cdot 59)$$

로 나타나므로, 용골 받침목에 의해서 지지되는 힘 w만 결정되면 이로 인한 중심의 상승 거리를 계산할 수 있다.

w값을 산출하기 위해서 다음과 같은 과정을 따르는 것이 편리하다.

① 입거시의 트림으로 완전히 물에 떠 있을 때의 배수량과 LCB를 계산한다.

② 배가 선미트림을 갖고 있어서 용골 뒤끝이 먼저 용골 받침목에 닿는 경우에는, 용골 뒤끝에 관한 중량의 모멘트를 계산한다.

③ 독(dock) 속의 용골 받침목들과 용골 사이의 경사각만큼 용골에 대하여 경사한 몇 개의 수선을 그려서 그 때의 배수량을 계산한다. 또한 이 배수량의 용골 뒤끝에 관한 모멘트를 계산한다.

④ 위에서 계산한 중량의 모멘트 곡선과 부력의 모멘트 곡선을 한 종이 위에 배수량을 세로축, 모멘트를 가로축으로 잡아 그린다. 이 때 두 곡선이 서로 만나는 점에 해당하는 배수량이 $\Delta - w$를 표시한다.

예 제 3.8. 선미트림을 갖는 10,000 ton짜리 배가 있다. 이 배가 입거시에 제일 뒷부분에 있는 받침목이 받는 압력이 247 ton이었다. 이 배의 횡메타센터는 용골로부터 7.62 m 위에 놓여 있으며, KG는 7.16 m이었다. 다음을 계산하라.

(a) 겉보기 횡메타센터 높이

(b) 횡메타센터 높이의 감소량

풀이 $KM_1 = 7.62$ m, $KG = 7.16$ m이므로, GM_1은 다음과 같다.

$$GM_1 = KM_1 - KG = 7.62 - 7.16 = 0.46\,\text{m}$$

(a) 겉보기 횡메타센터 높이는 식 (3 · 58)로부터

$$G_vM_1 = KM_1 - \frac{KG \cdot \Delta}{\Delta - w} = 7.62 - \frac{7.16 \times 10,000}{10,000 - 247} = 0.278\,\text{m}$$

(b) 횡메타센터 높이의 감소량은 겉보기 중심의 상승거리 GG_v와 같으므로 식 (3 · 59)로부터

$$GG_v = \frac{KG \cdot w}{\Delta - w} = \frac{7.16 \times 247}{10,000 - 247} = 0.181\,\text{m}$$

[4] 선박이 선회할 때의 영향

선회시키기 위하여 조타하면, 선체는 타에 작용하는 양력 때문에 초기에 타를 돌린 쪽으로 횡경사하게 된다.

그 후 선체가 선회원을 그리기 시작하면 그림 3 · 34(b)와 같이 선체의 중심 G에 원심력 F가 발생하여서 배를 밀려나게 하므로 수면아래의 선체에 측압 P가 반력으로 발생하기 때문에 F와 P로서 경사 모멘트(moment)를 계산하는 것이 가능하다.

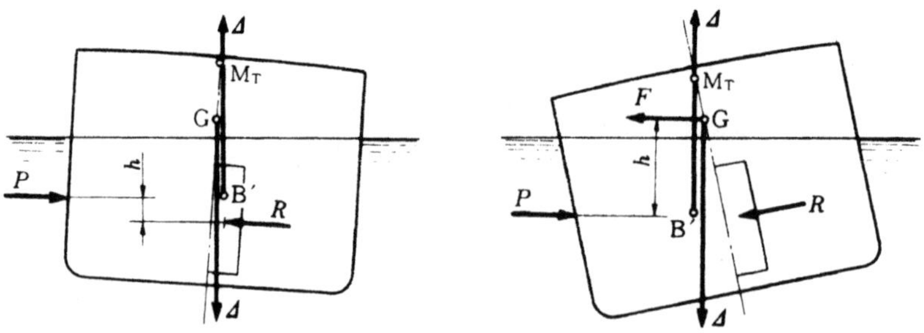

(a) 선회초기 (b) 선회중

그림 3 · 34

$$F=\frac{mV^2}{r}=\frac{\Delta}{g}\cdot\frac{V^2}{r} \tag{3·60}$$

여기서 V : 선회원의 접선속도(knot)

r : 선회원의 반지름(m)

그러므로 경사 모멘트는

$$F\cdot h=\frac{\Delta\cdot V'^2\cdot h}{g\cdot r}(\text{ton}\cdot\text{m}) \tag{3·61}$$

로 된다. 그러므로 배가 θ만큼 경사하면 다음과 같이 복원 모멘트가 생기게 된다.

$$\text{복원 모멘트}=\Delta\cdot GM_T\cdot\sin\theta \tag{3·62}$$

타(rudder)와 관계되는 수압의 크기인 R도 P와의 사이에 경사 모멘트가 만들어지며, 측압 P도 대부분 같이 커지기는 하지만 원심력으로 인한 경사 모멘트와 비교하면 작으므로 이것을 무시하여도 좋다. 따라서

$$F\times h=\text{복원 모멘트} \tag{3·63}$$

로 잡으면

$$\Delta\cdot GM_T\cdot\sin\theta=\frac{\Delta\cdot V'^2\cdot h}{g\cdot r}$$

$$\therefore\ \sin\theta=\frac{V'^2\cdot h}{g\cdot GM_T\cdot r} \tag{3·64}$$

로 된다.

이것을 보면 선회 중에 배의 속력이 빨라지면 중심의 높이가 높아져서 GM_T과 선회 반지름이 작아지므로 경사가 크게 된다. 선체에 경사 모멘트가 가해지면 복원력을 약화시키기 때문에, 황천 항해 때에 타를 조작할 경우에는 대단히 조심해야 한다.

예 제 3.9. 어느 고속 화물선이 16 knot의 속도로서 반지름 270 m의 원을 그리면서 선회

력 시험을 행하고 있다. 이 배의 $G_0M_T = 1.2\text{m}$이고 중심과 측압을 받는 곳까지의 거리를 6.5 m로 하면 선회할 때의 경사각은 얼마가 되겠는가?

풀이 $\sin\theta = \dfrac{V'^2 \times h}{37\times\ GM_T \times r} = \dfrac{(16)^2\times 6.5}{37\times 1.2\times 270} = 0.1388$

$\therefore\ \theta = 7^\circ - 9'$

[5] 바람이 횡방향으로 불 때의 영향

그림 3·35에 나타낸 것과 같이 선박이 횡방향으로 바람을 받으면 수면상의 선체에 풍력 F가 발생하여 그 반력으로서 수면 아래에 측압 P와의 사이에는 경사 모멘트가 생기게 된다.

$$\text{풍력}\ \ F = P\cdot A \tag{3·65}$$

여기서 P의 경험식은 $=(0.076\sim0.78)\,\text{Au}^2\times10^{-4}(\text{kg/m}^2)$

A : 수면상부의 선체 측면적(m^2)

u : 풍속(m/sec)

선수방향으로부터 30°부근에서 선박의 측면까지는 이의 관계가 성립된다.

지금 최대풍속의 평균값을

① 근해 이상에서는 26 m/sec

② 연해에서는 19 m/sec

③ 해안 근처에서는 15 m/sec

로 하면

① 근해 이상에서는 $F = \dfrac{0.076\times26^2}{1000}\cdot A = 0.0514\cdot A\,(\text{ton})$

② 연해에서는 $F = \dfrac{0.076\times19^2}{1000}\cdot A = 0.0274\cdot A\,(\text{ton})$

③ 해안 근처에서는 $F = \dfrac{0.076\times15^2}{1000}\cdot A = 0.0171\cdot A\,(\text{ton})$

경사 모멘트는 이것에다가 h를 곱해서 아래와 같이 표시되며,

$$F\cdot h = P\cdot A\cdot h = 76\times10^{-6}\cdot A\cdot u^2\cdot h\,(\text{ton}\cdot\text{m}) \tag{3·66}$$

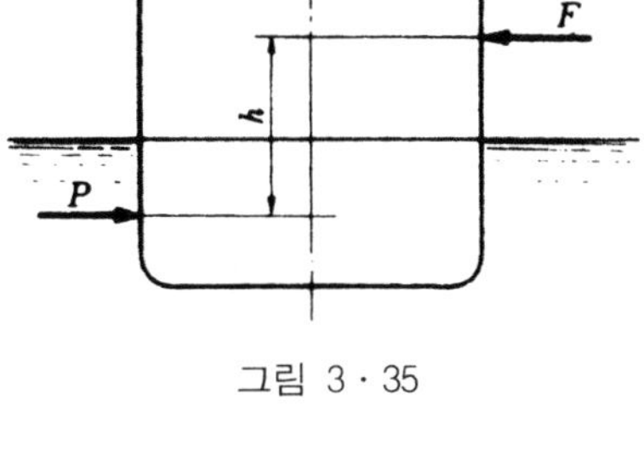

그림 3·35

이 경사 모멘트와 복원 모멘트를 갖게 놓아서 경사각 θ를 구하면 아래와 같다.

$$\Delta \cdot GM_T \cdot \sin\theta = P \cdot A \cdot h$$

$$\therefore \sin\theta = \frac{76\times10^{-6} \cdot A \cdot u^2 \cdot h}{\Delta \cdot GM_T} \qquad (3 \cdot 67)$$

이 경사각을 정경사각(定傾斜角, angle of steady heel)이라고 부른다.

예 제 3.10. $L=175$ m, $B=25$ m, $D=15.4$ m인 컨테이너선의 흘수가 $d=9$ m로 등흘수(even keel) 상태로서 운항 중에 있다. 갑판상에 창구덮개(hatch cover) 위에 3단의 컨테이너(container)를 탑재하였고, 이 때에 풍속 15 m/sec의 횡풍이 불고 있다고 하면 배는 어느 정도로 경사되어서 운항하게 되겠는가? 단, 수면상의 풍압 측면적은 2550 m²이고, 풍압중심과 수압 중심까지의 거리는 12 m이며, Δ는 23,200 ton일 때 G_0M_T는 0.6 m이다.

풀이 $\sin\theta = \dfrac{76\times10^{-6} \cdot A \cdot u^2 \cdot h}{\Delta \cdot GM_T} = \dfrac{76\times10^{-6}\times2550\times15^2\times12}{23,200\times0.6} = 0.0376$

$\therefore \theta = 2^\circ - 9'$

[6] 포 발사로 인한 영향

포탄의 무게를 w라 하고, 발사속도를 v라고 하자. 표준 배수량(standard displacement)이 Δ_S인 배의 무게중심 G는 포의 발사 순간에 그림 3 · 36에서와 같이 속도 V로 밀려날 것이다. 충격에 의해서 흘수의 1/2보다 약간 밑에 작용하는 물의 반작용을 I라고 표시하면, 다음의 방정식을 얻는다.

$$I = \frac{w}{g} \cdot v - \frac{\Delta_S}{g} \cdot V \qquad (3 \cdot 68)$$

여기서 g는 중력 가속도이고, 우변 첫항은 포탄의 운동량을, 둘째항은 배의 운동량을 나타내고 있다.

배의 각운동량은 $\dfrac{\Delta_S}{g} \cdot k^2 \cdot \dfrac{d\theta}{dt}$이므로, 이것은 회전을 일으키는 운동량의 모멘트와 같

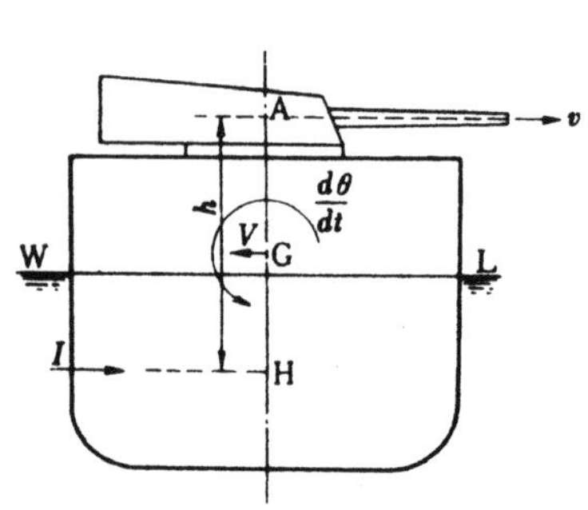

그림 3 · 36

게 놓으면

$$\frac{w}{g} \cdot v \cdot \mathrm{GA} + I \cdot \mathrm{HG} = \frac{\Delta_S}{g} \cdot k^2 \cdot \frac{d\theta}{dt} \tag{3·69}$$

가 된다. 여기서 k는 배의 롤링 때의 관성 반지름으로서, 배의 롤링주기 T_θ와 다음의 관계가 있다.

$$T_\theta = \frac{2\pi k}{\sqrt{g \cdot \mathrm{GM_T}}} \tag{3·70}$$

식 (3·68)과 식 (3·69)로부터

$$\frac{w}{g} \cdot v \cdot \mathrm{AH} = \frac{\Delta_S}{g}\left(k^2 \frac{d\theta}{dt} + V \cdot \mathrm{HG}\right) \tag{3·71}$$

가 되고, 실질적으로 V는 작은 값이므로 이를 무시하면

$$\frac{w}{g} \cdot v \cdot \mathrm{AH} = \frac{\Delta_S}{g} k^2 \frac{d\theta}{dt} \tag{3·72}$$

와 같이 정리가 된다.

배의 초기 운동 에너지는 $\frac{1}{2}\frac{\Delta_S}{g}k^2\left(\frac{d\theta}{dt}\right)^2$이며, θ는 횡경사각일 때, 이 값은 저항을 무시할 때의 경사각 θ에서의 동복원력(動復原力)과 같아야 된다. 정복원력(靜復原力) 곡선을 이 경사각까지 직선이라고 가정하면 동복원력은 $\frac{1}{2}\Delta_S \cdot \mathrm{GM} \cdot \theta^2$이므로

$$\theta^2 = \frac{k^2}{g \cdot \mathrm{GM_T}}\left(\frac{d\theta}{dt}\right)^2 \tag{3·73}$$

이고, 이 식 (3·72)와 식 (3·73)으로부터 배의 횡경사각 θ를 다음과 같이 얻는다.

$$\theta = \frac{w}{\Delta_S} \cdot \frac{v \cdot \mathrm{AH} \cdot 2\pi}{\mathrm{GM_T} \cdot g \cdot T_\theta}(\text{radian})$$

$$= \frac{w}{\Delta_S} \cdot \frac{v \cdot \mathrm{AH}}{\mathrm{GM_T} \cdot g \cdot T_\theta} \cdot 360^\circ \tag{3·74}$$

예 제 3.11. 배수량 18,000 ton인 배의 수면 위 8 m에 있는 8門의 포를 가로방향으로 일제히 발사했다. 포탄의 무게는 495 kg이고, 발사속도는 1000 m/sec였다. 또, 발사 순간에 물의 반작용은 수면 아래 4 m 되는 곳에 작용한다. 이 배의 $\mathrm{GM_T}$는 1.5 m이고 횡동요 주기는 16초이다. 횡경사각 θ는 얼마가 되겠는가?

풀이 $\theta = \dfrac{495 \times 8 \times 1000 \times 12}{18,000 \times 1000 \times 1.5 \times 9.8 \times 16} \times 360 = 4.04^\circ$

3.5.2 중심의 위치와 복원력 곡선과의 관계

대부분의 배는 무게 중심의 위치 G가 부심의 위치 B보다 위에 놓여 있으므로, 대경사각도에서의 복원팔은 애트우드(Attwood)의 식 (3 · 28)에서 보듯이 $\frac{v \times hh'}{\Delta}$ 보다 $BG \sin\theta$ 만큼 작아진다. 따라서, 경사 각도가 커지면 $\sin\theta$ 의 값이 커지게 되므로 복원팔의 감소량도 커지고, θ 가 90° 일 때 복원팔의 감소량은 최대가 된다. 앞절의 예에서 만약 건현이 증가되었을 때 이로 인해 중심의 위치가 0.7 m 상승하였다고 가정하자. 그러면 그림 3 · 25에 그려진 정복원력 곡선 C에서의 복원팔은 임의의 경사각도 θ 에서 $0.7 \times \sin\theta$ 만큼 감소하게 된다. 만약, 30°의 경사각도를 생각하면, 복원팔의 감소량은 0.35 m가 될 것이다. 이와 같은 방법으로 모든 경사각도에 대해서 수정을 하면 그림 3 · 25의 곡선 D를 얻게 된다. 이 곡선에서는 0.7 m의 중심상승 때문에 복원력 소실각도가 72°로부터 53°로 작아지고 있다.

위에서와 같이 중심의 상승 또는 하강에 의한 정복원력 곡선을 얻고자 할 때에는 복원팔을 세로 좌표축으로 택한 곡선에서 수정을 해야만 한다. 임의의 각도에서 배의 복원 모멘트는 그 각도에서의 복원팔에 배의 배수량을 곱하면 되고, 배의 정복원 성능을 판정하기 위한 것이 정복원력 곡선이므로, 종축을 복원팔이 아닌 복원 모멘트로 잡아서 그린 곡선이 옳은 정복원력 곡선이다.

예를 들면 그림 3 · 27에 어느 상선의 경하배수량(輕荷排水量)과 만재배수량(滿載排水量)에서의 복원팔을 각각 곡선 A와 B로 그려 놓았다. 이 배의 경하 배수량은 1500 ton이고, 만재배수량은 3500 ton이다. 또, 그림 3 · 38에 이 배의 경하상태에서 복원 모멘트를 곡선 A로, 만재상태의 복원 모멘트를 곡선 B로 그려 놓았다. 한 배의 두 가지 상태에서의 곡선들을 주의 깊게 보지 않으면, 그림 3 · 37에서는 A의 경우가 B의 경우보다 정복원 성능이 좋은 것으로 생각하기도 쉽다. 그러나 그림 3 · 38에서 보는 바와 같이 위와는 반대로 B의 경우가 A의 경우보다 정복원 성능이 훨씬 좋다.

배의 정복원성을 판정하기 위해서는 정복원력 곡선에서 다음의 세 가지 특성이 중요하다.

① 원점 근방에서 복원력 곡선의 기울기

② 복원팔이 최대가 되는 경사각도와 이 때의 복원팔의 크기

③ 복원력의 범위

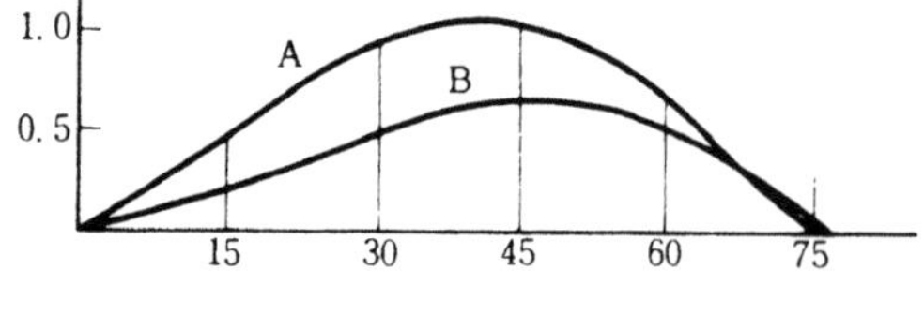

그림 3 · 37

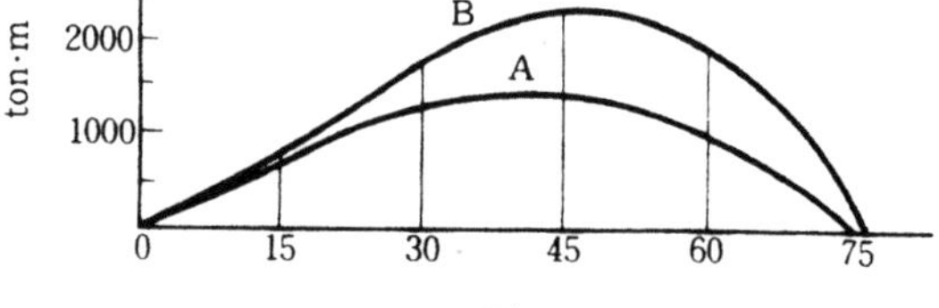

그림 3 · 38

3.6 복원력 곡선의 계산방법

3.6.1 반즈(Barnes)에 의한 계산방법

1861년 영국의 F. K. Barnes가 제시한 복원력의 기초이론으로서, 배수용적과 부심위치 및 여러 가지 중심과 복원력 계산에 유익하게 사용되고 있다.

그림 3 · 39에서와 같이 수선 WL의 배수량 Δ와 동일한 배수량을 갖는 임의의 경사수선 W_0L_0에 대한 GZ값을 구하려면, 정면도(body plan)에서 수선 WL과 종중심선과의 교점 O에 대해 $\phi°$만큼 경사시킨 새로운 수선 W_1L_1을 그린다. 이 때 새로운 수선 W_1L_1에 대한 배수량과 초기수선 WL에 대한 배수량과는 반듯이 같아지지는 않는다. 따라서, 수선 WL 때와 동일한 배수량을 갖는 임의의 평행한 수선 W_0L_0로 선체가 유지되게 된다.

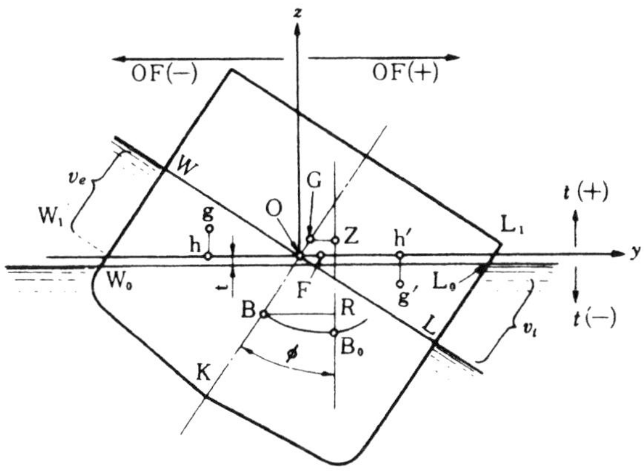

그림 3 · 39

수선 W_0L_0의 위치를 근사적으로 구하기 위해서는 물 위로 튀어나온 쐐기부 용적을 v_e, 물 속으로 들어간 쐐기부 용적을 v_i라고 하면, v_e와 v_i의 차이를 다음과 같이 수선 W_0L_0의 수선면적 $A_{W_1L_1}$으로서 나누어서 다음과 같이 얻은 값 t만큼 상하로 이동시켜야 한다.

$$t = \frac{v_i - v_e}{A_{W_1L_1}} \qquad (3 \cdot 75)$$

수정된 층의 두께(layer thickness) t가 (−)값을 가지면 $v_i > v_e$가 되고, 수선 W_0L_0는 수선 W_1L_1의 아래쪽에 있게 되고, 반대로 (+)값을 가지면 $v_i < v_e$가 되어 수선 W_0L_0는 수선 W_1L_1의 위쪽에 있게 된다. 그러나 이것은 수선 W_1L_1에서 수선 W_0L_0 사이의 수선 면적이 일정할 때에 성립하게 되므로, 경사각이 비교적 큰 경우나 또는 현측선이 수직선이 아닌 경우에는 수선 W_0L_0의 위치를 결정하기가 매우 어렵다.

이런 경우에는 수선면에 대한 종 중심선의 교점 O를 지나는 경사수선 W_1L_1에 대한 배수용적 계산과 이동 모멘트 계산을 한 후에 증감된 배수용적 및 그 용적부에 대한 이동 모멘트 값만큼 마지막 단계에서 수정하는 과정을 통해서 계산하게 된다.

다음에 물 위로 튀어나온 부분 및 물 속으로 들어간 부분의 용적계산을 위하여 수선면을 교점 O를 지나는 적당한 개수의 방사상(放射狀) 수선면(水線面, radial water plan)으로서, 각도 ϕ로 등분 분할하여 극좌표계에 심프슨(Simpson) 공식을 적용시킬 수 있도록 한다.

이런 경우에는 갑판면 모서리로부터 수선의 폭이 급격히 불연속적으로 변하기 때문에 중앙부 단면의 갑판 모서리가 물 속으로 들어가는 각도까지를 등각도로 분할하는 것이 바람직하며, 이런 방법으로 했을 때 중앙부 이외의 단면에서도 일반적으로 갑판 모서리가 방사수선을 벗어나게 되는 부분이 있지만 그것은 어쩔 수 없는 것이며, 그 영향은 계산상 적다고 보아진다.

물 위로 튀어나온 부분 및 물 속으로 들어간 부분용적 v는 방사수선의 반폭을 y, 방사상 횡단면적을 A_x라고 하면 다음과 같이 된다.

$$A_x = \frac{1}{2}\int_0^{n\phi} y^2 \cdot d\phi \tag{3·76}$$

$$v = \int_{-\frac{L}{2}}^{\frac{L}{2}} A_x \cdot dx = \frac{1}{2}\int_{-\frac{L}{2}}^{\frac{L}{2}}\int_0^{n\phi} y^2 \cdot d\phi \cdot dx = \frac{1}{2}\int_0^{n\phi}\int_{-\frac{L}{2}}^{\frac{L}{2}} y^2 \cdot dx \cdot d\phi$$

$$= [\sum\{\sum(y^2 \cdot s)\}s']\frac{1}{2}\cdot\frac{h}{3}\cdot\frac{\phi}{3} \tag{3·77}$$

실제계산은 그림 3·40에서와 같이 x, $\frac{1}{2}y^2$ 및 ϕ를 3축 직각 좌표계로 변환시켜 횡단면적을 먼저 구하는 대신에, 적분순서를 바꾸어서 각각의 방사수선 면적을 구한 다음에 경사각도 방향의 적분을 하여서 용적을 구한다.

물 위로 튀어나온 부분용적과 물 속으로 들어간 부분용적의 차이는 다음과 같이 나타낼 수 있다.

$$v_i - v_e = [\sum\{\sum(y_i^2 - y_e^2)\cdot s\}s']\frac{1}{2}\cdot\frac{h}{3}\cdot\frac{\phi}{3} \tag{3·78}$$

다음에는 물 위로 튀어나온 부분 및 물 속으로 들어간 부분용적에 대한 용적 모멘트를 계산하기로 한다.

방사상 횡단면적 A_x의 축 Oz 및 Oy에 관한 모멘트의 식을 이용하여

$${}_zM_{A_x} = \frac{1}{3}\int_0^{n\phi} y^3 \cdot \cos\phi \cdot d\phi \tag{3·79}$$

$${}_yM_{A_x} = \frac{1}{3}\int_0^{n\phi} y^3 \cdot \sin\phi \cdot d\phi \tag{3·80}$$

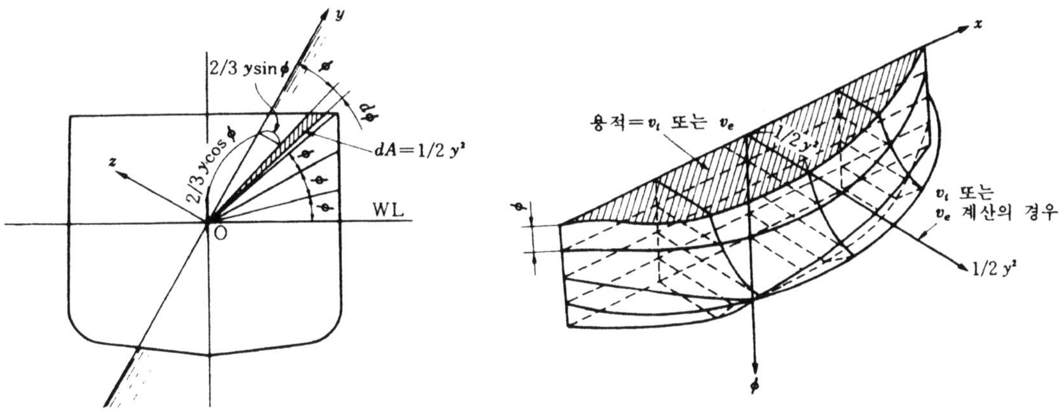

(a) 횡단면(극좌표) (b) 직각좌표

그림 3 · 40

이므로, 용적 v의 모멘트는 이것을 선수미 방향으로 적분하여 다음과 같이 각각 나타낼 수 있다.

$$_zM_v = \frac{1}{3}\int_{-\frac{L}{2}}^{\frac{L}{2}}\int_0^{n\phi} y^3 \cdot \cos\phi \cdot d\phi \cdot dx \tag{3 · 81}$$

$$_yM_v = \frac{1}{3}\int_{-\frac{L}{2}}^{\frac{L}{2}}\int_0^{n\phi} y^3 \cdot \sin\phi \cdot d\phi \cdot dx \tag{3 · 82}$$

따라서, 물 위로 튀어나온 부분 및 물 속으로 들어간 부분을 생각하면 전체 모멘트는 다음과 같이 된다.

$$\begin{aligned} {}_zM_{v_i} + {}_zM_{v_e} &= v_i \cdot \mathrm{Oh'} + v_e \cdot \mathrm{Oh} \\ &= [\sum\{\sum(y_i^3 + y_e^3)\cdot s\}s' \cdot \cos\phi]\frac{1}{3}\cdot\frac{h}{3}\cdot\frac{\phi}{3} \end{aligned} \tag{3 · 83}$$

$$\begin{aligned} {}_yM_{v_i} + {}_yM_{v_e} &= v_i \cdot \mathrm{g'h'} + v_e \cdot \mathrm{gh} \\ &= [\sum\{\sum(y_i^3 + y_e^3)\cdot s\}s' \cdot \sin\phi]\frac{1}{3}\cdot\frac{h}{3}\cdot\frac{\phi}{3} \end{aligned} \tag{3 · 84}$$

한편, 부심의 수평이동 거리 BR는 연직축 Oz에 대한 용적 모멘트 $_zM_{v_i}$와 $_zM_{v_e}$를 더한 다음에 t에 대한 수정층(修正層, correction layer)에 대한 모멘트 $(v_i - v_e)\cdot \mathrm{OF}$를 뺀 후에 배수용적 ∇로 나누어서 다음 식과 같이 구할 수 있다.

$$\mathrm{BR} = \frac{{}_zM_{v_i} + {}_zM_{v_e} - (v_i - v_e)\cdot \mathrm{OF}}{\nabla} \tag{3 · 85}$$

여기서 $_zM_{v_i} = v_i \cdot \mathrm{Oh'}$, $_zM_{v_e} = v_e \cdot \mathrm{Oh}$

그리고 수정층에 대한 부심위치는 수선 W_1L_1의 부면심 F의 바로 아래에 있다고 생각되므로, 부면심 거리 OF는 부면심이 중앙점으로부터 물 속으로 들어간 부분쪽에 있을 때를 (+)로 하고, 물 위로 튀어나온 부분에 있을 때를 (−)로 하면, 그 값은 다음 식에서와 같이 구할 수 있다.

$$\mathrm{OF}=\frac{\frac{1}{2}\int y^2\cdot dx}{\int y\cdot dx}=\frac{1}{2}\cdot\frac{\sum(y^2\cdot s)}{\sum(y\cdot s)}$$

$$=\frac{1}{2}\cdot\frac{\sum(y_i^2-y_e^2)\cdot s}{\sum(y_i+y_e)\cdot s} \tag{3・86}$$

이 식으로부터 구하려는 정복원팔 GZ는 다음과 같이 된다.

$$\mathrm{GZ}=\mathrm{BR}-\mathrm{BG}\sin\phi=\frac{v\cdot \mathrm{hh}'}{\nabla}-\mathrm{BG}\sin\phi$$

$$=\frac{{}_zM_{v_i}+{}_zM_{v_e}-(v_i-v_e)\cdot\mathrm{OF}}{\nabla}-\mathrm{BG}\cdot\sin\phi \tag{3・87}$$

이상에서 설명한 내용을 근거로 해서 표 3・5 및 표 3・6과 같은 계산표를 이용해서 계산하면 편리할 것이다. 그리고 같은 방법으로 동적 복원팔 h_d에 대해서도 다음과 같이 계산할

표 3・5 Barnes법의 준비 계산표(preliminary stability calculation table)

Angle of Inclination=

Square station	Half breadth		Breadth (sum)	SM	Product	Square of half breadth		Diff.	Product	Cubic of half breadth		sum	product
	y_i	y_e	y_i+y_e	s	$(y_i+y_e)\cdot s$	y_i^2	y_e^2	$y_i^2-y_e^2$	$(y_i^2-y_e^2)\cdot s$	y_i^3	y_e^3	$(y_i^3+y_e^3)$	$(y_i^3+y_e^3)\cdot s$
AP(0)				1									
½				2									
1				1½									
2				4									
3				2									
4				4									
5				2									
6				4									
7				2									
8				4									
9				1½									
9½				2									
FP(10)				1									

$\sum(y_i+y_e)\cdot s=$		$\sum(y_i^2-y_e^2)\cdot s=$ → to comb. table (4)	→ to comb. table (2)	$\sum(y_i^3-y_e^3)\cdot s=$ → to comb. table (3)
$\frac{2}{3}h=$				
WPA. for deg. inclined $A_w=$	→ to comb. table (1)			

표 3・6 Barnes법의 종합 계산표(combination table for stability calculation)

Disp. Δ =_____ t, Disp. Vol. ∇ =______ m^3, Assumed CG KG=______ m, Moulded draft=_____ m

Stability for ______________ deg. inclined

	Cal. for $(v_i - v_e)$			Cal. of Vol. moment, shift of CB.					
						SS		DS	
Inclined angle	from pre.table $\sum(y_i^2 - y_e^2)\cdot s$	SM	Product $\sum(y_i^2 - y_e^2)\cdot s'$	from pre table $\sum(y_i^2 + y_e^2)\cdot s$	(A) product $\sum(y_i^2 + y_e^2)\cdot s\cdot s'$	(B) $\cos\phi$	pro. (A)・(B)	(C) $\sin\phi$	pro. (A)・(C)
$0'$		1				$\cos 4\phi$		$\sin 4\phi$	
ϕ'		4				$\cos 3\phi$		$\sin 3\phi$	
$2\phi'$		2				$\cos 2\phi$		$\sin 2\phi$	
$3\phi'$		4				$\cos\phi$		$\sin\phi$	
$4\phi'$	(2)	1		(3)		$\cos 0$		$\sin\phi$	

Sum=
M_1
$(v_i - v_e)$=

↘ To (5)

SS	DS
Sum=	Sum=
M_2	M_2
Product=	Pro.=
C_s	C_d
Diff=	Diff=
÷) ∇ BR=	÷) ∇ B_0R=
BR・$\sin\theta$=	BG $(1-\cos\phi)$=
GZ=	h_d=
Δ=	Δ=
Δ・GZ=	Δ・h_d=

Section apart h=
W.P. angle apart ϕ= (rad)
Multiplier $M_1 = \frac{1}{2}\times\frac{2}{3}h\times\frac{2}{3}\phi$
Multiplier $M_2 = \frac{1}{3}\times\frac{2}{3}h\times\frac{2}{3}\phi$
BG=
BG$\sin\phi$=
BG$(1-\cos\phi)$=

Thick of layer. t	CF for deg. inclined	Correction for layer C_s	Correction for layer C_d
$-(v_i - v_e)$= (5)	$\sum(y_i^2 - y_e^2)\cdot s$= (2)	$(v_i - v_e)$ (5)	$(v_i - v_e)$= (5)
A_{wt}= (1)	$\sum(y_i - y_e)\cdot s$= (4)	OF=	×) − 1/2t
$t = -\frac{(v_i - v_e)}{A_{W_1L_1}}$ =	(2)÷(4)= 1/2 =	$C_s = (v_i - v_e)\cdot OF$=	$C_d = \frac{(v_i - v_e)^2}{2A_{W_1L_1}}$ =
* Add the correction when t is positive * Remove W_0L_0 to upper side	OF=		
	* CF lies immersed side against point 0, when OF is positive		

수 있을 것이다.

교점 O를 원점으로 하여 수선 W_1L_1에 따라 y축을 취하고 이에 대한 부심의 상하방향 이동량 B_0R를 구하면, 수정층에 대한 두께 t의 식 (3・75)를 사용하여,

$$B_0R = \frac{{}_yM_{v_i} + {}_yM_{v_e} + (v_i - v_e)\cdot\frac{t}{2}}{\nabla}$$

$$= \frac{{}_yM_{v_i} + {}_yM_{v_e} - \frac{(v_i - v_e)^2}{2\cdot A_{W_1L_1}}}{\nabla} \qquad (3\cdot 88)$$

이 되며, 분자의 제 1 항 및 제 2 항은 모슬리(Moseley) 공식에 있어서의 B_0R의 계산에 해당

하고, 제 3 항은 수정층에 대한 모멘트 수정량이다. 따라서, 동적 복원팔 h_d는 다음과 같이 계산된다.

이 값도 표 3·6의 계산표에서 동시에 구할 수 있다.

$$h_d = B_0R - BG(1-\cos\theta) = \frac{v(gh+g'h')}{\nabla} - BG(1-\cos\phi)$$

$$= \frac{{}_yM_{v_i} + {}_yM_{v_e} - \dfrac{(v_i - v_e)^2}{2 \cdot A_{W_1L_1}}}{\nabla} - BG(1-\cos\phi) \qquad (3 \cdot 89)$$

표 3·5는 방사 수선면 하나에 대한 계산서이지만, 이들 값을 종합하여 종합 계산표에서 주어진 경사각에 대한 정복원력과 동복원력을 계산할 수 있다.

일반적으로 분할각은 5°~15° 정도로 하여 라디안(radian)으로 표시하고, 보통은 표 3·6의 예와 같이 모두 심프슨 공식을 이용해서 구하지만, 길이방향과 횡단면 위치를 체비셰프 공식에 의해 계산하면 종합 계산표에서 심프슨 곱수를 곱하는 번거로움을 덜 수도 있을 것이다.

3.6.2 애트우드(Attwood)에 의한 계산방법

이 방법은 애트우드의 공식에 기초를 둔 것이며, 삼각법(triangular method) 또는 직접법(direct method)이라고 부른다. 이 방법을 유도할 때에는 물 위로 튀어나온 부분 및 물 속으로 들어간 부분의 용적을 여러 삼각형 또는 부등변 사각형 단면의 집합체로 간주하여 계산하지만, 실제 선박의 경우에는 선수 또는 선미부에서는 이와 같지 않기 때문에 적당히 수정을 해주어야 한다.

그림 3·41에 나타낸 것과 같이 선박이 경사될 때에 GZ 값을 계산하기 위해서는 양현에 흘수가 표시된 복원력 계산용 선도를 준비한다.

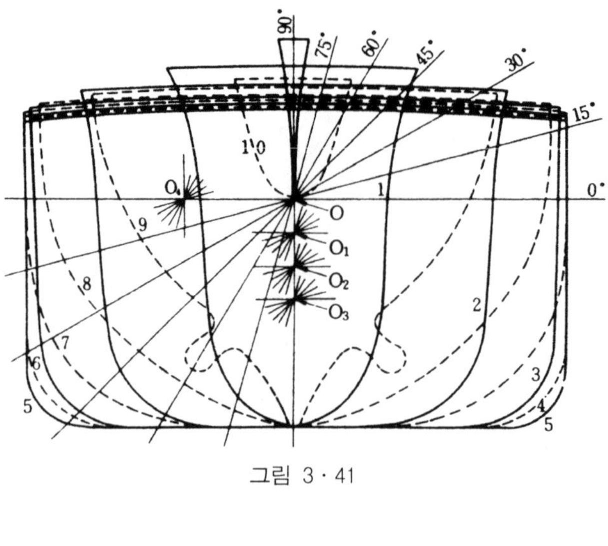

그림 3·41

정면도에 몇 개의 필요한 흘수 O, O_1, O_2, O_3를 정하고, 이 점을 중심으로 0~90° 까지의 경사수선을 그린다.

각각의 흘수 및 경사각에 대한 GZ 계산은 각각 별도로 동일한 양식의 표 3·7의 복원력 계산서에 따라서 계산하면 된다. 임의의 흘수 및 경사각에 있어서 물 위로 튀어나온 부분 및 물 속으로 들어간 부분의 단면적을 삼각형 또는 부등변 사각형으로 간주하여 그 단면적 A_i 및 A_e와 단면의 무게중심까지의 거리 Oh 및 Oh′를 측정하여, 물 위로 튀어나온 부분 및 물 속으로 들어간 부분쐐기의 용적 v_i, v_e 및 전체 선박의 무게중심을 앞에서 구한 방법에 따라 구한다.

이로부터 O를 지나는 수직축에 관한 각각의 쐐기용적 모멘트 M_i 및 M_e가 구해진다. 그러면 2개의 쐐기 용적차 ∇_v는

$$\nabla_v = v_i - v_e \tag{3·90}$$

이고, 이 차이가 선체 경사로 인한 배수량의 변화량에 해당된다.

또, 물 위로 튀어나온 부분과 물 속으로 들어간 쐐기의 용적 모멘트의 합 Δ_M는 다음과 같다.

$$\Delta_M = M_i + M_e \tag{3·91}$$

이 값은 선체경사로 인한 전체의 이동 모멘트를 표시하게 된다. 따라서, 경사로 인한 부심의 수평 이동량 BR는 직립상태의 배수용적을 ∇이라고 하면 다음과 같이 구할 수 있다.

$$\mathrm{BR} = \frac{\Delta_M}{\nabla + \nabla_v} \tag{3·92}$$

이 값을 Attwood의 공식에 대입하면 임의의 흘수 및 경사각에 있어서의 정복원팔 GZ를 계산할 수 있다.

이 방법은 Barnes 방법과 비슷하게 간편한 방법으로서 복원력을 검사 또는 검산할 경우에 많이 이용되고 있는 방법이다.

3.6.3 계산표에 의한 계산방법

계산표에 의한 계산방법은 체비셰프 공식을 사용하여 배수량 및 부심위치를 계산하는 것과 같은 방법이므로, 각각의 경사각에 대하여 표 3·8에 의해서 복원력 계산을 하면 된다.

주어진 경사각에 대한 배수량과 복원팔과의 관계를 구하기 위해서, 체비셰프 공식에 의한 횡단면의 정면도를 그림 3·42에 나타낸 것과 같이 ϕ° 경사시켜 선체의 최하점과 최상점에 접하는 2개의 수선 사이에 등간격의 수선을 기입한다. 그리고 가상중심 G_A를 지나는 연직선 ZZ′를 기점으로 하여 각각의 경사수선의 반폭(half breadth)을 측정한다

우현의 물 속으로 들어간 부분을 y_s, 좌현의 물 위로 튀어나온 부분을 y_p로 표시하고,

표 3·7 Attwood 계산법 서식(stability calculation table)

L= B= d= Inclined Angle=

Calculation for Emerged Part

SS. No.	Area	SM	Product	Arm (oh)	Moment
0		1			
1		4			
2		2			
8		2			
9		4			
10		1			
		Sum. P.=		Sum. M.=	

Arm oh $= \dfrac{\text{Sum of moment}}{\text{Sum of product}} =$

Volume $v_e = \dfrac{h}{3}$ (Sum of product) =

Calculation for Immerged Part

0	1				
1	4				
2	2				
8	2				
9	4				
10	1				
		Sum. P.=		Sum. M.=	

Arm oh′ $= \dfrac{\text{Sum of moment}}{\text{Sum of product}} =$

Volume $v_e = \dfrac{h}{3}$ (Sum of product) =

Immersed part volume=
Emersed part volume=
Correction for volume=
Volume at ( ) draft, upright condition(from displacement curve)=
Volume up to 30°inclined=

Immersed part moment(wedge vol×lever)=
Emersed part moment(wedge vol×lever)=
moment changed=

BR(Moment changed/Volume)=

KB at displacement(from displacenent curve)=

KG(Load condition)=

BG=

$GZ = BR - BG \sin\phi =$

표 3·8 계산표에 의한 복원력계산(stability calculation table)

P. Dimension ______________

WL. Apart k ______________

Assumed CG. KG ______________

SS. No.	1WL				2WL				3WL				4WL			
	Stb.		Port		Stb.		Port		Stb.		Port		Stb.		Port	
	y_s	y_s^2	y_p	y_p^2	y_s	y_s^2	y_p	y_p^2	y_s	y_s^2	y_p	y_p^2	y_s	y_s^2	y_p	y_p^2
-5																
-4																
-3																
-2																
-1																
1																
2																
3																
4																
5																
Sum	$\sum y_s$	$\sum y_s^2$	$\sum y_p$	$\sum y_p^2$												
Ⓐ $=(\sum y_s - \sum y_p)=$																
Ⓑ $=(\sum y_s^2 - \sum y_p^2)=$																

Multi. s′	BL.~2WL.			BL.~4WL.			BL.~6WL.		
	WL. NO.	Ⓐ	Ⓐ×s′	WL. NO.	Ⓐ	Ⓐ×s′	WL. NO.	Ⓐ	Ⓐ×s′
				From ①=			From ②=		
1	0			2WL			4WL		
4	1WL			3WL			5WL		
1	2WL			4WL			6WL		
Multi. m= $\frac{L}{10}\times\frac{k}{3}\times 1.025$	$\sum$Ⓐ · $s'=$ $m=$ $w=$		① ×)	$\sum$Ⓐ · $s'=$ $m=$ $w=$		② ×)	$\sum$Ⓐ · $s'=$ $m=$ $w=$		×)

Multi. s′	BL.~2WL.			BL.~4WL.			BL.~6WL.		
	WL. NO.	Ⓑ	Ⓑ×s′	WL. NO.	Ⓑ	Ⓑ×s′	WL. NO.	Ⓑ	Ⓑ×s′
				From ④=			From ⑤=		
1	0			2WL			4WL		
4	1WL			3WL			5WL		
1	2WL			4WL			6WL		
	$\sum$Ⓑ · $s'=$ ①×2 = $GZ=$		④ ÷)	$\sum$Ⓑ · $s'=$ ②×2 = $GZ=$		⑤ ÷)	$\sum$Ⓑ · $s'=$ ③×2 = $GZ=$		÷)

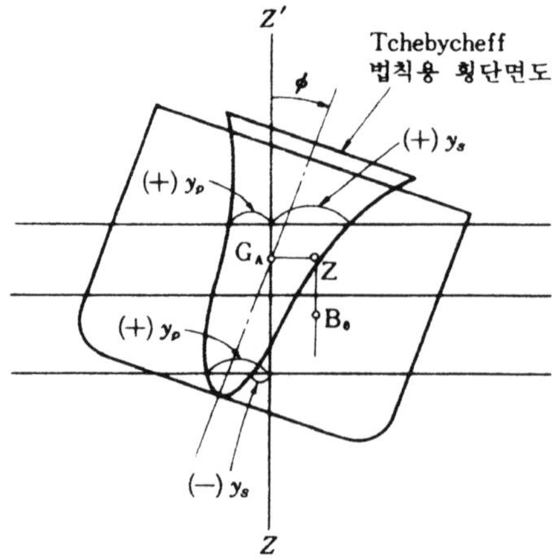

그림 3・42

선체 전후방향으로 적분할 때에 체비셰프 공식을 적용하면 되며, 임의의 수선면적 A_W는 횡단면의 수를 N이라고 할 때에,

$$A_W = \int y_s \cdot dx + \int y_p \cdot dx = (\sum y_s + \sum y_p) \cdot \frac{L}{N} \qquad (3 \cdot 93)$$

이 되며, 따라서 배수용적 ∇는 심프슨 공식을 이용하여 A_W를 상하방향으로 적분하면 다음과 같이 된다.

$$\nabla = \int A_W \cdot dz = \{\sum (\sum y_s + \sum y_p) \cdot s'\} \cdot \frac{L}{N} \cdot \frac{k}{3} \qquad (3 \cdot 94)$$

또, ZZ′ 축에 대한 수선면의 모멘트 ${}_{zz'}M_{A_W}$는 오른쪽을 (+)로 정하면 다음과 같다.

$$\begin{aligned} {}_{zz'}M_{A_W} &= \frac{1}{2}\left(\int y_s^2 \cdot dx - \int y_p^2 \cdot dx\right) \\ &= \left\{\frac{1}{2}(\sum y_s^2 - \sum y_p^2)\right\} \cdot \frac{L}{N} \qquad (3 \cdot 95) \end{aligned}$$

ZZ′축에 대한 전체 용적 모멘트는 $\nabla \cdot \mathrm{G_A Z}$와 같으므로, 중심을 가정한 경우의 정적 복원팔 $\mathrm{G_A Z}$는 다음과 같다.

$$\begin{aligned} \mathrm{G_A Z} &= \frac{1}{\nabla} \int {}_{zz'}M_{A_W} \cdot dz \\ &= \frac{\{\sum (\sum y_s^2 - \sum y_p^2) \cdot s'\} \cdot \frac{1}{2} \cdot \frac{L}{N} \cdot \frac{k}{3}}{\{\sum (\sum y_s - \sum y_p) \cdot s\} \cdot \frac{L}{N} \cdot \frac{k}{3}} \qquad (3 \cdot 96) \\ &= \frac{\{\sum (\sum y_s^2 - \sum y_p^2) \cdot s'\}}{\{\sum (\sum y_s + \sum y_p) \cdot s\}} \cdot \frac{1}{2} \end{aligned}$$

식 (3·94)과 (3·95)를 각각의 경사각과 수선에 대하여 계산한 결과를 이용해서 복원력 교차곡선을 구하게 된다.

3.7 범선의 복원성

범선은 돛의 모양, 돛을 다는 방법, 돛들의 상호위치 등 여려가지 요소가 복원력에 영향을 주게 되므로, 실제의 상태를 정확하게 계산한다는 것을 불가능하다. 그러므로 간단한 상태를 가정해서 계산을 한 후, 운항되고 있는 비슷한 선형과 비교해서 판단하는 것이 상례이다.

돛은 평면이며, 배의 전후방향으로 달고, 바람을 받았을 때에도 바람이 불어오는 방향으로의 투상면적에 변화가 없고, 돛 상호간에 간섭도 없다고 가정한다. 또, 바람은 배의 폭 방향으로 분다고 하고, 돛의 단위 면적당의 풍력의 크기는 돛의 면적과 모양에 관계없이 일정하며, 풍압중심(Center of Effort ; CE)은 돛 모양의 도심에 놓여 있다고 가정한다. 배의 침수표면에 작용하는 수압중심(Center of Lateral Resistance ; CLR)은 타를 포함한 배의 중앙 종단면의 수선하면적(middle line area)의 중심에 놓여 있다고 가정한다.

돛의 투상면적을 $A\,(\mathrm{m}^2)$, 돛에 작용하는 풍압을 $p\,(\mathrm{ton/m^2})$), 풍압중심과 선체에 작용하는 수압중심 사이의 수직 거리를 $h\,(\mathrm{m})$라고 하고, 이 배의 경사각을 θ라고 하면, 이 때에 선박의 경사 모멘트 $p\times A\times h\,(\mathrm{ton\cdot m})$는 복원 모멘트 $\Delta\times GM_T\times\sin\theta$와 같게 될 것이다. 이로부터 단위 풍압당의 배의 경사는

$$\frac{\sin\theta}{p}=\frac{A\times h}{\Delta\times GM_T} \tag{3·97}$$

가 된다. 즉, 바람의 상태가 동일한 경우에 배의 경사각은 돛의 면적, 풍압과 선체에 작용하는 수압중심 사이의 거리에는 비례하고, 배의 배수량과 메타센타 높이에는 반비례한다.

종축의 복원 모멘트를 나타내는 복원력 곡선에, 경사각도에 따른 바람의 경사 모멘트를 그렸을 때 그림 3·43과 같이 되었다고 하자. 점 B는 복원력과 경사 모멘트가 같게 될 때이며, 이 때의 경사각을 정상 경사각(angle of steady heel)이라고 한다. 수직평면 위로 투상된 돛의 면적은 $A\times\cos\theta$이고, 모멘트의 팔은 $h\times\cos\theta$이므로 경사 모멘트는 $p\times A\times h\times\cos^2\theta$가 된다. 그림 3·43의 곡선 AD는 이 식으로부터 얻어진 것이다. 만약, 직립상태의 배가 돌풍을 받았다고 하면, 돌풍이 해 준 일은 경사 모멘트 곡선 아랫부분의 면적이 될 것이다.

한편, 어떤 경사각까지 복원력이 해 준 일은 복원력 곡선 아랫부분의 면적이 된다.

그림 3·43에서 보면 정상 경사각까지는 경사 모멘트가 복원 모멘트보다 OAB의 면적만큼 더 많은 일을 하게 되므로, 배는 면적 OAB가 면적 BFE와 같아질 때까지 경사하게 된다. 후에 바람이 일정하게 되면, 결국 이 배는 정상 경사각으로 되돌아 갈 것이다. 그러므로

이 배는 경사 모멘트 곡선 위의 면적 BEDF만큼이 이후의 돌풍에 견딜 수 있는 여유를 갖고 있으며, 이 면적을 동복원력 여유(reserve of dynamical stability)라고 한다.

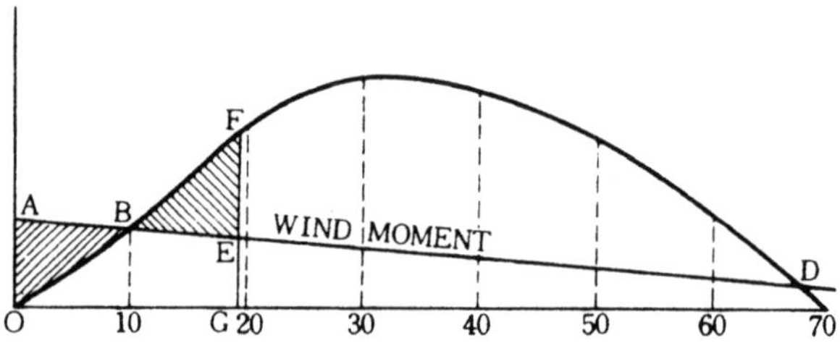

그림 3·43

배가 롤링을 하여 10° 경사하였을 때, 복원 모멘트의 작용방향으로 돌풍을 받았다고 생각하면 이 때는 그림 3·44와 같게 될 것이고, 배를 똑바로 세우기 위한 일은 면적 OAEF가 된다. 배가 똑바로 선 상태를 지나면, 즉시 복원 모멘트는 경사 모멘트의 방향과 반대로 작용하게 되고, 면적 FEABO와 면적 BCG가 꼭 같아지게 되는 29°까지 경사하게 된다. 만약, 이 때에 면적 BCDG가 면적 FEABO보다 작다면 이 배는 점 D를 지나 전복하게 될 것이다.

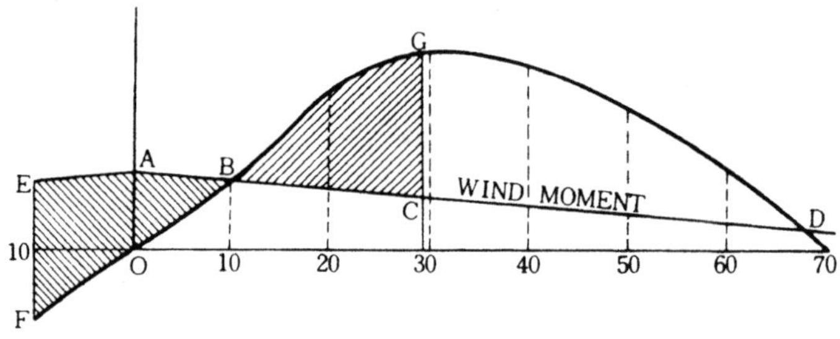

그림 3·44

제 **4** 장

손상시의 복원력 계산

앞장에서는 비손상시의 선체 복원성능에 대하여 설명하였다. 이 장에서는 가침길이에 관한 것과 손상시 복원력에 관한 것을 다룬다.

4.1 가침길이의 계산

4.1.1 연 혁

선박이 조난을 당하거나 선 내에 침수가 있을 때 이것을 국부적으로 한정시켜서 침몰을 면하게 할 목적으로 칸막이(수밀격벽)를 하는 일은 13세기 말엽부터였다.

1854년의 영국 해운법(British Marine Shipping Act)은 격벽에 관하여 시행된 최초의 법이며, 수밀로 된 선수, 선미 및 기관실 전후 격벽설치를 요구하였다(1862년 폐지). 1882년 Lloyd's 선급협회는 경험에 의한 구획으로서 배의 길이에 따라 적당히 격벽을 증가시키는 표준을 마련하였고, 다른 선급협회도 이와 유사한 표준을 채택하였다.

1891년 영국 상무원(British Board of Trade)의 격벽위원회는 구획규정의 표준을 높이기 위하여 광범위하고도 잘 연구된 안을 추천하였다. 이 규정은 425 ft 이상의 모든 여객선과 해협횡단 여객선은 어떤 2개의 인접 구획실이 침수되어도 충분히 견딜 수 있어야 함을 요구하였으나 이들 규정안은 채택되지는 않았다. 수많은 재난을 겪은 후, 1912년 기선 타이타닉호의 침몰은 이 문제를 국제협약으로 발전시키는 데 결정적인 계기가 되었다. 영국 상무원은 J. J. Welch가 이끄는 새로운 구획조사위원회를 임명하여 그의 보고서 "Standard Diagrams of Floodable Length"를 받아서 침수율을 결정하고 용도의 표준수라는 개념을 정의했다.

1913년 "해상에서의 인명안전에 관한 국제회의(International Conference for the Safety of Life at Sea; SOLAS)"가 런던에서 열렸다. 제 1 차 SOLAS 회의에서는 항해의 안전에 관한 여러 가지 문제가 토의되었지만 여객선에 대한 수밀구획도 중요한 사항이었다. 이 회의에서는 영국 상무원에 의한 연구들과 독일선주협회(The Society of German Shipowners)에 의해

독일에서 채택된 규칙들도 검토하였다. 그리고 프랑스에 의해 제시된 구획계수 방식(factorial system)도 역시 검토되었다. 이 때 합의된 규칙들은 제1차 세계대전의 영향으로 효력을 발휘하지 못했다. 1929년에 제2차 SOLAS 회의가 개최되어 구획계수에 대한 합의가 이루어졌다. 그것은 주어진 배의 화물과 여객 수송기능을 평가하는 용도의 표준을 정의한 것으로 이 구획방식은 만족스러운 것은 아니었다. 그 후, 미국에서는 기선 Mohawk의 손실에 대한 조사결과를 상원보고서 184호에 밝힘으로써 구획과 복원력의 표준을 제안하였다.

1948년 SOLAS 회의에서는 많은 수의 여객을 수송하는 짧은 항해에 종사하는 배(해협횡단선 등)에 대하여 더 높은 구획의 표준을 채택한 것을 제외하고는 1929년 표준과 같다. 하지만 관련된 복원력의 요구를 채택함으로써 구획의 표준을 더욱 뜻 있는 것으로 만들었다. 1948년 해상인명안전협약(International Convention for the Safety of Life at Sea; SOLAS 협약)에 의해 건조된 선박 중에서 전복사고를 일으키는 경우가 각 국에서 발생했다. 이것은 그 조약의 복원력 규정을 실지로 적용하기에는 부적당한 것임을 입증한 것이며 그리하여 다음 차례의 SOLAS 회의에서는 많은 제안이 나왔다.

1960년 SOLAS 회의에서는 선박의 안전은 선박이 견딜 수 있는 손상범위의 정도로 정의되어야 한다는 제안과 손상시의 생존확률에 근거를 두는 새로운 제안 등 많은 제안이 나왔다. 결국 기존규칙의 테두리 안에서 개선해 나간다는 원칙과 UN 산하의 국제해사기구(International Maritime Organization; IMO)의 주도 아래 계속적인 연구를 해나가야 한다는데 합의를 보았다.

1966년 국제만재흘수선협약(International Convention on Load Lines; ICLL)에서는 B형 건현보다 작은 건현을 갖는 A형 또는 B reduced형 선박에 대해서 손상복원력의 요구사항이 만들어졌다. 그 이후, 1973년 IMO(당시 Intergovernmental Maritime Consultative Organization; IMCO)의 산하기구인 해양환경보호위원회(Marine Environment Protection Committee; MEPC)에서 해상오염을 방지하기 위한 해양오염방지협약(International Convention for the Prevention of Marine Pollution from Ships; MARPOL)이란 법규를 제정하여 해상오염을 일으킬 수 있는 유조선 등에 대하여 손상 복원력을 적용하게 되었다. 이러한 IMO의 주도 아래 1988년 산하기구인 해상안전위원회(Marine Safety Committee; MSC)에서 그 동안 여객선에 적용해 오던 가침길이 계산에 대해 보다 실제적인 손상 복원력의 기준을 제정하여 SOLAS 법규에 적용하기로 했다. 그에 따라 1990년부터는 가침길이의 계산 대신 손상 복원력 기준에 따라 구획이 결정되게 되었다. 또한 1992년에는 그 동안 손상 복원력에 대해 전혀 제약을 받지 않던 B형 건현을 갖은 일반 상선(벌크선, 컨테이너 운반선, 자동차 운반선 등)에 대해서도 인명안전을 위해 손상 복원력에 대한 계산을 확률적으로 적용해야 하는 법규를 제정하였다. 손상 복원력을 적용하는 동기나 적용기준의 강도는 조금씩 다르지만 모든 선박에 대해 손상 복원력의 적용을 요구하고 시행하는 추세이다.

4.1.2 구획에 관한 정의

선박의 구획에 관계되는 법적 규제는 강선구조규정과 선박구획규정이 있다. 강선구조규정은 주로 구조 및 강도상의 요구로서 배의 길이에 따라 설치하여야 할 수밀횡격벽수에 대한 규정이다. 그리고 선박구획규정은 선박안전법 및 그 시행령에 근거를 둔 수밀성의 요구에 관한 규정이다.

선박구획규정에 정의된 주요용어들을 소개하면 다음과 같다.

[1] 구획만재흘수선

구획만재흘수선(subdivision load line)은 배의 구획을 결정하는데 사용하는 흘수선이다. 따라서, 이것은 선박만재흘수선 규정에 의해 정해지는 만재흘수선과는 일반적으로 다르다. 최고 구획만재흘수선은 복원성능을 고려한 허용되는 가장 높은 흘수에 대응하는 수선이다.

[2] 구획용 배의 길이

구획용 배의 길이(ship length for subdivision)는 구획만재흘수선의 양끝에 세운 직선간의 거리를 측정한 수선의 길이이다. 물론 선수미가 특수한 형상인 배에 대해서는 해운관청이 적당하다고 인정하는 길이가 된다.

[3] 구획용 배의 폭

구획용 배의 폭(ship breadth for subdivision)은 가장 높은 구획만재흘수선 이하의 최대형폭이다. 목선에서는 폭이 외판의 바깥면까지 측정한 것으로 한다.

[4] 격벽갑판

격벽갑판(bulkhead deck)은 횡수밀격벽과 외판이 도달하는 최상층의 갑판이다.

[5] 한 계 선

한계선(margine line)은 손상을 입은 배가 침하, 트림 및 횡경사를 일으킨 최종상태에서 허용할 수 있는 가장 높은 수선면의 위치를 표시한 선이다. 일반적으로 이 한계선은 선측에 있어서 격벽갑판의 상단으로부터 76 mm 아래에 나란히 그어지고 이 한계선보다 높은 최악의 수선면이 되면 위험하게 된다.

[6] 흘 수

흘수(draft)는 선체 중앙에 있어서의 형기선으로부터 구획만재흘수선까지의 연직거리이다.

[7] 침 수 율

어떤 장소의 침수율(permeability)이란 그 장소의 내부가 물에 의해서 침수될 수 있는 용적과 그 장소의 전체용적과의 비를 말한다. 한계선의 상하에 걸쳐 있는 장소의 침수율은 한계선 이하의 용적에 대하여 결정된다. 또한, 표면 침수율은 물로 침수될 수 있는 수선면의 전체수선면적에 대한 비이다.

[8] 용　　적

모든 경우에 있어서 용적(volume)은 외판 및 격벽판의 형선까지 계산된다. 그리고 위에서 설명한 바와 같이 한계선 위로 연장된 공간은 한계선 아래 부분만 유효하다.

[9] 비손상부의 부력

비손상부의 부력(intact buoyancy)이란 어떤 손상된 구획실 안에 있는 손상되지 않은 용적이다. 그들 자체는 손상되지 않았을 뿐만 아니라 바다와 통하지도 않는다. 비손상부의 부력은 일반적으로 침하와 트림을 모두 감소시키고, 따라서 침하와 트림만이 문제라면 가침길이를 증가시킨다.

[10] 기관실 구역

기관실 구역(engine space)은 주추진 기관, 보조추진 기관, 추진용 보일러 등이 놓여 있는 장소이다. 그 경계는 양끝의 수밀격벽 사이와 기선으로부터 한계선 이하까지이다.

[11] 여객실 구역

여객실 구역(passenger space)은 여객들이 사용하는 장소와 거주설비가 들어있는 공간이다. 수화물 창고, 식료품고, 우편실 등은 제외된다. 침수율 계산을 목적으로 하는 경우에는 정상적으로 만재된 상태에서 화물, 석탄, 연료유, 수화물, 창고품, 식료품, 우편물 등을 많이 싣지 않은 공간들과 선원실 등도 모두 여객실로 간주된다.

[12] 기관실 전후부분(fore & after space)

기관실 및 여객실의 전후방이며, 한계선 이하의 공간을 말한다.

[13] 가침길이

배의 길이방향에 있어서 어떤 점에서의 가침길이(floodable length)는 구획만재흘수선으로 떠 있는 배가 지정된 침수율로 대칭적으로 침수하여도 한계선을 넘는 침하가 일어나지 않는 최대한도의 침수된 부분의 길이이다. 가침길이는 보통 선체의 중앙부에서 최대이고 이로부터 전후방으로 점차 감소하고 선수미 양끝에서 다시 증가한다.

[14] 구획계수

구획계수(factor of subdivision)는 가침길이에 곱해지는 1보다 작은 어떤 수이다. 대체로 배의 길이와 뒤에 설명할 용도의 표준수에 의해 결정된다.

[15] 허용길이

배의 길이방향에 있어서 어떤 점에서의 허용길이(permissible length)는 그 점에서의 가침길이에 구획계수를 곱해서 구한 값이다. 선박은 그 용도상으로 선박의 길이에 따라 되도록 유용하게 구획을 정한다. 허용길이는 특별한 경우를 제외하고 그 부분에서 허용되는 구획실의 최대길이이다.

[16] 가침길이 곡선과 허용길이 곡선

선박에 대해 구해진 가침길이와 허용길이를 선체 측면도에 표시한 곡선이다. 가침길이 곡선들과 이에 대응하는 허용길이 곡선들은 되도록 세로축과 가로축의 눈금을 동일하게 표시한 평면 위에 그리는 것이 보통이다. 이와 같이 하면, 격벽과 기선의 교점에서 $\tan^{-1}2$의 각도로 그려진 선들은 그 구획실의 중앙점에서 서로 교차한다. 그 교점의 높이가 구획실이 길이를 나타낸다. 때로는 이런 곡선들을 연직눈금이 수평눈금의 반인 평면에 그리는 경우가 있는데, 이 때는 경사선의 기울기를 1로 한다. 이 두 경우 경사선의 교점을 관찰하면 한 구획실의 길이 또는 결합된 구획실의 길이가 허용길이 또는 가침길이 보다 큰가 작은 가를 한 눈에 알아 낼 수 있다.

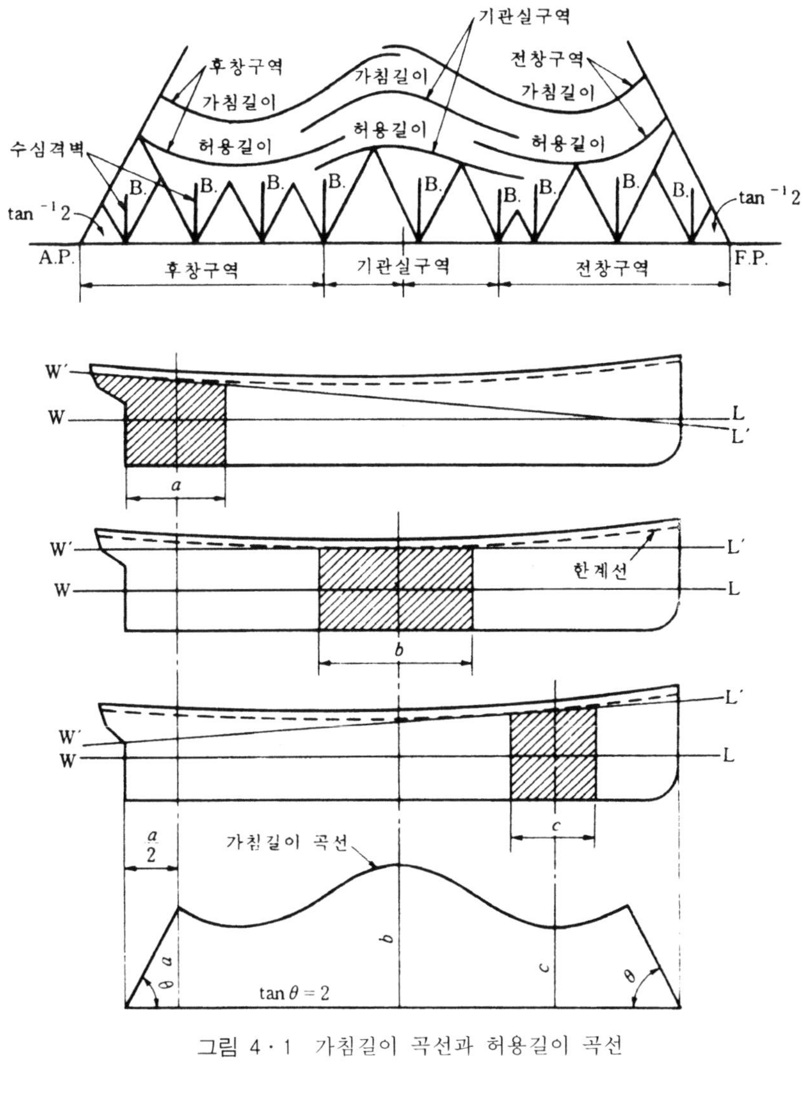

그림 4·1 가침길이 곡선과 허용길이 곡선

[17] 용도의 표준수

용도의 표준수(criterion numeral of service)는 어떤 배가 여객선과 닮은 정도를 나타내는 숫자이다. 즉, 순수한 여객선의 경우는 큰 값을 갖는다. 예를 들어 용도의 표준수가 23이라 하면 소수여객을 위한 거주설비를 가진 주로 화물 수송용 선박이고, 용도의 표준수가 123이면 여객수송 목적에 사용되는 배에 해당한다.

4.1.3 가침길이의 결정

SOLAS에서는 가침길이를 구하는 방법에 관하여 구체적인 방법을 제시하지 않고 그것을 각국에 일임하고 있다. 우리 나라의 선박구획규정에서 가침길이는 선박의 형상, 흘수 및 기타의 특성을 고려하여 해운관청이 적당하다고 인정하는 방법에 의하여 정한다.

가침길이를 구하는 주된 방법에는 다음에 설명하는 방법들이 있다.

[1] 직접계산 방법

직접계산 방법은 F. Shirokauer에 의하여 제안된 것이며 이 방법에서는 어떤 선형에 대해서도 직접 이론적으로 정확하게 계산한다. 그러므로 표준형의 가침길이를 구한 후 실제의 선형에 대해 수정하는 것과 같은 일은 하지 않는다. 또한 현호도 표준 포물선이 아닌 임의의 곡선이라도 무방하며, 한계선이 갑판의 상하층에서 계단형으로 된 경우에도 무난하게 구할 수 있다. 특별한 자료, 곡선 또는 기구들이 불필요하고 이 계산과정은 그리 길지 않으며 그 정밀도는 다른 방법에 비해 우수하다.

[2] 간이 직접계산 방법

간이 직접계산 방법은 어떤 구획실이 침수되어도 그 배가 한계선까지 침하하지 않는 최대 초기흘수와 배수량을 직접 결정하는데 편리하다. 이 방법은 완전한 가침길이 곡선을 작성하는데 사용하지 않고, 한계선에 접하는 2개의 가상된 최대수선을 사용하여 1개 또는 2개의 구획실만이 위험하다는 구획설정이 명백할 때 유용하다.

[3] 상무원(board of trade) 방법

영국연방에서 널리 사용되는 방법으로 흔히 상무원 방법 또는 비교방법이라고 부른다. 이것은 Welch 등이 제시한 것으로 일정한 표준형을 가진 배에 대하여 건현과 흘수와의 비, 방형계수, 전후단 현호의 곡률과 흘수와의 비가 여러 가지로 다른 경우에 있어서 가침길이의 값을 침수율 60~100의 범위에서 배의 길이 중 한 장소의 점에서 읽어 낼 수 있는 도표로 되어있다. 이와 더불어 별도로 표준선형에 대한 평균 수선면적 계수, 평균 수선면 2차 모멘트 계수 및 횡단면적 계수를 나타내는 도표도 필요하다.

[4] 근 사 법

더욱 간략화 된 방식으로 웹스터(Webster)의 방법이 있다. 이 방법에서는 가침길이가 건현과 깊이와의 비, 그리고 현호와 깊이와의 비에 비례하고, 침수율에 반비례한다고 가정한다. 여기에서 건현과 깊이의 비는 0.18~0.38 사이에 있고, 현호와 깊이의 비는 선수에서는 0.16~0.30사이, 선미에서는 0.08~0.15 사이에 있는 것으로 제한된다.

[5] 침수 때의 복원력에 대한 가침길이

이상에서 소개한 방식에 따른 가침길이 계산은 침수가 횡방향에 있어서 대칭으로 이루어지고, 침수 때의 선체 복원력이 충분하다고 가정하였다. 그러나 배의 중앙부에 가침길이 곡선에 허용하는 범위의 침수가 생겼을 때 항상 충분한 복원력이 있다고 말할 수는 없다. 따라서, 횡격벽의 위치가 결정되고 세부배치가 완성되면 손상시의 복원력을 계산하기 전에 복원력에 대한 가침길이를 추정하는 것이 바람직하다.

일반적인 침수시 복원력에 대한 가침길이는 선체중앙에서 최소가 되고 그 근처에서는 가침길이의 변화가 크지 않으므로 초기설계 단계에서는 그 값을 일정하다고 생각한다.

4.2 손상시의 복원성에 관한 요구

손상시 복원성이란 구획실이 손상을 입어 일어나는 흘수, 트림, 횡경사 및 복원력 등의 변화를 계산하여 나타낸 자료의 포괄적인 말이다. SOLAS 규정을 기초로 한 손상상태에서의 선박 복원성에 대한 요구들을 정리한다.

4.2.1 일반적인 요구

선박은 모든 운항상태에서 어떠한 부분에 손상을 입어도 견딜 수 있는 충분한 복원력이 요구된다. 즉, 모든 구획실은 정해진 가침길이 이내가 되도록 구획길이가 정해지고, 최종 침수단계에서도 충분한 복원력을 가져야 한다.

4.2.2 침수율에 대한 요구

손상시 복원성 계산에 있어서의 용적 침수율과 표면 침수율은 보통 표 4·1과 같이 취해진다. 하지만 손상 후 수선면 근처 공간에 거주시설이나 기계류가 큰 자리를 차지하지 않는 경우와 다량의 화물과 창고품들에 의해서 점유되지 않을 때는 더 높은 표면 침수율을 가정할 필요가 있다. 이 때 최대 표면 침수율을 95 이상으로 가정할 필요는 없다.

일반적으로 모든 공간의 침수율은 위로 갈수록 더 커지는 경향이 있다. 거주구역과 기관실에서는 그 변화가 크지 않아 무시할 수 있지만, 만약 화물창에서 침수율을 균일하게 사용하면 GM 손실을 과소평가하는 결과가 된다. 하지만, 실제로 다양한 화물의 적재로 인해 화물창의 침수율을 정밀하게 고려하는 것은 불가능하다. 그래서 원래 화물의 중심위치는 낮은 위치에 있지만 균질한 중심위치에 있다고 가정함으로써 어느 정도 보상효과를 기대할 수 있다.

4.2.3 손상의 범위

선측의 손상에 대한 길이, 폭 및 수직방향의 손상범위는 표 4·2와 같다.

4.2.4 비대칭 침수

비대칭 침수는 선체경사를 일으키는 직접적인 이유가 되므로 효과적인 배치에 의해서 억제되어야 한다. 만약, 큰 횡경사각을 조정할 필요가 있을 경우에는 가능하면 자동조정 장치를 채택해야 한다. 또 교차침수 장치(cross floating fitting)의 제어가 필요한 경우에는 그들을 격벽갑판 위쪽에서 조정할 수 있어야 한다. 이러한 장치와 조정기의 구조 및 배치는 해당 관청의 특별승인을 받아야 한다.

표 4·1 침수율

공 간	침 수 율
화물, 석탄 또는 창고품 전용의 장소	60
거주 설비 전용의 장소	95
기관실 전용의 장소	85
액체 저장용의 장소	0 또는 95

표 4·2 손상의 범위

<table>
<tr><td colspan="2">관련규정</td><td>SOLAS</td><td>ICLL</td><td>MARPOL</td><td>IBC</td></tr>
<tr><td colspan="2">적용선박</td><td>여 객 선</td><td>A형, B−reduced형선</td><td>유조선</td><td>화학제품 운반선</td></tr>
<tr><td rowspan="3">선측 손상 범위</td><td>길이</td><td>• 3.0m+0.03L, 11.0m 중 작은 값
• 0.33≤구획계수≤0.5 경우 : 인접 2구획
구획계수≤0.33 경우 : 인접 3구획</td><td colspan="3">$\frac{1}{3}L^{2/3}$,14.5m 중 작은 값</td></tr>
<tr><td>폭</td><td>B/5</td><td colspan="3">B/5, 11.5m 중 작은 값</td></tr>
<tr><td>수직</td><td>무제한</td><td colspan="3">무제한</td></tr>
<tr><td rowspan="3">선저 손상 범위</td><td>길이</td><td rowspan="3">선측손상 범위와 동일</td><td></td><td colspan="2">• FP−0.3L : $\frac{1}{3}L^{2/3}$, 14.5 m 중 작은 값
• 0.3L−AP : $\frac{1}{3}L^{2/3}$, 5.0 m 중 작은 값</td></tr>
<tr><td>폭</td><td></td><td colspan="2">• FP−0.3L : B/6, 10.0 m 중 작은 값
• 0.3L−AP : B/6, 5.0 m 중 작은 값</td></tr>
<tr><td>수직</td><td></td><td colspan="2">B/15, 6.0m 중 작은 값</td></tr>
</table>

표 4·3 손상시 복원력 기준

관련규정	SOLAS	ICLL	MARPOL	IBC
적용선박	여객선	A형, B-reduced형선 (액체, 고체 화물선)	유조선	화학제품운반선
수선	한계선이 잠기지 않아야 한다.	침수 진행 가능한 개구부가 잠기지 않아야 한다.		
GM	0.05 m(대칭침수시)	0.0 m 이상		
정복원력	15° 이상	20° 이상		
정복원팔 곡선의 면적	0.015 m-rad 이상(평형상태에서 다음 각도 중 작은 값 범위) ①침수발생 각도 ②22°(1구획침수) 27°(2구획 이상침수)	0.0175 m-rad(평형상태에서 침수발생 각도 범위)		
최대 복원팔	0.1 m 이상	0.1 m 이상		
침수 중간 단계에서의 정복원팔 범위	7° 이상			
침수 중간 단계에서의 최대 복원팔	0.05 m 이상			
비대칭 침수시 최대 경사각	7°(1구획 침수)	15° 이하	25° 이하	
	12°(2구획 이상침수)	17° 이하(갑판이 잠기지 않는 경우)	30° 이하(갑판이 잠기지 않는 경우)	
평형 침수장치 설비시	평형 도달 시간 15분 이하 평형전 최대경사각 15° 이하			

4.2.5 횡경사의 허용한계

횡경사의 허용한계에 관한 규정에는 어느 정도의 융통성이 있고, 횡경사를 다룰 때 고려되어야 할 사항들은 다음과 같다.

① 승선자의 이동에 따른 횡경사의 영향

② 중량물 이동의 위험성에 따른 횡경사의 영향

③ 구명정을 물에 띄우는 기능에 따른 횡경사의 영향

④ 개구를 통한 침수와 관련되는 위험

⑤ 횡경사와 복원력 한계와의 관계 및 그 각도와 복원 암 값 사이의 관계

⑥ 횡경사를 추정하는 정밀도

4.2.6 최종수선과 복원력 한계

어떠한 경우에도 한계선은 침수의 최종단계에서 잠기지 않아야 한다. 중간상태나 최종상태에서 복원력 한계가 의심스러운 경우에는 선박의 안전상 그것을 계산해 보아야 한다.

4.3 확률론적 손상 복원력

4.3.1 배 경

앞에서 언급한 바와 같이 이제까지는 여객선, 액체화물 운반선과 건화물선 이외의 경우에는 만재흘수선 규정상 B형 선박임에도 불구하고 B형 선박의 건현보다 작은 건현을 지정받고자 하는 선박에 대해서만 손상시 복원성능이 기준을 만족하도록 요구되어 왔으나, 최근에 RO-RO선 등 건화물선의 빈번한 사고에 따라 건화물선에 대해서도 손상시의 복원성능을 요구하게 되었다. 이에 따라 IMO에서 모든 선박의 손상시 복원성능 기준을 제정하여 SOLAS에 삽입하고, 1992년 2월 1일 이후에 건조되는 길이 80 m(당초 100 m였으나, 1996년 SOLAS에서 80 m로 변경함)를 초과하는 모든 선박에 대하여 적용하고 있다. 이 규정은 앞에서 언급한 손상복원 성능관련 규정을 적용 받지 않는 선박에만 적용되므로 주로 건화물선에 적용된다.

확률적 방법을 이용한 손상복원 성능계산에서는 구획에 침수가 발생할 손상 가능성을 과거의 사고자료를 바탕으로 하여 확률적으로 산정한 것이다. 선박의 길이, 폭 및 수직방향으로 발생할 수 있는 각각의 손상시 얻어진 단위존재 확률을 합해서 도달구획 지수를 얻는다. 이 도달구획 지수를 규정에서 요구하는 요구구획 지수와 비교하여 선박의 손상시 안전성을 평가한다.

다음에 요구구획 지수와 도달구획 지수에 대하여 간단히 언급한다. 자세한 계산방법은 SOLAS 법규 제 2-1항을 참조하기 바란다.

4.3.2 요구구획 지수

결정론적 손상복원 성능기준은 선박이 규정에서 요구하는 모든 손상의 경우에도 반드시 기준을 만족하도록 요구하고 있다. 확률론적 손상 복원성 관점에서는 각각의 손상시의 복원성능을 평가하는 것이 아니라 선박전체에 손상시 안전성을 평가하는 것으로 어느 정도의 생존 가능성을 보유할 것을 요구하고 있다. 선박이 보유해야 할 생존 가능성을 요구구획 지수(required subdivision index)라 하고 과거의 해난사고 자료로부터 다음과 같이 선박길이의 함수형태로 표현하였다.

$$R = (0.002 + 0.0009 L_S)^{1/3} \tag{4·1}$$

여기서, L_S는 선박구획 길이로서 최고 구획만재흘수 상태에서 수직방향으로 침수를 제한하는 갑판 또는 그 아래에서 측정한 선박의 최대 투영형 길이를 말한다.

4.3.3 도달구획 지수

도달구획 지수(attained subdivision index)란 선박이 가능한 모든 손상에서 생존할 수 있는 확률로서 선박의 형태, 특히 구획의 크기, 위치에 따라 달라지며 다음과 같이 표현된다.

$$A = \sum P_i S_i \tag{4・2}$$

여기서 P_i : i번째 구획실 또는 구획군의 침수될 확률

S_i : i번째 구획실(군)의 침수 후 생존할 확률

4.3.4 침수확률

어떤 구획실 i에서 침수가 일어날 확률, 즉 침수확률 P_i는 구획실의 위치에 따라 손상 가능성이 다르므로 다음과 같이 구분된다.

① 해당 구획실이 선박의 전 길이 L_S에 걸쳐 있는 경우

$$P_i = 1$$

② 해당 구획실의 선미쪽 끝이 선박의 후단과 일치하는 경우

$$P_i = F + 0.5ap + q$$

③ 해당 구획실의 선수쪽 끝이 선박의 전단과 일치하는 경우

$$P_i = 1 - F + 0.5ap$$

④ 해당 구획실이 선박의 전 길이 L_S 사이에 있는 경우

$$P_i = ap$$

⑤ 해당 구획실이 선박의 길이 중앙에 걸쳐 있는 경우

$$P_i = P_i(\text{②, ③, ④에서 구한 값}) - q$$

이 때 q는 아래의 구하는 식에서 F_2식 내의 y를 J/J_{max}로 치환하여 구한다. 여기서 a

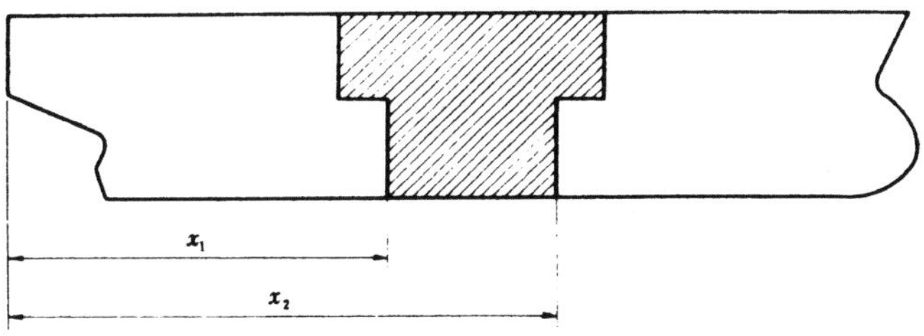

그림 4・2

는 선박의 길이에 걸친 손상위치의 가정분포 밀도(assumed distribution density)로서 과거의 해난사고 자료로부터 선수에서 중앙까지는 일정하며, 중앙에서 선미로 갈수록 줄어드는 것을 의미한다.

$$a = 1.200 + 0.800E \text{ (단, 1.2 이하로 할 것)}$$

$$E = E_1 + E_2 - 1$$

$$E_1 = x_1 / L_S$$

$$E_2 = x_2 / L_S$$

여기서 x_1 : L_S의 후단에서 해당 구획실 선미쪽 후단까지의 거리

x_2 : L_S의 후단에서 해당 구획실 선수쪽 전단까지의 거리

F는 선박의 길이에 걸친 손상 위치의 가정 분포 함수로서 다음과 같이 표현된다.

$$F = 0.400 + 0.250E(1.200 + a)$$

그 외 변수에 대한 계산은 다음과 같이 한다.

$$y = J / J_{\max}$$

$$P = F_1 J_{\max}$$

$$q = 0.400 F_2 (J_{\max})^2$$

$$J = E_2 - E_1$$

$$J' = J - E \text{ (}E \geq 0 \text{ 경우)}$$

$$= J + E \text{ (}E \leq 0 \text{ 경우)}$$

$$F_1 = y^2 - y^3/3 \ (y < 1)$$

$$= y - 1/3 \ (y \geq 0)$$

$$F_2 = \frac{y^3}{3} - \frac{y^4}{12} \ (y < 1)$$

$$= \frac{y^2}{2} - \frac{y}{3} + \frac{1}{12} \ (y \leq 1)$$

$$J_{\max} = \frac{48}{L_S} \text{ (단, 0.24 이하)}$$

또한, 선측과 내측 구획실이 설치된 경우에는 선측 구획실만의 손상확률 r를 다음과 같이 구하여 선측 구획실의 P_i 값과 선측+내측 구획실의 P_i값으로 나누어 계산한다.

$J \geq 0.2b/B$ 인 경우 :

$$b/B \leq 0.2 \text{일 때는 } r = \frac{b}{B}\left(2.3 + \frac{0.08}{J + 0.02}\right) + 0.1 \quad (4 \cdot 3)$$

$$b/B > 0.2 \text{일 때는} \quad r = \left(\frac{0.016}{J+0.02} + \frac{b}{B} + 0.36\right) \tag{4 · 4}$$

$J < 0.2b/B$ 인 경우 : $J=0$ 인 경우 $r=1$ 과 $J = 0.2b/B$를 식 (4 · 3)에 대입하여 구한 r값을 이용하여 실제 J값에 대한 r값을 1차 보간법으로 구한다.

여기서 b는 최고 구획만재흘수선에서 중심선에 직각으로 측정한 외판과 종격벽 사이의 평균거리이며, B는 구획만재흘수선 하부의 최대선폭이다.

$$\text{선측 구획실의} \quad P_i = P_i \times r \tag{4 · 5}$$

$$\text{선측+내측 구획실의} \quad P_i = P_i \times (1-r) \tag{4 · 6}$$

4.3.5 생존확률

일반적으로 임의의 침수상태에서의 생존확률(S_i)은 다음과 같다.

$$S = C\sqrt{0.5\,(\mathrm{GZ}_{\max})(\mathrm{range})}$$

여기서 $C=1 \ (\theta_e \leq 25^\circ)$

$C=0 \ (\theta_e > 30^\circ)$

$C=\sqrt{(30-\theta_e)/5} \quad (25^\circ < \theta_e \leq 30^\circ)$

θ_e : 침수 후 평형상태에서 양의 복원력을 갖는 범위 또는 침수가능한 개구가 잠기는 각도 또는 20° 중에서 작은 값

$GZ_{\max}$: range 내에서 최대 복원팔 또는 0.1 m 중에서 작은 값. 만약, 침수를 일으킬 수 있는 개구부가 최종수선보다 아래에 있는 경우에는 $S=0$으로 한다.

각 구획실(군)에 대한 침수 후 생존확률 S_i는 최고 구획만재흘수선 상태에서 구한 S_i과 부분만재흘수 상태에서 구한 S_p값의 평균으로 한다. 즉

$$S_i = (S_l + S_p)/2 \tag{4 · 7}$$

여기서 부분만재흘수=경하흘수+0.6(최고 구획만재흘수－경하흘수)

선수수밀격벽(collision bulkhead)의 앞부분에 있는 모든 구획실(군)이 손상되었을 때의 S값은 반드시 1이어야 한다(1이 안되면 구조를 변경해야 한다).

구획실(군)이 상하 여러 개의 갑판으로 나누어져 있을 때는 높이방향의 위치에 따라 손상 가능성이 달라지므로 별도의 높이방향 확률 V값을 구하여 각각의 손상형태에 따른 S값에 곱해주어야 한다.

$$V_i = \frac{H-d}{H_{\max}-d}$$ (하부 갑판이 구획만재흘수 또는 부분 만재흘수보다 높고 $H_{\max}$보다 낮을 때)

$V_i = 1$ (최상층 갑판이 H_{max}보다 낮을 때)

$d =$ 만재흘수 또는 부분 만재흘수

$H =$ 하부갑판부의 높이

$H_{max} =$ 높이방향으로 손상가능한 최대길이 또는

$H_{max} = d + 0.056L_S(1 - L_S/500)$ $(L_S \leq 250m)$와

$H_{max} = d + 7$ $(L_S > 250m)$ 중에서 작은 값

하부갑판까지의 S값 $= S_i \times V$

상부갑판까지의 S값 $= S_i \times (1 - V)$

4.4 손상된 후의 복원력 계산

4.4.1 침수상태에서의 평균흘수, 트림, 경사, 배수량 및 GM

선체 내에 침수가 계속되어 평형이 이루어진 뒤의 변화된 흘수, 트림 및 횡경사각을 계산하려면, 그 변화량이 가상된 운항상태하에서 하나 또는 그 이상의 구획실의 손상으로 인해 손실된 부력 및 그 모멘트와 같아야 한다.

일반적으로 선체형상과 침수된 공간의 모양이 비교적 단순하기 때문에 침수로 인한 침하, 트림 및 횡경사가 생겨도 손상되지 않은 수선면 부분에 극단적이거나 불연속적인 변화가 일어나지 않는 한 부력 손실법(lost buoyancy method)이 적당하다. 이와 다르게 평형손상 상태에서의 수선을 가정하고 이 수선까지 도달하는 동안에 침수된 물의 양과 모멘트를 계산하여 이 수선까지의 전체 배수량과 모멘트에 더하여 손상후의 상태에 대응하는 값을 얻는 트림선 부가 중량법(trim line added weight method)을 사용하기도 한다. 이 방법은 손상상태의 수선면까지의 용적을 직접 적분하게 되므로 복잡한 침수상태도 단순한 상태와 같이 취급할 수 있다. 그러나 이 경우에는 실제 운항상태의 모든 범위에 걸쳐서 손상 후의 흘수와 트림에 대응하는 값들을 가정할 필요가 있다. 다만, 계산의 목적으로는 이렇게 침수한 물이 배수량과 더해진다고 생각하는 것이 편리하지만, 이 때 최종 겉보기 배수량은 트림 또는 횡경사에 따라 달라진다는 사실을 기억해 두어야 한다.

이 두 가지 방법에서는 트림과 횡경사를 독립함수라고 가정하는 것이 보통이다. 이것은 보통 상선에 대해서는 대체로 적합하다. 날씬한 선수와 트랜섬(transom)형 선미를 가진 선박과 같이 앞뒤로 비대칭인 수선면을 가진 경우에는 트림선 부가 중량법이 더 좋으며 트림과 횡경사의 상호작용을 참작해서 수정할 수도 있다.

바다와 통한 손상된 구획 속의 액체는 선체중량의 일부로 작용하지 않으며 엄밀히 말하면 손상상태의 선체 배수량은 손상전의 초기 배수량에서 파괴된 탱크 안의 액체의 중량을 뺀 것

과 같다.

부력 손실법에 의한 계산에서는 선체 배수량이 손상의 영향을 받지 않는다고 생각하는 것이며, 최소잉여 GM값으로 50 mm 이상을 요구하고 있는 현행규정은 위의 가정에 근거한다. 부가 중량법으로서 계산하는 경우에는 최소 GM은 (50 mm)×(손상 전의 배수량과 손상 후의 겉보기 배수량의 비)가 된다.

실제 계산에 있어서 어떤 계산자들은 편의상 또는 간단히 하기 위하여 또는 개인적인 기호로 이들 과정에서 약간 벗어난 계산을 하기도 한다. 이 장에서는 두 가지 방법 중 부력 손실법에 대해 상세히 설명하겠다.

4.4.2 부력 손실법

이 방법에 의한 계산과정은 편의상 형상곡선에 주어진 양들을 최대로 이용하며, 일반적으로 만족할 만한 결과를 보여 준다.

표 4·4와 표 4·5는 다음에 설명하려는 부력 손실법에 의한 횡경사, GM, 침하 및 트림 계산 양식을 보여 주고 있다. 높은 정밀도가 요구되거나 침수의 형태가 복잡한 경우에는 트림선 부가 중량법을 쓰는 것이 좋다.

[1] 침하 및 트림의 결정

그림 4·3에서와 같이 처음에 수선 WL에 떠 있었던 배가 구획실의 침수로 인한 침하와 트림 때문에 평형침하 수선 WL_1이 된 후, 트림수선 WL_2 상태로 떠 있게 되었다고 하자. 이 선박에 침수가 계속 진행되는 동안 트림이 일어나지 않도록 일시적으로 구속하였다고 가정하면 WL의 아래쪽에서의 실제 손실된 부력, 즉 그 수선 아래쪽에 침입한 물의 실제용적 v'는 WL 위쪽에서의 대등한 부력증가와 같아야 한다. 따라서, 평균흘수의 침하량 T_{sk}는 근사적으로 다음과 같이 계산된다.

$$T_{sk}=\frac{v'}{A'}=\frac{(v\mu-P/\rho_T)}{A-\mu_s a} \qquad (4\cdot 8)$$

여기서 v : WL 아래쪽에 있는 침수된 구획실의 형용적

v' : WL 아래쪽에서의 실제 손실부피(m^3)

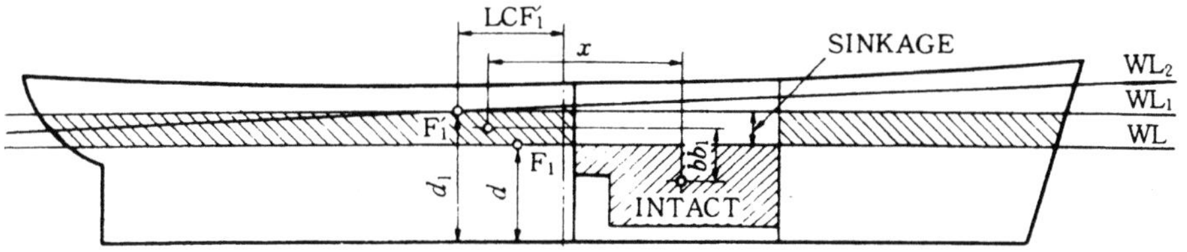

그림 4·3

μ : 구획실의 침수율

μ_s : 구획실의 표면 침수율

P : 손상된 탱크 속의 손상 전 액체의 전체중량

ρ_T : 손상된 탱크 속에 들어 있던 액체의 밀도 또는 비중량(ton/m^3)〔부록 Ⅲ 참조〕

ρ : 선체가 현재 떠 있는 액체의 밀도 또는 비중량(ton/m^3)〔부록 Ⅲ 참조〕

A : WL의 수면면적

a : 구획실에 들어 있는 수선면 WL 부분의 면적

A' : 침수 후 손상되지 않고 남아 있는 수선면 WL 부분의 실제면적

위와 같이 침하량을 식 (4·8)에 의해서 추정하고 나면, 더 가까운 근사값은 다음과 같이 구할 수 있다.

$$T_{sk} = \frac{2v'}{A' + A'_1} \tag{4·9}$$

여기서 A_1' : 손상된 수선면 WL$_1$의 남은 부분이 면적$= A_1 - \mu_s a_1$

a_1 : 구획실에 들어 있는 손상된 수선면 WL$_1$의 면적

한편, A'와 A_1'를 각각 WL과 WL$_1$에 있어서의 남은 부분에 대한 매 cm당 배수톤수(TPC)로 대치하면, 침하량은 다음과 같다.

$$T_{sk} = \frac{v'\rho}{(\text{남은 수선면에대한 TPC의 합})\times 50}\,(\text{m}) \tag{4·10}$$

지금 앞에서 가상했던 트림에 대한 구속을 제거하면, 선체는 다음 식과 같은 트림 모멘트 M_{tr}을 받게 된다.

$$M_{tr} = v'\rho x\,(\text{m}\cdot\text{ton}) \tag{4·11}$$

여기서 x는 WL 아래쪽에서 실제로 손실된 부분의 부심으로부터 WL 위쪽에서 얻어진 부력 중심까지의 거리

또한, 후자의 부심은 WL과 손상된 WL$_1$에 있어서, 각각 남은 면적의 중심인 부면심 F와 F_1' 사이의 중앙에 대략 놓인다. 따라서, 손상된 선박에 대하여 1 cm의 트림변화를 주는 모멘트 MTC$_1'$는 다음과 같이 표현된다.

$$\text{MTC}_1' = \frac{\rho I_{L_1}'}{100L} \tag{4·12}$$

여기서 I_{L_1}' : WL$_1$에서 비손상된 부분의 면적중심 F$_1'$를 지나는 횡축에 관한 종방향 관성 모멘트, 즉

$$I_{L_1}' = I_{L_1} + A_1 (\mathrm{LCF}_1)^2 - (A_1 - \mu_s a_1)(\mathrm{LCF}_1')^2$$
$$- \mu_s [a_1 (\mathrm{lcf}_1)^2 + \mathrm{i}_{L_1}] \qquad (4 \cdot 13)$$

여기서 I_{L_1} : 손상되지 않은 수선면 $\mathrm{WL_1}$의 부면심 F_1에 관한 종방향 관성 모멘트

$\mathrm{lcf_1}$: 선체 중앙점으로부터 a_1의 도심까지의 거리

i_{L_1} : 면적 a_1의 도심에 관한 종방향 관성 모멘트

일반적으로 cm당 트림 모멘트를 MTC, cm당 손실된 배수톤수를 TPC, 손실된 면적의 평균길이를 s라고 하면 다음과 같다

$$I_L = \frac{100L}{\rho} \times \mathrm{MTC}$$

$$A = \frac{100}{\rho} \times \mathrm{TPC}$$

$$\mu_s a = \frac{100}{\rho} \times \mathrm{tpc}$$

$$\mu_s i_L = \frac{\mu_s a s^2}{12} = \frac{100}{12\rho} \times \mathrm{tpc} \times s^2$$

그러면 LCF_1'은 다음과 같다.

$$\mathrm{LCF}'_1 = \frac{\mathrm{TPC}_1 \times \mathrm{LCF}_1 - \mathrm{tpc}_1 \times \mathrm{lcf}_1}{\mathrm{TPC}_1 - \mathrm{tpc}_1}$$

그러므로 식 (4 · 12)와 식 (4 · 13)을 종합하면 $\mathrm{WL_1}$에서 1 m의 트림변화를 주는 모멘트의 실제값은 다음과 같다.

$$100\left[\mathrm{MTC}_1 - \frac{\mathrm{TPC}_1 \times \mathrm{tpc}_1 (\mathrm{LCF}_1 - \mathrm{lcf}_1)^2}{\mathrm{L} \times (\mathrm{TPC}_1 - \mathrm{tpc}_1)} - \frac{\mathrm{tpc}_1 \times s^2}{12L}\right] \qquad (4 \cdot 14)$$

이상의 실제계산은 표 4 · 4에서와 같이 다음 순서에 따라 진행시키는 것이 편리하다.

① WL 아래쪽의 실제 손실부력 v'와 이 용적중심의 종방향 위치를 계산한다.

② 식 (4 · 8)로부터 침하를 결정한 후에 식 (4 · 9)로 다시 그 값을 계산한다.

③ 손상된 수선면 $\mathrm{WL_1}$의 남은 부분의 부면심 F_1'의 위치를 계산한다.

④ 식 (4 · 14)로부터 1 m 트림변화 모멘트를 계산한다.

⑤ 식 (4 · 11)과 식 (4 · 14)로부터 트림변화를 계산한다.

⑥ 만일, 음(−)의 트림변화가 생긴다면 선수가 내려가서 침수된 선수에 대한 근사흘수는

$$(\text{원래의 흘수}) + (\text{침하량}) - (\text{트림 변화량}) \times \left(0.5 + \frac{\mathrm{LCF}_1'}{L}\right)$$

표 4·4 침하와 트림계산 양식(부력 손실법)

damage stability-lost bouyancy method-sinkage and trim-basic data

ship________________ date__________ page 1

damage extent______________________________ by __________

item no.	source	description	unit					
①	――――――	d, draft before damage	m					
②	curves of form	displacement	ton					
③	curves of form	tonnes per cm	ton					
④	curves of form	LCF F− A+	m					
⑤	curves of form	$\overline{KM}$	m					
⑥	curves of form	$\overline{KB}$	m					
⑦	compartment calculation	net lost bouyany *	ton					
⑧	compartment calculation	vertical center of ⑦	m					
⑨	compartment calculation	center of ⑦ F− from midships A+	m					
⑩	compartment calculation	center of ⑦ P− from C.L. S+	m					
⑪	compartment calculation	lost ton per cm	ton					
⑫	compartment calculation	center of ⑪ F− from midships A+	m					
⑬	compartment calculation	center of ⑪ P− from C.L. S+	m					
⑭	③−⑪	remaining tonnes per cm	ton					
⑮	(③×④−⑪×⑫)/⑭	center of ⑭ F− form midships A+	m					
⑯	⑦/⑭	approximate sinkage	m					
⑰	①+⑯	approximate draft after flooding	m					
⑱	curves of form	tonnes per cm at ⑰	ton					
⑲	compartment calculations	lost tonnes per cm at ⑰	ton					
⑳	⑱−⑲	remaining tonnes per cm						
㉑	2×⑦ / ((⑭+⑳)×50)	sinkage	m					
㉒	①+㉑	draft after flooding	m					
㉓	curves of form	tonnes per cm at ㉒	ton					
㉔	curves of form	LCF at ㉒ F− A+	m					
㉕	curves of form	mom. to trim one cm at ㉒	m · ton					
㉖	compartment calculations	lost tonnes per cm at ㉒	ton					
㉗	compartment calculations	center of ㉖ F− form midships A+	m					
㉘	compartment calculations	center of ㉖ P− from C.L. S+	m					
㉙	(㉓·㉔−㉖·㉗) / (㉓−㉖)	center of remaning TPC F− A+	m					
㉚	⑨− (⑮+㉙)/2	trimming lever F− A+	m					
㉛	⑦ · ㉚	trimming moment F− A+	m · ton					
㉜	㉓·㉖·(㉔−㉗)^2 / (L · (㉓−㉖))	――――――	m · ton					
㉝	――――――	average length of lost waterplane, s	m					
㉞	㉖ · ㉝^2 / 12L	――――――	m · ton					
㉟	㉕−㉜−㉞	net moment to trim one m	m · ton					
㊱	㉛/㉟	trim in m F− A+	m					

* note : item ⑦ lost net bouyancy= $\sum \mu \rho v$(at d) for all spaces opened to sea less total tons of liquids which were in any breached tanks before damage

와 같이 되고, 이 때 선미흘수는

$$(\text{원래의 흘수}) + (\text{침하량}) + (\text{트림 변화량}) \times \left(0.5 - \frac{\mathrm{LCF}_1'}{L}\right)$$

와 같이 된다.

이것들은 결국 트림된 수선 WL_2 를 결정한다.

[2] GM 변화

침수에 기인한 GM의 변화는 편의상, ①수선면의 변화에 기인하는 감소, ②침하에 기인하는 증가, ③트림에 기인하는 증가로 이루어진다고 생각한다.

① 수선면의 변화에 기인한 BM 감소

수선면의 관성 모멘트 손실에 기인하는 BM 감소량은 다음과 같다.

$$\text{BM 감소량} = \text{BM} - \frac{I_{T_2} - \mu_s i_{T_2}}{\Delta/\rho} \qquad (4 \cdot 15)$$

여기서 BM : 비손실 상태에서의 초기 BM값

Δ : 이에 대응하는 배수량

I_{T_2} : 비손상된 WL_2 의 횡방향 관성 모멘트

$\mu_s i_{T_2}$: 횡방향 관성 모멘트의 실제 손실량

위의 관성 모멘트들은 WL_2 에서의 남은 비손상 수선면의 횡방향 도심에 관하여 취해진다. 그러나 중심선에 관한 횡방향 관성 모멘트를 취하는 것이 좀더 편리하다.

만일, I_{T_2CL} : 중심선에 관한 비손상 WL_2 의 횡방향 관성 모멘트, $\mu_s i_{T_2CL}$: 중심선에 관한 횡방향 관성 모멘트의 실제 손실량, A_2 : WL_2 에서의 수선면적, $\mu_s a_2$: 수선면적의 실제 손실량, t_2 : 중심선으로부터 그 도심까지의 거리라면, 남은 수선면의 횡도심 위치는

$$-\frac{\mu_s a_2 t_2}{A_2 - \mu_s a_2}$$

가 되고, 식 (4 · 15)의 I_{T_2}, $\mu_s i_{T_2}$는 다음과 같다.

$$I_{T_2} = I_{T_2CL} + A_2\left(\frac{\mu_s a_2 t_2}{A_2 - \mu_s a_2}\right)^2$$

$$\mu_s i_{T_2} = \mu_s i_{T_2CL} - \mu_s a_2 t_2^2 + \mu_s a_2\left(t_2 + \frac{\mu_s a_2 t_2}{A_2 - \mu_s a_2}\right)^2$$

이것을 식 (4 · 15)에 대입하면, BM 감소량은 다음과 같이 된다.

$$\text{BM 감소량} = \text{BM} - \frac{1}{\Delta/\rho}\left[I_{T_2CL} - \mu_s i_{T_2CL} - \frac{(\mu_s a_2 t_2)^2}{A_2 - \mu_s a_2}\right] \qquad (4 \cdot 16)$$

② 침하에 기인한 KB의 증가

침하에 따른 KB의 증가량은 다음과 같다.

$$\text{KB 증가량} = \frac{v' bb_1}{\Delta/\rho} \tag{4·17}$$

여기서 bb_1은 손실된 부력의 중심으로부터 평행 침하층의 중심까지의 연직거리이다.

③ 트림에 기인한 KB의 증가

트림에 따른 KB의 증가량은 다음과 같다.

$$\text{KB 증가량} = \frac{\text{MTC}_1' \times (\text{trim})^2}{2\Delta L} \tag{4·18}$$

앞에서 설명한 바와 같이 현행규정에서는 손상상태에서의 GM 값이 적어도 50 mm가 될 것을 요구하고 있다. 이 조건을 만족시키기 위해 필요한 손상전 GM값은 다음과 같다.

$$\text{GM} = \text{BM} - \frac{1}{\Delta/\rho}\left[I_{T_2CL} - \mu_s i_{T_2CL} - \frac{(\mu_s a_2 t_2)^2}{A_2 - \mu_s a_2} + v' bb_1\right] - \frac{\text{MTC}_1'(\text{trim})^2}{2\Delta L} + 0.05 \tag{4·19}$$

[3] 비대칭 모멘트와 횡경사

실제 부력손실이 비대칭이거나, WL과 WL_2 사이의 실제 부가부력의 비대칭으로 인해 WL로부터 WL_2까지 침하 및 트림하는 동안 부력의 횡방향 이동이 생길 경우 선체는 횡경사하게 될 것이다.

실제 부가부력의 횡방향 중심을 계산함에 있어서 WL에서 WL_2까지 침하 및 트림하는 동안의 손실면적에 의한 용적을 증가시키는 트림의 영향을 포함시켜야 하므로 실제 부가부력의 횡방향 무게중심 TCG는 다음과 같다.

$$TCG = \frac{-12\ (tpc + tpc_2)\ h_s}{2}\ \frac{t + t_2}{2}\ \frac{1}{v'} \tag{4·20}$$

여기서 tpc : WL에서의 cm당 손실된 배수톤수

tpc_2 : WL_2 에서의 cm당 손실된 배수톤수

t : 중심선에서 tpc의 중심까지의 거리

t_2 : 중심선에서 tpc_2의 중심까지의 거리

부호⊖ : 실제 부가부력이 중심선에 대하여 cm당 손실된 배수톤수의 반대쪽에 있을 때

v' : 실제 부가부력, 즉 실제 손실부력

$\frac{(\text{tpc}+\text{tpc}_2)}{2}=\text{tpc}_1$: WL_1 에서의 cm당 손실된 배수톤수

$\frac{(t+t_2)}{2}=t_1$: 중심선으로부터 tpc_1의 중심까지의 거리

h_s : 손실위치에서의 WL에서 WL_2 까지의 높이이며, 그림 4·4의 트림 및 횡경사 곡선도에서 h_s는 다음과 같다.

$$h_s=(\text{평행침하})+(\text{LCF}_1{}'-\text{lcf}_1)\frac{\text{trim}}{L} \qquad (4\cdot21)$$

그러므로 부력이동에 기인하는 횡방향 모멘트는 다음과 같다.

$$\rho v'[(v'\text{의 TCG})-(v'\text{의 tcg})] \qquad (4\cdot22)$$

[4] 횡경사 억제에 필요한 GM값

침수의 최종상태에서 그 선박에 허용되는 최대 횡경사각 ϕ는 일반적으로 한계선이 물에 잠기려는 상태에 대한 경사각이다. 한계선이 잠기게 되는 횡경사에 대응하는 $\tan\phi$는 그림 4·4의 트림 및 횡경사 곡선도로부터 바로 결정할 수 있다. 선체가 ϕ만큼 횡경사하여 최종의 수선면에 이르기까지는 그 동안에 침수의 종 또는 횡방향 범위의 변화와 침수율의 변화가 일어날 수 있다. 이들 변화의 효과는 횡방향 모멘트를 발생시키고 그 값이 식 (4·22)의 값에 더해진다고 생각된다.

표 4·5에 제시된 계산서식 속의 항목 ⑫는 이러한 수정을 한 것이며, 손상상태의 흘수와 VCB에 대한 영향은 무시되고 있다. 이 때 경사 모멘트와 복원 모멘트는 각각 다음과 같다.

$$\begin{aligned}\text{경사 모멘트}&=(\text{전체의 횡방향 모멘트})\times\cos\phi\\ \text{복원 모멘트}&=\Delta\times(GM_R+F\cdot BM_R)\times\sin\phi\end{aligned} \qquad (4\cdot23)$$

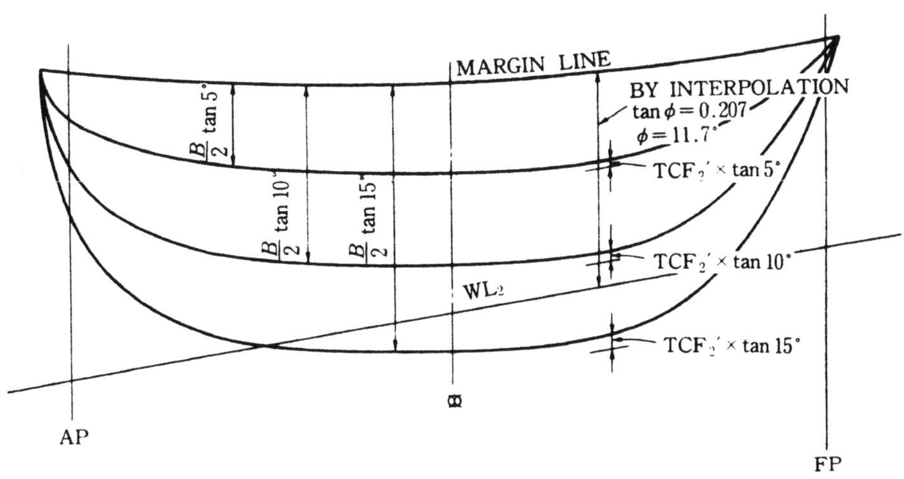

그림 4·4

표 4·5 횡경사 및 GM 계산양식(부력 손실법)

damage stability-lost buoyancy method-heel and $\overline{GM}$

ship ______________________ date______________________ page 2
damage extent______________________ by______________________

item no.	source	description	unit					
①	————	d. draft before damage	m					
㊲	㉒+㉟$\left[0.5+\frac{㉙}{L}\right]$	draft forward after flooding (WL_2)	m					
㊳	㉒−㉟$\left[0.5-\frac{㉙}{L}\right]$	draft aft after flooding (WL_2)	m					
㊴	direct calculations or curves of form	waterplane area at WL_2	m					
㊵	direct calculations or curves of form	trans mom.inertia · ρ of ㊴ about C.L.	m · ton					
㊶	compartment calculations	μ_S× lost waterplane at WL_2	m^2					
㊷	compartment calculations	center of ㊶ from C.L. P− S+	m					
㊸	compartment calculations	$\mu_{S'T}$ · ρ of ㊶ about C.L.	m · ton					
㊹	㊶×㊷	————	m					
㊺	㊹^2(㊴−㊶)·ρ	————	m · ton					
㊻	㊵−㊸−㊺	————	m · ton					
㊼	⑤−⑥−$\frac{㊻}{②/\rho}$	$\overline{BM}$ loss	m					
㊽	$\frac{①+㉒}{2}$	vertical center of parallel sinkage layer	m					
㊾	㊽−⑧	$\overline{bb_1}$	m					
㊿	$\frac{⑦×㊾}{②}$	vcb rise due to sinkage	m					
(51)	㉟^2	trim^2	m^2					
(52)	$\frac{㉟×(51)}{2×L×②}$	vcb rise due to trim	m					
(53)	㊼+0.05−㊿−(52)	intact $\overline{GM}$ for 5cm $\overline{GM}$ damaged	m					
(54)	trim and heel diagram	minimum tangent to margin line	m					
(55)	————	corresponding angle of heel	deg.					
(56)	————	selected angle ϕ	deg.					
(57)	————	tan (56)	–					
(58)	㉑+(㉙+㉗)$\frac{㉟}{L}$	height WL to WL_2 in way of ㉗	m					
(59)	$\frac{-12×㉖×㉘×(58)}{⑦}$	center of net added buoyancy from C.L. P− S+	m					
(60)	(59)−⑩	transverse shift of buoyancy P− S+	m					
(61)	−⑦×(60)	transverse moment P− S+	m · ton					
(62)	compartment calculations	mom. correction for change in μ etc. heeling through ϕ P− S+	m · ton					
(63)	$\frac{((61)+(62))}{(57)×②}$	————	m					
(64)	direct caculations	F	–					
(65)	(53)+(63)−$\frac{((64)×㊻)}{②}$−0.05	intact $\overline{GM}$ to limit heel to (56)	m					
(66)	(53) or (65) whichever is larger	required intact $\overline{GM}$	m					
(67)	(66)+0.05−(53)	corresponding $\overline{GM}$ in damage condition	m					

if (53) is more than (65), equilibrium angle of heel
and related F are those which satisfy equation : $0.05+F\times\frac{㊻}{②}=\frac{(61)+(62)}{2\times\tan\phi}$

로 표시된다.

여기서 GM_R BM_R : WL_2 에서의 각각의 잉여값

F : 선체치수와 형상에 따른 계수

$F \cdot BM$: 직립시의 메타센터 M과 횡경사된 때의 부력 작용선이 선체 중심선과 만나는 점 P 사이의 연직거리

그리고 사실상 계수 F는 선체가 직립상태로부터 임의의 횡경사각 ϕ까지 경사하는 동안의 수선면의 횡방향 관성 모멘트의 평균 변화율이 된다. 일반적으로 임의의 주어진 흘수와 횡경사 상태의 손상된 선박에 대한 F값은 그와 동일한 흘수 및 동일한 횡경사 상태의 비손상 선박에 대한 값과 동일하다고 가정한다. 이 가정은 보통의 상선형에서 횡경사가 그다지 크지 않고, 보통의 운항 한계 내에 있는 폭/흘수 비를 가지고 있을 때 비교적 정확하다고 생각할 수 있지만, 아주 얕은 흘수나 특이한 선형에 대해서는 적용되지 않는다. 또한, 위의 가정을 사용함에 있어서는 배의 횡경사에 따른 손실된 수선면의 국부적 변화의 영향도 참작되어야 할 것이다.

부력손실 계산법의 경우에는 그림 4·5에 설명된 방식으로 계산 처리되며, 만약 트림선 부가중량의 계산법을 사용한다면, 침입수와 모멘트의 계산 속에 위와 같은 변화의 영향은 자동적으로 포함되게 된다.

그림 4·6은 선체중앙에 텀블홈(tumble home)이나 플레어(flare)가 없고, 중앙 횡단면 계수가 약 0.96 이상의 평균적인 선형에 대한 F의 근사값을 나타낸 것이다.

갑판의 가장자리가 침수하지 않는 횡경사 또는 빌지(bilge)부 접점이 노출되지 않는 횡경사에 대해서는 그림의 실선부분이 보통의 손상 전 또는 손상 후의 복원력 계산에 충분히 정확한 값을 준다. 그리고 점선부분은 실선부분에서 벗어남에 따라 점차로 그 정밀도가 떨어지며, 이 곡선으로부터 얻는 결과의 값이 적절한 복원력의 여유를 가질 때는 그 이상 더 상세한 검토를 하지 않고 사용한다.

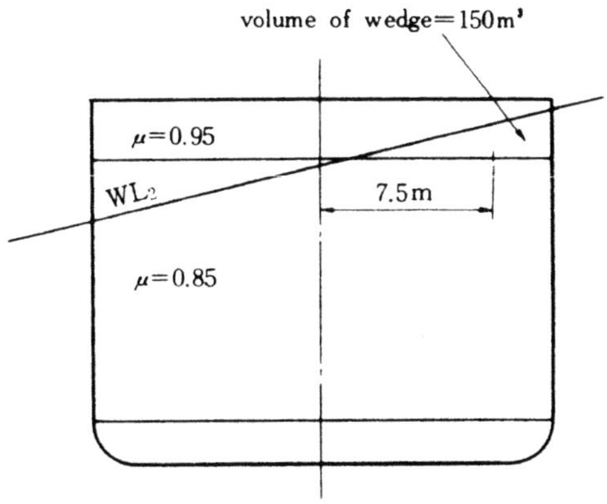

그림 4·5

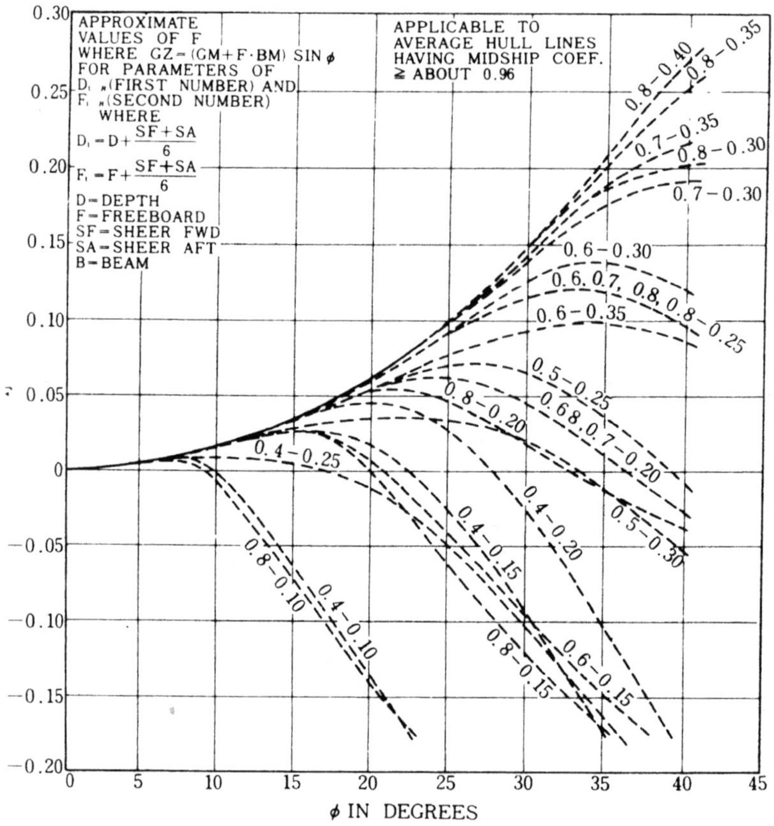

그림 4·6

위에서 말한 여러 항들을 넣어 식을 세우면, 횡경사를 임의각 ϕ까지로 제한하는 데 필요한 손상전의 GM값은

$$(\text{GM 손실}) + \frac{(\text{횡방향 모멘트})}{\Delta \times \tan\phi} - F \cdot \text{BM}_R \qquad (4 \cdot 24)$$

여기서 GM 손실은 〔식 (4 · 19)−0.05〕로 주어진다.

그러므로 필요한 비손상시의 GM값은 식 (4 · 19) 와 식 (4 · 24)에 의하여 결정되는 값 중의 큰 값이 되는 것이다.

4.4.3 트림선(線) 부가 중량법

이 방법은 손상상태의 계산 때 부력 손실법보다는 더 정확한 결과를 얻을 수 있으나, 많은 자료를 사전에 준비해야 한다. 실제로 각 조선소에서는 각종 도표를 사용하여 계산하지 않고 해당관청의 요구에 의해 부력 손실법으로 매우 정확한 계산을 컴퓨터를 이용하여 직접하고 있으므로 계산방법은 표 4·6 및 표 4·7을 참조하기 바란다.

표 4·6 흘수와 트림의 계산양식(부가 중량법)

damage stability-trim line added weight method draft and trim-basic data

ship ______ date ______ page 1
damage extent ______ by ______

item no	source	description	unit					
①	assumed	d_2 LCF draft in damaged condition	m					
②	curves of form	gross displacement, at ①	ton					
③	curves of form	LCF at ① and level trim F− A+	m					
④	curves of form	mom. to trim one cm at ①	m · ton					
⑤	damaged compartment curves	tonnes flooding water, at ① and zero heel	ton					
⑥	damaged compartment curves	lcg of ⑤ F− A+	m					
⑦	⑥−③	approximate trim lever F− A+	m					
⑧	⑤×⑦/(④×100)	approximate trim in m F− A+	m					
⑨	about 1.1×⑧	assumed trim F− A+	m					
⑩	curves of form	effective LCF at ① for ② and ⑨ F− A+	m					
⑪	curves of form	$\overline{KM}$ for ② and ⑨	m					
⑫	curves of form	$\overline{KB}$ for ② and ⑨	m					
⑬	curves of form	tonnes per cm for ② and ⑨	ton					
⑭	①+⑨(0.5+⑩/L)	damaged condition draft forward	m					
⑮	①+⑨(0.5−⑩/L)	damaged condition draft aft	m					
⑯	trim and heel diagram	minimum tangent to margin line	−					
⑰	――――	corresponding angle of heel,	deg.					
⑱	――――	selected angle ϕ	deg.					
⑲	trim and heel diagram	T_d draft(s) at damaged space(s)	m					
⑳	damaged compartment curves	tonnes flooding water, at ⑲ and zero heel	ton					
㉑	damaged compartment curves	tonnes flooding water at ⑲ and ⑱	ton					
㉒	damaged compartment curves	lcg of ⑳ F− A+	ton					
㉓	damaged compartment curves	lcg of ㉑ F− A+	ton					
㉔	damaged compartment curves	$\overline{KG}$ W at ⑲ and zero heel	m · ton					
㉕	damaged compartment curves	$\mu_{ST}\,\rho$ at ⑲ and zero heel	m · ton					
㉖	damaged compartment curves	$\mu_s\,a\rho/100$ at ⑲ and zero heel	ton/cm					
㉗	damaged compartment curves	tca at ⑲ and zero heel P− S+	m					
㉘	damaged compartment curves	$W\left(\overline{KG}+\frac{tcg}{\tan}\phi\right)$ at ⑲ and ⑱	m · ton					
㉙	②−⑳	disp before damage for zero heel	ton					
㉚	②−㉑	draft before damage for ⑱	ton					
㉛	curves of form	draft before damage for zero heel	m					
㉜	curves of form	draft before damage for ⑱	m					
	Note : in all class, tonnes flooding water, $\Sigma\mu\rho v$ for all breached spaces, less tonnes of liquids assumed to be in such breached spaces before damage.							

표 4·7 횡경사와 GM 계산양식(부가 중량법)

damage stability-trim line added weight method−trim, heel and GM

ship ______________ date ______________ **page 2**

damage extent ______________ by ______________

item no.	source	description	unit					
㉛	page 1	draft before damage for zero heel	m					
㉝	(2×①+㉛+㉜)/4	mean emergence draft	m					
㉞	curves of form	LCF at ㉝ and level trim F− A+	m					
㉟	㉒−㉞	trim lever for zero heel F− A+	m					
㊱	⑳×㉟/④	computed trim for zero heel F− A+	m					
㊲	⑨−㊱	trim before damage for zero heel F− A+	m					
㊳	㉖×㉗	trans mom. of net lost area	m·ton per cm					
㊴	㊳²	――――	−					
㊵	⑬−㉖	net tonnes per cm	ton					
㊶	㊴/㊵	――――	−					
㊷	(㉕+㊶)/②	BM loss for ② and ⑨	m					
㊸	⑪−㊷	net KM for ② and ⑨	m					
㊹	((②×㊸−㉔) / ㉙)−0.05	max allowable KG before damage	m					
㊺	curves of form	$\overline{KM}$ at ㉛ for ㉙ and ㊲	m					
㊻	㊺−㊹	intact GM for 5cm $\overline{GM}$ damaged	m					
㉜	page−1	draft before damage for ⑱	m					
㊼	㉓−㉞	trim lever for ⑱ F− A+	m					
㊽	㉑×㊼/(④×100)	computed trim for zero heel F− A+	m					
㊾	⑨−㊽	trim before damage for ⑱ F− A+	m					
㊿	――――	tangent ⑱	−					
(51)	――――	sine ⑱	−					
(52)	direct 9−23 or calculations	F for ⑱	−					
(53)	⑪−⑫	$\overline{BM}$ for ② and ⑨	m					
(54)	⑪+((52)×(53))	$\overline{KP}$	m					
(55)	②×(54)/㉚	――――	m					
(56)	㉘/㉚	――――	m					
(57)	(55)−(56)	max allowable $\overline{KG}$ before damage	m					
(58)	curves of form	$\overline{KM}$ at ㉜ for ㉚ and ㊾	m					
(59)	(58)−(57)	intact GM to limit heel to ⑱	m					
(60)	㊻ or (59) whichever is danger	required intact $\overline{GM}$	m					

If ㊻ is more than (59), equilibrium angle of heel which corresponds there to, related F, and w are those which satisfy the equation: $⑪+F\times(53)-㊹=\left[u\left(kg+\frac{tcg}{\tan\phi}\right)-w\times㊹\right]/②$

(where w is between ⑳ and ㉑)

4.4.4 중간침수 상태에서의 복원력

침수가 진행되는 동안의 중간상태는 광범위한 변화를 가진다. 두 배가 충돌한 뒤에 곧 분리되었다면, 피충돌선은 충격으로 인한 회전의 동적 효과와 아울러 손상된 공간으로 밀려드는 물결로 상상할 수 없을 정도로 불리한 상태가 된다.

한편, 충돌선과 피충돌선이 한동안 맞붙어 있다면, 충돌선은 중간침수 기간 동안 피충돌선을 다소 구속하게 될 것이다. 중간침수 상태에 대한 계산에서는 이들의 상태를 결정하기 위해서 다음과 같이 가정하고 있다.

① 배는 침수과정의 어떤 순간에도 정적 평형상태에 있고, 침수한 물의 표면은 해면과 평행하지만 해면보다 낮다고 가정한다.

② 파이프, 덕트 또는 침수 플러그 등에 의해 교차 연결된 공간들이 비대칭적으로 침수되는 경우에는 손상된 현측의 공간 내의 침입수는 어떤 균형 조정이 끝나기 전에 해면과 같은 수준에 도달하며 이에 따라 그 배는 횡경사를 하게 된다고 가정한다.

③ 폐쇄되지 않은 큰 구멍들이 있어 자유로이 통하는 현측 공간들은 침수가 일어나자마자 균형을 유지한다고 가정한다. 중간침수 상태에서는 음(−)의 GM이나 비대칭 침수에 기인하는 횡경사가 발생할 수 있다. 만일, 그 때의 복원력 범위와 최대 복원 암이 전복을 방지하기에 충분한 여유를 가지고 있다면, 그 배가 약 20° 까지 경사하여 한계선이 잠기는 일이 있더라도 그런 상태는 일시적인 것으로 지장이 없을 것이다.

격벽갑판 위의 구멍들을 통해서 비손상 부위에 추가 침수가 일어날 수 있는 경사각에서는 복원암 곡선이 0이 된다고 가상해야 한다. 그러므로 이런 개구들을 가급적 안쪽으로 배치하는 것이 바람직한 설계형태이다. 격벽갑판 위의 공간에 앞뒤 방향의 통로격벽이 설치되어 있는 경우에는 침수가 확장되는 것이 저지되기 때문에 동적 복원력의 유효값을 크게 할 것이다.

앞에서의 근사계산이나 그 밖에 고려된 사항으로부터 판단하여 손상상태를 포함하는 중간침수 상태, 또는 균형조정이 지체된 상태에 대한 특별한 계산을 할 수 있다. 이러한 계산이 최종침수 상태에 대한 계산과 다른 점은 가상된 침수수준이 낮다는 것, 또는 침수의 파급이 불완전하다는 것이다.

4.4.5 손상상태의 복원성능

일반적으로 배의 손상여부에 관계없이 임의각 ϕ에서의 복원팔은 앞에서 소개된 식 (4·23)로부터 $(\mathrm{GM} + F \cdot \mathrm{BM}) \times \sin\phi$ 이다.

손상 후의 복원력이 부력 손실법으로 계산되었다면 배수량을 일정하게 생각한 손상상태에서의 GM은 손상 전의 실제유효 GM으로부터 GM 손실을 뺀 것과 같다. 식 (4·19)에 의하면, 손상상태에서의 GM에 대한 다음 식을 얻게 된다.

$$GM_D = GM_{intact} - \left\{ BM - \frac{\rho\left[I_{T_2CL} - \mu_s i_{T_2CL} - \dfrac{(\mu_s a_2 t_2)^2}{(A_2 - \mu_s a_2)} + v\,bb_1 \right]}{\Delta} - \frac{(MTC \times'(trim)^2}{2\Delta L} \right\} \qquad (4 \cdot 25)$$

만일, 침수가 비대칭이거나 배가 경사함에 따라 침수율 변화에 기인하는 횡경사 모멘트가 발생하는 경우(그림 4·4 참조), 합성된 횡방향 모멘트의 횡경사팔은

$$\frac{(\text{전체 횡방향 모멘트} \times \cos\phi)}{\Delta}$$

이다. 따라서, 임의각 ϕ에서의 실제 복원팔은 다음과 같다.

$$(GM_D + F \cdot BM)\sin\phi - \frac{(\text{전체 횡방향 모멘트} \times \cos\phi)}{\Delta} \qquad (4 \cdot 26)$$

앞에서 4.4.2절에서 설명한 바와 같이 F값은 동일한 흘수에서 손상전의 배에 대한 것과 거의 같다고 가정되며, F를 그림 4·5 및 그림 4·6으로부터 얻을 수 있다.

예 제 4.1. 주어진 길이의 배에 대한 침수가 흘수와 트림에 미치는 효과를 알아보자.

그림 4·7은 길이 L(m), 폭 B(m), 평행하게 떠있을 때의 흘수 d인 일정한 직사각형 단면을 가진 빈 배에서 중심 G는 배의 중앙부에 작용하고 그 수직하방에 부심 B가 작용하고 있는 간단한 경우를 표시하고 있다. C와 D는 침수구획의 경계인 횡수밀 격벽의 자리이고, 이 구획이 침수될 때의 배는 선체침하와 트림변화의 두 가지 상태가 일어난다. WL은 원래 수선이고 W_1L_1은 트림의 변화가 없이 배가 균일하게 침하했을 때의 수선이며, W_2L_2는 C와 D 사이의 구획이 침수된 후의 트림된 상태인 수선이다.

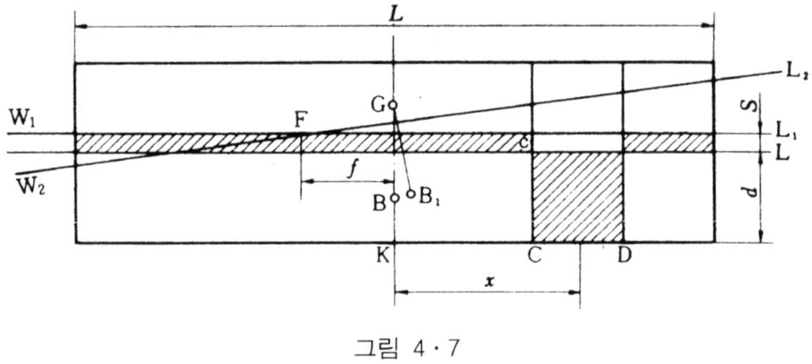

그림 4·7

풀이 (a) 선체침하에 대한 고찰 : C와 D 사이의 부력은 소실된 것으로 보아지며, 배는 C와 D 사이의 용적의 중심에 대한 모멘트의 평형에 의하여 점 F까지 뒤로 이동한다. 그림에서와 같이 거리 f와 x를 써서 평형식을 만들면

$$f \cdot L \cdot B\left(\frac{n-1}{n}\right) = \frac{L \cdot B \cdot x}{n}, \quad f = \frac{x}{n-1}$$

CD 사이의 수선면 면적이 손실되었기 때문에 부면심

$$\text{점 F둘레의 트림 모멘트} = \frac{\rho \cdot L \cdot B \cdot d}{n}(f+x) = \frac{\rho \cdot L \cdot B \cdot d}{n}\left(\frac{x}{n-1}+x\right)$$

$$= \frac{\rho \cdot L \cdot B \cdot d}{n}\left(\frac{n \cdot x}{n-1}\right) = \frac{\rho \cdot L \cdot B \cdot d \cdot x}{n-1}$$

$$\text{cm당 트림 모멘트} = \frac{\mathrm{W \cdot GM_L}}{100L} = \frac{\mathrm{W}}{100L}(\mathrm{BM_L} - \mathrm{BG})$$

그런데 $\frac{\mathrm{W \cdot BG}}{100L}$는 일정하고, $\frac{\mathrm{W \cdot BM_L}}{100L}$에 비할 때 매우 적으며, KG가 명시되어 있지 않을 때는 무시하여도 된다.

$$\therefore\ \mathrm{MTC} = \frac{\mathrm{W \cdot BM_L}}{100L} = \frac{\rho \mathrm{V \cdot BM_L}}{100L} = \frac{\rho \mathrm{V}}{100L} \cdot \frac{I_L}{V} = \frac{\rho I_L}{100L}$$

I_L = F를 통과하는 축에 대한 비손상 수선면의 종방향 관성 모멘트

$$= \frac{L^3 B}{12} - \frac{L^3}{n^3}\frac{B}{12} - \frac{LB}{n}x^2 - \frac{LB(n-1)}{n} \cdot f^2$$

$$= \frac{L^3 B}{12}\left(1-\frac{1}{n^3}\right) - LBx^2\left[\frac{1}{n} + \frac{1}{n(n-1)}\right]$$

$$= \frac{L^3 B}{12}\left(1-\frac{1}{n^3}\right) - LB\frac{x^2}{n-1}$$

$$\therefore\ \mathrm{MTC} = \frac{\left[\frac{L^2 B}{12}\left(1-\frac{1}{n^3}\right) - \frac{Bx^2}{n-1}\right]\rho}{100}$$

침수로 인하여 소실된 만큼의 부력을 얻을 때까지 침하할 것이다.

$\mathrm{CD} = \frac{L}{n}$ (n : 구획실의 상수)

배수용적$(V) = L \cdot B \cdot d$

원래 수선면 면적 $= L \cdot B$

침수부분의 수선면 면적 $= \frac{L \cdot B}{n}$

비손상 부분의 수선면 면적 $= L \cdot B\left(1-\frac{1}{n}\right) = L \cdot B\left(\frac{n-1}{n}\right)$

CD구획의 침수된 부분의 용적 $= \frac{L \cdot B \cdot d}{n}$

$$\text{평균침하}\ S = \frac{\frac{L \cdot B \cdot d}{n}}{L \cdot B\left(\frac{n-1}{n}\right)} = \frac{d}{n-1}$$

만일, 침수된 구획의 중심이 수선면 중심의 바로 아래에 있다면 배는 WL에 평행한 $\mathrm{W_1L_1}$까지 침하한다. 이러한 상태는 침수구획이 배의 중앙에 있을 때만 일어날 수 있고, 다른 구획부분에서는 수선면의 중심과 침수구획의 중심이 같은 수직선상에 있을 수 없기 때문에 그 때는 트림이 생긴다.

(b) 트림변화에 대한 고찰 : 침수구획의 부력이 처음에는 배의 중앙부에서 소실되고, 그 후 거리 x만큼 앞쪽으로 옮겼다면

소실된 부력 $= \frac{L \cdot B \cdot d \cdot \rho}{n}$(ton)

$$선체\ 트림변화 = \frac{트림\ 모멘트}{MTC} = \frac{\rho \cdot L \cdot B \cdot d \cdot x}{(n-1)} \times \frac{100}{\left[\frac{L^2 B}{12}\left(1-\frac{1}{n^3}\right)-\frac{B \cdot x^2}{n-1}\right]\rho}$$

$$= \frac{1200 L \cdot d \cdot x}{L^2\left(1-\frac{1}{n^3}\right)(n-1)-12x^2}$$

이 전체트림 변화량으로부터 전부와 후부의 흘수변화를 구하면

$$선수흘수 = d + S + \frac{12\,d \cdot x}{L^2\left(1-\frac{1}{n^3}\right)(n-1)-12x^2} \times \left(\frac{L}{2}+\frac{x}{n-1}\right)\ (\text{m 단위})$$

$$선미흘수 = d + S - \frac{12\,d \cdot x}{L^2\left(1-\frac{1}{n^3}\right)(n-1)-12x^2} \times \left(\frac{L}{2}-\frac{x}{n-1}\right)\ (\text{m 단위})$$

이제 C와 D에 칸막이된 구획에 균질화물을 실었으며, 침수율이 μ인 경우에 대해 고찰해 보기로 한다.

$$손실\ 부력의\ 용적 = \frac{L \cdot B \cdot d \cdot \mu}{n}$$

$$침수된\ 수선면의\ 면적 = \frac{L \cdot B \cdot \mu}{n}$$

$$침수된\ 수선면의\ 관성\ 모멘트 = \frac{L^3 \cdot B \cdot \mu}{12n^3}$$

$$평균침하\ \ S = \frac{\frac{LBd\mu}{n}}{LB\frac{(n-\mu)}{n}} = \frac{d\mu}{n-\mu}, \quad f = \frac{\frac{LB\mu x}{n}}{LB\frac{(n-\mu)}{n}} = \frac{\mu x}{n-\mu}$$

$$트림\ 모멘트 = \frac{\rho \cdot L \cdot B \cdot d \cdot \mu}{n}(f+x) = \frac{\rho \cdot L \cdot B \cdot d \cdot \mu \cdot x}{(n-\mu)}$$

$$\text{MTC} = \frac{\left[\frac{L^3 B}{12}\left(1-\frac{\mu}{n^3}\right)-LBx^2\left(\frac{\mu}{n}+\frac{\mu^2}{n(n-\mu)}\right)\right]\rho}{100\,L}$$

$$= \frac{\left\{\frac{L^2 B}{12}\left(1-\frac{\mu}{n^3}\right)-\frac{Bx^2\mu}{n-\mu}\right\}\rho}{100}$$

$$트림변화 = \frac{\rho LBd\mu x}{(n-\mu)} \times \frac{100}{\left\{\frac{L^2 B}{12}\left(1-\frac{\mu}{n^3}\right)-\frac{Bx^2\mu}{n-\mu}\right\}\rho}$$

$$= \frac{1200\,Ld\mu x}{L^2\left(1-\frac{\mu}{n^3}\right)(n-\mu)-12\mu x^2}\ (\text{cm 단위})$$

$$선수흘수 = d + S + \frac{12d \cdot \mu \cdot x}{L^2\left(1-\frac{\mu}{n^3}\right)(n-1)-12\mu x^2} \times \left(\frac{L}{2}+\frac{\mu x}{n-\mu}\right)\ (\text{cm 단위})$$

$$선미흘수 = d + S - \frac{12d \cdot \mu \cdot x}{L^2\left(1-\frac{\mu}{n^3}\right)(n-1)-12\mu x^2} \times \left(\frac{L}{2}-\frac{\mu x}{n-\mu}\right)\ (\text{cm 단위})$$

화물의 침수율 효과를 고려하는 다른 방법은 처음의 $\frac{L}{n}$ 만큼 거리가 있는 격벽 C와 D가 거리 $\mu\frac{L}{n}$로 가까워져 있다고 가정하는 것이다. 이 방법에서 유입된 물의 양은 구획이 비었을 때 유입된 양의 n배가 된다.

예 제 4.2. 길이 350 m, 폭 50 m, 흘수 15 m의 등흘수 상태로 떠 있는 직사각형 단면의 주상선이 있다. KG는 16 m이고 횡격벽에 의해 등간격으로 10개의 구획이 나누어져 있다. 최전방 구획실이 바다와 통하고 있을 때 최종 흘수를 계산하라. 단, 침수율은 100 %로 가정한다.

풀이 $x = 175.000 - 17.500 = 157.000\,\text{m}$, $n = \dfrac{350}{35} = 10$, $\mu = 1.0$

또, KG의 값이 주어져 있으므로 앞 식에서 BG를 그대로 두고 생각한다면

$$\text{MTC} = \frac{\rho I_L}{100L} - \frac{\text{W}\cdot\text{BG}}{100L} = \frac{\rho I_L}{100L} - \frac{\rho\text{V}\cdot\text{BG}}{100L}$$

$$= \frac{\left\{\dfrac{L^2B}{12}\left(1-\dfrac{1}{n^3}\right) - \dfrac{Bx^2}{n-1} - B\cdot d\cdot\text{BG}\right\}\rho}{100}$$

$$\text{트림변화} = \frac{12L\cdot d\cdot x}{L^2\left(1-\dfrac{1}{n^3}\right)(n-1) - 12x^2 - 12d\cdot\text{BG}\,(n-1)} \quad (\text{m 단위})$$

그런데 $\text{BG} = \text{KG} - \left(\dfrac{d}{2} + \dfrac{S}{2}\right) = 16 - \left(\dfrac{15}{2} + \dfrac{15/9}{2}\right) = 7.667$

따라서

$$\text{선수흘수} = d + S + \frac{12d\cdot x\left(\dfrac{L}{2} + \dfrac{x}{n-1}\right)}{L^2\left(1-\dfrac{1}{n^3}\right)(n-1)12x^2 - 12d\cdot\text{BG}\,(n-1)}$$

$$= 15 + \frac{15}{(10-1)} + \frac{12\times15\times157.500\left(175 + \dfrac{157.500}{9}\right)}{350^2\left(1-\dfrac{1}{1000}\right)(10-1) - 12\times157.500^2 - 12\times15\times7.667(10-1)}$$

$$= 15 + 1.667 + 0.0358(175 + 17.500) = 23.559\,\text{m}$$

$$\text{선미흘수} = d + S - \frac{12\,d\cdot x\left(\dfrac{L}{2} - \dfrac{x}{n-1}\right)}{L^2\left(1-\dfrac{1}{n^3}\right)(n-1)12x^2 - 12d\cdot\text{BG}\,(n-1)}$$

$$= 15 + 1.667 - 0.0358(175 - 17.500) = 11.029\,\text{m}$$

예 제 4.3. 길이 350 m, 폭 50 m, 흘수 20 m의 등흘수 상태로 떠 있는 일정한 직사각형 단면을 갖는 배가 있다. KG는 18 m이며 배 길이의 중앙에 있고, 배의 중앙으로부터 전방 100 m, 135 m 지점에 2개의 횡수밀 격벽으로 이루어진 전방구획이 있으며, 이 때 침수율은 70%이다. 이 구획실에 침수가 되었을 때 배의 흘수를 구하라.

풀이 $x = 117.500\,\text{m}$, $n = \dfrac{350}{35} = 10$, $\mu = 0.700$

또, KG의 값이 주어져 있기 때문에 예제 4.2 와 같이

$$\text{MTC} = \frac{\rho I_L}{100L} - \frac{\text{W}\cdot\text{BG}}{100L} = \frac{\rho I_L}{100L} - \frac{\rho\text{V}\cdot\text{BG}}{100L}$$

$$= \frac{\left\{\dfrac{L^2B}{12}\left(1-\dfrac{\mu}{n^3}\right) - \dfrac{B\cdot x^2\cdot\mu}{n-\mu} - B\cdot d\cdot\text{BG}\right\}\rho}{100}$$

$$\text{트림변화} = \frac{100L \cdot d \cdot x}{L^2\left(1 - \frac{\mu}{n^3}\right)(n-\mu) - 12\mu x^2 - 12d \cdot \text{BG}\,(n-\mu)} \quad (\text{cm 단위})$$

따라서,

$$\text{선수흘수} = 20 + \frac{20 \times 0.7}{(10.0 - 0.7)}$$

$$+ \frac{12 \times 20 \times 0.7 \times 117.5 \times \left(175 + 0.7 \times \frac{117.5}{10.0 - 0.7}\right)}{350^2\left(1 - \frac{0.7}{1000}\right)(10.0 - 0.7) - 12 \times 0.7 \times 117.5^2 - 12 \times 20 \times 7.25(10.0 - 0.7)}$$

$$= 20 + 1.5 + 0.01956(175 + 8.84) = 25.10\,\text{m}$$

$$\text{선미흘수} = 20 + 1.5 + 0.01956(175 - 8.84) = 18.25\,\text{m}$$

예 제 4.4. 길이 300 m, 폭 20 m, GM=3 m인 일정한 직사각형 단면을 갖는 평갑판 주상선이 해수에서 6 m의 흘수로 떠 있다. 이 배는 중심선에 따라 종수밀 격벽이 있고, 4개의 등간격 횡수밀 격벽의 구조로 되어 있다. 최전방 우현의 구획실의 하나가 침수될 때, 배의 선수미 네 모서리의 흘수를 구하라.

풀이 손실된 부력이 배의 한쪽 편 끝단에 있으므로 배는 원래 부면심으로부터 횡방향과 종방향으로 이동하여 새로운 부면심에 대해서 횡경사와 트림을 일으킨다. 그 최종 흘수는 경사와 트림을 각각 별개의 운동으로 생각하고 분리된 결과를 조합함으로써 전체 흘수의 변화를 얻을 수 있다.

(a) 침수 전의 경우

$$\text{배수량} = W = 300 \times 20 \times 6 \times \rho = 36,900\ \text{ton}$$

$$\text{BM} = \frac{B^2}{12d} = \frac{20 \times 20}{12 \times 6} = 5.55$$

$$\text{KB} = 3.00\,\text{m}$$

$$\text{KM} = \text{KB} + \text{BM} = 8.55\ \text{m}$$

$$\text{GM} = 3.00\,\text{m}$$

$$\text{KG} = \text{KM} - \text{GM} = 5.55\,\text{m}$$

(b) 침수 후의 경우

$$\text{소실부력} = \Delta = 60 \times 10 \times 6 \times \rho = 3,690\,\text{ton}$$

$$\text{비손상부 수선면의 TPC} = \frac{300 \times 20 \times 9 \times \rho}{10 \times 100} = 55.35$$

$$\text{침하량} = 3,690 \times \frac{1}{55.35} \times \frac{1}{100} = 0.66\,\text{m}$$

$$\text{새로운 평균흘수} = 6.00 + 0.66 = 6.66\,\text{m}$$

$$\text{새로운 KB} = 3.33\,\text{m}$$

(c) 횡경사

$$\text{새로운 부면심에 대한 } I = 180,000 - 5,400 \times 0.55^2 = 178,366\,\text{m}^4$$

$$\text{BM} = \frac{178,366}{300 \times 20 \times 6} = 4.95\,\text{m}$$

$$\text{KB} = 3.33\,\text{m}$$

표 4·8

구 분	면적(m^2)	팔(m)	모멘트(m^3)	중심선에 대한 전체 관성 모멘트(m^4)
총 면 적	6,000	—	—	200,000
손상면적	600	5	3,000	20,000
비손상면적	5,400	0.55	3,000	180,000

$KM = 4.95 + 3.33 = 8.28\,m$

$GM = 8.28 + 5.55 = 2.73\,m$

경사각을 ϕ라 두면

$$\tan\phi = \frac{\Delta(5+0.55)}{W\cdot GM} = \frac{3,690(5+0.55)}{36,900\times 2.73} = 0.2033, \quad \therefore \phi = 11.5^\circ$$

잠긴부분의 침하량 $= \sin 11.5^\circ(10+0.55) = 2.103\,m$

노출부의 상승량 $= \sin 11.5^\circ(10-0.55) = 1.884\,m$

(d) 트 림

표 4·9

구 분	면적(m^2)	팔(m)	모멘트(m^3)	중심선에 대한 전체 관성 모멘트(m^4)
총 면 적	6,000	—	—	45,000,000
손상면적	600	120	72,000	8,820,000
비손상면적	5,400	0.55	72,000	36,180,000

새로운 부면심에 대한 $I_L = 36,180,000 - 5,400\times 13.33^2 = 35,220,000\,m^4$

$$BM_L = \frac{35,200,000}{300\times 20\times 6} = 978.3\,m$$

$KB = 3.33\,m$

$KM_L = 978.3 + 3.33 = 981.6\,m$

$GM_L = 981.6 - 5.55 = 976.0\,m$

트림각을 θ라 하면

$$\tan\theta = \frac{3,690(120+13.33)}{36,900\times 976} = 0.01366, \quad \therefore \theta = 0.780$$

잠긴 부분의 침하량 $- 0.01366(150+13.330) = 2.23\,m$

노출부의 상승량 $= 0.01366(150-13.33) = 1.87\,m$

따라서, 침하, 횡경사, 트림의 결과를 모두 조합하면

선수의 흘수 $\begin{cases} 6.000+0.660+2.103+2.230 = 10,993\,m \\ 6.000+0.660-1.884+2.230 = 7.006\,m \end{cases}$

선미의 흘수 $\begin{cases} 6.000+0.660+2.103-1.870 = 6.893\,m \\ 6.000+0.660-1.884-1.870 = 2.906\,m \end{cases}$

예 제 4.5. 배에 침수가 일어나 한계선과 접한 수선에 떠 있는 배에 있어서 선미수선으로

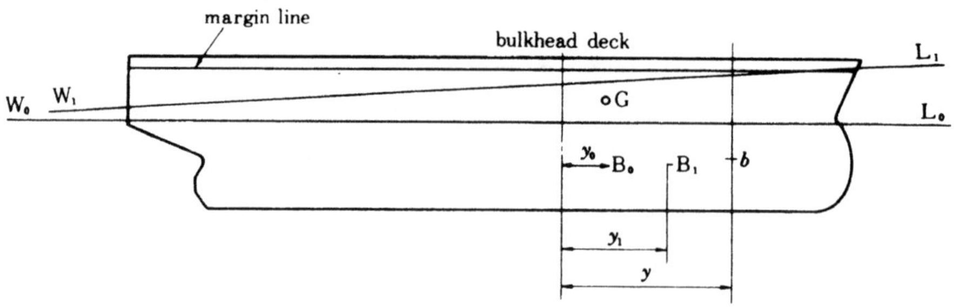

그림 4·8

부터 40 m 간격으로 수선하 횡단면적은 다음과 같다.

0, 500, 940, 1310, 1590, 1720, 1800, 1810, 1520, 980, 0 (m^2)

원래 배수량이 419,737 ton이고 부심은 중앙에서 전방 2.3 m되는 지점에 있다면, 배의 손실부력과 손실부력의 중심을 구하라.

풀이 W_0L_0 : 손상전의 배에 대한 원수선
W_1L_1 : 한계선에 접한 수선
W_0, B_0 : 손상전의 배수량과 부심
W_1, B_1 : 손상 후의 배수량과 부심
b : 손실부력의 중심
G : 원래 및 트림상태에서의 중심

W_0L_0 로 떠 있는 배를 어떤 외력에 의하여 W_1L_1 으로 밀었다고 생각하고 배에 침수가 일어났다고 하자. 그러면 배에 침수된 물의 양 w는 외력작용 없이 W_1L_1 에 뜨게 한다.

$$w = W_1 - W_0$$

뱃길이의 중앙에 대한 모멘트를 취하면

$$wy = W_1 y_1 - W_0 y_0, \quad \therefore\ y = \frac{W_1 y_1 - W_0 y_0}{w}$$

한계선에 접한 수선에 떠 있을 때 배수량과 LCB의 위치는

표 4·10

면적(m^2)	SM/2	용적에 대한 함수	팔	모멘트에 대한 함수
0(AP)	1/2	0	5	0
500	2	1,000	4	4,000
940	1	940	3	2,820
1,310	2	2,620	2	5,240
1,590	1	1,590	1	1,590
1,720	2	3,440	0	13,650
1,800	1	1,800	1	1,800
1,810	2	3,620	2	7,240
1,520	1	1,520	3	4,560
980	2	1,960	4	7,840
0(FP)	1/2	0	5	0
		18,490		21,440

배수량 $= 1/3 \times 40 \times 18,490 \times 2 \times 1.025 = 505,393$ ton

$$\text{LCB} = \frac{21,440 - 13,650}{18,490} \times 40 = 16.850\,\text{m}\ (\text{중앙에서 전방})$$

$$w = W_1 - W_0 = 505,393 - 419,737 = 85,656\,\text{ton}$$

$$y = \frac{W_1 y_1 - W_0 y_0}{w} = \frac{505,393 \times 16.850 - 419,737 \times 2.300}{85,656} = 85.200\,\text{m}\ (\text{중앙에서 전방})$$

예 제 4.6. 다음 그림은 배수량 609,875 ton, 흘수 28 m, KB=15.0 m, BM=22.1 m, KG=34.0 m, TPC = 26,906 ton을 가지는 배의 단면을 나타낸다. 이런 상태에서 2개의 윙 탱크는 비어 있고, 한쪽 탱크가 침수($\mu = 1.0$)되었다면 경사각이 약 13.3° 되는 것을 설명하라. 만약, 자동 평형장치를 갖추고 있다면 15분내에 완전한 평형상태를 이루기 위해서 파이프의 횡 단면적 a는 적어도 1 m^2를 가져야 한다는 것을 나타내라. 단, 이것은 파이프 계수 f=0.85을 갖고, 다음 공식에 기초를 둔다.

$$T = \frac{2W}{\rho a f \sqrt{2g}\,(\sqrt{H_0} + \sqrt{H_F})}$$

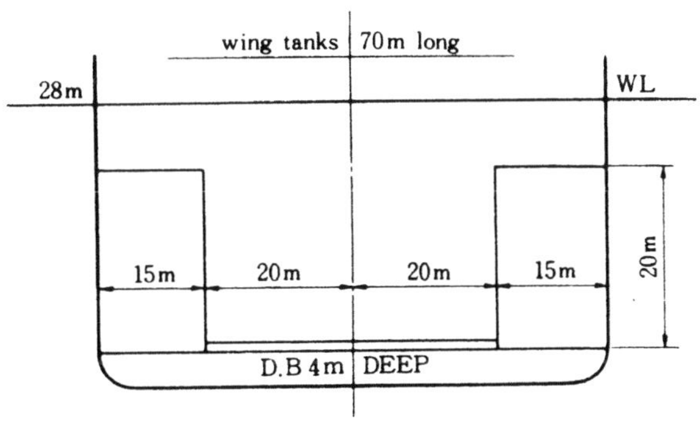

그림 4·9

풀이 (a) 한 탱크가 침수되었다고 생각하면

물의 중량 $W = 70 \times 20 \times 15 \times 1.025 = 21,525$ ton

$$\text{침하량} = \frac{21,525}{26,906} = 0.8\,\text{m}$$

새로운 평균흘수 $= 28.0 + 0.8 = 28.8$ m

새로운 배수량 $= 609,875 + 21,525 = 631,400$ ton

경사모멘트 $= 21,525 \times 27.5 = 591,937.5$ ton · m

$$\text{새로운 KG} = \frac{609,875 \times 34 + 21,525 \times 14}{631,400} = 33.32\,\text{m}$$

$$\text{새로운 KB} = \frac{609,875 \times 15 + 21,525 \times 28.4}{631,400} = 15.46\,\text{m}$$

$$\text{새로운 BM} = 22.10 \times \frac{609,875}{631,400} = 21.35\,\text{m}$$

$$\therefore\ \text{GM} = 21.35 + 15.46 - 33.32 = 3.49\,\text{m}$$

수직 현측선 공식을 사용해서

$$591,937.5 = 631,400\sin\theta\{3.49 + 10.675\tan^2\theta\}$$

주어진 $\theta = 13.3°$를 대입하면 $0.938 \fallingdotseq 0.944$(거의 동일하다)

(b) 중심선에서 흘수 $= 28.80\,\mathrm{m}$

노출부 측면에서 흘수 $= 28.80 - 35\tan 13.3° = 20.53\,\mathrm{m}$

탱크 측면만의 침하량 $= 20.53 - 4.00 = 16.53\,\mathrm{m}$

탱크 중심부에서의 초기수두 $H_0 = 16.53\cos 13.3° + 7.5\sin 13.3° = 17.81\,\mathrm{m}$

양쪽 탱크가 침수되었다고 생각하면

물의 중량 $= 21,525\times 2 = 43,050$ ton

침하량 $= 0.8\times 2 = 1.6\,\mathrm{m}$

새로운 평균흘수 $= 28.0 + 1.6 = 29.6$

최종 수두 $H_F = 29.6 - 24 = 5.6\,\mathrm{m}$

시간 $T = 15\times 60$ sec

공식에 넣으면

$$15\times 60 = \frac{43,050}{1.025\times a\times 0.850\sqrt{2g}\,(\sqrt{17.81}+\sqrt{5.6})}, \quad \therefore\ a = 1.04\,\mathrm{m}^2$$

따라서, a는 약 $1.0\,\mathrm{m}^2$ 이어야 함을 알 수 있다.

제 **5** 장

만재흘수선 계산

5.1 만재흘수선

5.1.1 건현과 건현갑판

건현(freeboard)은 선박 중앙부에서의 물 위에 노출된 측면높이를 의미한다. 만재흘수선 규정상의 건현은 선박 중앙부 현측에서 측정되며 갑판의 윗면으로부터 만재흘수 마크선 상연(上緣)까지의 수직거리를 뜻한다.

만재흘수선 규정은 해상에서 선박과 화물 및 인명의 안전 증진을 위하여 매우 중요한 규정으로, 그 배가 만재할 수 있는 화물의 양을 법적으로 제한하기 위하여 최소건현을 지정한다.

건현지정의 기준이 되는 갑판을 건현갑판이라고 한다. 이 건현갑판은 보통 최상층의 전통갑판을 의미하지만 차량갑판선의 경우에는 그 하층갑판이 되며, 그 어느 경우이거나 규정상의 조건을 구비하여야 한다. 따라서, 이중갑판선의 경우 설계자의 의도에 따라 그 중 하나를 건현갑판으로 지정받을 수 있게 되어 있다.

5.1.2 국제만재흘수선협약

[1] 연　혁

만재흘수선에 관한 국제협약은 영국의 Samuel Plimsol이 제창하여 1876년 제정된 Plimsol Act 로부터 시작되었으며 이것이 각국 정부, 선급협회, 조선 및 관련업계 등의 지지를 얻게 되어 1930년 협약으로 발전하게 되었다.

1930년 5월 런던에서 30개의 해운국 대표가 모여 국제만재흘수선회의를 개최하고 의정서를 조인한 이후, 36년간 이 국제조약이 조약국간의 국제항로를 운항하는 선박에 의무적으로 적용되어 왔다. 만재흘수선에 관한 1930년 조약도 오랜 시간이 경과함에 따라 선박이 대형화되고, 리벳선이 용접선으로 되며, 수밀창구덮개를 채용하는 등의 변화가 이루어져 이 조약의 재검토가 필요하게 되었다. 이후 1966년 3월 런던에서 IMO의 주최로 52개국이 참가한 국제회의가 개최되었고, 1930년의 국제조약을 수정한 1966년 국제만재흘수선협약(International convention on load lines, 1966)이 1966년 4월 5일 채택되었으며, 1968년 7월 21일 국제적으로 발효되었다. 우리나라는 1969년 7월 10일에 수락하였고, 1969년 10월 10일 발효되어 국제항해하는 선박에 대하여 적용하여 오고 있다.

1966년 협약은 그 후 1971년 개정(규칙문구, 해역 및 계절대역의 개선), 1975년 개정(묵시수락절차 도입), 1979년 개정(호주 연안해역의 변경) 및 1983년 개정(칠레 남부연안의 하기대역 및 열대대역의 변경)과 다수의 기술규칙 개정이 있었으나 그 어느 것도 발효요건이 충족되지 못하여 미발효 상태에 있었다. 1988년 11월 IMO에서 주최한 해사안전국제회의에서는 검사 및 증서발급의 조화제도(HSSC)를 1977 SOLAS 및 1966 국제만재흘수선협약에 도입하기 위한 1988 SOLAS/LL(Load Line) 의정서를 채택하였으며 그 동안 미발효 상태에 있었던 만재흘수선협약의 개정분을 동 의정서에 포함시켰다. 이 1988년 SOLAS 의정서와 1988년 만재흘수선 의정서는 세계상선 선복량의 적어도 50% 이상이 되는 15개국 이상의 국가가 두 의정서에 비준, 수락, 승인 또는 가입한 날로부터 12개월 후에 발효된다.

[2] 협약의 적용범위

신(新) 협약은 체약국가(締約國家)에 등록된 선박이나 체약국가의 기(旗)를 단 선박이 국제항로를 운항하는 경우에 적용되며, 국제항해를 하는 선박이라도 다음의 배는 제외된다.

① 군함

② 길이 24 m 미만의 협약 발효일 이후에 건조한 배

③ 총돈수 150톤 미만의 협약발효일 이전에 건조된 배(구 조약은 150톤 이상의 배에 적용되었음)

④ 운송업에 종사하지 않는 요트

⑤ 어선

이 밖에 가까운 인근의 여러 항구간의 국제항해에 종사하는 선박이나, 원래 국제항해에 종사하지 않는 선박이 예외적인 필요에 의하여 단일 국제항해를 하는 경우에는 이 협약의 적용이 면제될 수도 있다. 다만, 이 경우에는 그 선박이 그 항로의 항해에 적합한, 관할 국가와 정부가 인정하는, 안전요건을 구비해야 한다. 어선을 이 조약의 적용범위에서 제외시킨 것은 그 필요성이 없어서가 아니고 차후에 IMO에서 별도로 검토하도록 위임되어 있기 때문이다.

[3] 조약의 기본원칙

국제만재흘수선협약에서 건현의 지정은 주로 예비부력에 기초를 두고 있다. 즉, 만재상태의 배가 수면 위에 밀폐된 체적을 적정수준 이상으로 유지하도록 함으로써 해상안전을 도모하려는 것이다. 이 밖에 선박의 해상안전을 보강하기 위한 다음의 요건들을 고려할 수 있다.

① 선박의 강도

② 선박의 복원성

③ 선박손상시의 복원성
④ 선박 노출부의 침수방지
⑤ 선원의 보호
⑥ 재화상태
⑦ 항해구역

그러나 협약상에 이 모든 것을 항목별로 상세하게 규제하기는 곤란하며, 다른 규정들과 중복되는 사항도 있으므로 국제만재흘수선협약은 이 모든 것을 고려대상으로 하되 필요한 최소조건을 규제하고 있다. 따라서 이 협약은 배의 안전상 중요요소인 선박의 강도와 복원성은 충분히 갖추어진 것으로 전제하고 있다. 다만 이들을 구체적으로 규제하지 않은 것은 국제항로를 운항하는 선박은 SOLAS 규정에 의하여 충분한 복원성을 갖도록 설계되며, 각국의 정부가 인정하는 선급협회의 선박강도 기준에 만족되도록 건조된다는 것을 뜻하기 때문이다.

따라서, 협약은 충분한 복원성과 선박강도를 만족시켜 건조된 배에 대하여 운항시에 과도한 화물적재 한계를 넘지 않도록 하기 위한 화물적재 한계선을 결정하여 주고 있는 것이다. 또한, 이 조약은 뒤에 설명할 건현의 지정조건을 두어 선박에 설치된 각 개구폐쇄 장치에 대하여 충분한 수밀성을 보장하기 위한 규제조항을 두고 있으며, 선원의 보호조항도 두고 있다. 재화상태에 관하여는 이것이 배의 복원성 및 선박의 강도에 매우 큰 영향을 주는 사항이나, 이것은 오히려 배의 실제 운항시에 조절되어야 할 기술적인 문제이므로 규정에 의해 명확하게 규제하기는 곤란하다. 따라서 조약은 이 사항을 직접적으로 규제하는 대신 선박에 과도한 응력이 걸리지 않도록 적재 및 밸러스트를 조정할 수 있는 자료와 각 적재상태에서의 복원성에 관한 자료를 동시에 배의 선장에게 제공하도록 하고 있다.

해상의 기후가 각 구역 및 계절에 따라 다르므로 각 구역 및 각 계절에 적용할 만재흘수선들을 지정하고 있으나, 이는 운항방법상의 문제로 여기에서는 상세히 설명할 성질이 아니므로 생략하기로 한다.

5.1.3 건현의 지정조건

협약은 배의 안전에 필요한 예비부력을 유지하기 위하여 최소건현을 규정하고 있으며, 이 건현에 의하여 유지되는 예비부력을 확고하게 확보하기 위해서는 해수가 선박의 내부로 침투되는 것을 방지하여야 하며, 갑판상에 떨어진 물을 신속히 배수할 수 있어야 한다.

배의 갑판, 외판 등에 여러 가지 목적의 개구(開口)가 설치되므로 이들 개구에 대하여 수밀(水密)을 보장할 수 있는 폐쇄장치를 설치하거나 폐쇄장치를 두는 것이 불가능한 개구에 대하여는 해수의 침수를 방지할 수 있는 다른 대책이 요구된다. 따라서 조약은 건현의 지정조건(condition of assignment of freeboard)을 두어 이것들을 보장할 수 있도록 규정하고 있다. 또한, 국제만재흘수선을 지정 받으려는 배는 설계시에 이 규정을 만족시키도록 하여야 한다. 건현의 지정조건은 다음의 항목들을 규정하고 있으며, 여기에서는 이 규정의 기본적인 취지와 만재흘수선 지정요건 기록양식 및 그 개략적인 것을 소개하고자 한다.

[1] 선루단 격벽

폐위된 선루의 노출단에 해당하는 격벽은 효과적인 구조로 되어 있어야 한다.

[2] 문

폐위된 선루의 단부(端部)에 있는 격벽의 모든 출입구는 강제(鋼製) 또는 그와 동등한 재료의 문(door)을 설치해야 하고, 그 문은 또한 개스킷과 클램프로 고정하여 수밀을 보장해야 하며, 격벽의 양측에서 열고 닫을 수 있어야 한다. 또, 출입구의 문지방은 갑판으로부터 380 mm 이상 위에 있어야 한다.

[3] 창구 · 출입구 · 통풍통의 위치

갑판상부에 있는 창구, 출입구 및 통풍통의 위치에 관한 규정을 정하기 위하여 해수의 범람이 비교적 심한 구역과 심하지 않는 구역으로 구분하여 그 설치된 위치에 따라 정도의 차를 두어 규정하였다.

① 제 1 위치 : 노출된 건현갑판 및 저선미루 갑판상과 노출된 선루갑판상에서 선수수선(FP)으로부터 배의 길이 1/4점의 전방에 있는 장소

② 제 2 위치 : 제 1 위치 이외의 노출된 선루갑판상의 장소, 즉 선수수선으로부터 배의 길이 1/4점의 후방에 있는 노출된 선루갑판

제 1 위치에 설치되는 위의 개구들은 제 2 위치에 설치되는 것보다 좀더 철저한 침수방지 조치를 요구하고 있다.

[4] 포터블 창구덮개로 폐쇄되고 타폴린과 바텐으로 수밀시키는 창구

(1) 창구코밍

이동식 창구덮개에 의하여 폐쇄되고 타폴린과 바텐으로 풍우밀을 확보하는 해치코밍은 견고한 구조이어야 하고 갑판상 높이는 적어도 다음 것 이상이어야 한다.

① 제 1 위치에 있어서는 600 mm 이상

② 제 2 위치에 있어서는 450 mm 이상

(2) 창구덮개

① 창구덮개 지지면의 폭은 65 mm 이상으로 한다.

② 창구덮개가 목재인 경우에는 두께를 60 mm 이상, 지점간격(span)을 1.5 m 이하로 한다.

③ 창구덮개가 연강제인 경우에는 그 강도를 제 1 위치에서는 1.75 ton/m^2 이상, 제 2 위치에서는 1.3 ton/m^2 이상인 하중이 걸리는 것으로 가정하여 계산하여야 하고, 또한 이와 같이 계산된 최대응력과 계수 4.25와의 곱은 재료의 최소극한 강도를 넘어서는 안 된다.

창구덮개를 설계할 때는 이들 하중하에서 처짐(deflection)이 지점간격의 0.028배 이하로 제한되도록 하여야 한다.

④ 위 ③항의 창구덮개 상에 작용하는 가상하중은 길이 24 m인 배의 경우에 제 1 위치에서는 1.0 ton/m^2, 제 2 위치에서는 0.75 ton/m^{2}로 하고, 길이 100 m인 배의 경우는 제 1 위치에서 1.75 ton/m^2, 제 2 위치에서 1.30 ton/m^{2}로 하여 그 중간길이의 배에 대응하는 값들은 보간법으로 계산하여 정한다.

(3) 포터블 빔(portable beam)

연강제의 포터블 빔인 경우에는 위 ②항의 창구덮개 상의 가상하중으로 강도계산을 해야 하며, 이렇게 계산된 최대응력과 계수 5와의 곱은 재료의 최대극한 강도를 넘어서는 안 된다. 또한, 이들은 이러한 하중하에서 처짐이 지점간격의 0.0002배 이하로 제한되도록 설계하여야 한다. 길이 100 m 이하의 선박에 대하여는 위의 (2)항의 ④항 요건을 적용할 수 있다.

(4) 폰툰 커버(pontoon covers)

포터블 빔 대신에 폰툰 커버를 사용하는 경우에는 위 ②항의 창구덮개에 적용된 가상하중을 사용하여 강도계산을 해야 하며, 이렇게 계산된 최대응력에 계수 5를 곱한 값은 재료의 최소극한강도를 넘지 말아야 한다. 또한 그 처짐이 지점간격의 0.0022배를 넘지 않도록 해야 하고, 그 커버 상단 연강판의 두께는 스티프너 간격의 1% 또는 6 mm 중 큰 것 이상이어야 한다.

(5) 클리트(cleat)

65 mm 이상의 폭을 가져야 하며, 600 mm 이하의 간격으로 배치하여야 한다. 각 측 또는 각 단에 따라 설치된 클리이트는 창구 구석에서 150 mm 이내이어야 한다.

(6) 타폴린(tarpaulin)

타폴린은 충분한 강도를 가지고 수밀되어야 하며, 2중으로 덮어야 한다.

[5] 강재(鋼材) 또는 그와 동등한 재료로 되었고, 개스킷과 클램프 장치를 한 풍우밀(風雨密) 창구덮개로 폐쇄되는 창구

(1) 창구코밍(hatch coaming)

제 1 위치 및 제 2 위치에서의 코밍 높이는 위 [4] (1)항의 값과 동일하다.

(2) 풍우밀 창구덮개

창구덮개가 연강재(軟鋼材)인 경우에는 그 강도가 위 [4] (2)항에 규정된 것과 동일한 가상하중으로 계산하여 만족되어야 한다. 단, 창구덮개의 상면을 형성하는 연강판의 두께는 스티프너 간격의 1% 또는 6 mm 중의 큰 값 이상으로 해야 한다.

[6] 기관실의 개구

제 1 위치 및 제 2 위치에 있는 기관실의 개구에는 적당한 틀 보강재(coaming)를 붙이고 강제 케이싱으로 효과적으로 둘러막아야 한다. 케이싱의 출입구는 위의 [2] (2)항에 적합한 문을 달아야 하며, 문지방의 갑판상 높이는 제 1 위치에서 600 mm 이상, 제 2 위치에서 380 mm 이상을 유지하여야 한다.

[7] 건현갑판 및 선루갑판의 기타 개구

① 제 1 위치, 제 2 위치 또는 폐위되지 않은 선루 내에 있는 맨홀 및 평갑판구는 수밀되는 뚜껑으로 폐쇄시켜야 한다.

② 창구, 기관실구, 맨홀 및 평갑판구를 제외한 개구로서 건현갑판상에 있는 것은 폐위된 선루 또는 이와 동등한 강도와 풍우밀성을 가진 갑판실(deck house) 또는 승강구실(companion way) 등으로 보호하여야 한다.

③ 승강구실의 출입구의 문지방의 갑판으로부터의 높이는 제 1 위치에서는 600 mm 이상, 제 2 위치에서는 380 mm 이상으로 한다.

[8] 통풍통(通風筒)

① 건현갑판하 또는 폐위된 선루의 갑판 아래로 통하는 통풍통은 강재 또는 동등 이상의 재료로 견고하게 제작되어야 하고, 갑판에 효과적으로 설치된 코밍을 구비하여야 한다.

② 그 코밍의 높이는 제 1 위치에서는 갑판 위로 900 mm 이상, 제 2 위치에서는 갑판 위로 760 mm 이상을 유지하여야 하고, 통풍통의 개구는 효과적인 풍우밀 폐쇄장치를 갖추어야 하며, 만일 그 코밍의 높이가 제 1 위치에서는 갑판 위로 4.5 m 이상, 그리고 제 2 위치에서는 갑판 위로 2.3 m 이상일 때는 폐쇄장치를 설치할 필요가 없다.

[9] 공기관

밸러스트 탱크 및 기타 탱크의 공기관(air pipe)이 건현갑판 위로 돌출되는 경우에 그 공기관의 높이는 갑판 위로 760 mm 이상, 선루갑판 위로 돌출되는 경우에 그 공기관의 높이는 갑판 위로 450 mm 이상을 원칙적으로 유지하여야 한다.

[10] 재화문 및 기타 유사한 개구

건현갑판하의 선측에 있는 재화문(cargo port) 및 기타 유사한 개구들은 완전한 수밀성과 구조상의 안전성을 구비하여야 하며, 그 위치는 개구의 최하단이 최상위의 만재흘수선 밑으로 설치될 수 없다.

[11] 배수관, 흡입관 및 배출관(scupper, inlet port and discharge pipe)

① 건현갑판하의 장소 또는 문이 달려 있는 선루나 선루갑판상의 갑판실 내부로부터 외판의 밖으로 연결된 배출관은 선내침수를 방지할 수 있는 효과적인 장치를 구비하여야 한다. 일반적으로 각 배출관은 1개의 자동 역류방지 밸브(non-return valve)를 설치하고, 또 건현갑판 위에서 작동시킬 수 있는 폐쇄장치를 설치하여야 한다.

② 승무원이 배치되는 기관실의 해수흡입관 및 배출관은 그 안에서 개폐시킬 수 있어야

한다.

[12] 현 창

건현갑판하의 장소 또는 폐위된 선루 내의 장소에 있는 현창은 효과적으로 폐쇄할 수 있고 수밀을 보장할 수 있도록 배치된 유효한 힌지(hinge)식 안 덮개를 갖추어야 하며, 또한 현창 하단선은 만재흘수선 위로 선폭의 2.5% 또는 500 mm 중 큰 값 이상의 위치에 설치되어야 한다.

[13] 방수구(防水口)

① 건현갑판 또는 선루갑판에 설치되 불워크(bulwark)는 갑판상을 일정한 높이로 둘러막게 되어 물이 괴기 쉽게 되는데, 이렇게 된 구간을 저장소(well)라 한다. 갑판상으로 넘쳐 올라온 물을 신속하게 배수시키기 위하여 양현에 방수구(freeing ports)를 두어야 한다.

건현갑판상인 경우, 각현의 최소 방수구 면적(A)은 갑판이 표준현호(표 5·6)를 가진 배에 대하여는 다음의 식으로 정하여지는 값으로 하며, 선루갑판상인 경우의 최소 방수구 면적은 이 식으로 정해지는 값의 1/2로 한다.

$$\begin{aligned} A &= 0.7 + 0.035\,l \quad (\text{단}, l \le 20\,\text{m인 경우}) \\ A &= 0.07\,l \qquad\qquad (\text{단}, l > 20\,\text{m인 경우}) \end{aligned} \qquad (5 \cdot 1)$$

여기서 A : 각 현의 방수구 최소면적(m^2)

l : 저장소(well)의 길이(m)

이 l은 $0.7\,l$ 이상을 취할 필요는 없다. 윗식은 불워크(bulwark)의 높이가 0.9 ~ 1.2 m 범위에 있는 것을 전제로 하고 있다.

② 현호(sheer)가 전혀 없는 배에 대하여는 윗식으로 계산된 값에 50%를 증가시켜야 하며 현호가 표준 이하인 경우에는 그 값을 비례적으로 증가시켜야 한다.

[14] 선원의 보호

① 선상에 있는 선원의 보호를 위하여 건현갑판과 선수갑판의 모든 노출부에는 효과적인 가드 레일(guard rail)이나 불워크를 설치하여야 하며, 그 높이는 원칙적으로 갑판으로부터 1 m 이상이 되어야 한다.

② 그 가드 레일에서 최하의 가로봉과 갑판간의 간격은 230 mm를 넘으면 안 되고, 나머지 가로봉들간의 간격은 380 mm를 넘지 말아야 한다.

③ 선원실, 기관실, 기타 선박의 필요한 작업장으로 사용되는 장소들을 왕래하는 선원의 보호를 위하여 만족스러운 장치가 준비되어야 한다.

[15] A형 선박에 관한 지정의 특별조건

① 다음절에 정의되는 A형 선박(액체 화물운반 탱커)의 기관실 케이싱은 표준높이의 선미

루나 선교루 또는 동등한 높이 및 강도를 가진 갑판실에 의하여 보호되어야 한다. 다만 건현갑판으로부터 기관실에 직접 통하는 개구가 없으면 기관실 케이싱을 노출시킬 수 있다.

② A형 선박에 있어서 중앙부의 선교루 또는 갑판실과 선미루와의 사이에는 상설통로를 선수갑판 높이로 설치하거나, 갑판하의 통로 등과 같이 통로의 역할을 할 수 있도록 해야 한다.

5.1.4 만재흘수선 규정상 용어의 정의

건현계산에 사용되는 용어는 설계시 사용하는 것과 다르게 정의되어 있으므로 건현계산에서는 이 정의에 따라 사용하여야 한다.

[1] 건현길이(L_f)

건현용 길이는 용골(keel)의 상면으로부터 최소 형깊이의 85% 흘수에서 계측한 흘수선상의 전 길이(L')의 96%, 또는 그 흘수선상에서 선수재의 전면으로부터 타두재의 중심선까지 측정한 길이(L'') 중에서 큰 것을 택한다. 경사된 용골을 가진 배에 있어서도 길이를 측정하기 위한 흘수선은 계획흘수선에 평행한 것으로 해야 한다. 따라서 건현계산에 사용되는 배의 길이는 보통의 수선간 길이와 다르다.

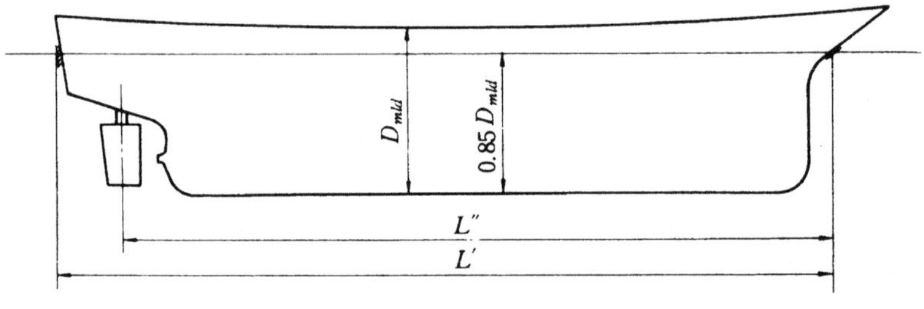

그림 5·1 건현용 길이(단, D_{mld}은 최소 형깊이)

[2] 수 선

선수수선 및 선미수선은 위에서 정의한 건현용 길이(L_f)의 전단 및 후단에 세운 수선(perpendiculars)을 의미한다. 따라서, 수선의 위치는 보통의 L_{pp} 정의에 사용한 수선들의 위치와 다를 수 있다.

[3] 배의 중앙

위에서 정의한 건현길이(L_f)의 중앙을 의미한다. 따라서, 건현 길이(L_f)와 수선간 길이(L_{pp})가 다르면 건현계산용 선체중앙(amidship)이 ⊗과 일치하지 않는다.

[4] 폭

금속제외판을 가진 배의 폭(B)은 선박의 중앙에서 프레임의 외면으로부터 외면까지 잰 최대폭을 의미한다. 따라서 보통 유조선이나 벌크 화물선에서는 B_{mld}와 일치한다. 기타 재료의 외판을 가진 배의 폭은 선각의 외면으로부터 외면까지 측정된 최대폭을 의미한다. 경우에 따라서는 '폭'이라는 용어 대신에 '너비'라는 용어를 쓰기도 한다(예, 1994년 해운항만청이 고시한 만재흘수선 기준).

[5] 형깊이

① 형깊이(D_{mld}) 는 킬 상면으로부터 선측 건현갑판 빔 상면까지의 수직거리를 의미한다.

② 둥근 거널(gunwale)을 가진 선박에서의 형깊이는 킬의 상면으로부터 갑판 및 선측 외판의 형선(moulded line)을 연장하여 얻은 교점까지 측정한다.

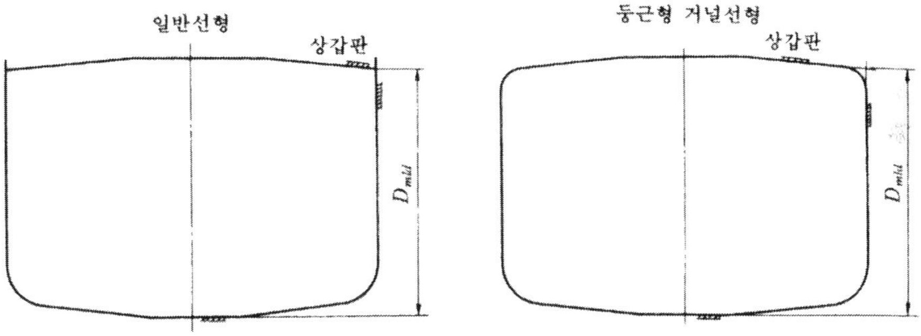

그림 5·2 형 깊 이

③ 건현갑판에 단(step)이 있는 경우, 상단갑판의 선측에서 측정할 때 그 형깊이는 상단의 갑판을 상단갑판에 평행하게 연장하여 얻은 선까지 측정한다.

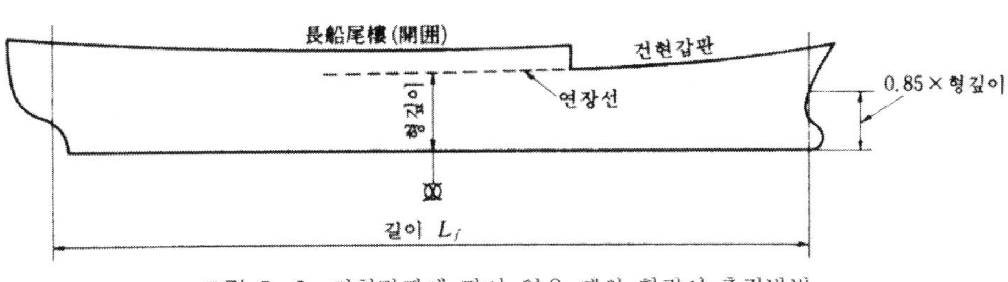

그림 5·3 건현갑판에 단이 있을 때의 형깊이 측정방법

[6] 건현용 깊이(D_f)

① 건현용 깊이는, 선박중앙에서의 형깊이에 갑판 스트링거판(deck stringer plate)의 두께를 더한 값을 말한다. 건현갑판이 목재 등으로 피복되어 있는 경우에는 다음 값을 더한 것으로 한다.

$$\Delta D = \frac{T(L_f - S)}{L_f} \tag{5.2}$$

여기서 T : 갑판구를 제외한 노출부 피복의 평균두께, S : 선루의 전길이

② 둥근 거널(round gunnel)의 반지름이 $B/25$를 넘을 때는 그림 5 · 4와 같이 수정한 깊이를 형깊이로 사용한다. 즉, 그림에 5 · 4에서 점을 찍은 부분의 면적을 $B/2$로 나눈 값을 실제의 D_{mld}로부터 뺀 것을 수정 D_{mld}로 한다.

계산에 의해 수정량을 구하는 경우에는 다음과 같이 한다.

그림 5 · 4에서 점을 찍은 면적 A는

$$A = R^2\left(\tan\frac{\theta}{2} - \frac{\pi\theta}{360}\right)$$

이므로 수정량은

$$\frac{A}{B/2} = \frac{2R^2}{B}\left(\tan\frac{\theta}{2} - \frac{\pi\theta}{360}\right)$$

가 된다. 따라서

$$D_f = D_{mld} - \frac{2R^2}{B}\left(\tan\frac{\theta}{2} - \frac{\pi\theta}{360}\right) + \text{스트링거 판의 두께} \qquad (5 \cdot 3)$$

이다.

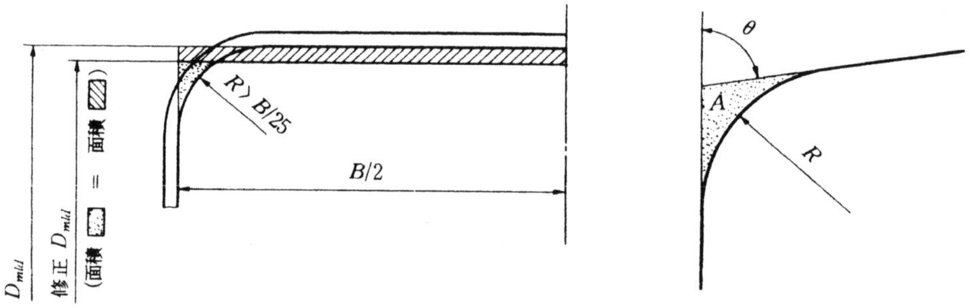

그림 5 · 4　$R>B/25$ 일 때 의 D_{mld} 수정

[7] 방형계수(C_B)

방형계수는 다음 식으로 계산한다.

$$C_B = \frac{\nabla}{L_f \times B \times d_f} \qquad (5.4)$$

여기서　∇ : 금속제 외판을 가진 배에서는 보싱(bossing) 부분을 제외한 형배수 용적으로 하며, 기타 재료의 외판을 가진 배에서는 선박외판을 포함한 배수용적으로 한다.

d_f : 최소 형깊이의 85%로 한다.

[8] 건 현

만재흘수선 기준에서 건현은 건현용 깊이의 상단에서 만재흘수선까지의 수직거리로 한다.

[9] 건현갑판

건현갑판은 강선구조 기준에 의한 상갑판(목선에 있어서는 선체의 주요부분을 구성하는 갑판)을 말한다. 또한, 상갑판의 일부분과 타부분이 연속되지 아니하는 선박에 있어서는, 상갑판의 폭로부의 최하단의 부분(강선구조 기준의 전통선루선에 있어서는 상갑판의 최하단의 부분)을 연장한 면을 가상하여 정하고 당해 최하단의 부분 및 그 연장면을 건현갑판으로 한다.

[10] 선 루

선루는 건현갑판상에 세워지고 상부에 갑판을 가진 구조물로서 양선측에 걸치는 것을 원칙으로 하나, 그 측판이 선측으로부터 안쪽으로 선체(B)의 4% 이내에 있는 경우에도 이를 인정하고 있다. 또한, 이 기준에서 저선미루는 선루로 본다. 폐위된 선루(enclosed superstructure)라고 함은 이 선루의 옆, 끝 등 모든 외곽의 개구에 풍우밀 폐쇄장치가 설치된 경우를 말한다.

[11] 평갑판선

평갑판선(flush deck vessel)은 위에서 정의된 선루가 없는 배를 말한다.

5.1.5 만재흘수선의 표시

[1] 갑판선

건현을 측정하기 위한 기준점이 되는 선으로서 건현갑판의 기준선을 배의 측면에 표시할 필요가 있다. 이 갑판선(deck line)은 선박의 중앙에서 양측면에 길이 300 mm, 굵기 25 mm의 수평선으로 표시한다. 이 선의 상연(上緣)은 일반적으로 건현갑판의 상면을 연장한 것이 외판의 외면과 교차하는 점을 지나는 것으로 한다(그림 5 · 5 참조).

[2] 만재흘수선표

만재흘수선표(load line mark)는 바깥지름 300 mm, 굵기 25 mm선으로 그린 원과 이를 교차하는 길이 450 mm, 굵기 25 mm의 수평선으로 되어 있으며, 이 수평선의 상연이 원의 중심을 지나고 또한 원의 중심은 선박의 중앙에 위치하도록 되어 있다. 따라서, 하기건현은 갑판선의 상연으로부터 이 원의 중심까지의 수직거리로 측정된다(그림 5 · 5 참조). 또, 각 계절 및 항해구역에 따라 정의된 만재흘수선들은 그림에 표시된 바와 같이 이 원보다 선수쪽에 표시되며, 이 선들은 모두 25 mm의 굵기이며 그 상연이 해당 만재흘수선의 위치를 의미한다. 여기서 사용되는 만재흘수선 기호들은 다음과 같다.

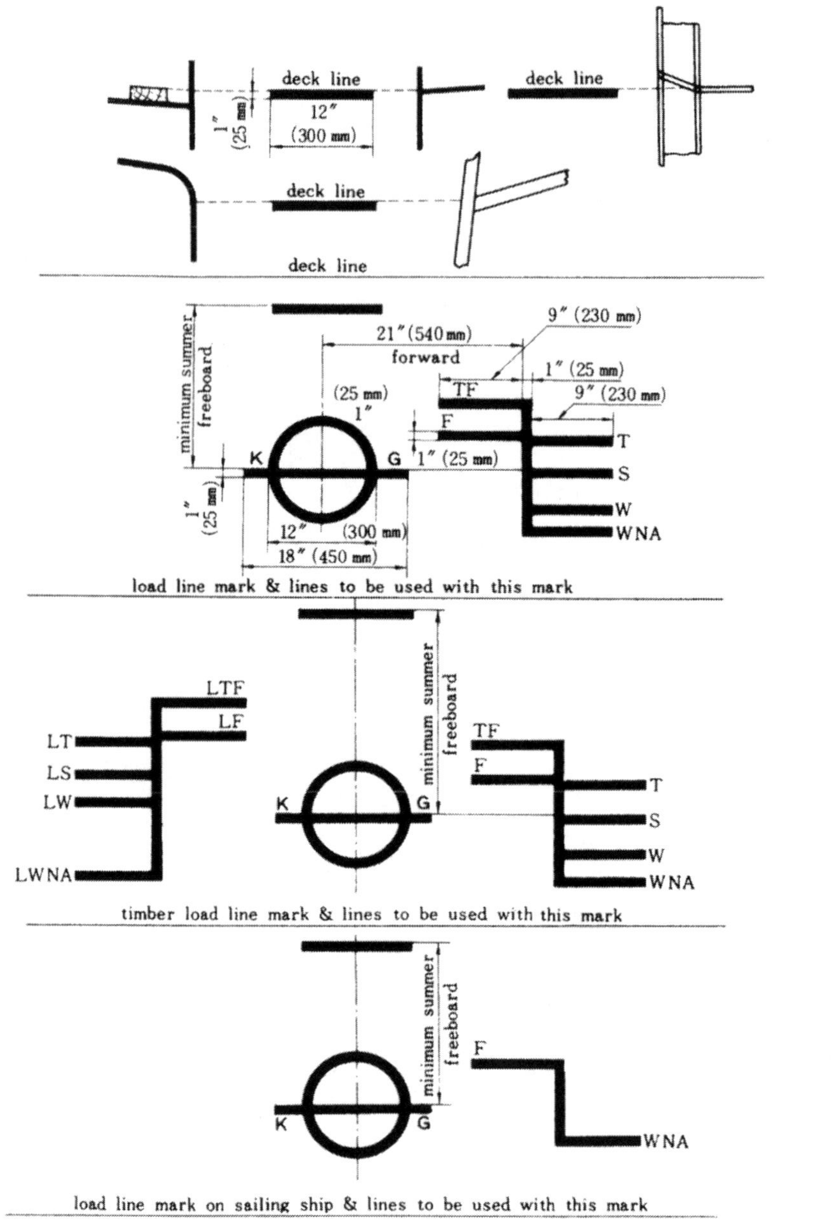

그림 5·5 만재흘수선표

S : 하기 만재흘수선(summer load water line)

W : 동기 만재흘수선(winter load water line)

WNA : 동기 북대서양 만재흘수선(winter north atlantic load water line)

T : 열대 만재흘수선(tropical load water line)

F : 하기담수 만재흘수선(summer freshwater load water line)

TF : 열대담수 만재흘수선(tropical fresh water load water line)

이 때 하기담수 만재흘수선과 하기 만재흘수선과의 차는 기타의 만재흘수선들에 대하여도 담수에서 적재할 수 있는 허용 폭을 의미한다.

[3] 목재 만재흘수선

목재건현이 지정되는 경우에는 위에서 설명한 일반 만재흘수선 외에 목재 만재흘수선을 위에서 설명한 원보다 선미쪽에 표시한다(그림 5·5 참조). 여기에 사용되는 목재 만재흘수선 기호들은 위에서 설명한 일반 만재흘수선 기호에 목재(lumber)를 의미하는 L자를 첨가하여 사용되며 다음과 같다.

LS : 하기 목재 만재흘수선
LW : 동기 목재 만재흘수선
LWNA : 동기 북대서양 목재 만재흘수선
LT : 열대 목재 만재흘수선
LF : 하기담수 목재 만재흘수선
LTF : 열대담수 목재 만재흘수선

이 때 LF와 LS간의 차는 역시 기타의 목재 만재흘수선들에 대하여도 담수에서 적재할 수 있는 허용폭을 의미한다.

[4] 기타의 특수 경우

배의 특성 및 운항의 성격으로 보아 어느 특정한 계절선(季節線)이 사용되지 않을 경우에는 그 계절선을 표시하지 않아도 되며, 범선에 있어서는 담수 만재흘수선과 동기 북대서양 만재흘수선만을 표시하는 것으로 충분하도록 규정되어 있다.

[5] 표시의 상세

이상의 만재흘수선 표시에 나타나는 모든 선과 문자는 어두운 색깔의 바탕 위에는 백색 또는 황색을 사용하고, 밝은 색의 바탕 외에는 흑색을 사용하여, 먼 곳에서도 식별할 수 있도록 선명하게 하여야 한다.

또한, 만재흘수선을 지정한 기관 또는 정부를 표시할 수 있으며, 이 경우에는 그 기관명을 나타내는 네 글자 이내의 약자를 만재흘수선 표시원의 중심을 지나는 수평선의 위 또는 밑에 표시한다.

5.2 건현의 계산

국제건현의 계산을 엄격히 하려면 1966년 국제 만재흘수선 조약을 각 조목별로 세밀히 검토하여야 한다. 이 절에서는 그 기본적이고 개략적인 연습을 위하여 간단하게 요약하여 소개한다.

5.2.1 선박의 형식 구분

건현의 계산을 위하여 배를 A형 및 B형으로 구분한다.

[1] A형 선박

A형 선박은 유조선과 같이 액체화물만을 운송하도록 설계된 배로서, 화물탱크에는 수밀 덮개에 의하여 폐쇄되는 작은 개구만이 설치된 것을 말한다.

A형 선박은 노출갑판의 구멍이 작아서 해수가 들이치는 데 대하여 안전하며, 만재상태에서 선체의 국부적인 파손으로 인해 화물창이 침수해도 액체화물과 해수와 바꾸어질 뿐이므로 구획침수에 따른 흘수증가가 적다. 뿐만 아니라 자유표면 효과를 줄이기 위한 구획이 되어 있으므로 구획측면에서도 A형선이 B형선보다 손상시 복원성이 좋다. 즉, A형 선박은 B형선보다 해상에서 높은 안전성을 가지고 있다고 할 수 있으므로, B형선보다 작은 건현을 지정할 수가 있다.

[2] B형 선박

A형 선박 이외의 모든 배를 B형 선박이라고 한다. B형 선박은 A형 선박보다 해상에서의 안전성이 낮은 것으로 취급되므로 A형 선박보다 큰 건현을 지정한다. 이 때 배가 갖추고 있는 안전상의 구비정도에 따라 건현의 증감을 조정하도록 되어 있다.

5.2.2 표정건현

A형 선박과 B형 선박의 표정건현은 각각 표 5·1 및 표 5·2와 같이 건현용 길이에 대한 값으로 주어진다.

5.2.3 B형 선박의 표정건현 수정

[1] B형 선박으로서 제1위치에 5.1절 5.1.3항 [4]의 (4) '폰툰 커버' 또는 [5] '강재 또는 그와 동등한 재료로 되었고 개스킷과 클램프 장치를 한 풍우밀 창구덮개'의 요건에 적합한 해치 커버를 설비한 경우에는 표 5·2의 값을 그대로 수정 표정건현으로 한다.

[2] 길이 100 m를 넘는 배로서 다음과 같은 조건을 만족하는 배는 해운관청의 허가를 받아 표 5·1의 값과 표 5·2의 값 차이의 60%까지를 표 5·2의 값으로부터 감한 값을 수정표정건현으로 할 수 있다.

① 제1위치 및 제2위치에 다 같이 5.1절 5.1.3항의 [5] '강재 또는 그와 동등한 재료로 되어 있고, 가스킷과 클램프 장치를 한 풍우밀 창구덮개'의 요건에 적합한 창구덮개를 설비하고,

표 5·1 A형 선박에 대한 표정건현

배의 길이 (m)	건 현 (mm)	배의 길이 (m)	건 현 (mm)	배의 길이 (m)	건 현 (mm)	배의 길이 (m)	건 현 (mm)	배의 길이 (m)	건 현 (mm)
24	200	93	1029	162	2155	231	2880	300	3262
25	208	94	1044	163	2169	232	2888	301	3266
26	217	95	1059	164	2184	233	2895	302	3270
27	225	96	1074	165	2198	234	2903	303	3274
28	233	97	1089	166	2212	235	2910	304	3278
29	242	98	1105	167	2226	236	2918	305	3281
30	250	99	1120	168	2240	237	2925	306	3285
31	258	100	1135	169	2254	238	2932	307	3288
32	267	101	1151	170	2268	239	2939	308	3292
33	275	102	1166	171	2281	240	2946	309	3295
34	283	103	1181	172	2294	241	2953	310	3298
35	292	104	1196	173	2307	242	2959	311	3302
36	300	105	1212]	174	2320	243	2966	312	3305
37	308	106	1228	175	2332	244	2973	313	3308
38	316	107	1244	176	2345	245	2979	314	3312
39	325	108	1260	177	2357	246	2986	315	3315
40	334	109	1276	178	2369	247	2993	316	3318
41	344	110	1293	179	2381	248	3000	317	3322
42	354	111	1309	180	2393	249	3006	318	3325
43	364	112	1326	181	2405	250	3012	319	3328
44	374	113	1342	182	2416	251	3018	320	3331
45	385	114	1359	183	2428	252	3024	321	3334
46	396	115	1376	184	2440	253	3030	322	3337
47	408	116	1392	185	2451	254	3036	323	3339
48	420	117	1409	186	2463	255	3042	324	3342
49	432	118	1426	187	2474	256	3048	325	3345
50	443	119	1442	188	2486	257	3054	326	3347
51	455	120	1459	189	2497	258	3060	327	3350
52	467	121	1476	190	2508	259	3066	328	3353
53	478	122	1494	191	2519	260	3072	329	3355
54	490	123	1511	192	2530	261	3078	330	3358
55	503	124	1528	193	2541	262	3084	331	3361
56	516	125	1546	194	2552	263	3089	332	3363
57	530	126	1563	195	2562	264	3095	333	3366
58	544	127	1580	196	2572	265	3101	334	3368
59	559	128	1598	197	2582	266	3106	335	3371
60	573	129	1615	198	2592	267	3112	336	3373
61	587	130	1632	199	2602	268	3117	337	3375
62	600	131	1650	200	2612	269	3123	338	3378
63	613	132	1667	201	2622	270	3128	339	3380
64	626	133	1684	202	2632	271	3133	340	3382
65	639	134	1702	203	2641	272	3138	341	3385
66	653	135	1719	204	2650	273	3143	342	3387
67	666	136	1736	205	2659	274	3148	343	3389
68	680	137	1753	206	2669	275	3153	344	3392
69	693	138	1770	207	2678	276	3158	345	3394
70	706	139	1787	208	2687	277	3163	346	3396
71	720	140	1803	209	2696	278	3167	347	3399
72	733	141	1820	210	2705	279	3172	348	3401
73	746	142	1837	211	2714	280	3176	349	3403
74	760	143	1853	212	2723	281	3181	350	3406
75	773	144	1870	213	2732	282	3185	351	3408
76	786	145	1886	214	2741	283	3189	352	3410
77	800	146	1903	215	2749	284	3194	353	3412
78	814	147	1919	216	2758	285	3198	354	3414
79	828	148	1935	217	2767	286	3202	355	3416
80	841	149	1952	218	2775	287	3207	356	3418
81	855	150	1968	219	2784	288	3211	357	3420
82	869	151	1984	220	2792	289	3215	358	3422
83	883	152	2000	221	2801	290	3220	359	3423
84	897	153	2016	222	2809	291	3224	360	3425
85	911	154	2032	223	2817	292	3228	361	3427
86	926	155	2048	224	2825	293	3233	362	3428
87	940	156	2064	225	2833	294	3237	363	3430
88	955	157	2080	226	2841	295	3241	364	3432
89	969	158	2096	227	2849	296	3246	365	3433
90	984	159	2111	228	2857	297	3250		
91	999	160	2126	229	2865	298	3254		
92	1014	161	2141	230	2872	299	3258		

표 5·2 B형 선박에 대한 표정건현

배의 길이 (m)	건 현 (mm)	배의 길이 (m)	건 현 (mm)	배의 길이 (m)	건 현 (mm)	배의 길이 (m)	건 현 (mm)	배의 길이 (m)	건 현 (mm)
24	200	93	1135	162	2560	231	3750	300	4630
25	208	94	1154	163	2580	232	3765	301	4642
26	217	95	1172	164	2600	233	3780	302	4654
27	225	96	1190	165	2620	234	3795	303	4665
28	233	97	1209	166	2640	235	3808	304	4676
29	242	98	1229	167	2660	236	3821	305	4686
30	250	99	1250	168	2680	237	3835	306	4695
31	258	100	1271	169	2698	238	3849	307	4704
32	267	101	1293	170	2716	239	3864	308	4714
33	275	102	1315	171	2735	240	3880	309	4725
34	283	103	1337	172	2754	241	3893	310	4736
35	292	104	1359	173	2774	242	3906	311	4748
36	300	105	1380	174	2795	243	3920	312	4757
37	308	106	1401	175	2815	244	3934	313	4768
38	316	107	1421	176	2835	245	3949	314	4779
39	325	108	1440	177	2855	246	3965	315	4790
40	334	109	1459	178	2875	247	3978	316	4801
41	344	110	1479	179	2895	248	3992	317	4812
42	354	111	1500	180	2915	249	4005	318	4823
43	364	112	1521	181	2933	250	4018	319	4834
44	374	113	1543	182	2952	251	4032	320	4844
45	385	114	1565	183	2970	252	4045	321	4855
46	396	115	1587	184	2988	253	4058	322	4866
47	408	116	1609	185	3007	254	4072	323	4878
48	420	117	1630	186	3025	255	4085	324	4890
49	432	118	1651	187	3044	256	4098	325	4899
50	443	119	1671	188	3062	257	4112	326	4909
51	455	120	1690	189	3080	258	4125	327	4920
52	467	121	1709	190	3098	259	4139	328	4931
53	478	122	1729	191	3116	260	4152	329	4943
54	490	123	1750	192	3134	261	4165	330	4955
55	503	124	1771	193	3151	262	4177	331	4965
56	516	125	1793	194	3167	263	4189	332	4975
57	530	126	1815	195	3185	264	4201	333	4985
58	544	127	1837	196	3202	265	4214	334	4995
59	559	128	1859	197	3219	266	4227	335	5005
60	573	129	1880	198	3235	267	4240	336	5015
61	587	130	1901	199	3249	268	4252	337	5025
62	601	131	1921	200	3264	269	4264	338	5035
63	615	132	1940	201	3280	270	4276	339	5045
64	629	133	1959	202	3296	271	4289	340	5055
65	644	134	1979	203	3313	272	4302	341	5065
66	659	135	2000	204	3330	273	4315	342	5075
67	674	136	2021	205	3347	274	4327	343	5086
68	689	137	2043	206	3363	275	4339	344	5097
69	705	138	2065	207	3380	276	4350	345	5108
70	721	139	2087	208	3397	277	4362	346	5119
71	738	140	2109	209	3413	278	4373	347	5130
72	754	141	2130	210	3430	279	4385	348	5140
73	769	142	2151	211	3445	280	4397	349	5150
74	784	143	2171	212	3460	281	4408	350	5160
75	800	144	2190	213	3475	282	4420	351	5170
76	816	145	2209	214	3490	283	4432	352	5180
77	833	146	2229	215	3505	284	4443	353	5190
78	850	147	2250	216	3520	285	4455	354	5200
79	868	148	2271	217	3537	286	4467	355	5210
80	887	149	2293	218	3554	287	4478	356	5220
81	905	150	2315	219	3570	288	4490	357	5230
82	923	151	2334	220	3586	289	4502	358	5240
83	942	152	2354	221	3601	290	4513	359	5250
84	960	153	2375	222	3615	291	4525	360	5260
85	978	154	2396	223	3630	292	4537	361	5268
86	996	155	2418	224	3645	293	4548	362	5276
87	1015	156	2440	225	3660	294	4560	363	5285
88	1034	157	2460	226	3675	295	4572	364	5294
89	1054	158	2480	227	3690	296	4583	365	5303
90	1075	159	2500	228	3705	297	4595		
91	1096	160	2520	229	3720	298	4607		
92	1116	161	2540	230	3735	299	4518		

표 5·3 B형 선박에 대한 표정건현의 증가

배의 길이 (m)	건현 증가량 (mm)	배의 길이 (m)	건현 증가량 (mm)	배의 길이 (m)	건현 증가량 (mm)
108	50	139	175	170	290
109	52	140	181	171	292
110	55	141	186	172	294
111	57	142	191	173	297
112	59	143	196	174	299
113	62	144	201	175	301
114	64	145	206	176	304
115	68	146	210	177	306
116	70	147	215	178	308
117	73	148	219	179	311
118	76	149	224	180	313
119	80	150	228	181	315
120	84	151	232	182	318
121	87	152	236	183	320
122	91	153	240	184	322
123	95	154	244	185	325
124	99	155	247	186	327
125	103	156	251	187	329
126	108	157	254	188	332
127	112	158	258	189	334
128	116	159	261	190	336
129	121	160	264	191	339
130	126	161	267	192	341
131	131	162	270	193	343
132	136	163	273	194	346
133	142	164	275	195	348
134	147	165	278	196	350
135	153	166	280	197	353
136	159	167	283	198	355
137	164	168	285	199	357
138	170	169	287	200	358

② 하기 만재흘수선까지 적재한 상태에서 기관구역을 제외하고 어느 한 구획창이 침수되어도(가상침수율을 0.95로 함) 평형상태로 떠 있을 수 있을 때,

③ 길이가 225 m를 넘는 배에 대하여는 기관실도 가상 침수율 0.85의 가침구역으로 취급한다.

[3] 위의 ②항의 조건에 해당하는 배로서 ②항과 동등한 조건을 적용하되, 추가로

① 하기 만재흘수선까지 적재한 상태에서 기관구역을 제외한 어느 인접한 두 구획이 침수되어도 평형상태로 떠 있을 수 있고,

② A형 선박에 관한 지정의 특별조건 5.1절의 5.1.3항의 [15] 'A형 선박에 관한 지정의 특별조건'을 만족시킨다면 수정표정건현을 표 5·2의 값과 표 5·1의 값 차이의 100%까지를 표 5·2의 값으로부터 감한 값으로 사용할 수 있다.

[4] B형 선박으로서 제 1 위치에 '포터블 창구덮개로 폐쇄되고 타폴린과 바텐으로 수밀시키는 창구'가 있고, 여기에 5.1절 5.1.3항의 [4]의 (4) '폰툰 커버'를 만족하는 폰툰 커버 이외의 창구덮개를 사용하는 경우에는 표 5·2의 값에 표 5·3의 값을 더한 것을 수정표정건현으로 한다.

[5] 바지(barge)와 같이 독자적인 추진장치가 없는 기타의 배에 대하여도 이 규정을 적용하며, 승무원이 타지 않는 바지에 있어서는 5.1절 5.1.3항의 [14] '선원의 보호' 규정 및 [15] 'A형 선박에 관한 건현 지정의 특별조건' ②항의 상설통로 설치조항 및 5.2절 5.2.9항의 최

소선수 높이의 규정은 적용하지 않는다. 또한, 승무원이 없는 바지 중 건현갑판에 강(鋼) 또는 이와 동등한 재료의 개스킷붙이 풍우밀 커버로서 폐쇄되는 작은 개구만이 있는 경우에 대하여는 이 규정에 의하여 계산된 건현값에서 25%를 감한 건현을 지정할 수 있다.

[6] 건현용 길이 100 m 미만의 B형 선박에 관한 건현의 수정길이가 24 m 이상, 100 m 미만의 B형 선박으로서 폐위된 선루의 유효길이가 배의 길이의 35% 미만인 건현은 다음 식으로 주어지는 값을 증가시켜야 한다.

$$7.5(100-L_f)(0.35-E/L_f)(\text{mm}) \qquad (5 \cdot 5)$$

여기서 L_f : 배의 길이(m)

E : 선루의 유효길이(m)

5.2.4 방형계수에 의한 수정

표정건현 또는 위와 같이 수정된 수정건현에 다음 식으로 계산된 값을 곱한다. 이렇게 하여 구한 건현을 기준건현이라고 한다. 이 때 C_B가 0.68 미만일 때는 0.68로 한다.

$$\frac{C_B+0.68}{1.36} \qquad (5 \cdot 6)$$

5.2.5 건현용 깊이에 의한 수정

[1] 건현용 깊이(D_f)가 $L_f/15$보다 큰 배는 건현에 다음 식으로 주어진 값을 기준건현에 더한다(mm). 여기서 $L_f/15$를 기준길이(standard length)라고도 한다.

$$\begin{aligned} &(\text{a})\ D_f < 120\,\text{m}\text{일 때는}\ \frac{L_f}{0.48}\left(D_f-\frac{L_f}{15}\right) \\ &(\text{b})\ L_f \geq 120\,\text{m}\text{일 때는}\ 250\left(D_f-\frac{L_f}{15}\right) \end{aligned} \qquad (5 \cdot 7)$$

[2] D_f가 $L_f/15$보다 작을 경우에는 건현을 감소시키지 않는다. 단, 배의 중앙부에 L_f의 10% 길이의 폐위된 선루가 있는 선박, 전통 트렁크(5.2.7의 [4]참조)가 있는 선박, 또는 폐위된 선루와 트렁크가 연결되어 선수에서 선미까지에 걸쳐 있는 선박에 있어서는 기준건현에서 식 (5·7)로 계산되는 값을 감소시킨다.

5.2.6 갑판선의 위치에 의한 수정

본 수정은 건현이 결정된 후에 만재흘수선표를 표기하거나 건현증서에 기록하기 위하여 수정하는 것이다. 즉 갑판선 상연부분의 갑판이 현측에서 둥글게(round)되어 있어서(예, 유조선) 갑판선을 표시하는 것이 불가능할 때 수정하는 것이다. 이를 위하여서 갑판선 상연까지 실제 배의 깊이가 D_f보다 크거나 작은 경우에는 그 차를 건현에 더하거나 건현으로부터 빼야 한다.

5.2.7 선루 및 트렁크에 의한 수정

[1] 선루의 표준높이

선루의 표준높이는 표 5·4로 주어진다. 이 표에 주어진 L_f값의 중간길이에 해당하는 배는 보간법으로 구한다.

표 5·4 선루의 표준높이

L_f(m)	저선미루(m)	기타선루(m)
30 이하	0.90	1.80
75	1.20	1.80
125 이상	1.80	2.30

[2] 선루의 길이

선루의 길이는 선수수선에서 선미수선까지에 있는 선루부분의 평균길이를 뜻하며, 선루의 전·후단격벽이 둥그런 凸형 곡선으로 되어 있을 때는 그와 동등한 평면격벽으로 바꾸어 놓고 선루의 길이를 측정해야 한다. 이 경우 평면격벽은 실제 곡선격벽이 배길이 방향의 2/3위치에 있는 것으로 한다. 이 때에 고려할 수 있는 곡선격벽의 최대곡률은 곡면이 시작되는 곳에서의 선루 폭의 1/2까지로 한다.

[3] 선루의 유효길이

표준높이의 폐위된 선루길이를 그 유효길이로 한다.

① 표준높이의 폐위된 선루로서 그 측벽이 규정에 주어진 범위(B의 4%)에서 선측으로부터 배의 안쪽에 있을 때는 그 유효길이를 b/Bs의 비율로 수정한 것으로 한다.

여기서 b : 선루길이 중앙에서의 선루의 폭,

B_s : 선루길이 중앙에서의 배의 폭

그림 5.6 set-in

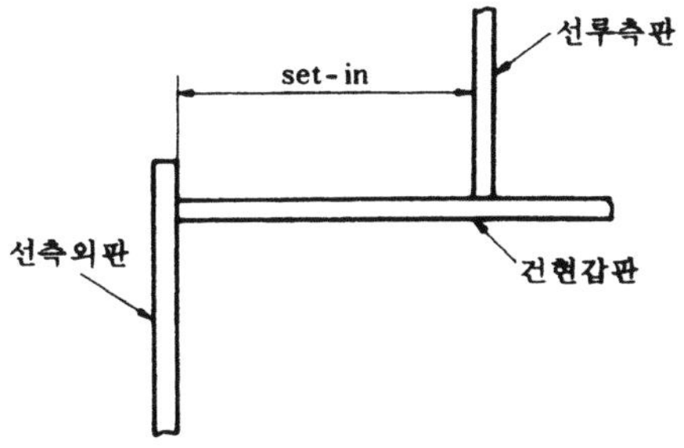

만일, 선루 일부가 세트-인(set-in)되어 있을 때에는 세트-인된 부분에 대하여만 이 수정을 적용한다.

② 폐위된 선루의 높이가 표준높이보다 작을 때에는 그 길이를 실제 높이와 표준높이에 대한 비로 수정한다. 선루의 높이가 표준높이보다 클 때는 유효길이를 증가시키지 않는다.

③ 저선미루 갑판의 유효길이는 그 전단격벽에 개구가 없을 때는 $0.6L_f$가 유효길이의 한도가 되며, 개구가 있는 경우에는 표준높이보다 낮은 선미루로 취급한다.

[4] 트렁크

트렁크(trunk) 또는 그 폭이 양선측에 도달하지 않는 유사구조물로서 선루와 동등한 강도를 가지고 있고, 해치 및 기타 개구들이 규정에 맞도록 되어 있다면 그 유효길이에 해당하는 건현을 감소시킬 수 있다. 단, 그 트렁크의 폭은 최소한 선폭(B)의 60% 이상 되어야 하고, 선루가 없는 경우에 트렁크의 길이는 최소한 건현용 길이(L_f)의 60% 이상 되어야 한다.

유효길이는 트렁크의 길이에 그 트렁크 평균폭의 선폭(B)에 대한 비를 곱한 것을 유효길이로 한다. 또한, 트렁크의 높이가 표준높이보다 작을 때는 그 유효길이를 다시 그 트렁크 높이의 표준높이에 대한 비로 감소시킨다. 트렁크의 표준높이는 저선미루 갑판 이외의 기타 선루의 표준높이와 같다.

[5] 선루 및 트렁크의 유효길이에 의한 수정

(1) 선루의 유효길이와 트렁크의 유효길이와의 합(L_E)이 배의 길이(L_f)와 같은 선박은 다음과 같은 값을 기준건현으로부터 감한다. 단, L_f가 중간에 있을 때는 1차 보간법에 의하여 감소할 값을 산정한다.

$$\begin{aligned} &L_f \le 24\text{ m일 때 } 350\text{ mm} \\ &L_f = 85\text{ m일 때 } 860\text{ mm} \\ &L_f \ge 122\text{ m일 때 } 1{,}070\text{ mm} \end{aligned} \qquad (5 \cdot 8)$$

(2) L_E가 L_f보다 작은 선박의 경우는 전항 (1)의 감소값에 표 5·5에 정하는 백분율을 곱한 것을 기준건현에서 감한다. 이 때 다음의 특기사항을 고려하여야 한다.

① L_E가 표 5·5의 중간에 있을 때는 1차 보간법에 의하여 백분율을 산정한다.

② B형 선박의 경우는 다음 사항을 고려한다.

- 선교류의 유효길이가 $0.2L_f$보다 작을 때는 Ⅰ란과 Ⅱ란과의 사이에서 1차 보간법으로 백분율을 산정한다.
- 선수루의 유효길이가 0.4보다 클 때의 백분율은 Ⅱ란에 의한다.
- 선수루의 유효길이가 $0.07L_f$보다 작을 때의 백분율은 다음의 산식으로 산정한 값을 이 표의 백분율에서 감한다.

$$5\times\frac{(0.07L_f-f)}{0.07L_f}(\%) \tag{5·9}$$

여기서 f는 선수루의 유효길이이며, 윗식을 이용하여 계산한 수정계수가 음의 값이 될 때는 수정계수를 0으로 취급한다.

표 5·5 선루의 유효길이에 따르는 수정계수(%)

배의 형식	선루의 형식		선루 및 트렁크의 유효 길이의 합계(L_E)										
			0 L_f	0.1 L_f	0.2 L_f	0.3 L_f	0.4 L_f	0.5 L_f	0.6 L_f	0.7 L_f	0.8 L_f	0.9 L_f	1.0 L_f
A	모든 형식		0	7	14	21	31	41	52	63	75.3	87.7	100
B	선수루가 있고 분립 선교루가 없는 경우	I 란	0	5	10	15	23.5	32	46	63	75.3	87.7	100
	선수루 및 분립 선교루가 있는 경우	II 란	0	6.3	12.7	19	27.5	36	46	63	75.3	87.7	100

5.2.8 현호(sheer)에 의한 수정

[1] 현호의 높이

(1) 현호는 그림 5·7에 보인 것과 같이 옆에서 본 갑판선이 수평하지 않고, 선수미가 중앙부보다 올라간 형상을 말한다. 현호의 높이는 배의 중앙에서 건현갑판의 선측현호상의 점을 지나는 계획만재흘수선에 평행한 직선에서 해당 현호까지의 수직거리를 말한다.

(2) 건현갑판 전길이에 걸쳐 표준높이의 선루가 있는 배에 대한 현호의 높이는 선루갑판에서 측정한다. 또, 선루의 높이가 표준높이보다 클 때는 실제 높이와 표준높이간의 최소차(Z)를 전단 및 후단의 현호높이에 더해 주고, 또 $L_f/6$ 및 $L_f/3$의 각 점에서의 높이에 각각 0.444 Z 및 0.111 Z를 더하여 현호의 높이를 정한다.

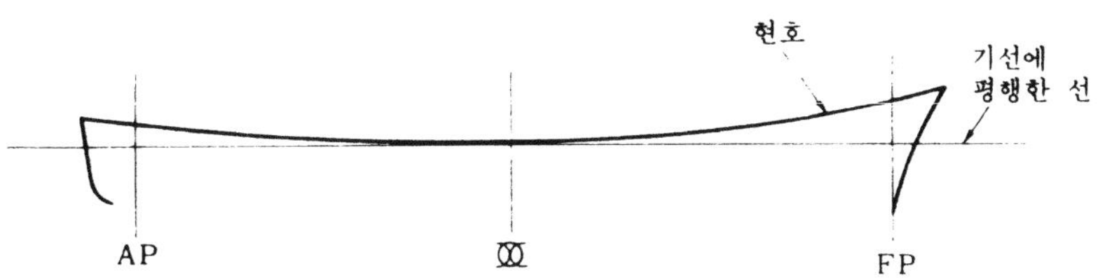

그림 5·7 현 호

[2] 표준현호

표준현호는 선체의 중앙을 원점으로 하고, 이 점을 지나며 배의 길이 방향축을 x축, 연직방향축을 y축으로 할 때, 후반부 및 전반부에서 각각 다음 식으로 주어지는 포물선을 의미한다.

$$\text{후반부} : \; y_a = 100\,(L_f/3 + 10)\left(\frac{x}{L_f}\right)^2$$
$$\text{전반부} : \; y_f = 200\,(L_f/3 + 10)\left(\frac{x}{L_f}\right)^2 \qquad (5 \cdot 10)$$

여기서 y_a 및 y_f의 단위는 mm로 한다. 실제 계산에서 표준현호는 표 5·6과 같이 건현용 길이 L_f를 6등분해서 얻어지는 등간격점에서 주어진 값으로 구해진다.

표 5·6 표준현호의 높이

	배의 길이방향 위치	현호의 높이(mm)	계 수
후 반 부	선미수선(AP)	$25(L_f/3+10)$	1
	AP로부터 $L_f/6$	$11.1(L_f/3+10)$	3
	AP로부터 $L_f/3$	$2.8(L_f/3+10)$	3
	중 앙	0	1
전 반 부	중 앙	0	1
	FP로부터 $L_f/3$	$5.6(L_f/3+10)$	3
	FP로부터 $L_f/6$	$22.2(L_f/3+10)$	3
	선수수선	$50(L_f/3+10)$	1

여기서 L_f의 단위는 m이다.

[3] 현호의 평균높이

현호가 식 (5·10)의 포물선으로 주어졌을 때, 배의 후반부 또는 전반부에서 이 포물선과 x축으로 이루어지는 면적과 동일한 면적을 가지도록 한 변의 길이가 $L_f/2$인 직사각형을 만들었을 때 얻어지는 직사각형의 높이를 각각 후반부 또는 전반부 현호의 평균높이라 한다. 실제 계산에서 현호 평균높이의 산출법은 표 5·6에 보인 각 "배의 길이 방향위치"에서의 현호의 높이에 표의 우측열에 주어진 "계수"를 곱한 값들의 합계를 구하고, 이 합계를 8로 나눈 값으로 한다.

[4] 현호 평균높이의 차이

(1) 배의 현호와 표준현호가 다른 경우에, 그 배의 전반부 또는 후반부의 현호 평균높이와 표준높이와의 차이를 전반부 또는 후반부의 현호 평균높이의 부족분 또는 초과분이라고 한다.

(2) 배의 후반부에 현호 평균높이의 초과분이 있고 전반부에 부족분이 있다면 후반부의 초과분은 인정되지 않고 전반부의 부족분만이 유효하게 된다.

(3) 현호의 높이가 전반부에서 초과분 및 후반부에서 부족분이 생기는 경우에는 전반부 현호높이의 초과분은 실제의 초과분에 다음의 산식으로 산정한 값을 곱한 값으로 한다.

$$\frac{P-50}{25} \qquad (5 \cdot 11)$$

이 때 P는 후반부 표준현호의 평균높이에 대한 실제현호의 평균높이의 비율(%)을 의미한다. 이 경우 50% 미만은 50%로 하고, 75%를 넘을 때는 75%로 한다.

(4) 현호 평균높이에 대한 전반부의 초과분(또는 부족분)과 후반부의 초과분(또는 부족분)과의 합(또는 차)의 1/2을 그 배의 전체 초과분(또는 부족분)으로 한다.

[5] 선미루 또는 선수루의 높이가 표준보다 높을 때

선미루 또는 선수루의 높이가 표준보다 높을 때는 이에 상당하는 값을 현호의 평균높이에 초과분으로 가산(부족분일 때에는 그 절대값을 감산)해야 하며, 다음 식으로 계산된다.

$$S = \frac{y}{3} \times \frac{L'}{L_f} \qquad (5 \cdot 12)$$

여기서 S : 현호의 평균높이의 증가량(mm)

y : 선수수선 또는 선미수선에서의 선루의 실제높이와 표준높이의 차(mm)

L': 폐위된 선미루 또는 선수루의 유효평균 길이(m). 단, 최대 $0.5L_f$ 이상의 경우는 $0.5L_f$로 한다.

식 (5 · 12)는 선수수선 또는 선미수선에서 건현갑판으로부터의 높이가 y인 점을 지나고 선박의 중앙에서 건현갑판에 접하는 포물선을 그 가상현호로 생각하여 만들어진 것으로, 유효 선루길이(L') 범위 내에 있는 모든 선루갑판의 높이는 이 포물선 이하에 있으면 안 된다.

[6] 현호의 평균높이 차이 수정

위에서 산출된 현호 평균높이의 부족분 또는 초과분은 다음 식에 의한 값을 곱하여 수정한다.

$$0.75 - \frac{L_S}{2L_f} \qquad (5 \cdot 13)$$

여기서 L_S : 폐위선루의 전길이(m)

[7] 현호에 따르는 건현의 수정

(1) 수정량은 다음 식에 의해 구한다.

$$(S_0 - S)\left(0.75 - \frac{L_S}{2L_f}\right)(\text{mm}) \qquad (5 \cdot 14)$$

여기서 S_0 : 현호의 표준높이

S : 현호의 평균높이

(2) 현호의 평균높이(S)가 표준높이(S_0)보다 작을 때는 위의 수정량을 표정건현에 더하고, 클 때는 표정건현에서 뺀다.

(3) 현호의 평균높이가 표준높이보다 클 때는 다음 산식으로 계산된 값을 표정건현으로부터 감할 수 있다.

$$(S_0 - S)\left(0.75 - \frac{L_E}{2L_f}\right)\frac{5L_E}{L_f} \qquad (5 \cdot 15)$$

여기서 L_E는 배의 중앙으로부터 전, 후방으로 각각 $0.1\,L_f$ 이내에 있는 폐위된 선루의 길이이다. 선루가 배의 중앙으로부터 전후방으로 각각 $0.1\,L_f$에 미치지 못할 때 그 감량은 보간법에 의하여 구한다. 다만, 이 식에 의한 수정량은 건현용 길이 100 m 당 125 mm를 넘지 못한다.

5.2.9 선수높이에 의한 수정

선수수선에서 하기 만재흘수선으로부터 노출갑판의 선측상면까지의 수직거리를 선수높이라고 하며, 이 선수높이는 식(5 · 16)에 의하여 계산된 값보다 작으면 안 된다.

$$F_b = \left[6075\left(\frac{L_f}{100}\right) - 1875\left(\frac{L_f}{100}\right)^2 + 200\left(\frac{L_f}{100}\right)^3\right]$$

$$\times\left[2.08 + 0.609C_b - 1.603C_{wf} - 0.0129\left(\frac{L_f}{d_1}\right)\right] \qquad (5 \cdot 16)$$

여기서 F_b는 mm단위로 표시된 최소 선수 높이이며, L_f의 단위는 m이고, C_{wf}는 $\dfrac{A_{wf}}{\left[\left(\frac{L_f}{2}\right)\times B_f\right]}$로 정의되는 선수부 $\left(\frac{L_f}{2}\right)$의 수선면계수이며, A_{wf}는 m^2 단위로 표시된 깊이의 85%에서의 수선면적을 의미한다.

5.2.10 건현의 결정

[1] 하기건현

이 절의 표 5 · 1 및 표 5 · 2에 주어진 표정건현을 기본으로 하여 위의 5.2.9항까지 주어진 모든 조건에 따라 수정을 가한 값을 하기건현(f_S)으로 하며, 그 하기건현은 다음과 같은 최소한계를 지켜야 한다.

즉, 위의 5.2.7항의 갑판선 위치에 의한 수정을 제외한 모든 조건을 적용하여 수정한 건현값이 50 mm 이하를 취할 수 없고, 만일 그 배의 제 1 위치에 창구가 5.1절의 5.1.3항 [4] (4) 폰툰 커버나 5.1.3항 [5] 강재 또는 그와 동등한 재료로 되었고 개스킷과 클램프 장치를 한 풍우밀 창구덮개로 폐쇄되는 창구 또는 A형 선박인 경우에는 5.1.3항 [15] 지정의 특별조건의 조건을 만족시키지 못할 때에는 그 값이 150 mm 이하를 취할 수 없다.

[2] 열대건현

선박의 중앙에서 킬의 상면으로부터 하기 만재흘수선까지 측정한 하기흘수(d_s)의 1/48을 하기건현으로부터 뺀 값을 열대건현(f_t)으로 한다.

$$f_t = f_s - \frac{d_s}{48} \qquad (5 \cdot 17)$$

[3] 동기건현

선박의 중앙에서 킬의 상면으로부터 하기 만재흘수선까지 측정한 하기흘수의 1/48을 하기건현에 더한 값을 동기건현(f_w)으로 한다.

$$f_w = f_s + \frac{d_s}{48} \qquad (5 \cdot 18)$$

[4] 동기 북대서양 건현

배의 길이 100 m 미만의 배에 대하여는 동기건현에 50 mm를 더한 값을 동기 북대서양 건현으로 하며, 배의 길이 100 m 및 그 이상의 배에 대하여는 동기건현을 그대로 동기 북대서양 건현(f_{wna})으로 한다.

$$f_{wna} = f_w + 50 \text{ mm} \quad , \ L < 100\text{m인 경우}$$

$$f_{wna} = f_w \qquad , \ L \geq 100\text{m 인 경우} \qquad (5 \cdot 19)$$

[5] 담수건현

비중이 1인 담수에서의 건현(f_f)은 해수에서의 건현으로부터 다음 식으로 주어지는 값을 뺀 값으로 한다.

$$f_f = f_s - \frac{\Delta}{40T} (\text{mm}) \qquad (5 \cdot 20)$$

여기서 Δ : 하기 만재흘수선에서의 해수 배수량(ton)

T : 하기 만재흘수선에서의 해수의 cm당 배수톤수(tons per cm immersion)

만일, 하기 만재흘수선에서의 배수량이 확인될 수 없는 경우에는 킬의 상면으로부터 하기 만재흘수선까지 측정한 하기흘수의 1/48값을 빼는 것으로 한다.

$$f_f = f_s - \frac{d_s}{48} \qquad (5 \cdot 21)$$

5.3 목재 적재선의 건현

5.3.1 목재 적재선

이 절에서 다루게 될 목재 적재선이라 함은 노출된 건현갑판이나 선루 갑판상에 목재를 적재하여 운송하는 배를 말한다. 따라서, 갑판상에 적재한 목재화물이 튼튼하게 묶여져 있다면 배에 어느 정도 부가부력을 주며 해양에 대한 보호역할을 하여 준다고 생각할 수 있다. 그러한 이유로 인하여 그에 상당하는 건현의 감소를 인정하며, 인정을 받은 배는 목재 만재흘수선을 현측에 표시하도록 하고 있다.

5.3.2 목재적재선의 구비조건

목재 만재흘수선을 지정받기 위하여는 앞절에 규정된 조건들 외에 목재적재에 적합한 조건을 구비하여야 한다.

[1] 선 루

최소 $0.07\,L_f$ 길이에 해당하는 표준높이의 선수루가 있어야 하며, 배의 길이가 100 m 미만인 경우에는 표준높이의 선미루 또는 저선미루가 있어야 한다.

[2] 불 워 크

목재를 적재하는 갑판상에는 상단에 특별한 스티프너로 보강하고 높이가 1 m 이상인 튼튼한 불워크가 있어야 하며, 또 튼튼한 불워크(bulwark) 스테이로 지지되어야 한다.

[3] 적재방법

운행시에는 갑판상의 화물을 안전하고 튼튼하게 적재하여야 하며, 이 적재방법(lashings) 및 지주 등에 관하여 규정에 맞게 하도록 되어 있다.

[4] 복 원 성

목재화물의 수분흡수, 착수(着手) 등으로 인한 중량의 증가로 복원성에 영향을 주므로 항해 중의 연료 및 기타 소모품 등의 소비상태 등에 따른 여러 항해상태에 대한 복원성에 충분한 여유를 주도록 해야 한다.

5.3.3 목재건현의 계산

[1] 하기목재 건현

하기목재 건현(f_{ls})은 앞의 5.2절에서와 같은 규정과 방법에 의하여 행하며, 이 중 5.2.7항 [5] 건현의 수정에서 적용하는 표 5·5 대신에 다음의 표 5·7을 사용한다.

표 5·7 목재적재선의 건현 수정률(%)

구 분	선루 및 트렁크의 유효길이의 합계										
	0	$0.1L_f$	$0.2L_f$	$0.3L_f$	$0.4L_f$	$0.5L_f$	$0.6L_f$	$0.7L_f$	$0.8L_f$	$0.9L_f$	$1.0L_f$
건현 수정률 (%)	20	31	42	53	64	70	76	82	88	94	100

여기서 중간의 선루길이에 대한 것은 삽간법에 의하여 구한다.

[2] 기타의 목재건현

기타의 목재건현들은 하기 목재형흘수를 d_{ls}라 놓으면, 다음과 같이 산출된다.

(1) 동기 목재건현(f_{lw})

$$f_{lw}=f_{ls}+\frac{d_{ls}}{36} \tag{5·22}$$

(2) 동기 북대서양 목재건현(f_{lwna})

$$f_{lwna}=f_{wna} \tag{5·23}$$

(3) 열대 목재건현(f_{lt})

$$f_{lt}=f_{ts}-\frac{d_{ls}}{48} \tag{5·24}$$

(4) 담수 목재건현(f_{lf})

$$f_{lf}=f_{ls}-\frac{\Delta}{40T} \tag{5·25}$$

여기서 Δ : 하기목재 만재흘수선에서의 해수 배수량(ton)

T : 하기목재 만재흘수선에서의 해수의 cm당 배수톤수

5.4 건현계산의 예 및 지정조건 기록부

5.4.1 건현계산의 예

이상의 만재흘수선을 결정하기 위한 건현계산의 이해를 돕기 위하여 G/T 1570톤급 일반화물선에 대한 실제 계산의 예를 표 5·8에 실었다. 이 예의 선박은 1966년 국제만재흘수선 조약상의 모든 지정조건을 만족하도록 설계되고 건조된다는 전제하에 계산된 것이며, 가장 기본적으로 계산되는 예 중의 하나이다.

표 5·8 건현계산의 예(freeboard particulars)

1. General

G/T 1,570 Steel carrier

2. Principal particulars

Leng over all : 79.50 m

Length between perpendiculars(L_{pp}) : 73.50 m

Breadth moulded(B_{mld}) : 12.00 m

Depth moulded(D_{mld}) : 6.200 m

Draft design moulded(D.L.W.L) : 5.000 m

Draft scantling moulded(Ds) : 5.000 m

3. Freeboard particulars

1) Type of ship

(1) Freeboard type : Type "B" ship

(2) Freeboard deck : Upper deck

2) Principal dimensions

(1) Freeboard length ········ $L_f = 73.51$ m

* Length from the foreside of the stem to the axis of the rudder stock on a waterline at 85% D_{mld} ········ $L_r = 73.51$ m

* Length from the foreside of stem to the after side of the stern on the waterline at 85% D_{mld} ········ $L_w = 75.90$ m

* $0.96 \times L_w$ ········ $0.96\, L_w = 72.86$ m

* Length whichever is greater between L_r and $0.96\, L_w$ ········ 73.51 m

(2) Breadth ········ 12.00 m

(3) Freeboard depth(D_{mld}+thickness of deck stringer plate) ········ $D = 6.214$ m

(4) Depth at 85% depth ($0.85 \times D_{mld}$) ········ 5.270 m

(5) Thickness of keel plate ········ 0.012 m

(6) Thickness of deck stringer plate ········ 0.014 m

(7) Volume(Mld.) at 85% depth ········ 3,327 m^3

(8) C_B at 85% depth ········ 0.716

$$C_B = \frac{V}{L_f \times B \times 0.85 D_{mld}} = \frac{3,327}{73.51 \times 12.000 \times 5.27} = 0.716$$

(9) Length and height of superstructure

Item	① Actual length (m)	② Actual heigt (m)	③ Standard height(m)	* ④ Effective length(m)
F'cle	7.05	2.065	1.80	7.05
Poop	14.55	2.470	1.80	14.55
Total	L_S =21.60			L_E =21.60

* ⓐ 선루의 실제높이가 표준높이보다 높을 때 유효길이는 선루의 실제길이가 된다.

ⓑ 선루의 실제높이가 표준높이보다 낮을 때 유효길이는 실제높이를 표준높이로 나눈 값을 실제길이에 곱한 값이 된다.

4. Freeboard calculation

(1) Tabular freeboard(F_T) .... 788 mm ⓐ

① 표 5 · 2에 의한 표정건현

74.00 m : 784 mm

73.00 m : 769 mm

73.51 m=769+(784−769)×51/100=777 mm

② 길이 100 m 미만 선박에 대한 표정건현 증가

$7.5(100-L)(0.35-L_E/L)=7.5(100-73.51)(0.35-21.60/73.51)=11$ mm

(2) Correction for block coefficient .... 809 mm ⓑ

$$F_T\times\frac{C_B+0.680}{1.36}=788\times\frac{0.716+0.680}{1.36}=809\text{ mm}$$

(3) Correction for depth .... 201 mm ⓒ

$(D_f-L_f/15)\times R=((6.214-73.51/15)\times 153=201$ mm

여기서 R : 배의 길이가 120 m 이상일 때는 $R=250$ mm

배의 길이가 120 m 미만일 때는 $L_f=L/0.48$

(4) Deduction for superstructure .... 115 mm ⓓ

① 식 (5 · 7)에 의한 기본 수정 수정량

73.51 m = 350 + 510×(73.51 − 24)/61 = 764 mm

② 선루길이의 배의 길이에 대한 공제의 백분율

$L_E/L_f=21.60/73.51=0.294$

표 5 · 5에 의거 $0.3\,L_f$: 15%, $0.2\,L_f$: 10%

0.294 = 10 + (15 − 10)×94/100 = 15%

상기 ①과 ②에서

764×15/100 = 115 mm

(5) Correction for sheer .... 131 mm ⓔ

	Item		Standard ord.			Actual ord.		
	Station	Standard	Ord.	Mul.	Prod.	Ord.	Mul.	Prod.
전반부	AP	25.0×($L_f/3+10$)	1	863	863	1	500	500
	$L_f/6$	11.1×($L_f/3+10$)	3	383	1,149	3	150	450
	$L_f/3$	2.8×($L_f/3+10$)	3	97	291	3	0	0
	Amid	0	1	0	0	1	0	0
	Sum		As=2,303			Aa = 950		
후반부	Amid	0	1	0	0	1	0	0
	$L_f/3$	5.6×($L_f/3+10$)	3	193	579	3	0	0
	$L_f/6$	22.2×($L_f/3+10$)	3	766	2,298	3	300	900
	FP	50.0×($L_f/3+10$)	1	1,725	1,725	1	750	750
	Sum		As=4,602			Aa=1,650		

① Deficiency of sheer

후반부 현호(S_A) : Aa/8−As/8=119−288=−169 mm

전반부 현호(S_F) : Aa/8−As/8=206−575=−369 mm

② Sheer credit : 폐위된 선미루 또는 선수루의 높이가 선루의 표준높이 이상의 것이 있을 때(식 5·10 참조)

선수루 : $S_1=(y_1/3)\times(L_1'/L_f)=(265/3)\times(7.05/73.51)=8\,\text{mm}$

선미루 : $S_2=(y_2/3)\times(L_2'/L_f)=(670/3)\times(14.55/73.51)=44\,\text{mm}$

합 계 : $S_1+S_2=8+44=52\,\text{mm}$

상기 ①과 ②에서 $[(-169-369)/2+52]\times[0.75-(S/2L_f)]$

$=(-217)\times[0.75-\{(21.60/(2\times73.51)\}]=-131\,\text{mm}$

(6) Minium bow height

① 요구 최소 선수높이 $=56\times L_f\times(1-l/500)\times\{(1.36/(C_B+0.68)\}$

$=56\times73.51\times(1-73.51/500)\times(1.36/(0.716+0.68)=3,420\,\text{mm}$ (식 5·15 참조)

② 실제 선수높이 : FP선에서 기선으로부터 측정한 폭로갑판까지의 선수높이(H_B) − 건현용 깊이(D_f)+기본건현 {(2)+(3)−(4)−(5)}

여기에서 H_B는 배 중앙에서의 형 깊이($D_{mld}=6,200\,\text{mm}$)+선수수선에서의 건현갑판의 현호의 높이(750 mm)+선수수선상 건현갑판에서 폭로갑판까지의 높이(2,065 mm)+폭로갑판의 두께(8 mm)=9,023 mm이고, 건현용 깊이(D_f)는 6,214 mm, 기본건현은 1,026 mm이므로 실제 선수높이는 3,835 mm로 규정에 요구되는 최소 선수높이에 만족된다.

(7) Summary

① Summer freeboard(F_S) ······································· 1,214 mm

이상에서 계산된 바와 같이 이 선박의 형상건현은 (2)+(3)−(4)−(5)=809+201−115−(−131)=1,026 mm이다.

그러나 이 선박은 강도상 측면에서 초기설계시의 Scantling draft가 5.00 m이므로 이에 상당하는 건현인 6,214−5,000=1,214 mm가 지정된다.

② Tropical freeboard(F_t) $=F_S-(D_f-F_S)/48=1,214-(6,214-1,214)/48=1,110\,\text{mm}$

③ Winter freeboard(F_w) $=F_S+(D_f-F_S)/48=1,214+(6,214-1,214)/48=1,318\,\text{mm}$

④ Winter north athlantic freeboard ······································· 1,368 mm

$L_f\le100\,\text{mm}$일 때는 $F_w+50\,\text{mm}$

⑤ Fresh water freeboard for summer freeboard ······································· 1,106 mm

$F_S-\Delta/4T=1,214-3,231/(4\times7.46)=1,106\,\text{mm}$

여기에서 Δ : 3,231 ton, T : 7.46 ton

⑥ Fresh water freeboard for tropical freeboard ······································· 1,002 mm

$F_t-\Delta/4T=1,110-3,231/(4\times7.46)=1,002\,\text{mm}$

5.4.2 만재흘수선 지정조건 기록부

국제 만재흘수선 적용 선박은 5.1.3항 건현의 지정조건에서 언급한 모든 설비 및 구조가 만족한다는 조건하에 만재흘수선이 지정되므로, 그 배의 모든 설비 및 구조가 조약상의 지정조건을 만족하는가 각 항목별로 확인을 하여야 하고 표 5·9에 있는 만재흘수선 지정조건 기록부에 기록되어야 한다.

표 5·9 만재흘수선 지정조건 기록양식

1966년 국제 만재 흘수선 협약

지정조건의 기록

선 명 ……………………………………………………………………………………

선 적 항 ……………………………………………………………………………………

국 적 ……………………………………………………………………………………

선박번호 ……………………………………………………………………………………

조 선 소 ……………………………………………………………………………………

조선소 번호 ……………………………………………………………………………………

건조일/개조일 ……………………………………………………………………………………

선형에 따라 지정된 건현 ……………………………………………………………………

선 급 ……………………………………………………………………………………

최초검사의 일시 및 장소 ……………………………………………………………………

여기에 그림을 그리지 않고 적당한 크기의 도면을 본보고서에 첨부할 수 있음.

선루, 트렁크, 갑판실, 기관구역 윗벽의 배치 및 치수 : 현장, 가드레일 및 폭로갑판의 목재피복의 범위를 화물창구, 현문, 기타 선원보호 수단의 배치 그리고 재화문, 선수/선미문, 현창, 배수구, 환기구, 공기관, 갑판 승강구 및 기타 본선 감항성에 영향을 미치는 항목들과 함께 도표 및 그에 부수되는 표에 삽입할 것.

건현갑판 및 선루갑판 내의 개구를 보호하는 선루, 폭로기관 구역 위벽 및 갑판실의 출입구
(제 12, 17 및 18 규칙)

장 소	도면참조 번 호	개구의 수 및 크기	문턱의 높이	폐 쇄 장 치	
				형식 및 재료	클립의 수
선수루 격벽					
선교전부 격벽					
선교후부 격벽					
저선미루 갑판 격벽					
선미루 격벽					
건현갑판 또는 저선 미루 갑판의 폭로기관 구역 위벽					
선루 갑판상 폭로기관 구역 위벽					
건현갑판상 선루 또는 갑판실 내의 기관 구역 위벽					
건현갑판 아래로 통하는 개구를 에워싸고 있는 제1위치에 있는 갑판실					
폐선루 내 또는 건현갑판 아래로 통하는 개구를 에워싸고 있는 제2위치에 있는 갑판실					
폭로 펌프실 위벽					

이동식 덮개로 덮고 타폴린과 고박장치로 풍우밀시킨 제 1 및 제 2 위치에 있는 창구(제 15 규칙)

위치 및 도면참조 번호						
코밍상부에서의 개구내부 치수						
갑판상 코밍 높이						
이동식 빔 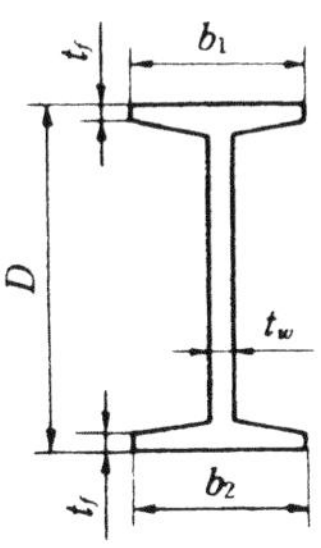						
개수						
간격						
$b_1 \times t_f$						
$D_1 \times t_w$						
$b_2 \times t_f$						
지지면						
빔의 고정방법						
이동식 덮개 { 재 료						
두 께						
설치방향						
지 지 면						
클리트의 간격						
타폴린 { 층 수						
재 료						

덮개 각부를 고박하는 방법
목재 덮개는 끝에 아연 도금테를 하였는가?

개스킷과 고정장치가 부착된 강재 또는 다른 동등한 재료로 만든 풍우밀 덮개로 덮힌 제 1 및 제 2 위치에 있는 창구(제 16 규칙)

위치 및 도면번호						
코밍상부에서의 개구내부 치수						
갑판상 코밍 높이						
덮개형식 또는 특허명						
재료						

건현갑판 및 선루갑판에 있는 기관구역의 개구와 기타의 개구(제 17 및 18 규칙)

위치 및 도면번호						
치 수						
코밍 높이						
덮개 { 재 료						
덮개 { 부착방식						
빗장의 수 및 간격						

위치 및 도면번호						
치 수						
코밍 높이						
덮개 { 재 료						
덮개 { 부착방식						
빗장의 수 및 간격						

건현갑판 및 선루 갑판상의 환기구(제 1 및 제 2 규칙)(제 19 규칙)

설 치 갑 판	개 수	코 밍		형 식 (특허명 기록 있을 경우)	폐 쇄 장 치
		치 수	높 이		

건현갑판 및 선루 갑판상의 공기관(제 20 규칙)

설 치 갑 판	개 수	코 밍		형 식 (특허명 기록 있을 경우)	폐 쇄 장 치
		치 수	높 이		

재화문, 기타 유사한 개구(제 21 규칙)

문의 위치	개구의 치수	건현갑판으로부터 하단까지의 거리	잠 금 장 치	비 고

배수구, 흡입관 및 배출관(제 22 규칙)

<table>
<tr><th rowspan="3">배수구 또는 배출구 여부</th><th rowspan="3">개 수</th><th colspan="3" rowspan="2">관</th><th rowspan="3">장 소</th><th colspan="3">용골상 수직거리</th><th rowspan="3">배출밸브의 수, 형식 및 재료</th><th rowspan="3">조작위치</th></tr>
<tr><th colspan="2">배 출</th><th rowspan="2">최상부 밸브</th></tr>
<tr><th>지 름</th><th>두 께</th><th>재 료</th><th>선외 배출구</th><th>선내 끝단</th></tr>
<tr><td></td><td></td><td></td><td></td><td></td><td></td><td></td><td></td><td></td><td></td><td></td></tr>
</table>

{ S – 배수구
D – 배출관

{ MS – 연철
CS – 주철
GM – 포금
기타 승인재료를 명기할 것

{ SD – 나사 조임식
ANR – 자동역지식
SDANR – 나사조임 자동역지식

[주] 부호는 주관청 재량에 따라 사용할 수 있다.

현 창(제 23 규칙)

<table>
<tr><th rowspan="2">위 치</th><th rowspan="2">개 수</th><th rowspan="2">안유리 크기</th><th rowspan="2">고정/폐쇄식</th><th colspan="2">재 료</th><th rowspan="2">유리의 형식 및 두께</th><th rowspan="2">사용기준 및 형식번호</th></tr>
<tr><th>프레임</th><th>선 창</th></tr>
<tr><td></td><td></td><td></td><td></td><td></td><td></td><td></td><td></td></tr>
</table>

[주] 건현갑판과 건현갑판하 최하부에 위치한 현창의 하단 사이의 수직 거리를 명기할 것.

방 수 구(제 24 규칙)

	불워크 길이	불워크 높이	각 현별 방수구의 수 및 크기	각 현별 총면적	각 혈별 요구 면적
웰후방의 건현갑판					
전방 웰					
선루갑판					

선루단의 격벽에 대한 각 방수구의 전방 위치·후방 위치를 명기할 것 { 후방 웰 / 전방 웰

방수구에 설치한 덧문, 빗장 또는 가름대의 세목

방수구 하단의 갑판상 높이

선원의 보호(제 25 및 26 규칙)

건현갑판 및 선루갑판상 불워크 및 가드레일의 세목을 명기할 것

설치가 요구되는 보호색, 보행로, 현문 또는 갑판하 통로의 세목을 명기할 것

목재갑판적 비품(제 44 규칙)

지주, 소켓, 고박용품, 가드 레일 및 구명색의 세목을 명기할 것

기타 특기사항

이 서식에 게재한 지정 조건들은 선박에 비치된 장치와 비품의 기록이며, 1966년 국제만재흘수선협약의 관련 규정 요건에 따른 것임.

(검사원 서명)

(일자)

제 6 장

선박의 적량측정

6.1 서 론

6.1.1 일 반

이 장에서 주로 서술하고자 하는 톤수는 등록톤수(registered tonnage)이다. 등록톤수에는 배의 총톤수와 순톤수가 있는데, 이는 배의 크기, 즉 여객이나 화물의 운송용으로 제공되는 공간의 정도를 나타내기 위해 사용되는 지표로서 해사관계 제법규의 적용상의 기준이 되면서 배에 부과되는 과세의 표준, 항세, 운하통항료, 보험료 및 검사료 등과 같은 각종 세금 및 수수료의 산정기준이 되므로 이러한 적량측정은 선박이 등록되기 전에 톤수측정 규정에 따라 측정된다.

종래의 적량측정은 각국의 톤수규정에 따라 선박의 내부치수를 줄자로써 일일이 재야 하는 복잡성이 있으면서 각국 정부의 해석이 서로 달라, 해운과 항만관리에 상당한 경제적 타격을 주었으므로 각국간의 간결하고 통일된 톤수의 필요성이 요구되었다. 이에 따라 국제해사기구(IMO)에서는 약 10년간의 검토를 거친 뒤, 1969년 5~6월의 국제회의에서 국제항해에 종사하는 선박의 적량측정에 관한 국제통일규칙, 즉 '1969 선박톤수 규정에 관한 국제협약'이 채택되었다.

Panama와 Suez 운하에서는 선박의 톤수를 결정하기 위한 그들 자신의 규칙을 채택하고 있는데, 이들 두 기관의 규칙들은 서로 다르지만 측정이 가능한 내부용적을 나타내고 있다.

6.1.2 톤의 연혁

톤수가 선박의 크기 또는 적재능력을 표현한 척도로서 사용되기 시작한 사실에 대한 확실한 기록은 13세기경 술을 운반하던 배들에 대해 항세를 부과할 때, 그 배가 실은 술통의 개수로써 톤수를 표시한 것이다.

톤의 어원은 큰 술통(large cask for beer, wine etc)이라는 고대 영어의 어휘인 tun, 라틴어인 tuna, 프랑스어인 tonneau 등으로부터 유래된 것으로 전해지고 있다. tun, tuna 및

tonneau라는 단어는 빈 술통을 두드릴 때 나는 소리에서 생긴 말이라 생각된다. 따라서, 톤은 원래 중량의 단위가 아니고 용적의 단위로 사용되었다.

상선톤수의 측정규칙은 각종 세금과 제 수수료를 정하는 계산에 이용할 목적으로서 15세기 초에 영국에서 처음으로 제정되었는데 그 내용은 영국의 Newcastle upon Tyne에서 London으로 석탄을 운반하던 용골(keel) 형인 배의 용적을 chaldron(영국에서 석탄, 석회 등을 측정하는 단위)으로 측정해서 항세를 징수했다는 것이었다. 그 당시에는 술통의 수가 배의 크기를 나타내므로, 법으로서 술통의 크기를 무게로 정했다. 즉, 술통의 용적은 252 gallon이고 여기에 술을 가득 채운 상태에 술통 자체의 무게를 합하여 총 무게가 2,240 lbs(1.016 kg)가 되며, 이것이 톤의 기준이 되었으며, 이 술통이 선내에서 실질적으로 점유하는 공간은 주위의 빈틈을 고려해서 58~60 ft^3 가 된다.

이 무렵 여러 가지 세금과 수수료는 술통(tun)의 적재능력에 의해서 부과되었기 때문에 지불해야할 세금과 수수료를 톤수(tunnage)라고 일컫기도 했다. 이 tunnage가 후에 tonnage로 변하였고 우리가 지금 사용하는 것이 되었다. 이 때 1톤은 2,240 lbs이고 용적으로는 약 40 ft^3이다.

1694년 톤수측정에 관한 최초의 법률이 영국에서 제정되면서 다음 식으로 톤수를 산정하였다.

$$\text{톤수} = \frac{L \cdot B \cdot D}{94} \text{(재화 중량톤)}$$

여기서 L : 용골(keel)의 길이(ft)

B : 선체중앙에서 내면의 최대폭(ft)

D : 화물창의 내부 깊이(ft)

그 후, 화물을 적재할 화물창의 깊이와 용골의 길이를 측정하는 것이 곤란해지면서 1720년에 이르러서는 깊이(D) 대신 폭의 2분의 1($B/2$)을 사용하도록 그 법이 개정되었다.

$$\text{톤수} = \frac{L \times \frac{B^2}{2}}{94} \text{(재화 중량톤)}$$

윗식은 원래 배가 수송할 수 있는 화물의 무게를 나타내면서 새로운 톤수 규정의 초석이 되었고, 이러한 규정을 사용함에 따라 영국선급에 나쁜 영향을 주게 되었다. 영국인들은 최소의 톤수로서 최대의 배를 건조하기 위하여 뚱뚱한 선형을 채택하면서 길이에 비해 폭이 좁고 깊이가 지나치게 깊은 큰배를 만들게 되었다. 이러한 결과로 불안정한 선박을 건조하게 되어 많은 비평의 대상이 되었다.

그 후 영국에서는 1854년 George Moorsom이 제안한 선박용적 측정법을 채택하였으며, 이것을 수정·보완해서 최근까지 세계 모든 국가들과 Panama, Suez 운하 당국이 이용하고 있는 선박적량 측정법의 기본으로 하고 있었다.

이 톤수 측정법의 기본이념은 선박에 부과되는 세금이 그 선박의 잠재적인 소득능력에 기초를 두어야 한다는 것이다. 이 방식의 본질은 화물 또는 여객운송에 사용될 수 있는 모든 공간의 내부용량이 잠재적인 소득능력의 척도이며, 따라서 배의 톤수는 이 용량에 비례해야 한다는 것이다.

무어슴(Moorson) 방식이 처음으로 채택되던 그 당시에 이 무어슴 방식은 그 시대의 비교적 단순한 선박의 톤수 산정법으로 호평을 받았었다. 그러나 선박설계와 추진방식의 계속적인 개발에 따라 이 무어슴 방식에 의해서 구한 톤수가 선박의 크기와 수익능력의 진정한 표현이 되지 못한다는 불평을 낳게 되었다. 그래서 해가 거듭됨에 따라 영국을 비롯하여 세계 각국에서 가지각색의 해석과 수정이 가하여져 최근에 이르러서는 각국간에 기본규칙의 적용상 상당한 차이가 생기게 되었다.

무어슴 방식의 기본이념을 충족하고 실현하기 위하여 필요한 용어를 정의하는 어려움은 문제를 단순화하기는커녕 오히려 보다 더 복잡하게 만들고 좀 더 많은 해석을 필요로 하는 또 다른 정의를 낳게 되었다. 그리하여 각국에서 자국의 규칙을 개정하기에 이르렀고 그 결과 많은 국가간에 서로 다른 규칙을 가지게 되었다.

이와 같이 각국마다 톤수 규칙이 서로 다르므로 동일 선박이라도 타 규칙에 따라 측정하면 서로 다른 톤수가 산정되게 되었다. 즉, 선박의 국적이 다르면 그 적용측정 기준도 달라지기 때문에 동형의 선박이라도 서로 다른 톤수가 산정되는 결과를 가져오게 되고, 이러한 현상은 선박의 운항체계의 국제성에서 보아도 제 세부과와 아울러 각종 규제기준에 불합리성을 유발하므로 이러한 사태를 해소하기 위해서는 국제적으로 통일된 톤수측정 기준의 제정이 필요하게 되었다. 또한, 그 동안의 규정에 의한 총톤수가 배의 크기에 대한 진정한 척도도 아니며, 순톤수 역시 배 소득능력의 진정한 척도가 아니라는 생각과 선박의 적량측정에 관한 국제통일 규칙의 제정이 해상수송에 크게 기여할 것이라는 기대감에서 새로운 국제조약을 재정하게 되었다.

종래의 측정규칙 대신 세계공통의 측정규칙으로서 '1969년 국제조약'을 만들어 국제항해에 종사하는 선박의 적량측정에 관한 통일된 규칙을 1969년 6월 23일에 채택하였고 1982년 7월 18일에 국제적으로 발효가 되었다. 또한, 종전의 규칙에 의하여 적량 측정한 모든 선박도 1994년 7월 18일 부로 이 규칙으로 변경 적용토록 하였다.

우리 나라에서도 1980년 1월 18일 이 조약을 수락하고 1982년 7월 18일 국내선박의 적량측정용으로 발효하였다.

6.2 톤수의 종류

선박에 사용하는 톤은 중량 또는 질량 단위로서의 톤뿐만 아니라 용적의 개념도 함께 사용하고 있다. 그러므로 쓰이는 용도에 따라 표 6·1과 같이 구분할 수 있다.

표 6·1 톤수의 종류

톤수의 종류	톤수의 용도
배수량 또는 배수톤수	배의 중량 또는 질량을 나타내는 것
총톤수, 순톤수	배의 용적을 나타내는 것
재화중량 톤수	배가 적재 가능한 중량을 나타내는 것
재화용적 톤수	배가 적재 가능한 용적을 나타내는 것

6.2.1 중량(또는 질량 : 부록 Ⅲ 참조) 톤수

[1] 만재 배수량

실을 수 있는 만큼 최대로 만재된 선박이 배수하는 물의 중량, 즉 만재된 선체가 물에 잠긴 부분의 용적과 같은 부피의 물의 중량을 말한다. 배수량 또는 배수 톤수는 Archimedes의 원리에 의해서 선체 중량톤을 측정하여 톤으로 표시한 것이다.

선박의 안전항해를 위하여 일정한도 이상은 화물을 적재할 수 없도록 규정되어 있으며, 최대로 적재한 상태의 흘수를 만재흘수선이라 한다. 이 만재흘수선으로 떠 있을 때의 배수중량이 만재 배수량(full load displacement)이며 우리 나라와 유럽에서는 질량을 기준으로 하는 킬로·톤(kg·ton)을 사용하나, 영국과 미국에서는 대개 2,240 lbs를 1 ton으로 하는 영국톤(long·ton : 무게 톤)을 사용한다. 배수량 산정에 이용되는 유체밀도 및 비중량에 관하여서는 부록 Ⅲ을 참조하기 바란다.

[2] 경하 배수량

모든 의장품과 선체가 완성되고 복수기 내에 있는 청수, 보일러와 그의 복수청수관, 기관내에 들어 있는 냉각수, 모든 기기 속에 들어 있는 윤활유, 소화용 배관 안에 들어 있는 물, 고정 밸러스트(고체 또는 액체), 법정비품 등을 적재한 상태의 선박자체 배수량을 경하 배수량(light load displacement)이라고 하며, 화물, 연료, 승무원과 소지품, 예비급수, 식량들을 포함하지 않은 상태를 말한다.

[3] 재화중량

선박이 만재흘수 상태로 떠 있을 때의 배수량에서 경하흘수 상태로 떠 있을 때의 배수량을 뺀 것이다. 즉, 만재 배수량과 경하 배수량의 차를 말한다. 다시 말해서 배에 적재할 수 있는 최대한의 중량이다. 즉, 경하상태에 포함되지 않았던 화물, 연료, 윤활유, 청수 및 급수, 승무원 및 승무원 소지품, 여객 및 수화물, 식료품, 밸러스트, 창고품, 기타 법으로 정하여진 예비품 등을 합한 중량이다.

화물선에서는 이 톤수가 가장 중요시된다. 실제 운송화물의 적재중량은 재화중량(deadweight)에서 연료, 청수, 승무원, 식량 등을 뺀 것이다. 이것은 항로의 길고 짧음에 따라서 변화한다. 즉, 근해항로에서는 재화중량(deadweight : DWT)의 약 90% 이상이고 원양항로에서는 80~90% 정도가 된다. 재화중량은 배가 적재할 수 있는 최대중량을 나타내므로 해운계에서는 이것으로 화물선의 크기를 평가하기도 한다. 따라서, 이것은 배의 매매, 용선료 등의 기준이 되며, 해운경영의 주요자료가 되고 있다.

[4] 표준 배수량(standard displacement)

Washington 조약에서 정한 군함의 배수량으로서 다음 상태를 말한다. 즉, 연료와 급수(feed water)만을 제외하고 병기, 탄약, 승무원 및 식량 등 나머지 모든 것을 적재한 상태를 말한다. 군함의 크기는 보통 이 톤수로 비교한다.

6.2.2 용적톤수

[1] 총톤수(gross tonnage : GT)

선박의 크기를 나타내기 위하여 사용되는 지표로서 선박 전체의 폐위장소 용적에 일부 제외장소 용적을 고려한 용적에 일정한 계수를 곱하여 구한다. 좀더 구체적인 측정법은 6.4.2항에서 설명하였다.

[2] 순톤수(net tonnage : NT)

여객이나 화물의 운송용으로 제공되는 선박내의 공간 크기를 나타내기 위하여 사용되는 지표로서 화물적재 장소의 전용적에 일정한 계수를 곱하여 얻은 값과 여객수에 일정한 계수를 곱하여 얻은 값을 합해서 구한다. 즉, 순전히 상용으로 사용되고 화물이나 여객을 수용하는 장소의 용적을 기준으로 나타낸 것이다. 구체적인 산정법을 위하여는 6.4.3항의 내용을 참고하기 바란다.

[3] 운하톤수

운하당국이 그 운하를 통행하는 선박에 대하여 운하 통과료를 징수하기 위하여 각 운하에서 독자적으로 규칙을 정하고 있는데 여기에는 Suez 운하톤수와 Panama 운하톤수가 있다. 이들 톤수의 측정은 각국의 특정검사원(선급협회)이나 해운관청에 위촉하고 있기 때문에 톤수의 측정을 통해 증서를 발급 받아 소지하고 있으면 운하 통과시 이 증서에 의하여 통과료를 지불하게 된다. 이 증서를 소지하고 있지 않을 때에는 운하 사무소가 측정하여 증서를 발급하게 된다. 좀더 구체적인 규칙은 6.5절을 참고하기 바란다.

[4] 화물용적

화물창 내에 화물을 적재할 수 있는 총용적을 말하는데 이전에는 관습적으로 40 ft^3을 1톤으로 계산하여 나타내었으나, 지금은 용적(m^3 또는 ft^3)을 그대로 나타내는 것이 통례로 되고 있으며 적재화물의 종류에 따라 다음과 같이 2종의 측정방법이 있다.

(1) 그레인 용적

낟알화물 용량 또는 그레인 용적(grain capacity)이라고도 하는데 곡류, 소맥분, 석탄 등과 같이 포장하지 않고 낟알화물(grain cargo) 상태로 싣는 경우를 기준으로 하여서 산정한 용적이다. 즉, 선측 내장재의 틈으로부터 늑골 사이의 부분에도 들어가는 화물에 관해서만 사용된다. 그리고 이 용적은 외판내면, 내저판, 내장판의 상면 및 갑판하면까지 측정한 용적(창구부는 hatch beam의 상면까지 측정)으로부터 늑골, 빔(beam), 선측내장(side sparring), 필러(pillar) 및 갑판거더(deck girder) 등의 용적으로 0.5%를 공제한다.

(2) 포장화물 용적

이것은 포장용적(bale capacity) 또는 배일이라고도 하는데 면포(cotton bale), 포대에 넣은 소맥분, 술통 등과 같이 포장화물(bale cargo)을 기준으로 해서 적재 가능한 용적을 나타낸다. 즉, 선측 내장재의 내측에만 적재할 수 있는 화물에 관해서만 사용된다. 이 용적은 선측 내장재 내면, 내저판 상면 및 갑판 빔(beam) 하면까지 측정한 용적으로서 필러(pillar), 브래킷(bracket), 갑판거더(deck girder) 등의 용적으로 0.2%를 공제한다. 일반적으로 그레인 용적의 90~93% 정도가 된다. 중량톤수와 재화용적에 대하여는 법규상의 규정도 없고, 등록사항에도 없으나 화물선 등에서는 상업적 거래상 특히 중요하므로 양자 모두 반드시 계산하여야 한다.

6.3 1969년 선박톤수 측정에 관한 국제협약

6.3.1 일 반

앞에서 언급한 바와 같이 종래에는 톤수측정에 관하여 국제적으로 통일된 기준이 없어서 각국이 독자적인 방식을 채용한 결과 산정된 톤수가 다르기 때문에 선박의 항행안전을 위한 규제나 톤세, 입항세, 도선료 등의 수수료 징수 등에 관한 국제간의 공평성과 통일성을 확보하기가 곤란한 상황으로 되어 있었다.

이러한 상황을 개선하기 위해 국제해사기구(IMO)는 하부기관인 해사안전위원회 산하에 톤수측정에 관한 소위원회를 설치하여 톤수의 측정기준 통일을 위한 협약의 초안작성에 착수하였고 그 후 10년간 계속 소위원회에서 검토한 결과 '1969년 선박톤수 측정에 관한 국제협약'이 채택되어 1982년 7월 18일에 발효되었다.

6.3.2 협약의 적용선박

(1) 국제 항해에 종사하는 선박

단, 다음 수역만을 항해하는 선박에는 적용되지 않는다.

① '로지에' 갑과 '엔티코스티' 도의 '웨스트 포인터'를 연결하는 항정선(航程線) 및 '엔티코스티' 도의 북쪽에 있어서는 서경 63도의 자오선을 동단으로 하는 세인트 로렌스강과 북미 5대호
② '카스피'해
③ 아르헨티나의 '푼타래사'와 우루과이의 '푼타델 에스테'를 연결하는 항정선을 동단으로 하는 '라플레이트'강, '피레나'강 및 '우루과이'강.

(2) 길이 24 m 이상인 선박
(3) 군용함선 이외의 선박

6.4 톤수측정

6.4.1 법규상 용어의 정의 및 해설

[1] 길 이(L_{reg})

이것은 용골(keel)의 상면으로부터 측정한 형깊이의 85%에 해당하는 계획 만재흘수선에 평행한 흘수선의 96%와 그 흘수선상의 선수재 전단에서 타두재(rudder stock) 중심까지의 길이 중 큰 길이로서 등록장(registered length)으로 기재된다(그림 6·1).

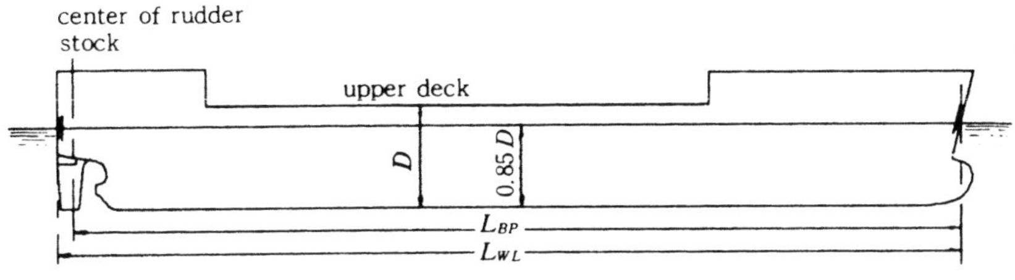

그림 6·1

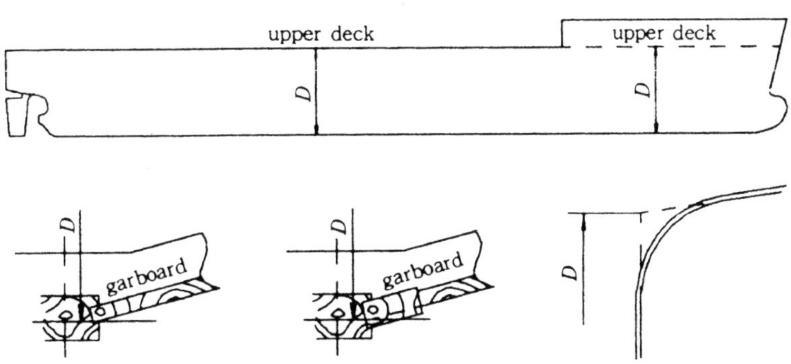

그림 6·2

[2] 폭

금속제 외판을 가진 선박에서는 선박길이의 중앙에서 늑골(frame) 한쪽 외면으로부터 반대쪽 외면까지 측정한 형폭을 주로 사용하고, 그 밖의 재료로 된 외판을 가진 선박에서는 통상 외판의 한쪽 외면으로부터 반대쪽 외면까지 측정한 최대폭을 말한다.

[3] 형 깊 이

용골의 상면으로부터 선측에 있어 상갑판까지 측정한 수직거리를 말한다. 단, 상갑판에 선박 전 폭에 걸쳐서 길이가 1 m 이상 불연속인 경우에 하층갑판이 있을 때에는 하층갑판까지 측정한 수직거리로 한다.

① 목조선이나 목강교조선(목재와 강재로 만든 배)에서는 용골의 래빗(rabbet)의 하연(下緣)으로부터 측정한 것으로 한다. 선체중앙 횡단면 하부의 형상이 오목한 형태의 경우 또는 두꺼운 용골익판(garboard strake)이 붙어 있는 경우에는 용골익판 외의 선저외판의 외면을 안쪽으로 연장한 선과 용골의 측면과의 교차점으로부터 측정한 거리로 한다(그림 6·2).

② 원형 거널(round gunnel)을 가진 선박에 있어서 형깊이는 거널이 각형으로 되도록 상갑판과 선측외판의 몰드라인(moulded line)을 각각 연장하여 얻어지는 교점까지 측정한 거리로 한다.

③ 상갑판에 단(段)이 져 있고 상단의 갑판이 선측까지 달하는 부분에서 형깊이를 측정할 때에는, 그 갑판의 하단 갑판으로부터 상단의 갑판에 평행하게 그은 연장선까지 측정한 거리로 한다.

[4] 형 흘 수

형흘수는 다음과 같이 정의되며, 이 흘수를 등록흘수(registered draft)로 한다.

① 만재흘수선에 관한 국제협약이 적용되는 선박은 하기 만재흘수선(목재 만재흘수선은 제외)에 상당하는 흘수

② 국제항해에 종사하는 여객선은 해상에서의 인명 안전에 관한 국제협약(SOLAS) 또는 그 밖의 국제협정에 따라 지정된 가장 깊은 구획 만재흘수선에 상당하는 흘수

③ 국제 만재흘수선 규정에 적용되지는 않으나 국내규칙에 따라 지정된 하기 만재흘수선 또는 최대허용 흘수

④ 그 밖의 선박은 선박의 중앙에서 측정한 형깊이의 75%로 한다.

[5] 상 갑 판

이것은 외기(外氣)나 해수(海水)에 노출된 최상층의 전통갑판으로서 그 노출부분에 있는 모든 개구에는 상설 풍우밀(weathertight : 어떠한 해면상태에서도 선 내에 침수되지 아니하는 것) 폐쇄장치가 설치되면서 그보다 아래쪽의 선측에 있는 모든 개구에는 상설수밀 폐쇄장치(watertight closing : 인접한 외판과 동등 이상의 강도를 가지며 충분한 수밀성을 보유하고 있는 것)가 설치되어 있는 것을 말한다.

단(段)을 이루고 있는 상갑판(upper deck)을 가진 선박에서는 노출갑판의 최하층으로부터 상단의 갑판에 평행하게 연장시킨 선을 상갑판으로 간주한다. 여기에서 단부라 함은 기선(base line)을 기준으로 경사(slope)가 1/4 이상인 경사부를 갖는 것을 말하고, 상단부와 평행하게 연장을 시킨다는 것은 최하단부의 현측선을 상단부의 현측선에 평행하게 연장시킨 것을 말한다. 이 경우 캠버(camber)는 최하단부 캠버가 연장된 부분의 갑판 폭에 비례하는 것으로 한다(그림 6·3).

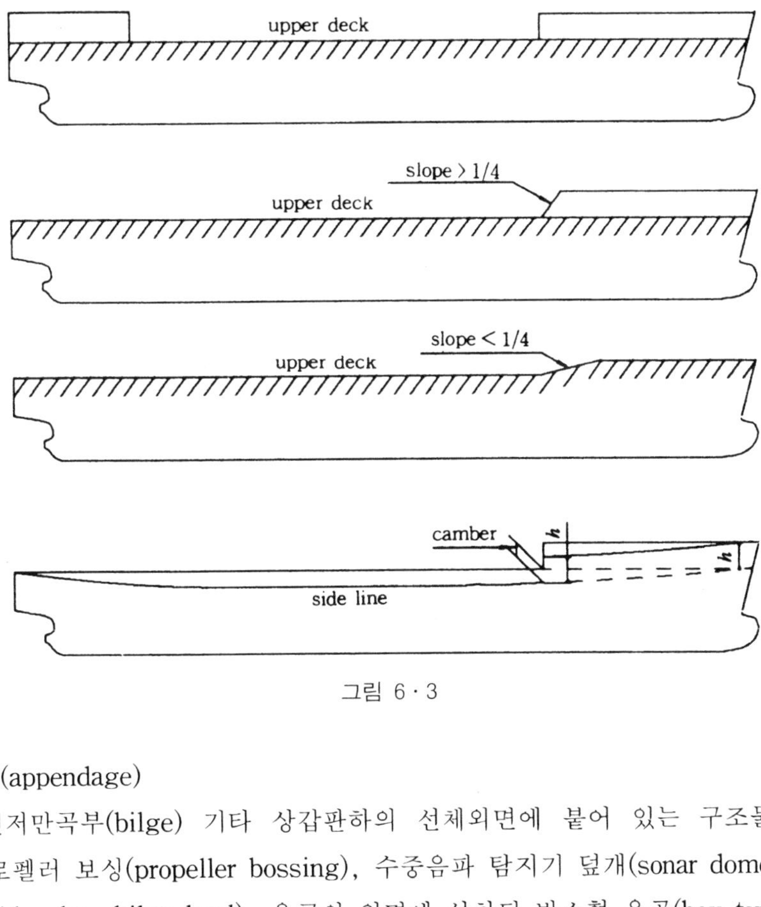

그림 6·3

[6] 부가물(appendage)

이것은 선저만곡부(bilge) 기타 상갑판하의 선체외면에 붙어 있는 구조물로서 스케그(skeg), 프로펠러 보싱(propeller bossing), 수중음파 탐지기 덮개(sonar dome), 이중판 빌지 용골(double plate bilge keel), 용골의 외면에 설치된 박스형 용골(box type keel) 등을 말하고 타(rudder), 감요장치(stabilizer), 프로펠러(propeller) 및 이의 부속물들은 포함시키지 않는다.

[7] 여 객

여객이라 함은 다음에 열거하는 자 이외의 사람을 말한다.

① 선장, 선원과 자격여하를 불문하고 승선하여 선박의 업무에 고용되거나 종사하고 있는 기타의 사람, 예를 들면 선주, 하주, 하역인, 공무원 등을 말한다.

② 1세 미만의 유아

6.4.2 총 톤 수

선박의 총톤수(gross tonnage : GT)는 다음 공식에 의하여 결정하여야 한다.

$$GT = K_1 \cdot V$$

여기서 V : 선박에서 폐위된 모든 장소의 전용적을 합한 용적(m^3)

K_1 : $0.2 + 0.02\log_{10} V$

[1] 폐위장소

이것은 외판, 구획(가동식 포함), 격벽, 갑판 또는 덮개(천막은 제외)로 둘러싸인 선박 내의 모든 장소를 말하는데 장소에 대한 구분 및 처리방법은 다음과 같다.

(1) 미소용적

용적이 $1\,m^3$ 이하가 되는 장소의 용적은 폐위장소로 간주하지 않는다.

(2) 해수에 개방되어 있는 장소

해수 흡입구(sea chest), 사이드 스러스트 터널(side thruster tunnel), 앵커 리세스(anchor recess), 호즈 파이프(hawse pipe), 호즈 피트(hawse pit) 및 러더 트렁크(rudder trunk)(타두재가 외판을 관통하는 부분에 개구가 있는 것)등 해수에 개방되어 있는 장소는 폐위장소가 아니다. 그러나 개구가 폐쇄장치를 가지고 있거나 구조상 개구를 폐쇄할 수 있고 또는 화물이나 저장품의 보관을 위하여 선반 및 기타의 장치(컨테이너선의 cell guide, 벌크 화물선의 shifting board)를 가지고 있는 장소는 폐위장소로 간주한다.

(3) 노출부에 설치된 장소

보기대(補機臺), 작업대(작업대 상판의 재질이 금속 이외의 것이고 이를 지지하기 위한 기둥(stanchion) 외에는 선체접속도 없고 상판의 하면 위치가 인접하는 창구 위쪽으로 0.2 m 아래의 위치에 있는 것), 화물유관(cargo oil pipe) 등은 폐위장소로 간주하지 않는다. 단, 외판, 불워크(bulwark), 창구연재(窓口緣材), 선루의 단벽(端壁) 등에 작업대를 지지하기 위한 장치가 있는 경우에는 작업대 하부의 장소는 폐위장소로 간주한다.

(4) 노출부에 설치된 구조물

데릭 포스트(derrick post), 크레인 포스트(crane post), 마스트(mast) 등의 구조물(선루, 갑판실 등 폐위장소의 측면을 이용하여 구성된 것은 제외)로서 어느 위치의 횡단면적이든 간에 $1\,m^2$ 이하인 장소가 있는 경우는 제외된다.

(5) 복판형(複板型) 불워크

불워크의 최대폭이 0.6 m 미만이고 또한 내측판 높이의 합계가 내측면 높이의 2분의 1 미만인 경우 이 장소는 폐위장소가 아니다.

[2] 제외장소

폐위장소를 구성하는 외판 및 주연(周緣, boundary)에서 구조상의 칸막이, 격벽, 갑판이나 덮개에 개구가 있는 경우는 빗물의 유입에 대한 방호가 불충분하면서 폐위장소 개념으로부터 둘러싸인 장소로 간주하기 어려우므로 폐위장소 개념에서 제외한다. 또한, 유조선에 화물유(貨物油) 계통 및 연료유 계통으로부터 완전히 분리되어서 밸러스트(ballast)를 적재하기 위해 영구적으로 설치된 분리 밸러스트 탱크(segregated ballast tank)가 있는 경우 이들의 전 용적도 제외장소로 한다.

(1) 제외장소로 되는 개구(開口)의 기준

① 상부 구조물의 단부격벽(端部隔壁)에 설치된 개구 : 하층갑판으로부터 상층의 갑판까지 이르고 당해 개구가 있는 위치에서의 하층갑판 폭의 90% 이상의 폭을 갖는 것으로서 노출부에 있는 가장 가까운 구조물과 사이가 당해 구조물과의 사이에 있는 갑판의 최소폭의 50% 이상이어야 한다. 단, 다음의 조건을 만족해야 한다.

- 개구의 위치에 있는 커튼 판(curtain plate)은 길이가 인접하는 갑판보(beam)의 깊이에 25 mm를 더한 값보다 클 경우에는 이를 무시한다(그림 6·4 참조).

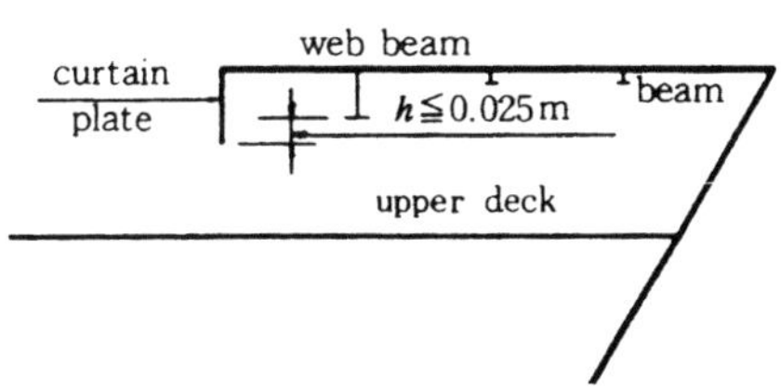

그림 6·4

- 바로 인접한 구조물과의 사이에는 오픈 레일(open rail)이나 불워크 외에 어떠한 접속도 없는 것으로 한다.
- 노출부에 인접한 구조물에는 기기류, 보기대(補機臺) 등과 같이 구조물을 구성하지 아니하는 것은 포함시키지 않는다.

② 양선측에 이르는 상부 구조물의 선측에 설치된 개구 : 개구의 높이가 당해 상부 구조물 높이의 3분의 1보다 높아야 한다. 단, 0.75 m 미만이 될 때에는 0.75 m로 한다(그림 6·5 참조).

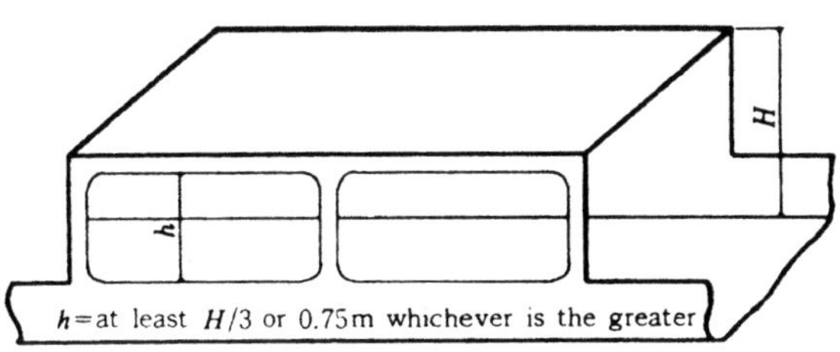

그림 6·5

③ 상부 구조물의 상층갑판에 설치된 개구 : 덮개가 설치되어 있지 아니하고 외기(外氣)에 접하여 있어야 한다.

④ 상부 구조물 둘레의 칸막이나 격벽의 요입부(凹入部)의 개구 : 하층갑판으로부터 상층갑판까지 이르고 외기에 접하여 있어야 한다.

⑤ 덮개로 폐위되면서 이 덮개의 지지를 위해 필요한 지주대(stanchion) 외에는 선체와 어떠한 접속도 없는 상부 구조물의 노출부 측면 및 단면의 개구 : 갑판으로부터 덮개까지 이르고 외기에 접하여 있어야 한다. 다만, 측면에 오픈 레일(open rail) 또는 불워크 및 커튼판(curtain plate)이 설치되어 있는 것은 당해 오픈 레일 또는 불워크의 상단으로부터 커튼 판 하단까지의 높이가 당해 상부 구조물 높이의 3분의 1(0.75 m 미만이 될 때에는 0.75 m로 한다)을 초과하는 것에 한한다. 이 때 지주대에는 길이 0.6 m 미만인 연직판(vertical plate)이 포함되지만, 당해 측면에 설치된 연직판의 전체길이가 당해 개구의 전체길이의 4분의 1 미만인 경우에 한한다.

(2) 개구의 기준에 따른 제외장소의 범위

① 단부격벽에 설치된 개구 : 당해 개구로부터의 그 개구가 있는 위치에서의 하층갑판의 폭(이하 이 절에서 '기준 폭'이라 한다)의 50% 떨어진 위치에서 그 개구에 평행한 면과 그 개구가 있는 단부격벽 사이의 장소를 제외장소로 한다. 다만, 당해 장소가 좁아져서 그 장소의 어떤 위치의 폭이 기준 폭의 90% 미만이 되는 경우에는 기준 폭의 90% 이하로 되는 위치 중 그 개구에 가장 근접한 위치에서 그 개구에 평행한 면과 단부격벽 사이의 장소를 제외장소로 한다. 단, 외판이 한 점으로 집중(convergence)되는 위치에서는 갑판단 개구로부터 기

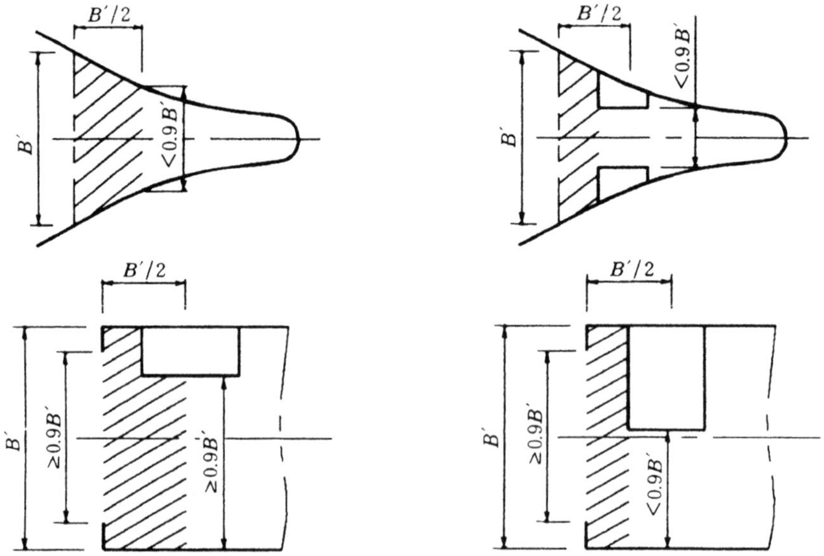

* : hatched parts : parts : excluded space

그림 6·6

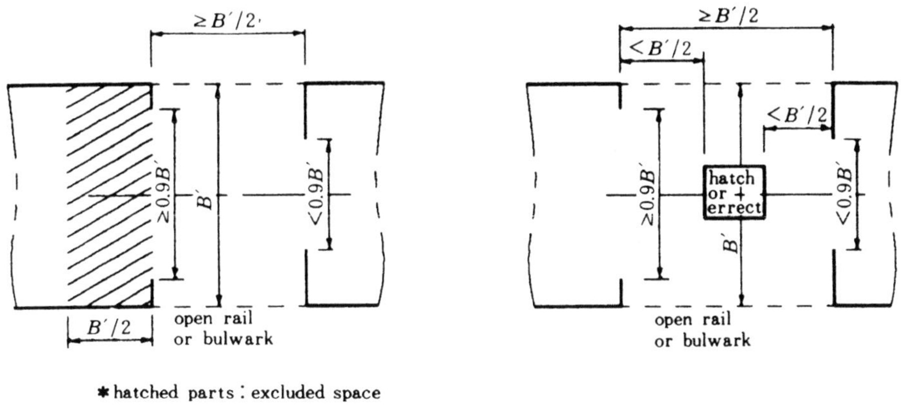

그림 6·7

준 폭의 50% 떨어진 위치까지의 장소를 제외장소로 한다.

두 장소 사이에서 불워크나 오픈 레일을 제외하고 완전히 개방된 구간이 있을 경우에는 상기 규정에 의하여 인정되는 한쪽 또는 양쪽의 제외장소는 두 장소 사이의 구간이 그 구간 위치에서의 폭이 기준 폭의 1/2 미만일 때는 이러한 법규가 적용되지 않는다(그림 6·6 및 그림 6·7 참조).

원형 거널(rounded gunnel)을 가진 선박에 있어서는 그림 6·8에 표시한 B′를 기준 폭으로 한다.

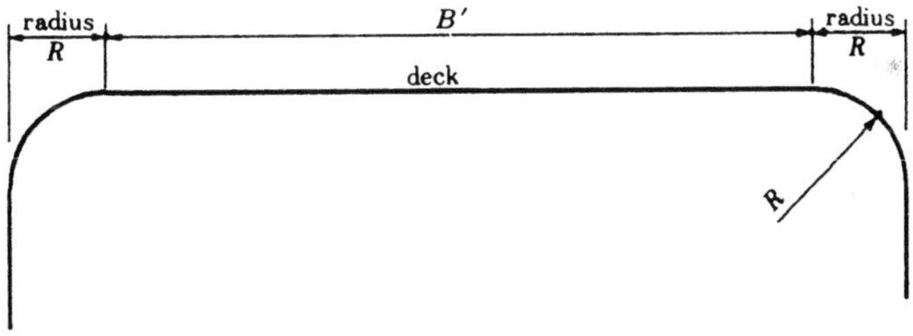

그림 6·8

② 양선측에 이르는 상부 구조물의 선측에 설치된 개구 : 당해 개구로부터 기준 폭의 50% 정도 떨어진 위치(당해 상부 구조물 안에 구조물이 설치되어 있는 경우에는 그 구조물의 측면)와 개구가 있는 선측 사이의 장소를 제외장소로 한다(해당 개구의 길이에 상당하는 부분에 한한다). 이 때 다음 사항을 아울러 고려해야 한다.

i) 양선측에 이르는 상부 구조물의 측판이 선측외판으로부터 내측으로 선박 폭의 4%를 넘지 않는 위치에 있는 것을 포함한다(그림 6·9 참조).

ii) 커튼 플레이트와 불워크 또는 하층갑판 사이에 설치되어 있는 지주대 또는 길이 0.6 m 미만인 연직판은 무시한다. 단, 연직판의 합계길이가 당해 개구(구멍)의 합계길이의 4분의 1 미만인 경우에 한하며, 연직판이 경사되어 설치되 있을 때의 측정방법 및 제외장소의 고려법은 다음과 같다.

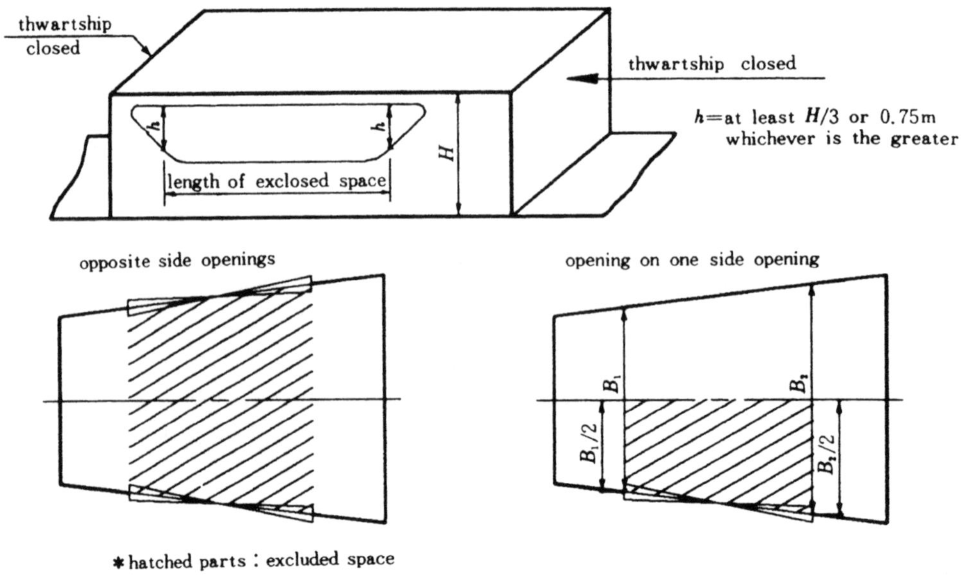

그림 6·9

- 구멍과 구멍 사이의 간격(l_n)이 전부 0.6 m미만이고 $l_1+l_2+l_3+l_4 < 1/4(L_1+L_2+L_3)$의 경우에는 l_n에 면하는 부분을 포함하여 제외장소로 한다(그림 6·10의 빗금친 부분). 여기서 L_n은 구멍의 길이를 의미한다.
- l_1, l_2, l_4, $l_5 < 0.6\text{m}$, $l_3 \geq 0.6\text{m}$, $l_1+l_2 < 1/4(L_1+L_2)$인 경우에는 l_1, l_2에 면하는 부분을 포함하여 "A"가 제외장소로 되고, $l_4+l_5 < 1/4(L_3+L_4)$인 경우에는 l_4, l_5에 면하는 부분을 포함하여 "B"가 제외장소로 된다(그림 6·11 참조).

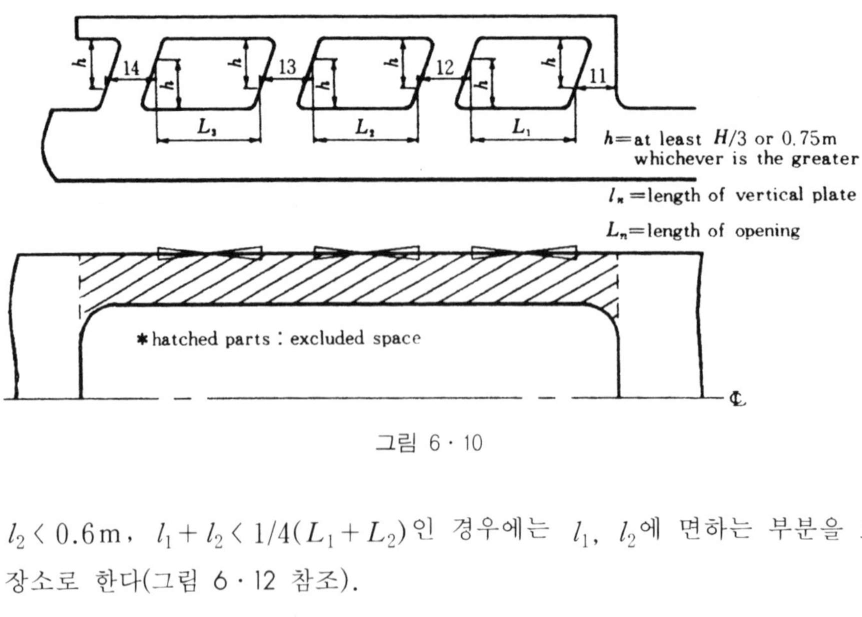

그림 6·10

- l_1, $l_2 < 0.6\text{m}$, $l_1+l_2 < 1/4(L_1+L_2)$인 경우에는 l_1, l_2에 면하는 부분을 포함하여 제외장소로 한다(그림 6·12 참조).

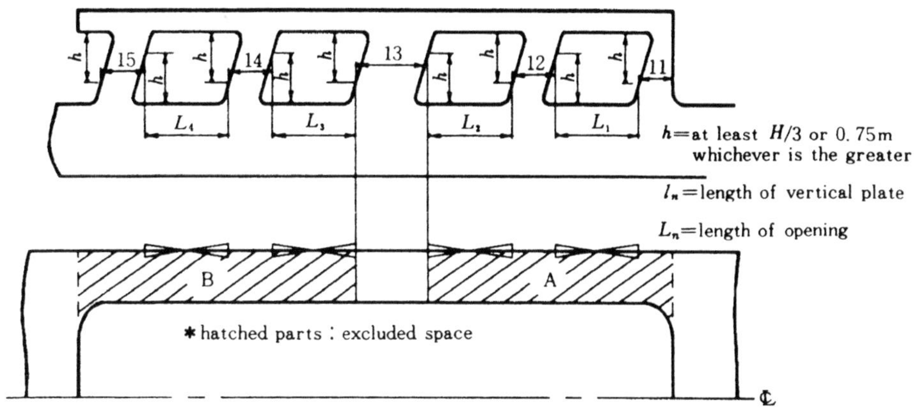

그림 6 · 11

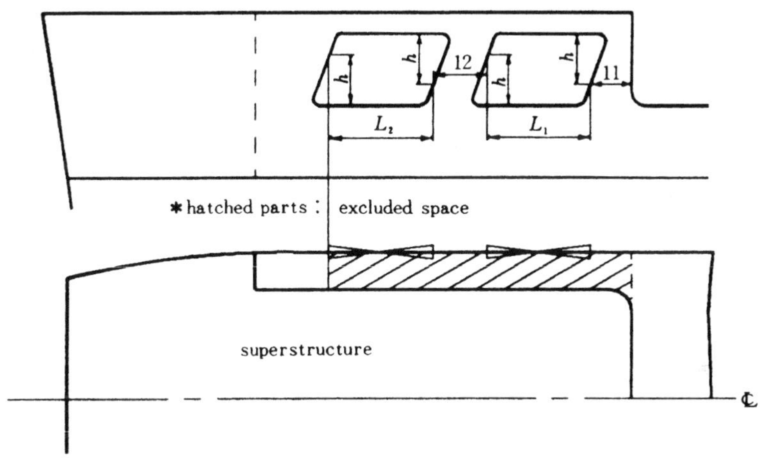

그림 6 · 12

이상에서와 같이 구조물에 구멍이 있는 경우에는 그 구멍의 크기, 구멍과 구멍 사이의 간격 등을 따져서 구멍이 뚫린 장소가 용적에 포함되느냐 안 되느냐를 판단하게 된다.

iii) 양선측에 이르는 상부 구조물로서 선측에 설치된 지주대 또는 연직판이 선측외판의 연장선상보다 내측에 있고, 상층갑판이 선측외판의 연장선상까지 이르는 경우에는 외판의 연장선상에 개구가 있는 것으로 취급한다(그림 6 · 13 참조).

③ 상부 구조물의 상층갑판에 설치된 개구 : 당해 개구 바로 아래의 장소를 제외장소로 한다(그림 6 · 14 참조).

④ 상부 구조물의 바깥둘레의 칸막이 또는 격벽의 요입부(凹入部)의 장소를 제외장소로 한다. 단, 그 장소 내의 어떤 위치에서의 폭이 그 개구의 폭 이하이고 그 안쪽 길이가 개구 폭의 2배 이하인 경우로 국한한다. 따라서 요입부의 안쪽 폭이 개구의 폭보다 넓게 되어 있는 경우에는 제외장소로 고려하지 않는다(그림 6 · 15 참조).

⑤ 덮개로 폐위(蔽圍)된 상부 구조물의 측면 및 단면에 설치된 개구 : 덮개로 폐위된 장소

는 제외장소로 한다(그림 6 · 15 참조)

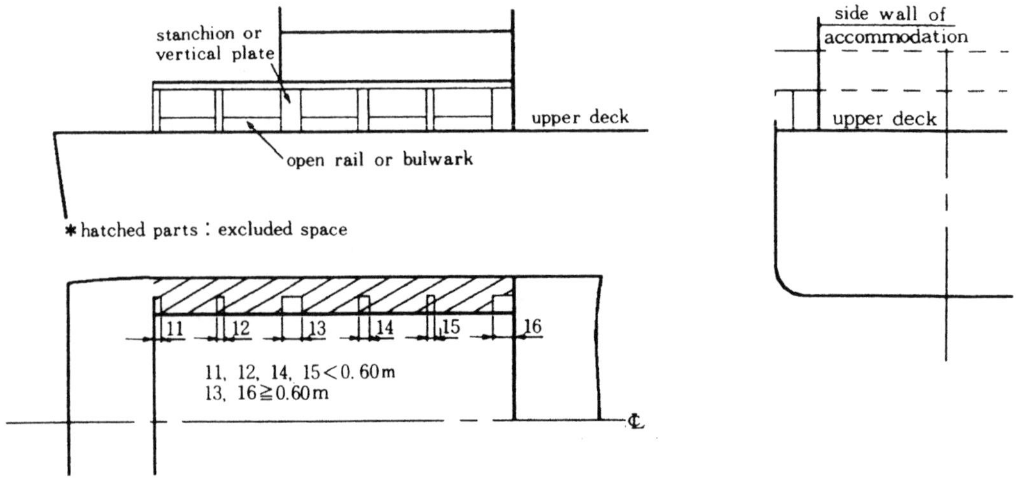

그림 6 · 13

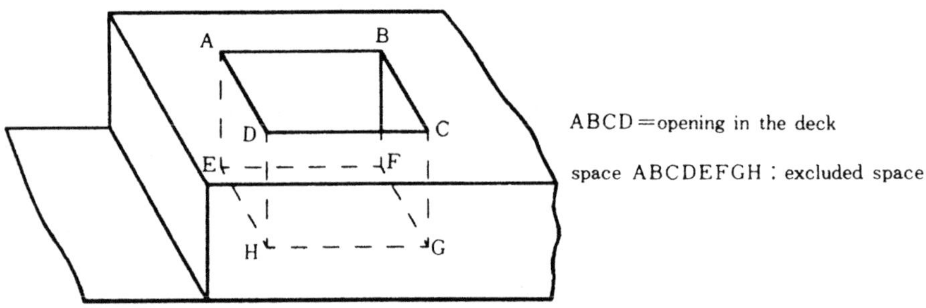

그림 6 · 14

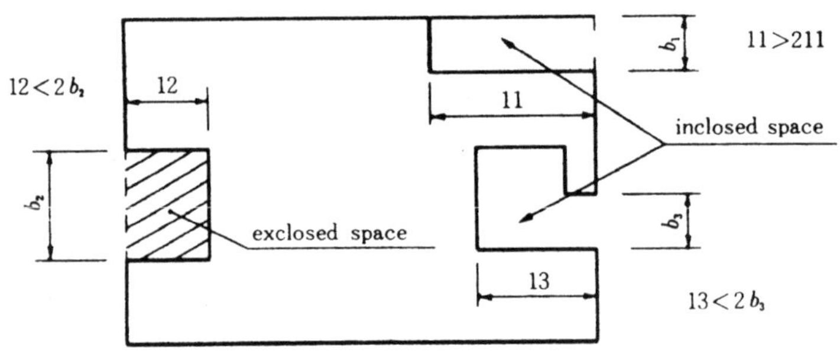

그림 6 · 15

6.4.3 순 톤 수

[1] 순톤수의 산출공식

선박의 순톤수(net tonnage : NT)는 다음 공식에 의하여 결정되어야 한다.

$$\mathrm{NT} = K_2 V_c \left(\frac{4d}{3D}\right)^2 + K_3\left(N_1 + \frac{N_2}{10}\right)$$

윗식에서

① $\left(\frac{4d}{3D}\right)^2$은 1이하이어야 한다.

② $K_2 V_c \left(\frac{4d}{3D}\right)^2$은 0.25 GT 이상이어야 한다.

③ NT는 0.30 GT 이상이어야 한다.

여기서 V_c : 화물적재 장소의 전용적(m^3)

K_2: 다음 식에 의한 계수

$$K_2 = 0.2 + 0.02 \log_{10} V_c$$

K_3 : 다음 식에 의한 계수

$$K_3 = 1.25 \frac{\mathrm{GT} + 10,000}{10,000}$$

D : 선박의 중앙에 있어서의 형깊이(용어의 정의 참조)

d : 선박의 중앙에 있어서의 형흘수(용어의 정의 참조)

N_1 : 침대수가 8 이하인 선실의 여객수

N_2 : 여객정원의 총수에서 N_1을 뺀 수

$N_1 + N_2$: 선박의 여객증서에 표시된 여객운송 허용수로서 $N_1 + N_2$가 13보다 적을 때는 N_1 및 N_2는 모두 0으로 한다.

[2] 화물적재 장소

순톤수의 계산에 포함되는 화물적재 장소라 함은 양하(揚荷)되는 화물의 수송에 이용되는 둘러막힌 장소를 말한다. 즉, 화물창, 화물유 탱크, 액화가스 탱크, 어창(漁艙), 우편물고, 여객의 수하물고, 자동차 운반선 및 자동차 도선(Car-Ferry)의 자동차 적재장소 등이며, 이를 구체적으로 언급하면,

① 탱크를 싣거나 내림으로서 화물을 하역하는 탱커선에 있어서는 해당 탱크를 적재하는 창 내의 장소

② 탱크를 싣거나 내림이 없이 탱크 내의 화물을 하역하는 탱커선에 있어서는 해당 탱크 내의 용적

③ 우편물을 격납하는 장소, 여객이 들고 들어가는 수하물 등의 물품을 격납하는 장소 또는 보세창고(bonded store). 단. 식료품 저장고 및 승무원의 보세창고(bonded store)는 화물적재장소로 고려하지 않는다.

④ 화물창구 연재(緣材)와 화물창구 덮개에 의하여 둘러싸인 장소
⑤ 해수와 연결되어 있는 활어창
⑥ 화물을 보전하기 위하여 화물적재 장소 내에 설치되어 있는 장치가 차지하는 장소
⑦ 화물의 적재와 다른 용도와의 겸용 장소(ballast와 화물유가 반복해서 적재되는 밸러스트 탱크)
⑧ 유조선의 슬롭 탱크(slop tank) 및 화물유 계통과 연관되어 상갑판 위에 고정적으로 설치되어 있는 탱크
⑨ 어획물 처리공장(어분(漁粉), 어유(漁油) 및 통조림 등의 제조공장, 어획물 냉동창, 소금 또는 포장용 상자 저장고 등). 단, 어구창구(fishing gear store)는 제외된다.
⑩ 냉동화물 운송을 위한 냉동기기 장소

6.4.4 용적의 계산

[1] 일반원칙

① 폐위장소의 용적계산은 수선간 길이(L_{BP})를 기준으로 하여 선체주부(선수수선과 선미수선 사이에 있는 상갑판하의 선체부분), 선체 부가부(선수수선보다 전방 또는 선미수선보다 후방에 있는 상갑판하의 선체부분) 및 부가물로 구분하여 각각의 용적을 계산하여 합산한다.

② 폐위(蔽圍)장소, 화물적재 장소 및 제외장소의 용적은 외판의 내면으로부터 다른 외판의 내면까지 또는 주연(周緣, boundary) 구조상의 구획, 격벽, 갑판 또는 덮개의 내면으로부터 다른 구획, 격벽, 갑판 또는 덮개의 내면까지 측정하며, 금속제 이외의 선박에 있어서는 외판의 외표면 또는 구조상의 주연면(boundary surface) 내측까지를 측정한다.

i) 내장판 및 방열재는 주록(boundary)의 구조상 구획이 아니므로 단저(單底) 구조선의 화물창에서 늑판의 상면에 선저내장판을 설치한 경우에도 선저외판까지를 화물적재 장소로 취급한다.

ii) 선각의 구조부재(frame, floor, beam 등)는 용적에 포함된다.

③ 화물적재 장소 내의 각종 트렁크(trunk), 빌지(bilge), 고정 밸러스트는 화물적재 장소의 용적에서 제외하지만 통풍 트렁크와 같은 작은 트렁크는 용적에 포함된다.

④ 면적 또는 용적을 하나로 구분으로 해서 계산해야 할 장소들 중 형상이 복잡한 장소 또는 용적은 해당 장소를 2개 이상으로 구분해서 산정할 수 있다.

⑤ 형상이 단순한 장소나 용적은 길이, 폭, 깊이 또는 높이의 평균값으로서 계산할 수 있다.

[2] 선체주부(船體主部)의 용적산정 방법

(1) 분장점(分長點)

수선간 길이(L_{BP})의 구분에 따라 선미수선으로부터 표 6·2에 따라 정한다.

표 6·2 선체 주부의 분장점 및 그 계산

수선간 길이	50 m 이상		50 m 미만	
	거 리	계 수	거 리	계 수
거리 및 계수	0 L_{BP}	$\frac{1}{4}$	0 L_{BP}	$\frac{1}{2}$
	0.025 L_{BP}	1	0.050 L_{BP}	2
	0.050 L_{BP}	$\frac{1}{2}$	0.100 L_{BP}	1
	0.075 L_{BP}	1	0.150 L_{BP}	2
	0.100 L_{BP}	$\frac{3}{4}$	0.200 L_{BP}	$1\frac{1}{2}$
	0.150 L_{BP}	2	0.300 L_{BP}	4
	0.200 L_{BP}	1	0.400 L_{BP}	2
	0.250 L_{BP}	2	0.500 L_{BP}	4
	0.300 L_{BP}	$1\frac{1}{2}$	0.600 L_{BP}	2
	0.400 L_{BP}	4	0.700 L_{BP}	4
	0.500 L_{BP}	2	0.800 L_{BP}	$1\frac{1}{2}$
	0.600 L_{BP}	4	0.850 L_{BP}	2
	0.700 L_{BP}	$1\frac{1}{2}$	0.900 L_{BP}	1
	0.750 L_{BP}	2	0.950 L_{BP}	2
	0.800 L_{BP}	1	1.000 L_{BP}	$\frac{1}{2}$
	0.850 L_{BP}	2		
	0.900 L_{BP}	$\frac{3}{4}$		
	0.925 L_{BP}	1		
	0.950 L_{BP}	$\frac{1}{2}$		
	0.975 L_{BP}	1		
	1.000 L_{BP}	$\frac{1}{4}$		

표 6·3 선체주부(主部) 및 선체 부가부(附加部)의 분심점(分深點)

구 분	간 격
기선으로부터 상방 1 m 이하의 부분	0.5 m
기선으로부터 상방 1 m를 초과 3 m 이하의 부분	1.0 m
기선으로부터 상방 3 m를 초과 5 m 이하의 부분	2.0 m
기선으로부터 상방 5 m를 초과하는 부분	4.0 m

(2) 분장점에서의 횡단면의 면적

① 캠버(camber) 부분의 면적은 별도 산정한다.

② 각 분장점에서의 분심점(分深點) 설정법은 기선(base line)을 기점으로 하여 표 6·3의 간격마다에 분심점을 정한다. 횡단면을 분심점마다 구분하여 구분된 면의 면적은 심프슨 제

1공식에 의하여 산정하고 이들을 합산하여 해당 횡단면의 면적을 산정한다.

③ 선체 중앙부와 같은 평행부는 빌지부 원호 끝(bilge circle end) 상방 근처에 있는 분심점으로부터 양선측에서 상갑판 하면을 연결한 선과 수선(垂線)과의 교점에 설치한 분심점까지의 분심점간의 깊이에 폭을 곱하여 면적을 계산하고, 이에 당해 상방 및 하방의 각 부분 횡단면의 면적을 합하여 횡단면의 면적을 계산할 수 있다.

④ 원형 거널(rounded gunwale)부의 횡단면에 대해서는 원형 거널의 반지름(R) 끝의 위치에 분심점을 설치하고, 해당 부분을 포함하는 부분 횡단면을 구분하여 구분한 횡단면마다 심프슨 제1공식을 적용하여 면적을 계산할 수 있다.

(3) 용　적

각 분장점에서 계산된 횡단면의 면적을 심프슨 제1공식을 적용하여 용적을 산정한다. 이것을 그림으로 나타내면 그림 6·16과 같다.

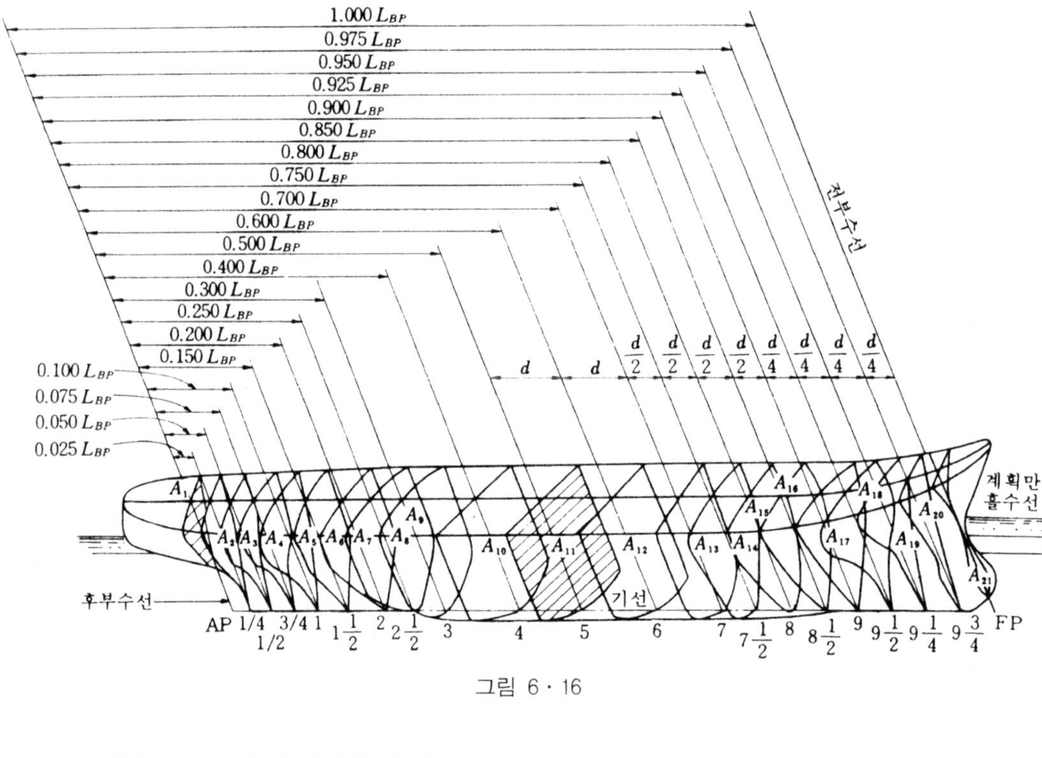

그림 6·16

[3] 부가부(附加部)의 용적계산 방법

(1) 분 장 점

선체 부가부의 길이에 따라 구분은 표 6·4에 정하는 등분수로 해당 길이를 등분한 위치 및 전, 후양단의 위치에 설치한다.

(2) 분장점에서의 횡단면적 및 용적

선체주부(船體主部)의 각 분장점에서의 횡단면의 면적산정 방법을 준용하며, 용적계산도 같은 방법으로 한다.

[4] 부가물의 용적계산 방법

(1) 분 장 점

부가물의 길이를 표 6·4에서 정한 등분수로 등분한 위치 및 전, 후양단의 위치에 분장점을 설치한다. 여기서 부가물의 길이측정은 부가물의 내면에서 전단으로부터 후면까지로 정한다.

표 6·4 선체 부가부, 부가물의 분장점(分長點) 및 분심점(分深點)

길 이(m)	등 분 수
$0.05L_{BP}$ 미만	2
$0.05L_{BP}$ 이상 $0.10L_{BP}$ 미만	4
$0.10L_{BP}$ 이상	6

(2) 분장점에서의 횡단면의 면적

각 분장점에서의 깊이에 따라 표 6·4에서 정한 등분수로 해당 깊이를 등분한 위치 및 상하양단(上下兩端)의 위치에 분심점을 설치하고 심프슨 제1공식을 적용하여 면적을 산정한다. 부가물의 깊이와 폭은 부가물의 내면에서 측정한다. 선체 부가부의 용적산정 방법을 그림으로 나타내면 그림 6·17과 같다.

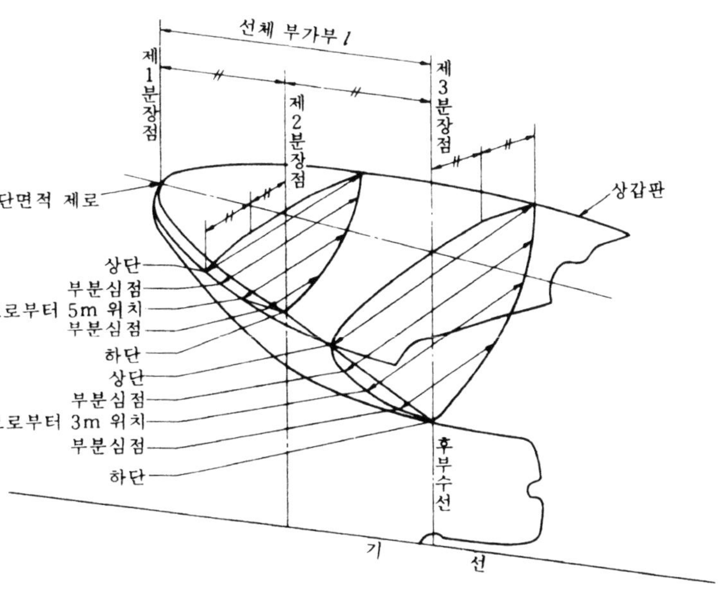

그림 6·17 선체부가부의 용적산출법 설명도

[5] 상부구조물의 용적산정 방법

(1) 분 장 점

상부 구조물의 길이에 따라 표 6·5에서 정한 등분수로 해당 길이를 등분한 위치 및 전후 양단의 위치에 분장점을 설치한다.

표 6·5 상부 구조물의 분장점 또는 화물적재 장소의 길이

길 이(m)	등 분 수
0.25 L_{BP} 미만	2
0.25 L_{BP} 이상 0.50 L_{BP} 미만	4
0.50 L_{BP} 이상	6

선수루나 선미루의 길이는 해당 구조물의 외판부분이 금속제인 경우에는 외판의 내면으로부터 단벽(端壁)의 내면까지, 그리고 금속제가 아닌 경우에는 외판의 외면으로부터 단벽의 내면까지의 수평거리를 재고, 갑판실의 경우에는 구조상 위벽(圍壁)의 내면 간의 길이를 재어서 이 길이를 기준으로 한다. 상부 구조물의 전부나 일부가 전부수선(前部垂線)보다 전방 또는 후부수선보다 후방에 있을 때에는 해당 상부 구조물의 횡단면의 면적은 선수부 또는 선미부로부터 길이방향으로 급격하게 변화한다. 이러한 부분에 관해서는 앞에서 설명한 분장점만으로 심프슨 제1공식을 적용하여 용적을 산정하면 오차가 크게 되기 때문에, 선수부 및 선미부의 전, 후단(前, 後端)으로부터 세 번째 분장점까지는 중앙에 각각 부가적인 분장점을 설치한다.

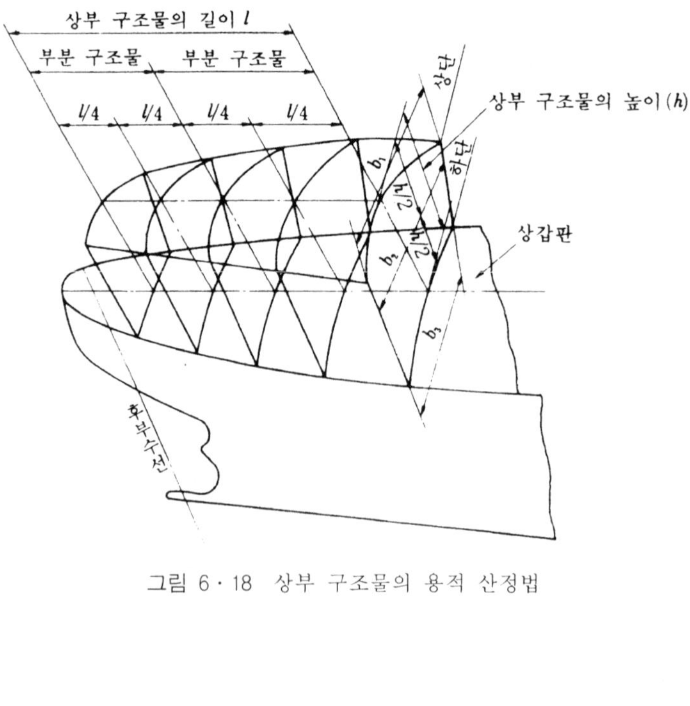

그림 6·18 상부 구조물의 용적 산정법

(2) 분장점에서의 횡단면의 면적

횡단면의 면적은 해당 횡단면의 상단(上端), 하단(下端) 및 횡단면 높이의 중앙에서의 폭을 심프슨 제 1 공식으로 산정한다. 상단에서의 폭은 상층갑판의 하면에서, 하단에서의 폭은 하층갑판의 하면에서의 폭을 말한다. 폭의 측정은 선루가 금속제 외판일 때에는 외판의 내면으로부터 내면까지, 선루가 금속제 외판이 아닐 때에는 외판의 외면으로부터 외면까지로 하며, 갑판실의 경우에는 구조상 경계면(boundary)의 내면으로부터 내면까지로 한다. 횡단면의 높이는 선체 중심선으로부터 하단 폭의 1/4만큼 떨어진 위치에서 하층갑판의 하면으로부터 상층갑판 하면까지의 높이로 한다. 이것을 그림으로 나타내면 그림 6·18과 같다.

(3) 용 적

분장점들 가운데 후단으로부터 홀수 번째에 해당하는 분장점에서 상부 구조물을 구분하고 각 구분한 부분용적을 계산해서 합함으로써 상부 구조물의 용적을 산정한다. 용적산정에 있어서는 내장·방열재 등은 무시하고, 구조상 경계격벽(boundary bulkhead)의 내면까지의 용적으로 한다. 선교루, 선미루, 갑판실 등의 상부 구조물 은 형상이 단순한 것으로 보아서 평균길이, 폭 및 높이에 의하여 용적을 산정할 수가 있다. 여기서

① 평균길이는 해당 구조물의 최대길이의 중앙에서 하층갑판 폭의 1/4만큼 측벽으로부터 떨어진 위치에서 높이의 중앙에서 해당 구조물의 전단벽의 내면으로부터 후단벽의 내면까지의 길이를 말하며,

② 평균폭은 평균길이의 중앙, 평균높이의 중앙에서의 측벽의 내면간(內面間)의 폭을 말하고,

③ 평균높이는 평균길이의 중앙에서 해당 구조물의 측벽으로부터 상층갑판 폭의 1/4만큼 떨어진 위치에서 하층갑판의 하면으로부터 상층갑판 하면까지의 높이로 한다.

[6] 화물적재 장소의 용적산정 방법

화물적재 장소의 용적은 갑판간의 화물창 및 최하층 갑판하의 화물창에 대하여 각 화물창마다 각각의 용적을 산정하여 이들을 합산한다.

(1) 분 장 점

상부 구조물의 분장점을 정하는 방법과 동일한 방법으로 한다.

(2) 분장점에서의 횡단면의 면적

① 상부 구조물의 분장점에서 횡단면의 면적을 산정하는 방법과 동일한 방법으로 구한다.

② 최하층 갑판하의 화물적재 장소의 분장점에서의 횡단면 면적은 선체주부의 분장점에서 횡단면의 면적을 산정하는 방법과 동일한 방법으로 구하며, 단층 갑판선 경우의 최하층 갑판은 상갑판을 말한다.

③ 각 분장점에서의 분심점은 표 6·3에 따라 설치하며, 이중저가 있는 선박은 이중저 상면에, 단저(端底)구조의 선박은 선저외판의 내면에 최하단의 분심점(금속제가 아닌 외판을

가진 선박에서는 외판의 외면)을 설치한다. 단저구조의 경우에는 선체주부의 용적을 산정하는 방법과 같은 방법으로 계산한다.

④ 부분 이중저를 가지는 경우의 화물 적재 장소는 부분 이중저의 부분에서는 이중저 내저판의 상면까지, 그리고 단저의 부분에서는 선저외판의 내면까지로 정하며, 금속제가 아닌 외판을 가진 선박에서는 외판의 외면까지로 한다.

(3) 용 적

용적도 상부 구조물의 용적 산정방법과 동일한 방법으로 산정한다. 이것을 그림으로 나타내면 그림 6·19와 같다.

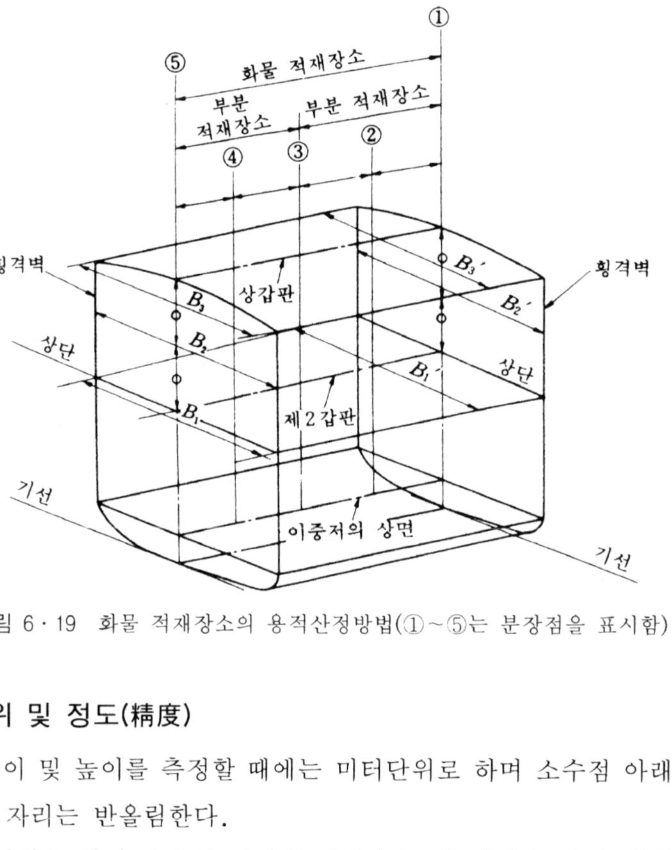

그림 6·19 화물 적재장소의 용적산정방법(①~⑤는 분장점을 표시함)

6.4.5 측정단위 및 정도(精度)

① 길이, 폭, 깊이 및 높이를 측정할 때에는 미터단위로 하며 소수점 아래의 자릿수는 두 자리로 하되 셋째 자리는 반올림한다.

② 두께는 미터단위로 하며 소수점 아래의 자릿수는 세 자리로 하되 넷째 자리는 반올림한다.

③ 국제톤수증서에 기재되는 톤수는 정수(整數)로 표시한다.

④ 면적, 용적 및 계수(係數)의 단위 및 정도(精度)는 다음과 같이 한다.

i) 면적 : 제곱미터를 단위로 하며 소수점 아래의 자릿수는 세 자리로 하되 넷째 자리에서 반올림한다.

ii) 용적 : 세제곱미터를 단위로 하며 소수점 아래의 자릿수는 세 자리로 하되 넷째 자리에서 반올림한다.

iii) 계수 : 소수점 아래의 자릿수는 네 자리로 하되 다섯째 자리에서 반올림한다.

6.5 운하톤수의 규칙

국제톤수협약이 전세계적으로 통용됨에 따라 세계 주요 해운국 사이에는 선박의 소속국이 발행한 국제톤수증서에 기재된 톤수를 상호간에 인정하기로 협정이 맺어진 나라가 많지만, 수에즈(Suez) 운하와 파나마(Panama) 운하에서는 이와는 별개로 독자적인 측정법에 따라 적량을 측정하고, 이것을 운하 통과료의 기준으로 삼고 있다. 이 톤수를 각각 수에즈 운하톤수, 파나마 운하톤수라고 한다.

이들 두 운하를 통과하는 선박은 모두 운하회사로부터 각각의 운하톤수 측정규칙에 따라 측정을 받고 톤수증서를 교부 받아야 한다. 그러나 운하를 통과할 때 운하회사로부터 톤수 측정을 받는다는 것이 불편하므로 운하당국에서는 각국의 특정 검사원(선급협회)이나 해운관청에 위촉하여 이들로부터 미리 톤수의 측정을 받아서 증서를 교부 받아 소지함으로써 편리하도록 하고 있다. 또한, Panama 운하의 경우에는 톤수증서 대신에 톤수산정 자료를 교부 받게 되며 톤수증서는 해당선박이 처음으로 파나마 운하를 통과할 때 파나마 당국으로부터 직접 교부 받게 된다.

운하 통과료는 이들 증서에 의하여 지불하게 되며, 증서를 소지하고 있지 않을 때에는 운하당국에서 직접 측정하여 증서를 발급 받게 된다.

6.5.1 수에즈 운하톤수 규칙

이 규칙은 국제톤수협약과는 무관하게 무어슴(Moorsom) 방식에 기초를 둔 종래의 톤수측정 방식을 적용하고 있다.

[1] 총 톤 수

이것은 선박의 내부(늑골 또는 내장판의 내부)의 총용적에서 제외장소(폐위되지 않은 구조물, 이중저장소(二重底場所), 측도갑판 상부의 출입구실, 기관실 위벽(engine casing))의 용적을 뺀 용적을 100 ft^3(1000/353 m^3)을 1톤으로 환산하면 얻어진다.

[2] 순 톤 수

이것은 총톤수에서 총톤수의 규칙에서 정한 공제장소(선원 상용실(常用室), 선박의 안전, 위생 등에 사용되는 장소, 항해의 용도에 제공되는 장소, 기관실 장소(propelling power space)들의 적량을 공제한 잔여톤수를 말하는데, 운하 통과료는 이 순톤수를 기준으로 해서 부과하고 있다.

6.5.2 파나마 운하톤수 규칙

이 규칙도 최근까지만 해도 Suez 운하톤수 규칙과 마찬가지로 무어슴 방식에 의한 종래의 톤수측정 방식을 적용했지만, 파나마 운하위원회(Panama Canal Commission : PCC)에서 수년 전부터 측도방식을 현재 전세계적으로 발효되어 있는 국제톤수협약 방식으로 변경할 계획으로 다년간의 연구와 검토를 한끝에 새로운 측도방식인 PC/UMS(Panama Canal Universal Measurement System)를 제정하여 1994년 10월 1일부터 적용하고 있다.

PC/UMS 방식은 선박의 폐위된 총용적에 2개의 인자(K_4, K_5)를 각각 곱한 것을 합하여 톤수를 산정하는데, 선박의 총폐위된 용적을 구하는 방식이 국제톤수협약에서 정한 것과 동일하기 때문에 종래의 톤수측정 방식보다는 훨씬 간편해졌다. 운하 통과료는 Suez 운하와 마찬가지로 순톤수를 기준으로 하고 있다.

[1] 순 톤 수

$$\mathrm{NT} = K_4(V) + K_5(V)$$

여기서 $K_4 = [0.25 + 0.01 \times Log(V)] \times 0.83$

$$K_5 = \frac{\log(DA - 19)}{\{\log(DA - 16)\} \times 17}$$

$(N_1 + N_2) \geq 100$명 또는 $DA \leq 20$ m이면 $K_5 = 0$

$$DA = \frac{V}{L \times B}$$

V : 선박에서 둘러싸인 장소의 전합계용적(m^3)

L : 배의 길이

B : 배의 폭

N_1 : 침대수가 8 이하인 선실의 여객수

N_2 : 기타의 여객수(V, N_1, N_2, L 및 B의 정의 및 산정방법은 국제톤수협약에서 정의하는 것과 동일함)

$N_1 + N_2$: 선박의 여객증서에 표시된 여객운송 허용수로서 $N_1 + N_2$가 13 미만일 때는 $N_1 = 0$, $N_2 = 0$으로 한다.

톤수 계산서식

국 제 톤 수 계 산 서
tonnage calculation sheet

선 명
name of ship ....

국 적 nationality	용 도 kind of ship	기관의 종류 type of engines	선박번호 official no.	선 적 항 port of registry	용골거치 연월일 date of reel laid	길 이 length	폭 breadth	깊 이 depth
								D— *d*—

총톤수 gross tonnage				순톤수 net tonnage			
명 칭 name of space	위 치 location	길 이 length	형 용 적 mld.volume	명 칭 name of space	위 치 location	길 이 length	형 용 적 mld.volume
		합 계 용 적 total volume				합 계 용 적 total volume	
총 톤 수 gross tonnage				순 톤 수 net tonnage			
비 고							

19..................년..............월..............일..............

The...................day of................... 19..............

측정 집행관
surveyor

측정 집행관청
executive government office..

국제 총톤수(GT)

GROSS TONNAGE

$GT = K_1 V$

V : 폐위장소의 합계 용적에서 제외 장소의 합계 용적을 공제한 수치

Total volume of all enclosed spaces of the ship

$V =$ ______ , $K_1 = 0.2 + 0.02\log_{10} V =$ ______

$K_1 V =$ ______

GT = ______ 톤 tons

순톤수(NT)

NET TONNAGE

$$NT = K_2 V_c \left(\frac{4d}{3D}\right)^2 + K_3\left(N_1 + \frac{N_2}{10}\right)$$

(a) $\left(\frac{4d}{3D}\right)^2$이 1 이상일 때에는 1로 한다.

When $\left(\frac{4d}{3D}\right)^2$ is more than 1, $\left(\frac{4d}{3D}\right)^2$ Shall be taken as 1.

$\left(\frac{4d}{3D}\right)^2 =$ ______

(b) $K_2 V_c \left(\frac{4d}{3D}\right)^2$이 0.25GT 미만일 때에는 0.25GT로 한다.

When $K_2 V_c \left(\frac{4d}{3D}\right)^2$ is less than 0.25GT, $K_2 V_c \left(\frac{4d}{3D}\right)^2$ Shall be taken as 0.25GT

$K_2 V_c \left(\frac{4d}{3D}\right)^2 =$ ______

0.25GT = ______

(c) $N_1 + N_2$가 13 미만일 때에는 N_1 및 N_2 는 0으로 한다.

When $N_1 + N_2$ is less than 13, N_1 and N_2 Shall be taken as zero

$N_1 + N_2 =$ ______ , $N_1 =$ ______ , $N_2 =$ ______ ,

$N_1 + \frac{N_2}{10} =$ ______

$K_2 = 0.2 + 0.02\log_{10} V_c =$ ______

V_c : 화물 적재장소의 합계용적에서 당해 화물 적재장소에 포함되어 있는 제외장소의 합계용적을 공제한 수치

Total volume of cargo spaces

$V_c =$ ______

$K_1 = 1.25 \times \frac{GT + 10,000}{10,000} =$ ______

NT가 0.3GT 미만일 때에는 0.3GT로 한다.

When NT is less than 0.3GT, NT Shall be taken as 0.3GT

0.3GT = ______

______ × ______ × ______ + ______ × ______ = ______

K_2 V_c $\left(\frac{4d}{3D}\right)^2$ K_2 $N_1' + \frac{N_2}{10}$

NT = ______ 톤 tons

길 이, 폭, 깊 이
(LENGTH) (BREADTH) (DEPTH)

1. 길이(length)

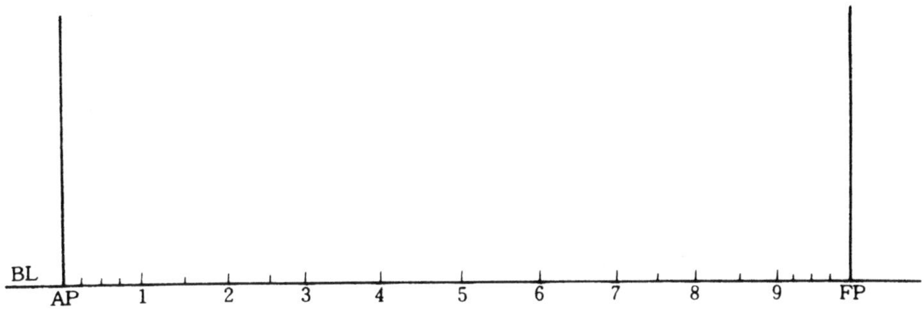

(a) 최소 형 깊이의 85%의 위치에서 계획만재 흘수선에 평행한 흘수선의 전체 길이×0.96

The total length on a waterline at 85% of the least moulded depth measured from the top of the keel×0.96

______________ ×0.96=______________________ m

(b) 최소 형 깊이의 85%의 위치에서 계획만재 흘수선에 평행한 흘수선상에서 선수재의 전면으로부터 타두재의 중심선에 이르는 거리

The length from the fore side of the stem to the axis of the rudder stock on a waterline at 85% of the least moulded depth measured from the top of the keel

______________________________ m

2. 폭 및 깊이 (Breadth and depth)

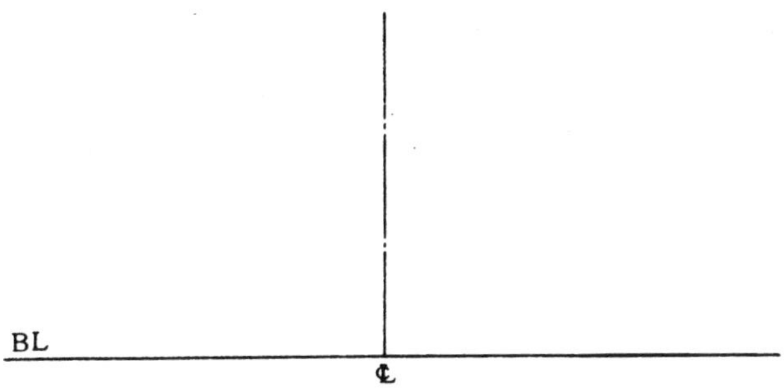

3. 주요치수(principal dimensions)

길 이 [1의 (a) 또는 (b)] (length) [(a) or (b) of 1]	. m
폭 (breadth)	. m
선박의 중앙에서의 형 깊이 (Moulded depth at the amidships)	. m

(선체주부 · 선체 부가부 · 최하층 갑판하의 화물적재 장소)의 횡단면의 면적

sectional area of(main part · added parts · cargo holds under the lowestdeck)

분장점 번호 No. of areas	분심점 WL	곱수 (s^2) Multipliers	폭 breadth (b)	$b\cdot s$	부분 횡단면의 면적 area of partial section	면적누계 total area	분장점 번호 No. of areas	분심점 WL	곱수 (s^2) Multipliers	폭 breadth (b)	$b\cdot s$	부분 횡단면의 면적 area of partial section	면적누계 total area
					$h=$ $\Sigma b\cdot s=$ $\frac{h\times\Sigma b\cdot s}{6}=$							$h=$ $\Sigma b\cdot s=$ $\frac{h\times\Sigma b\cdot s}{6}=$	
					$h=$ $\Sigma b\cdot s=$ $\frac{h\times\Sigma b\cdot s}{6}=$							$h=$ $\Sigma b\cdot s=$ $\frac{h\times\Sigma b\cdot s}{6}=$	
					$h=$ $\Sigma b\cdot s=$ $\frac{h\times\Sigma b\cdot s}{6}=$							$h=$ $\Sigma b\cdot s=$ $\frac{h\times\Sigma b\cdot s}{6}=$	
					$h=$ $\Sigma b\cdot s=$ $\frac{h\times\Sigma b\cdot s}{6}=$							$h=$ $\Sigma b\cdot s=$ $\frac{h\times\Sigma b\cdot s}{6}=$	
					$h=$ $\Sigma b\cdot s=$ $\frac{h\times\Sigma b\cdot s}{6}=$							$h=$ $\Sigma b\cdot s=$ $\frac{h\times\Sigma b\cdot s}{6}=$	
					$h=$ $\Sigma b\cdot s=$ $\frac{h\times\Sigma b\cdot s}{6}=$							$h=$ $\Sigma b\cdot s=$ $\frac{h\times\Sigma b\cdot s}{6}=$	
					$h=$ $\Sigma b\cdot s=$ $\frac{h\times\Sigma b\cdot s}{6}=$							$h=$ $\Sigma b\cdot s=$ $\frac{h\times\Sigma b\cdot s}{6}=$	
					$h=$ $\Sigma b\cdot s=$ $\frac{h\times\Sigma b\cdot s}{6}=$							$h=$ $\Sigma b\cdot s=$ $\frac{h\times\Sigma b\cdot s}{6}=$	
					$h=$ $\Sigma b\cdot s=$ $\frac{h\times\Sigma b\cdot s}{6}=$							$h=$ $\Sigma b\cdot s=$ $\frac{h\times\Sigma b\cdot s}{6}=$	
					$h=$ $\Sigma b\cdot s=$ $\frac{h\times\Sigma b\cdot s}{6}=$							$h=$ $\Sigma b\cdot s=$ $\frac{h\times\Sigma b\cdot s}{6}=$	
					$h=$ $\Sigma b\cdot s=$ $\frac{h\times\Sigma b\cdot s}{6}=$							$h=$ $\Sigma b\cdot s=$ $\frac{h\times\Sigma b\cdot s}{6}=$	
					$h=$ $\Sigma b\cdot s=$ $\frac{h\times\Sigma b\cdot s}{6}=$							$h=$ $\Sigma b\cdot s=$ $\frac{h\times\Sigma b\cdot s}{6}=$	
					$h=$ $\Sigma b\cdot s=$ $\frac{h\times\Sigma b\cdot s}{6}=$							$h=$ $\Sigma b\cdot s=$ $\frac{h\times\Sigma b\cdot s}{6}=$	
					$h=$ $\Sigma b\cdot s=$ $\frac{h\times\Sigma b\cdot s}{6}=$							$h=$ $\Sigma b\cdot s=$ $\frac{h\times\Sigma b\cdot s}{6}=$	
					$h=$ $\Sigma b\cdot s=$ $\frac{h\times\Sigma b\cdot s}{6}=$							$h=$ $\Sigma b\cdot s=$ $\frac{h\times\Sigma b\cdot s}{6}=$	
					$h=$ $\Sigma b\cdot s=$ $\frac{h\times\Sigma b\cdot s}{6}=$							$h=$ $\Sigma b\cdot s=$ $\frac{h\times\Sigma b\cdot s}{6}=$	
					$h=$ $\Sigma b\cdot s=$ $\frac{h\times\Sigma b\cdot s}{6}=$							$h=$ $\Sigma b\cdot s=$ $\frac{h\times\Sigma b\cdot s}{6}=$	
					$h=$ $\Sigma b\cdot s=$ $\frac{h\times\Sigma b\cdot s}{6}=$							$h=$ $\Sigma b\cdot s=$ $\frac{h\times\Sigma b\cdot s}{6}=$	
					$h=$ $\Sigma b\cdot s=$ $\frac{h\times\Sigma b\cdot s}{6}=$							$h=$ $\Sigma b\cdot s=$ $\frac{h\times\Sigma b\cdot s}{6}=$	
					$h=$ $\Sigma b\cdot s=$ $\frac{h\times\Sigma b\cdot s}{6}=$							$h=$ $\Sigma b\cdot s=$ $\frac{h\times\Sigma b\cdot s}{6}=$	
					$h=$ $\Sigma b\cdot s=$ $\frac{h\times\Sigma b\cdot s}{6}=$							$h=$ $\Sigma b\cdot s=$ $\frac{h\times\Sigma b\cdot s}{6}=$	
					$h=$ $\Sigma b\cdot s=$ $\frac{h\times\Sigma b\cdot s}{6}=$							$h=$ $\Sigma b\cdot s=$ $\frac{h\times\Sigma b\cdot s}{6}=$	

(선체주부 · 선체 부가부 · 최하층 갑판하의 화물적재 장소)의 캠버의 횡단면의 면적
sectional area of camber of (main part · added part · cargo hold under the lowest deck)

분장점의 위치 distance from AP															
폭 breadth															
등 분 점 간 격(b') comm.int.bet.the point															
등 분 점 no. of point	곱수 S	높이cm height	cm · S	높이cm height	cm · S	높이cm height	cm · S	높이cm height	cm · S	높이cm height	cm · S	높이Cm height	cm · S	높이cm height	cm · S
1	1														
2	4														
3	2														
4	4														
5	1														
Σcm · S															
면적 $\left(\frac{b'}{3}\times\Sigma cm\cdot S\right)$ area															
용골의 상면으로부터 형 깊이의 상단까지의 면적 area from K.L to the top of MLD. depth															
합계면적 total area															
분 장 점 의 위 치 distance from AP															
폭 breadth															
등분점 간격(b') comm.int.bet.the point															
등 분 점 no of point	곱수 S	높이cm height	cm · S	높이cm height	Cm · S	높이cm height	cm · S	높이cm height	cm · S	높이cm height	cm · S	높이cm height	cm · S	높이cm height	cm · S
1	1														
2	4														
3	2														
4	4														
5	1														
Σcm · S															
면적 $\left(\frac{b'}{3}\times\Sigma cm\cdot S\right)$ area															
용골의 상면으로부터 형 깊이의 상단까지의 면적 area from K.L to the top of MLD. depth															
합계면적 total area															
분 장 점 의 위 치 distance from AP															
폭 breadth															
등 분 점 간 격(b') comm.int.bet.the point															
등분점 no of point	곱수 S	높이cm height	cm · S	높이cm height	cm · S	높이cm height	cm · S	높이cm height	cm · S	높이cm height	cm · S	높이cm height	cm · S	높이cm height	cm · S
1	1														
2	4														
3	2														
4	4														
5	1														
$\Sigma b\cdot S$															
면적 $\left(\frac{b}{3}\times\Sigma cm\cdot S\right)$ area															
용골의 상면으로부터 형 깊이의 상단까지의 면적 area from K.L to the top of MLD. depth															
합계면적 total area															
비고															

(선체주부 · 선체 부가부 · 최하층 갑판하의 화물적재 장소)의 횡단면의 면적
sectional area of(main part · added parts · cargo holds under the lowestdeck)

분장점 번호 No. of areas	분심점 WL	곱수 (s^2) Multipliers	폭 breadth (b)	$b\cdot s$	부분 횡단면의 면적 area of partial section	면적누계 total area	분장점 번호 No. of areas	분심점 WL	곱수 (s^2) Multipliers	폭 breadth (b)	$b\cdot s$	부분 횡단면의 면적 area of partial section	면적누계 total area
					$h=$ $\Sigma b\cdot s=$ $\frac{h\times\Sigma b\cdot s}{6}=$							$h=$ $\Sigma b\cdot s=$ $\frac{h\times\Sigma b\cdot s}{6}=$	
					$h=$ $\Sigma b\cdot s=$ $\frac{h\times\Sigma b\cdot s}{6}=$							$h=$ $\Sigma b\cdot s=$ $\frac{h\times\Sigma b\cdot s}{6}=$	
					$h=$ $\Sigma b\cdot s=$ $\frac{h\times\Sigma b\cdot s}{6}=$							$h=$ $\Sigma b\cdot s=$ $\frac{h\times\Sigma b\cdot s}{6}=$	
					$h=$ $\Sigma b\cdot s=$ $\frac{h\times\Sigma b\cdot s}{6}=$							$h=$ $\Sigma b\cdot s=$ $\frac{h\times\Sigma b\cdot s}{6}=$	
					$h=$ $\Sigma b\cdot s=$ $\frac{h\times\Sigma b\cdot s}{6}=$							$h=$ $\Sigma b\cdot s=$ $\frac{h\times\Sigma b\cdot s}{6}=$	
					$h=$ $\Sigma b\cdot s=$ $\frac{h\times\Sigma b\cdot s}{6}=$							$h=$ $\Sigma b\cdot s=$ $\frac{h\times\Sigma b\cdot s}{6}=$	
					$h=$ $\Sigma b\cdot s=$ $\frac{h\times\Sigma b\cdot s}{6}=$							$h=$ $\Sigma b\cdot s=$ $\frac{h\times\Sigma b\cdot s}{6}=$	
					$h=$ $\Sigma b\cdot s=$ $\frac{h\times\Sigma b\cdot s}{6}=$							$h=$ $\Sigma b\cdot s=$ $\frac{h\times\Sigma b\cdot s}{6}=$	
					$h=$ $\Sigma b\cdot s=$ $\frac{h\times\Sigma b\cdot s}{6}=$							$h=$ $\Sigma b\cdot s=$ $\frac{h\times\Sigma b\cdot s}{6}=$	
					$h=$ $\Sigma b\cdot s=$ $\frac{h\times\Sigma b\cdot s}{6}=$							$h=$ $\Sigma b\cdot s=$ $\frac{h\times\Sigma b\cdot s}{6}=$	

(선체주부 · 선체 부가부 · 최하층 갑판하의 화물적재 장소)의 캠버의 횡단면의 면적
sectional area of camber of(main part · added part · cargo hold under the lowest deck)

분장점의 위치 distance from AP															
폭(b) breadth															
등분점 간격 (b') comm.int.bet.the point															
등분점 no. of point	곱수 S	높이cm height	cm · S	높이cm height	cm · S	높이cm height	cm · S	높이cm height	cm · S	높이cm height	cm · S	높이cm height	cm · S	높이cm height	cm · S
1	1														
2	4														
3	2														
4	4														
5	1														
Σcm · S															
면적$\left(\frac{b'}{3}\times\Sigma\text{cm}\cdot S\right)$ area															
용골의 상면으로부터 형깊이의 상단까지의 면적 area from K.L. to the top of MLD. depth															
합계면적 total area															
비고															

부가물 등의 분장점의 위치에서의 횡단면의 면적 sectional area of appendage, etc.											
명 칭 name											
분장점 번호 no. of area											
분장점 깊이 depth of area											
분심점 간격(h) comm.int.bet.the bths											
분심점 번호 no.of bths	곱수 S	폭 breadth	$b \cdot S$	폭 breadth	$b \cdot S$	폭 breadth	$b \cdot S$	폭 breadth	$b \cdot S$	폭 breadth	$b \cdot S$
1											
2											
3											
4											
5											
6											
7											
$\Sigma b \cdot S$											
면적$\left(\frac{h}{3} \times \Sigma b \cdot s\right)$ area											
명 칭 name											
분장점 번호 no. of area											
분장점 깊이 depth of area											
분심점 간격(h) comm.int.bet.the bths											
분심점 번호 no.of bths	곱수 S	폭 breadth	$b \cdot S$	폭 breadth	$b \cdot S$	폭 breadth	$b \cdot S$	폭 breadth	$b \cdot S$	폭 breadth	$b \cdot S$
1											
2											
3											
4											
5											
6											
7											
$\Sigma b \cdot S$											
면적$\left(\frac{h}{3} \times \Sigma b \cdot s\right)$ area											
비고											

상 갑 판 하
under upper deck

선체주부의 용적(volume of main part)

수선간장(L_{BP})

분장점의 위치 distance from AP	곱수 (S) multipliers ≥50	곱수 (S) multipliers <50	면 적 (A) areas		A·S	
0	¼	½				
¼	1					
½	½	2				
¾	1					
1	¾	1				
1½	2	2				
2	1	1½				
2½	2					
3	1½	4				
4	4	2				
5	2	4				
6	4	2				
7	1½	4				
7½	2					
8	1	1½				
8½	2	2				
9	¾	1				
9¼	1					
9½	1½	2				
9¾	1					
10	¼	½				
$\Sigma A \cdot S$						

용적 volume $\left(\frac{L_{BP}}{30} \times \Sigma A \cdot S\right)$

선체 부가부의 용적(volume of added part)

(The following block is printed three times side by side.)

명 칭 name

길이[length]/등분수 no. of int.

분장점 간격(l) comm. int. bet. areas

번호 no.	곱수 (S)	면적(A) areas		A·S	
1					
2					
3					
4					
5					
6					
7					

$\Sigma A \cdot S$

용적 volume $\left(\frac{l}{3} \times \Sigma A \cdot S\right)$

부가물의 용적(volume of appendage)

(The following block is printed three times side by side in the upper row and twice side by side in the lower row.)

명 칭 name

길이[length]/등분수 no. of int.

분장점 간격(l) comm. int. bet. areas

번호 no.	곱수 (S)	면적(A) areas		A·S	
1					
2					
3					
4					
5					
6					
7					

$\Sigma A \cdot S$

용적 volume $\left(\frac{l}{3} \times \Sigma A \cdot S\right)$

상갑판하의 합계용적(total volune under upper deck)

명 칭 name	용 적 volume	차 인 용 적 deduction volume
합계 total		

합계 용적(total volume)

상갑판하의 합계용적 total volume of under upper deck	
상갑판상의 합계용적 total volume of above upper deck	
합 계 용 적 total volume	

(형상이 간단한 장소 · 상부 구조물)의 용적 volume of(regularforms · superstructures)						
위치 및 명칭 name and location	길 이 length	폭 breadth	높 이 height	용적(폐위장소) volume(enclosed)	용적(제외장소) volume(excluded)	차인용적 deduction volume
합 계 total						
비 고						

(상부 구조물 · 제외장소 · 상갑판하의 선체상부 · 화물 적재장소)의 용적
volume of(superstructures · exclude spaces · hull parts between tonnage deck and upper deck cargo spaces)

명 칭 name								길 이 length			
단면번호 no.of section								분장점간격(l) comm.int.bet.area			
높이(h) height								분 장 점 name of area	곱수 (S)	면적(A) area	$A \cdot S$
분 심 점 name of point	곱수 (S)	폭 breadth	$b \cdot S$	폭 breadth	$b \cdot S$	폭 breadth	$b \cdot S$	후단 횡단면 aft.sec.area	1		
하방분심점 lower point	1							중앙 횡단면 mid.sec.area	4		
중앙분심점 mid. point	4							전단 횡단면 fore.sec.area	1		
상방분심점 upper point	1							$\Sigma A \cdot S$			
$\Sigma b \cdot s$								용적 $\left(\frac{l}{3} \times \Sigma A \cdot S\right)$ volume			
면 적 $\left(\frac{h}{6} \times \Sigma b \cdot S\right)$ area								용적 누계 total volume			
명 칭 name								길 이 length			
단면번호 no.of section								분장점간격(l) comm.int.bet.area			
높이(h) height								분 장 점 name of area	곱수 (S)	면적(A) area	$A \cdot S$
분 심 점 name of point	곱수 (S)	폭 breadth	$b \cdot S$	폭 breadth	$b \cdot S$	폭 breadth	$b \cdot S$	후단 횡단면 aft.sec.area	1		
하방분심점 lower point	1							중앙 횡단면 mid.sec.area	4		
중앙분심점 mid. point	4							전단 횡단면 fore.sec.area	1		
상방분심점 upper point	1							$\Sigma A \cdot S$			
$\Sigma b \cdot s$								용적 $\left(\frac{l}{3} \times \Sigma A \cdot S\right)$ volume			
면 적 $\left(\frac{h}{6} \times \Sigma b \cdot S\right)$ area								용적 누계 total volume			
명 칭 name								길 이 length			
단면번호 no.of section								분장점간격(l) comm.int.bet.area			
높이(h) height								분 장 점 name of area	곱수 (S)	면적(A) area	$A \cdot S$
분 심 점 name of point	곱수 (S)	폭 breadth	$b \cdot S$	폭 breadth	$b \cdot S$	폭 breadth	$b \cdot S$	후단 횡단면 aft.sec.area	1		
하방분심점 lower point	1							중앙 횡단면 mid.sec.area	4		
중앙분심점 mid. point	4							전단 횡단면 fore.sec.area	1		
상방분심점 upper point	1							$\Sigma A \cdot S$			
$\Sigma b \cdot s$								용적 $\left(\frac{l}{3} \times \Sigma A \cdot S\right)$ volume			
면 적 $\left(\frac{h}{6} \times \Sigma b \cdot S\right)$ area								용적 누계 total volume			
명 칭 name								길 이 length			
단면번호 no.of section								분장점간격(l) comm.int.bet.area			
높이(h) height								분 장 점 name of area	곱수 (S)	면적(A) area	$A \cdot S$
분 심 점 name of point	곱수 (S)	폭 breadth	$b \cdot S$	폭 breadth	$b \cdot S$	폭 breadth	$b \cdot S$	후단 횡단면 aft.sec.area	1		
하방분심점 lower point	1							중앙 횡단면 mid.sec.area	4		
중앙분심점 mid. point	4							전단 횡단면 fore.sec.area	1		
상방분심점 upper point	1							$\Sigma A \cdot S$			
$\Sigma b \cdot s$								용적 $\left(\frac{l}{3} \times \Sigma A \cdot S\right)$ volume			
면 적 $\left(\frac{h}{6} \times \Sigma b \cdot S\right)$ area								용적 누계 total volume			

명 칭 name						길 이 length						길 이 length	
부분적재 장소의 위치 partial cargo space													
분장점 간격(l) comm.int.bet.area													
횡단면 번호 no. of section	곱수 (S)	면적(A) area	$A \cdot S$	면적(A) area	$A \cdot S$	면적(A) area	$A \cdot S$	면적(A) area	$A \cdot S$	면적(A) area	$A \cdot S$	면적(A) area	$A \cdot S$

1	1												
2	4												
3	1												
$\Sigma A \cdot S$													
용적 $\left(\frac{l}{3} \times \Sigma A \cdot S\right)$ volume													
용적누계 total volume													
비고													

최하층 갑판하의 화물적재 장소의 용적 volume of cargo space under the lowest deck													
명 칭 name				길 이 length						길 이 length			
부분적재 장소의 위치 partial cargo space													
분장점 간격(l) comm.int.bet.area													
횡단면 번호 no. of section	곱수 (S)	면적(A) area	$A \cdot S$	면적(A) area	$A \cdot S$	면적(A) area	$A \cdot S$	면적(A) area	$A \cdot S$	면적(A) area	$A \cdot S$	면적(A) area	$A \cdot S$
1	1												
2	4												
3	1												
$\Sigma A \cdot S$													
용적 $\left(\frac{l}{3} \times \Sigma A \cdot S\right)$ volume													
용적누계 total volume													
명 칭 name				길 이 length						길 이 length			
부분적재 장소의 위치 partial cargo space													
분장점 간격(l) comm.int.bet.area													
횡단면 번호 no. of section	곱수 (S)	면적(A) area	$A \cdot S$	면적(A) area	$A \cdot S$	면적(A) area	$A \cdot S$	면적(A) area	$A \cdot S$	면적(A) area	$A \cdot S$	면적(A) area	$A \cdot S$
1	1												
2	4												
3	1												
$\Sigma A \cdot S$													
용적 $\left(\frac{l}{3} \times \Sigma A \cdot S\right)$ volume													
용적누계 total volume													
명 칭 name				길 이 length						길 이 length			
부분적재 장소의 위치 partial cargo space													
분장점 간격(l) comm.int.bet.area													
횡단면 번호 no. of section	곱수 (S)	면적(A) area	$A \cdot S$	면적(A) area	$A \cdot S$	면적(A) area	$A \cdot S$	면적(A) area	$A \cdot S$	면적(A) area	$A \cdot S$	면적(A) area	$A \cdot S$
1	1												
2	4												
3	1												
$\Sigma A \cdot S$													
용적 $\left(\frac{l}{3} \times \Sigma A \cdot S\right)$ volume													
용적누계 total volume													

화물적재 장소의 합계용적 total volume of cargo space		비 고(remarks)

합 계 total		

제 7 장

진 수 계 산

7.1 진수의 개요

진수(進水)란 육상에서 건조한 선체를 처음으로 물 위에 뜨게 하는 것으로서, 새로 건조된 배의 탄생을 축하하는 진수식이 행해진다. 그리고 육상에서 건조되는 선박의 중량은 선체 밑의 받침목이나 버팀목으로 지지된다. 선대에서 이루어지는 진수작업은 수만 톤의 중량을 갖는 선체를 단시간 내에 진수대 위로 이동시킨 뒤, 짧은 시간 내에 수중으로 활주시키는 대규모의 작업이다. 따라서, 진수에 대해서는 상세한 계산이 필요하다.

7.1.1 진수의 종류

진수방법에는 크게 선대에서 이루어지는 종진수와 횡진수, 그리고 건조독에서 이루어지는 진수 등으로 나눌 수 있다.

[1] 종 진 수

종진수는 일반적으로 가장 널리 행해지고 있는 방법으로서, 배의 선수를 육지 쪽으로 향하게 해서 건조하여 선미(船尾)부터 진수시키는 방법인데, 다음과 같은 장점이 있어서 조선소에 널리 이용되고 있다.

① 일반적으로 선미로부터 진수시키는 것이 부력을 빨리 얻을 수 있다.

② 몰입부(沒入部)가 부양(浮揚)하기 시작할 때 선체의 지지점이 되는 육상측은 매우 큰 압력을 받게 된다. 선체 구조 역학적인 측면에서 볼 때 이 압력을 지탱하기 위해서는 선미부보다 선수부측이 적당하다.

③ 선미골재(船尾骨材), 프로펠러, 타(舵) 등의 운반이나 부착은 선미가 바다 쪽에 있는 것이 유리하다.

[2] 횡 진 수

횡진수는 선체를 해안에 평행하게 두고 배를 건조한 후, 횡방향으로 미끄러지게 하는 것

그림 7·1 종 진 수

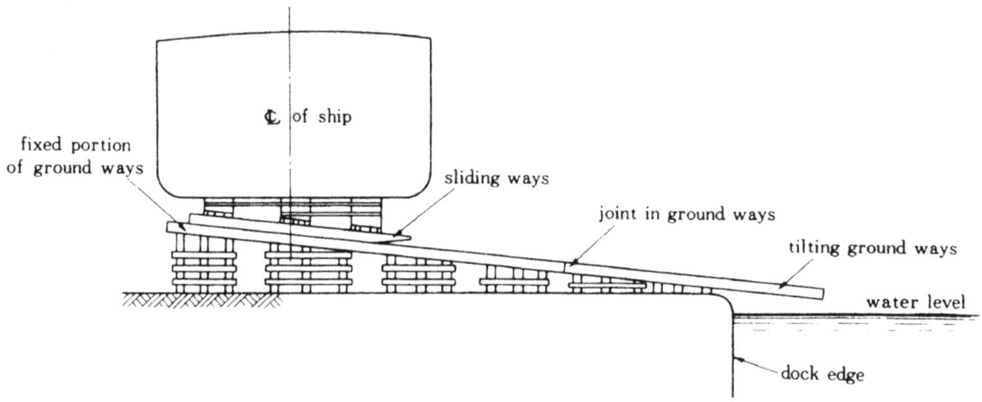

그림 7·2 횡 진 수

이다. 하천, 운하, 항내 등에 위치한 조선소인 경우에 전방수역이 좁아서 종진수를 할 여유가 없을 때 행해진다. 진수 미끄럼대의 경사는 1/6~1/10로서 종진수인 경우보다 상당히 급하다. 따라서, 중심높이(KG)의 검토와 현창(舷窓) 등의 구멍에 대한 수밀에 관해서 주의하여야 한다. 그리고 이 방법은 배를 건조할 때 용골(keel)을 수평으로 설치할 수가 있어서 늑골과 격벽 등을 수직으로 세우는 등의 작업이 용이해진다.

[3] 건식독 내의 진수

진수방법 중에는 건조설비를 갖춘 건식독(dry dock 또는 건조독) 내에서 건조하여 단순히 독(dock)에 물을 넣어 진수시키는 가장 쉬운 방법이다. 독을 만드는 데에 막대한 경비와 시간을 요하고, 또 상당한 유지비가 드는 등의 결점도 있지만, 최근 선박의 대형화에 따라 대형 조선소에서 가장 많이 사용되고 있다. 독 내 진수의 이점은 다음과 같다.

① 선체가 지표(地表)보다 낮은 쪽에 있고, 또 수평으로 건조할 수 있으므로 부착과 조립이 쉽다.

② 흘수가 허용하는 한 보일러, 기관 등의 중량물을 탑재하고, 의장을 완성한 뒤에 진수시킬 수 있어서 공기(工期)가 단축된다.

[4] 기타 진수방법

(1) 볼 진 수

볼(ball)진수 방법은 윤활제(수지, 연비누) 대신에 볼을 사용한 것으로, 볼은 높은 강도를 갖는 크롬강의 원형 단면봉을 깎아 만들게 된다. 강판 위를 볼이 서로 접촉하지 않도록 만든 틀의 구멍 속에다 볼을 넣어서 그 위를 진수 미끄럼대가 활주하게 한 것이다. 볼은 고정대 끝에 설치된 그물로서 회수를 하게 된다.

(2) 롤러진수

롤러(roller)진수 방법은 소형선을 끌어올린다든지 내리는 데 사용하는 것으로서 롤러의 원리를 이용한 것이다.

(3) 대차진수

대차(臺車)진수 방법은 소형 조선소에서 널리 사용되는 방법으로서 강제대차(鋼製臺車) 위에서 소형선을 건조하여 선대에 부설된 레일 위를 활주시켜 진수시키기도 하고, 수리할 배를 끌어올리는 설비로 사용되기도 한다.

(4) 기중기에 의한 진수

기중기에 의한 진수방법은 기중기 용량에 맞는 소형선으로 한정이 되는데, 배를 육상에서 완성시켜 기중기로 들어 내리는 진수방법이다.

7.1.2 진 수 대

진수대(進水臺)는 보통 선대의 받침목 위에 고정된 고정대(standing way or ground way)와 그 위를 활주하는 진수 미끄럼대(sliding way)를 주된 요소로 하여 버팀목, 안내목(ribband) 등으로 구성되어 있다.

[1] 고 정 대

고정대(固定臺)는 선대 위에 설치한 받침목 위에 고정되며, 윗면은 필요한 경사 및 캠버(camber)를 가진 활주면으로서 선체와 진수 미끄럼대의 전체중량을 지탱하게 된다. 따라서, 설치위치의 결정과 구조의 강도계산 및 결합작업에 있어서 충분히 전체중량을 견딜 수 있도록 시공하여야 한다. 그 간격이 2조의 경우 선박폭의 1/2~2/3 정도인데 이중저의 측면거더 하부에 설치하면 가장 유리하다. 고정대는 일체로 만드는 것이 불가능하므로 약 300 mm 두께인 목재 여러 개를 나란히 하여 볼트로써 적당한 간격으로 결합시킨다. 2조로 하는 경우가

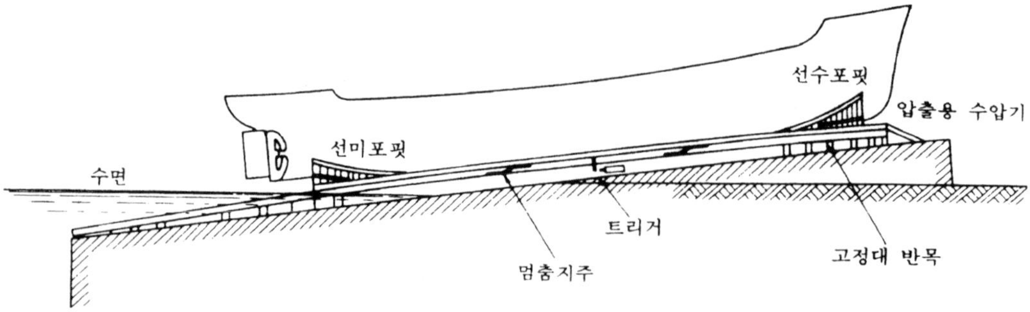

그림 7·3 진 수 대

보통이지만, 선체중량 때문에 4조를 사용하는 경우도 있다. 유럽에서는 중앙에 폭이 넓은 1조의 고정대와 좌우 각 1조의 안정용 좁은 고정대인 3조로 구성한 진수방법도 행해지고 있다. 고정대는 선체의 앞쪽에서부터 수중의 필요한 부분까지 연장하여 설치가 되므로, 일반적으로 육상 진수대와 물가의 진수대 및 수중 진수대의 세 가지로 대별하고 있다.

[2] 크래이들

크래이들(cradle, 현장에서는 '크래들'이라고도 함)은 선박이 진수대 위를 미끄러져 내려가는 동안에 선박을 지지하는 것이다. 진수 미끄럼대·쐐기·침목·패킹 그리고 선수 및 선미 포핏(poppet)으로 구성된다.

[3] 진수 미끄럼대 및 포핏

(1) 진수미끄럼대

진수 미끄럼대는 진수시에 선체를 지지하고 고정대 위를 미끄러지는 장치이다. 고정대와 마찬가지로 여러 개의 목재를 볼트로 결합시켜 만들고, 어느 정도 움직임에 대한 여유를 두면서 이것을 원하는 길이가 되도록 이음쇠로 연결한 것이다. 진수 미끄럼대의 길이는 대개 배 길이의 70~80%이고, 진수 미끄럼대와 선저와의 연결은 중앙부에는 침목(枕木)을 사용하고 선수와 선미부에는 포핏을 사용한다.

(2) 포 핏

포핏(poppet)은 선체를 진수대 위에 고정시키기 위해 진수대와 선체 사이에 부재(部材)를 넣어 선체와 일치하게 하는 것이다. 그러나 선수미에 있어서는 진수 미끄럼대와 선저와의 거리가 점차 멀어지기 때문에 높은 지주로써 조합한 것을 사용해야만 하는데 이 장치를 포핏이라 하고 선수의 것을 선수포핏(fore poppet), 선미의 것을 선미포핏(aft poppet)이라 한다.

[4] 진수 미끄럼대 미끄럼 방지장치

진수 직전에 지주 및 받침목이 제거되면 진수중량이 좌우 진수대 위에 옮겨지게 되어 진수력(starting force)이 발생하는데 이 힘을 억제하기 위해 트리거(trigger)와 멈춤지주(dog shore)를 배치한다. 그런데 트리거가 제거되더라도 활주를 개시하지 않을 경우를 대비하여

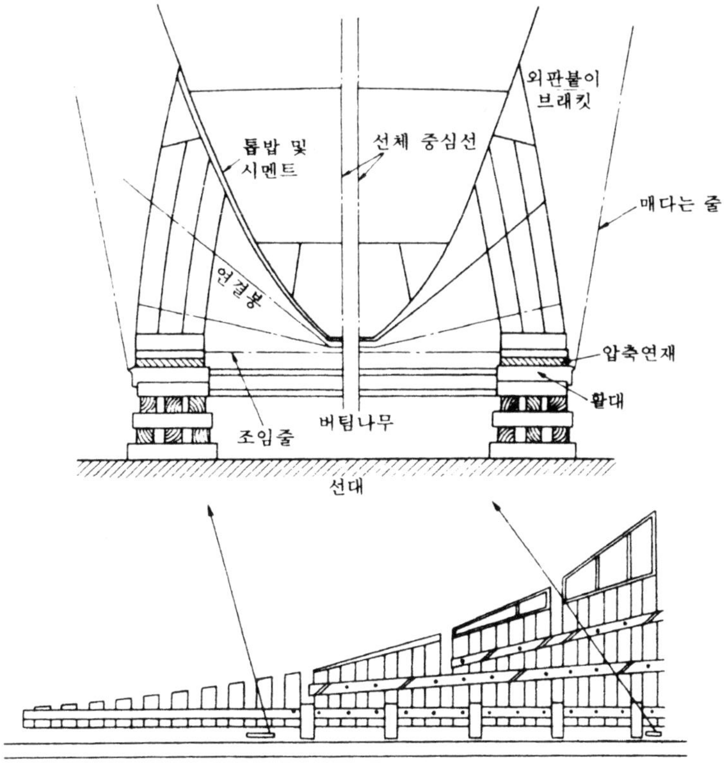

그림 7·4 선수부 포핏 장치

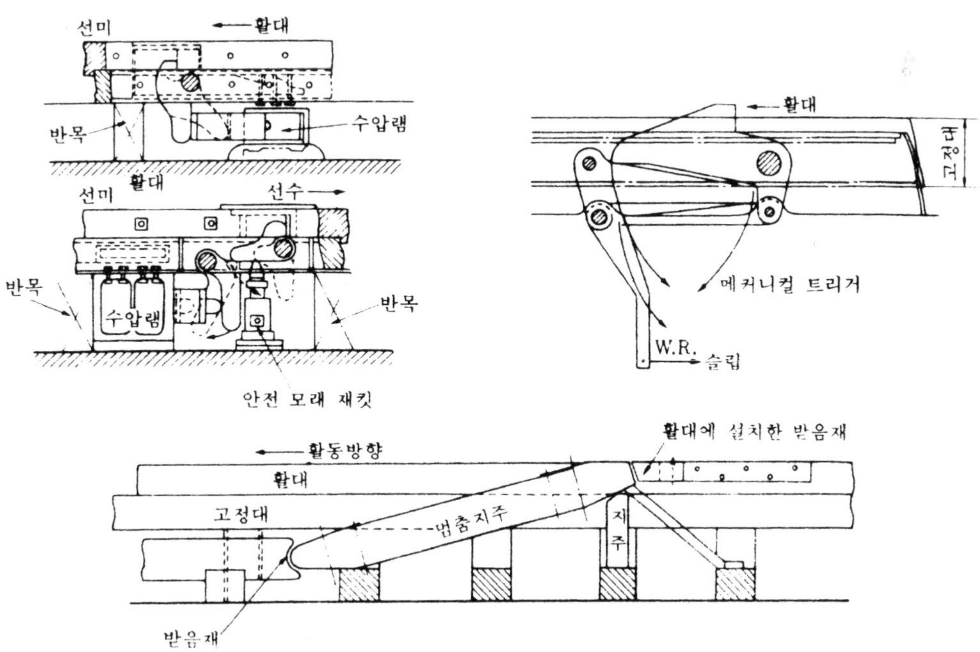

그림 7·5 진수용 트리거와 진수용 기계식 트리거 및 멈춤지주

압출 수압기(starting hydraulic ram)를 설치한다.

미끄럼 방지장치로는 수압 트리거, 기계식 트리거, 멈춤지주 등이 사용되고 있다.

7.2 종 진 수

7.2.1 진수과정

일반적으로 진수계산은 편의상 다음 4기로 나누어진다.

- 제 1 기 : 배가 정지상태로부터 미끄러져 선체 일부가 물에 들어가기 시작할 때까지
- 제 2 기 : 선체 일부가 물에 들어가기 시작할 때부터 선미가 떠오를 때까지
- 제 3 기 : 선미가 떠오르기 시작할 때부터 배가 자유롭게 뜰 때까지
- 제 4 기 : 자유롭게 뜬 상태로부터 완전 정지될 때까지

7.2.2 진수계산

진수계산은 주로 다음과 같은 항목에 따라서 행해진다.

① 진수중량과 선체중심 위치의 계산, 부양시(浮揚時)의 흘수와 트림, 메타센터 높이

② 진수시 선체가 받는 여러 가지 힘의 크기와 변화하는 모양, 크래이들과 진수대 간의 압력분포와 그 변화, 부력, 부심위치의 변화와 모멘트의 변화 등

③ 진수 중의 저항과 운동 및 정지위치

④ 선체와 진수대의 강도

⑤ 안정성

이상의 계산결과에 의해 배가 진수되면 도중에 멈춤이 없이 용이하게 미끄러져 나가서 선체와 진수대 등이 손상을 입지 않고 안전하게 떠오를 수 있는가를 확인할 필요가 있다.

진수가 시작되면 활주거리-시간의 관계를 측정하여 속도와 가속도를 구하면서 응력과 압력 및 굽힘 모멘트 등을 구한다. 이 때, 진수대의 압력분포는 직선상태에 놓였다고 가정한다. 즉, 선체는 강체(剛體)라고 가정하고 진수대는 탄성체라고 가정한다. 진수시 배는 정역학적으로 평형을 유지한다고 가정하고 동역학적인 영향은 나중에 고려하는 것으로 한다.

7.2.3 진수 제 1 기

진수 제 1 기에서는 진수중량과 중심의 전후방향 위치 및 높이는 가급적으로 정확하게 추정해야 한다. 또한, 진수 크래이들의 중량은 일반적으로 부력과 평형을 이루는데, 중심과 부심은 서로 같은 연직선상에 있기 때문에 평형을 이룬다고 가정하여 선체의 중량과 부력만을 고려한다. 그러나 진수 크래이들의 구조에 강재를 많이 사용하였을 경우에는 정확한 계산이 필요하다. 일반적으로 진수중량은 완성시의 80~85% 정도, 큰배에서는 완성시의 65~75%

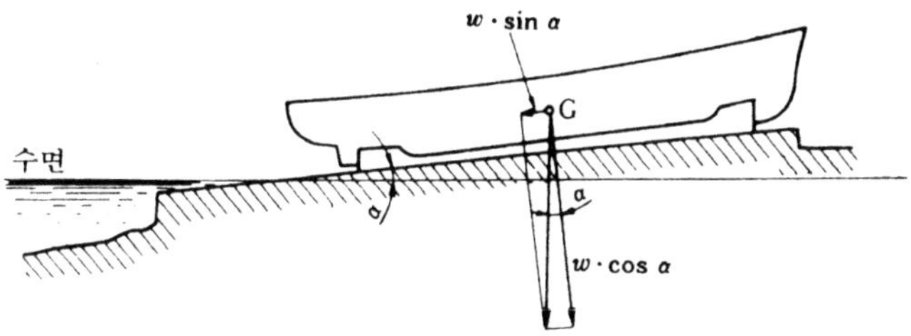

그림 7 · 6 고정대와 경사도 $\tan\alpha$

정도로 한다.

그림 7 · 6에서 배의 진수중량을 w(ton), 배의 중심을 G, 고정대의 경사각을 α, 정지마찰 계수를 μ_0라고 하면 중력의 진수대 방향의 분력은 $w\sin\alpha$인데, 이것이 정지 마찰력 $\mu_0 w\cos\alpha$보다 작을 경우에는 배가 미끄러지지 않는다. 즉, 활주가 시작되는 힘 F는

$$F = w\sin\alpha - \mu_0 w\cos\alpha \qquad (7 \cdot 1)$$

이고, $F > 0$일 때 활주가 시작된다. 따라서

$$\tan\alpha > \mu_0 \qquad (7 \cdot 2)$$

즉, 만곡 진수대를 사용하는 경우 $\tan\alpha$는 중심 바로 아래의 경사각을 택해야 하며, 식 (7 · 2)에서 고정대의 경사도 $\tan\alpha$는 정지마찰 계수 μ_0보다 커야 한다.

트리거의 지지능력을 결정할 때에는 $\mu_0 = 0$으로 해서 $w\sin\alpha$의 힘을 트리거가 지지하는 것으로 가정하는데, 이 힘은 진수중량의 약 5% 정도이다. 또한, 미끄러지지 못할 경우에 사용해야 할 진수 크래이들의 앞쪽에 압출(押出) 수압기의 능력을 결정할 때에는,

$$\text{소요 압출력} = \mu_0 w\cos\alpha - w\sin\alpha = w\cos\alpha(\mu_0 - \tan\alpha) \qquad \text{(a)}$$

가 되어야 하고 μ_0가 예상보다 커져서 $\mu_0 = 2\tan\alpha$라고 가정하면,

$$\text{소요 압출력} = w\sin\alpha \qquad \text{(b)}$$

즉, 트리거와 같은 능력을 갖추어야만 한다.

트리거에 걸리는 힘은 1개당 200~300 ton에 상당하지만 실제로 걸리는 힘은 이것의 절반 이하인 경우가 보통이다.

정지마찰 계수(statical coefficient of friction) μ_0는 사용하는 수지층(獸脂層)과 연비누 또는 기름의 성질에 따라 변화하지만 온도와 접촉압력에 의해서도 변화한다. 온도가 낮아지면 점도가 증가하여 μ_0가 커진다. 따라서, 겨울철에 진수를 할 경우에는 경사를 약간 크게 해야 한다. 반대로 온도가 높아지면 수지층이 물러져서 압축강도가 감소되기 때문에 여름철에는 접촉압력에 대해 주의를 해야만 한다. μ_0에 대한 접촉압력과의 관계는 다른 조건들이 일정하면, 대개 압력 P가 커질 때에 마찰계수 μ_0는 감소한다. 이 밖에도 수지면의 거칠기

라든지 압력분포의 불균일성, 국부적인 집중압력 등의 영향도 받는다. 따라서, 각 조선소에서는 진수시킨 배에 대한 경험값으로부터 μ_0를 추정한다. 즉, 식 (7·1)의 힘 F를 트리거에 작용하는 수압으로부터 구한 뒤, 다음 식에 의해 μ_0를 산출한다.

$$\mu_0 = \tan\alpha - \frac{F}{w\cos\alpha} \qquad (7\cdot3)$$

일반적으로 $\mu_0 = 0.03 \sim 0.08$이다.

그리고 배가 활주하기 시작하면 마찰계수는 급격하게 작아지는데, 이 때의 마찰계수는 동마찰 계수 μ(kinematic coefficient of friction)라 하고, 0.00~0.04 내외의 값을 갖는다. 접촉면적은 표 7·1과 같은 진수 크래이들의 평균 접촉압력 P에 의해서 결정이 되고, 접촉면적을 진수 크래이들의 길이로 나누면 진수대의 전폭(全幅)이 얻어진다. 진수대가 두 줄로 되어 있는 경우에는 전폭의 절반을 좌우 고정대의 폭으로 한다. 그리고 진수대의 경사각은 배의 크기(평균 접촉압력)와 윤활제의 성질에 따라 달라지지만 대체로 표 7·2와 같다.

표 7·1 평균 접촉압력

배의 크기	평균 접촉압력
L=100 m 이하	10~15 ton/m²(0.95~1.40 ton/ft²)
L=100~150 m	15~20 ton/m²(1.40~1.85 ton/ft²)
L=150~200 m	20~25 ton/m²(1.85~2.35 ton/ft²)
L=200 m 이상	22~27 ton/m²(2.10~2.50 ton/ft²)

표 7·2 배의 크기와 경사각

배의 크기	고정대의 경사각 $\tan\alpha$
소형선(L=100 m 이하)	1/12~1/15, 0.0833~0.0667 약 5°~4°
중형선(L=100~200 m)	1/15~1/20, 0.0667~0.0500 약 4°~3°
대형선(L=200 m 이상)	1/20~1/24, 0.0500~0.0417 약 3°~2°

가속도를 a라 하면 진수시 배의 운동 방정식은 다음과 같다.

$$\begin{aligned} &\frac{w}{g}a = w\sin\alpha - \mu w\cos\alpha \\ &\therefore\ a = g(\sin\alpha - \mu\cos\alpha) \fallingdotseq g(\tan\alpha - \mu) \end{aligned} \qquad (7\cdot4)$$

따라서, 가속도 a를 측정하게 되면 μ는 아래의 식에 의해서 구할 수 있으며, 반대로 이미 진수한 배들로부터 추정한 μ를 미리 알 수 있으면 진수속도와 가속도를 구할 수 있다.

$$\mu = \tan\alpha - \frac{a}{g\cos\alpha} \fallingdotseq \tan\alpha - \frac{a}{g} \qquad (7\cdot5)$$

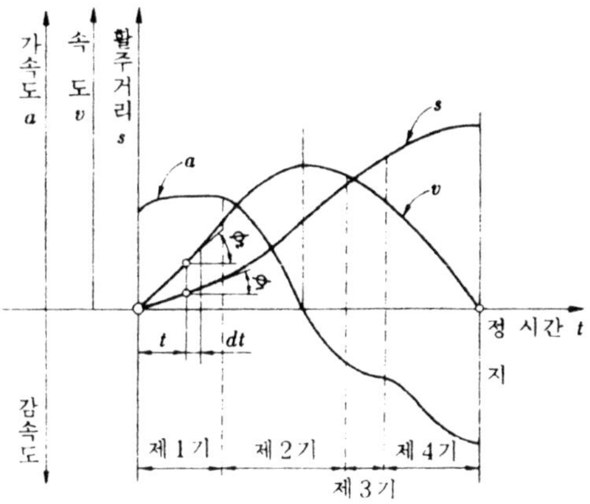

그림 7·7 진수 거리, 속도, 가속도

진수 미끄럼대의 가속도를 구하려면 먼저 그림 7·7과 같이 활주거리와 시간의 곡선을 작성한다. 시간 t (sec)를 횡축으로 하는 활주거리 s(m)의 곡선이 완성되면, 임의의 점의 기울기 $\tan\phi_1$은 그 점의 속도 v를 나타낸다.

$$\tan\phi_1 = \frac{ds}{dt} = v \tag{c}$$

이 식에서 속도 v의 곡선이 그려진다. 최대진수 속도는 10~15노트에 이르는데, v곡선에서 임의의 점의 기울기 $\tan\phi_2$가 그 점의 가속도 a이다.

$$\tan\phi_2 = \frac{dv}{dt} = \frac{d^2s}{dt^2} = a \tag{d}$$

이 식에서 가속도 a의 곡선이 그려진다. 특히, 상기의 그림을 정밀하게 하지 않으면 정확한 값들을 얻기 어렵다. 이와 별개로 가속도계를 병용하여 가속도를 직접적으로 구하는 일도 행해지는데 가속도는 대개 $0.3\,\mathrm{m/sec^2}$ 정도이다. 배가 활주를 하기 시작하면 마찰열로 인해 온도가 올라가서 μ가 작아지기 때문에 가속도가 약간 증가한다. 그림 7·7에서는 진수의 전과정을 나타내었는데, 가속도 a가 0인 점이 s곡선의 변곡점, 즉 최대속도가 되는 점이다. 이 점에서 v가 감소하면서 a가 음(−)의 값을 갖기 때문에 감속현상이 생긴다.

7.2.4 진수 제 2 기

선미가 수중으로 들어가기 시작하면 그림 7·8과 같이 부력 $\gamma\nabla$가 부심 B에 작용하게 된다. 따라서, 선체 측면도에 본전(Bonjean)곡선을 그려두면 흘수선의 위치로부터 용이하게 부력 $\gamma\nabla$와 부력 중심위치 B가 구해진다.

[1] 진수거리와 흘수의 관계

여기서는 직선형태의 진수대의 경우에 대하여 예를 들었다.

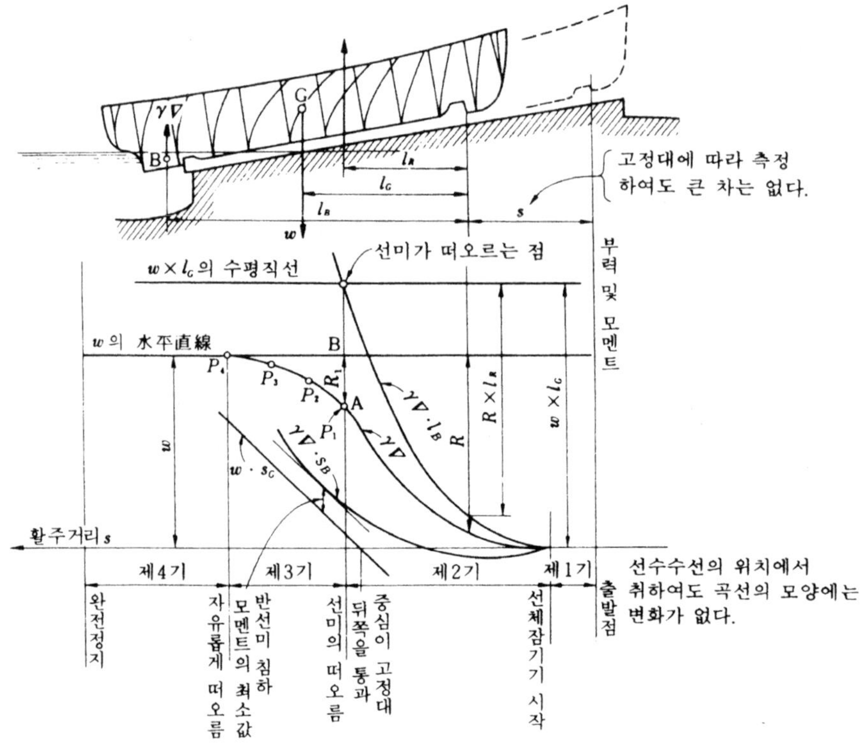

그림 7·8 진수 곡선도

그림 7·9에서

L : 수선간의 길이(L_{BP})

s : 활주거리(수평으로 측정)

α : 수평에 대한 진수대의 경사각(radian)

β : 수평에 대한 용골의 경사각(radian)

h : 진수 전의 FP에서 수면으로부터 용골의 아랫면까지의 높이

거리 s만큼 활주 후의 FP에서의 흘수 d_F와 AP에서의 흘수 d_A는

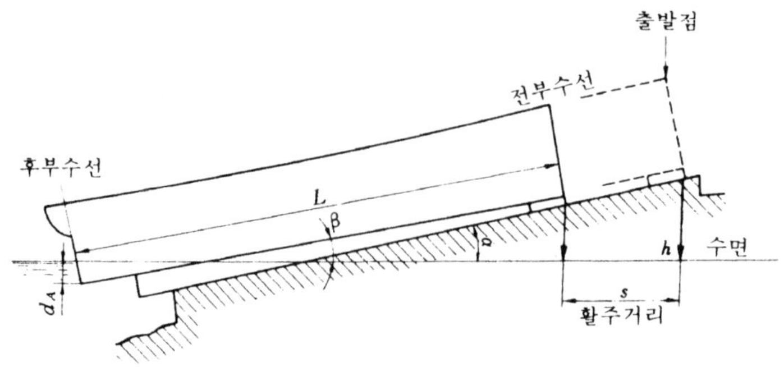

그림 7·9 진수거리 s와 흘수의 관계(직선 고정대의 경우)

$$d_F = -h + s\tan\alpha \fallingdotseq -h + s\alpha$$
$$d_A = -h + s\tan\alpha + L\sin\beta \fallingdotseq -h + s\alpha + L\beta \qquad (7 \cdot 6)$$

이다. 선수의 흘수선은 선미부양 전후까지는 용골의 아랫면보다 상당히 아래쪽에 있게 된다.

[2] 선미부양

선미부양(船尾浮揚, lift by stern)이란 선체를 선대에 진수시킬 때 선미가 떠오르면서 선수를 지점으로 해서 회전하는 현상을 말한다. 활주거리 s는 그림 7·8과 같이 부력곡선($\gamma\nabla$)과 진수 크래이들 전단에 대한 모멘트 곡선($\gamma\nabla \cdot l_B$)을 그린 후, ($w \cdot l_G$)의 수평직선을 그어서 $\gamma\nabla \cdot l_B$ 곡선과 만나는 점을 구하면, 이 점이 바로 선미가 진수 크래이들 전단을 축으로 하면서 부상하기 시작하는 위치가 되는데, 이 상태를 선미부양이라 한다. 또한 w의 값에서 수평으로 그어서 얻은 값과 $\gamma\nabla$ 곡선 간의 상하거리가 고정대의 반력 R의 값이다.

$$R = w - \gamma\nabla$$

진수대 전단에서 R의 작용점까지의 거리를 l_R라고 하면 진수대 전단에 대한 모멘트는

$$R \cdot l_R = w \cdot l_G - \gamma\nabla \cdot l_B \qquad (7 \cdot 8)$$

즉, $w \cdot l_G$의 수평직선과 $\gamma\nabla \cdot l_B$ 곡선 간의 상하거리는 모멘트 $R \cdot l_R$에 해당한다.

식(7·7)과 (7·8)로부터 l_R를 풀면 다음의 식이 얻어진다.

$$l_R = \frac{w \cdot l_G - \gamma\nabla \cdot l_B}{w - \gamma\nabla} \qquad (7 \cdot 9)$$

그런데 선미가 떠오르기 시작하면 $w \cdot l_G = \gamma\nabla \cdot l_B$이므로 식 (7·9)에서 $l_R = 0$이 되면서 고정대의 반력은 R_1으로 주어진다. 즉, 그림 7·10(a)와 같이 R_1이 진수대 전단에 작용하면 배가 이 점을 축으로 하여 회전하므로, 이론상 1점 접촉이 되면서 압력은 무한대가 된다. 이 때 선수부의 반력 R_1은 진수 중량의 30% 이하(25% 내외)인 것이 바람직하다. 이와 같이 선미가 떠오른 선체는 선수부를 지점으로 하여 회전하게 되는데 이것을 피벗팅(pivoting)이라고 한다.

한 점에 대해 압력이 집중되는 것을 피하기 위하여 그림 7·10(b)와 같이 선수포핏의 중간층에 연하고 작은 목재조각을 많이 끼워두는 방법이 널리 사용되고 있다. 압력이 커짐에 따라 연재(軟材)는 점차로 압축이 되면서 선수포핏 전체에 반력을 분포시키는 작용을 한다.

선미부양의 위치는 정역학적으로 구할 수 있으나, 실제로는 동적인 영향에 의해 다소 차이가 생긴다.

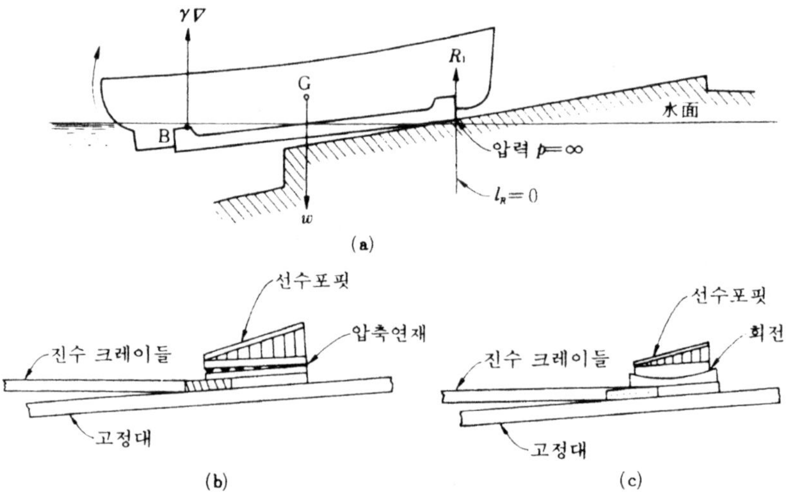

(a)

(b) (c)

그림 7·10 (a) 선미부양 (b), (c) 선미부양에 대응하는 선수포핏의 구조

[3] 선미침하

일반적으로 선미가 충분한 부력을 얻기 전에 배의 중심 G가 진수대의 후단을 통과하게 되면 크래이들의 지지점에 대한 중력 모멘트가 부력 모멘트보다 커지면서 회전 모멘트가 생겨 그림 7·11과 같이 진수대의 후단을 지지점으로 선미침하(船尾沈下, tipping)가 발생한다. 심한 경우에는 선미가 바닥에 부딪치든지, 진수대 후단에 반력 R의 집중에 의하여 선저가 파손되거나 정지하게 된다.

진수대 후단으로부터 배의 중심 G까지의 거리를 s_G라 하고, 또한 물에 잠긴 부분의 부심 B까지의 거리를 s_B라고 하면 반(反)선미침하 모멘트(moment against tipping)는 다음과 같다.

$$\text{반선미 침하 모멘트} = \gamma\nabla \cdot s_B - w \cdot s_G \qquad (7 \cdot 10)$$

만일, 이 값이 양(+)이면 선미침하는 일어나지 않는다.

그림 7·8과 같이 $\gamma\nabla \cdot s_B$곡선과 $w \cdot s_G$의 직선을 그려서 반선미침하 모멘트가 양(+)이 되기 위해서는 $\gamma\nabla \cdot s_B$곡선은 $w \cdot s_G$직선의 위쪽에 있어야 한다. 그리고 $\gamma\nabla \cdot s_B$ 곡선과

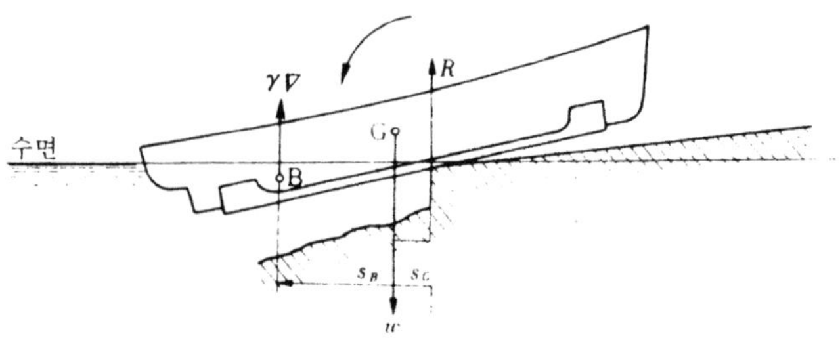

그림 7·11 선미침하

$w \cdot s_G$직선과의 상하 거리의 최소값이 반선미침하 모멘트의 크기를 나타낸다.

만일, 진수계산의 결과 선미침하가 일어날 것으로 예상이 되면 다음과 같은 대응방법을 적용시켜야 한다.

(1) 만곡 진수대의 사용

만곡 진수대(彎曲 進水臺, cambered ways)인 경우는 선체가 큰 경사를 일으키면서 부력을 빨리 얻기 때문에, $\gamma\nabla \cdot s_B$곡선의 값이 커지고 $w \cdot s_G$직선 쪽에는 변화가 거의 없지만, 선미부양이 빨리 일어나서 선수포핏의 반력 R_1이 커질 수도 있다.

(2) 수중 진수대의 연장

수중(水中) 진수대를 길이 x만큼 수중에 연장하면 $w \cdot s_G$직선은 $w \cdot (s_G - x)$가 되어서, 오른쪽으로 평행하게 x만큼 이동한다. 또한 $\gamma\nabla \cdot s_B$곡선은 $\gamma\nabla \cdot (s_B - x)$로 되면서 감소하게 된다. 이들 두 가지의 감소량을 비교해 보면

$$w \cdot x > \gamma\nabla \cdot x$$

이므로 반선미침하 모멘트가 커진다.

그리고 만조시(滿潮時)에 진수하는 경우 선미부양을 빠르게 해서 수중 진수대의 길이를 증가시키는 결과를 초래하지만, 배에 따라서는 반선미침하 모멘트가 감소할 경우도 있기 때문에 주의해야 한다. 실제로 약간의 선미침하 모멘트가 생겨도, 진수시에 배는 고속활주에 의해 큰 관성을 가지면서 물의 저항이 선미침하를 막기 때문에 안전한 진수를 행하는 예도 많다. 그러나 진수대의 후단부와 선저부에 높은 압력이 작용할 경우에는 변화가 없기 때문에 주의를 해야 한다.

7.2.5 진수 제 3 기

진수 제 3 기는 선미가 떠올라서 자유롭게 뜰 수 있을 때까지를 말하는데, 배는 선수포핏에 의해 지지된 상태에서 선미부가 떠오르는 기간 동안 계속 활주하기 때문에, 트림은 $\gamma\nabla \cdot l_B$가 $w \cdot l_G$와 같아질 때까지 감소하게 된다. 그리하여 $\gamma\nabla = w$와 $l_B = l_G$인 상태에서 자유부양이 이루어진다. 물의 깊이가 얕을 때에는 이 기간 동안 배의 흘수와 트림을 각 활주 위치에 관해 조사와 검토를 하면서 동적인 영향이나 선체운동 등도 충분히 고려하여 해저와 충돌하지 않도록 주의해야 한다.

진수중량 w와 중심 G의 위치가 주어져 있으므로 자유부양 상태에서의 흘수와 트림을 계산할 수 있다. 이로부터 선수포핏 앞쪽에서의 흘수도 알 수 있으므로 자유부양 상태에 도달하는 위치(활주거리)도 알 수 있다.

그리고 그림 7·12(a)와 같이 선미부양 상태와 자유부양 상태에 해당하는 흘수를 본전(Bonjean)곡선이 기입된 선체 측면도에 그린 후, 선수포핏 전단의 흘수위치 P_1(선미부양 시작)과 P_4(자유부양) 사이를 3등분한 점 P_2와 P_3를 잡는다. 점 P_2에 흘수선이 왔을 때의

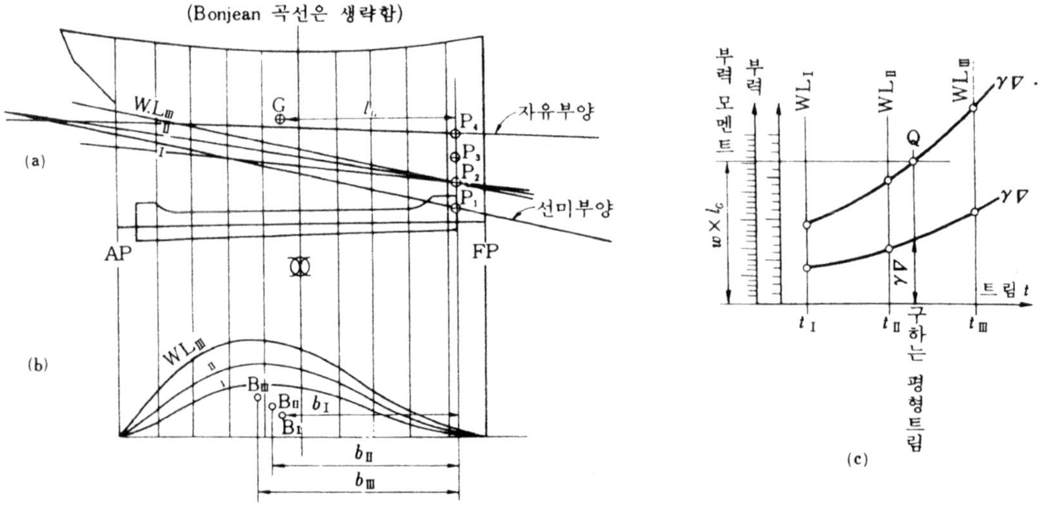

그림 7·12 진수 제3기의 흘수와 트림을 구하는 방법

트림은 다음과 같은 과정으로 구한다.

선미부양시 트림과 자유부양시 트림과의 차이는 1/3 정도 트림이 생겼다고 가정하여 수선 WL_{II}를 점 P_2를 지나도록 긋는다. P_2를 지나고 적당히 WL_{II}의 상하에 작은 트림 간격을 갖는 수선 WL_{III}와 수선 WL_{I}을 긋는다. 본전(Bonjean)곡선을 이용하여 그림 7·12(b)와 같이 WL_{I}, WL_{II}, WL_{III}에 대한 횡단면적 곡선을 구해서, 배수량 Δ_1, Δ_2, Δ_3 및 부심 B_1, B_2, B_3를 구하는 한편, 선수포핏 전단으로부터 부심까지의 거리 b_1, b_2, b_3를 구하여 그림 7·12(c)와 같이 트림을 횡축으로 한 부력곡선 $\gamma\nabla$와 부력 모멘트 곡선 $\gamma\nabla \cdot b$를 그린다.

그 후에 $w \cdot l_G$값의 수평선과 $\gamma\nabla \cdot b$ 곡선의 교점 Q를 구해서 연직선을 내리면, 구하고자 하는 평형 트림이 구해짐과 동시에 그 때의 부력 $\gamma\nabla$를 알 수 있는데, 그림에서 수선 WL_{II}보다 약간 경사진 수선을 삽간법(挿間法)으로 구해서 그으면 부력이 구해진다. 그리고 이 부력을 w에서 빼면 선수포핏에서의 반력 R가 구해진다. 점 P_3를 지나는 흘수선에 대하여도 같은 방법으로 평형트림과 부력을 구할 수 있다. 선수가 선수포핏으로부터 길게 돌출되어 있는 배에서는 트림의 변화로 인해 선수의 바닥이 선대에 닿지 않는가를 고려해 보아야 한다.

[1] 선수침하

배가 자유부양 상태에 도달하기 전에 선수포핏 전단이 진수대의 후단을 지나버리면 진수대가 지지하던 힘이 순간적으로 없어지게 되어 선수침하(船首沈下, drop)가 생긴다. 그래서 정적인 자유부양 상태에 도달하기 전까지 선수흘수 변화량의 2배에 해당하는 선수침하가 발생하는 것을 고려해서, 배가 선대나 해저에 충돌하는가를 고려해 볼 필요가 있다. 선수침하가 배에 약간 생겨도 배에 미치는 손상은 없지만 이것을 방지하는 방법으로는

① 만조시에 진수시킨다.

② 만곡 진수대를 사용한다(수중 진수대의 높이를 낮게 한다).

③ 수중 진수대를 연장한다.

등이 있다.

7.2.6 진수 제 4 기

진수 제 4 기는 자유부양 상태로부터 배가 완전하게 정지하는 기간을 말한다. 배가 자유부양할 경우에는 흘수와 트림 및 복원력을 사전에 계산할 필요가 있다. 강변에 있는 조선소와 같은 곳에서는 진수대 전면의 수역이 좁을 경우, 맞은 편 강변에 충돌한다든지, 얕은 곳에 얹히지 않도록 해야만 한다. 이를 위해서 다음과 같은 여러 가지 제동장치가 사용된다.

① 프로펠러가 돌지 않도록 고정해 둔다.

② 타(舵)의 후면에 직각인 평판으로 된 저항판(mask)을 부착시켜 저항을 증가시킨다.

$$\text{저항판의 저항력 } F(\text{ton})\ \frac{A_R \cdot v^2}{12} \tag{7 · 11}$$

여기서 A_R : 저항판의 수면하 면적(m^2)

v : 배의 진수 속도(m/sec)

③ 저항이 상당히 큰 뗏목을 로프로 끌도록 한다.

④ 선체에 로프를 붙이고 로프를 수압기와 스프링으로 제동한다.

⑤ 선체에 붙인 로프로 지상의 중량물을 끌도록 하는데, 중량물로는 충격이 작고 저항이 큰 체인이 가장 많이 사용된다. 이것을 제동체인(drags chain)이라고 한다. 그러나 제동체인을 한번에 갑자기 끌면 충격이 커지기 때문에 중량물을 끌기 위해 제동체인을 여러 조로 나누어서 양 현(舷)에 놓고, 그 각각을 지그재그형, ㄷ형, O형으로 놓아서 충격을 적게 한다. 그리고 체인의 마찰계수 μ_c는 땅 위에서 당길 경우에는 0.4~1.0인데 토질(土質)이 연할수록, 또한 돌의 알맹이가 클수록 값이 커진다.

배에 가해지는 힘에서 저항을 뺀 값을 F(ton)이라 하면 배의 운동 방정식은

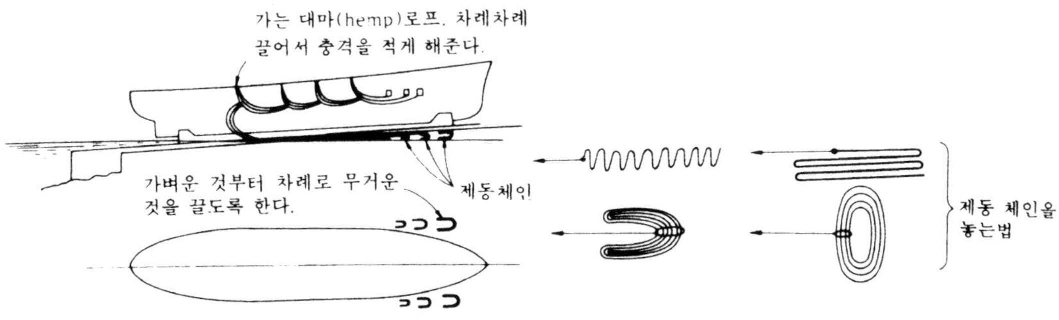

그림 7 · 13 제동체인

$$F = a \cdot \frac{w}{g}$$

이다.

여기서 제 1 기 : $F = w \cdot \sin\theta - \mu w \cdot \cos\theta$

제 2 기 : $F = w \cdot \sin\theta - \mu(w - \gamma\nabla)\cos\theta - \gamma\nabla \cdot \sin\theta - \chi(\gamma\nabla)^{2/3} \cdot \left(\frac{ds}{dt}\right)^2$

제 3 기 : $F = w \cdot \sin\theta - \mu(w - \gamma\nabla)\cos\theta - \gamma\nabla \cdot \sin\theta - \chi(\gamma\nabla)^{2/3} \cdot \left(\frac{ds}{dt}\right)^2$

제 4 기 : $F = 0 - 0 - 0 - \chi(\gamma\nabla)^{2/3} \cdot \left(\frac{ds}{dt}\right)^2 - \mu_c \cdot w_c$

위의 식에서 물의 저항계수 χ는 이전의 진수결과로부터 실험적으로 구해 둔 값이고, w_c는 제동체인의 중량(ton)이며 μ_c는 체인의 마찰계수이다.

7.2.7 진수 중의 배의 복원력

진수 중의 배의 중심(重心)과 부심(浮心)은 전후방향으로 크게 떨어져 있게 되므로 복원력의 영향을 고려해야만 한다. 특히, 배의 선미가 부양된 후의 제 3 기에 대해서는 한층 더 그 영향이 고려되고, 선수부나 선미부의 용골이 좌초한 후에 간조(干潮)가 생기는 경우에도 마찬가지로 그 영향을 받게 된다.

[1] 횡경사각이 극히 작을 경우

그림 7·14와 같이 횡경사축(橫傾斜軸)은 반력 R의 작용점인 P를 지나면서 수선에 평행한 중앙종단면 내의 PQ라고 간주해도 되므로, PQ를 축으로 해서 약간 횡방향으로 경사졌다고 생각하면, 부력 작용선과 중앙 종단면과의 교점 M과의 거리 BM은

$$\text{BM} = \frac{i}{\nabla} \tag{a}$$

로 주어진다. 여기서 ∇는 수선 wl' 이하의 배수용적이고, i는 수선 wl'의 중심선에 대한 관성 모멘트이다.

여기서, 축 PQ에서 M점까지의 높이 h가 구해지는데, 축점 P에 대한 배의 종방향 평형 모멘트를 생각하면

$$\gamma\nabla(p+q) = w \cdot p$$

$$\therefore\ \gamma\nabla = \frac{p}{p+q} \cdot w \tag{b}$$

이고, PQ에 대한 복원 모멘트를 생각하면 다음과 같다.

$$\text{복원 모멘트} = (\gamma\nabla \cdot h - w \cdot b) \cdot \sin\theta = w\left(\frac{p}{p+q} \cdot h - b\right) \cdot \sin\theta \tag{c}$$

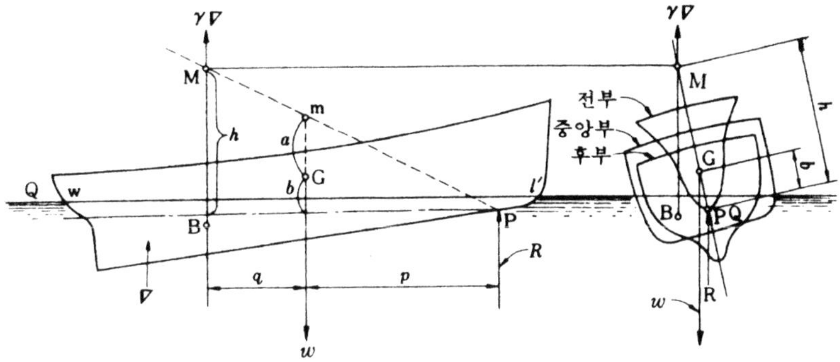

그림 7 · 14 진수시의 복원력(횡경사의 경우)

또한, 그림에서는

$$\frac{h}{p+q} = \frac{a+b}{p}$$

$$\therefore \frac{p}{p+q} h = a+b \tag{d}$$

이므로 (d)를 (c)에 대입시키면

$$\text{복원 모멘트} = w[(a+b)-b]\sin\theta = w \cdot a \cdot \sin\theta = w \cdot \text{GM} \sin\theta$$

즉, GM이 겉보기 메타센터 높이인데, 안정이 되기 위해서는 GM > 0, 즉 점 P와 점 M의 연결선보다 아래쪽에 중심 G가 위치해야만 한다.

[2] 횡경사각이 약간 큰 경우

그림 7 · 15와 같이 수선면의 중심선을 축으로 하여 배가 횡방향으로 경사진다고 생각한

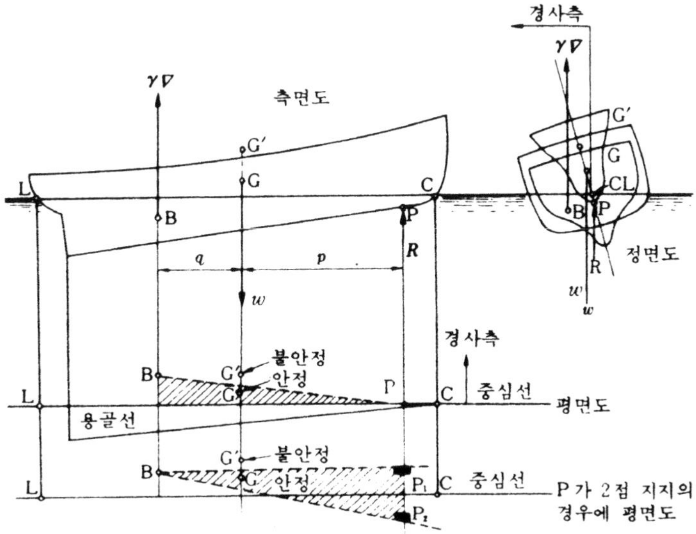

그림 7 · 15 진수시의 복원력(횡경사가 좀 큰 경우)

다. 경사시의 부심위치 B를 구하려면, 평면도에서는 배가 점 P와 점 B보다 위쪽에 그려지므로, 직선 PB로부터 중심 G가 안쪽에 있으면 배가 안정하고, 바깥쪽에 있으면 배가 불안정하게 된다. 일반적으로 배는 선수포핏의 두 점인 점 P_1과 점 P_2에 의해 지지가 되면서 배가 점 B, 점 P_1, 점 P_2의 세 점에서 지지되게 되어 수평 투영도에서 볼 때에는 중심 G가 이 세 점의 안쪽에 들어오면 배가 안정하고 바깥쪽으로 나가면 배가 불안정하게 된다.

7.2.8 만곡 진수대

진수대가 아주 약간 볼록한 원호로 이루어져 있는 것을 만곡 진수대(彎曲 進水臺, cambered ways)라고 하는데, 진수대의 길이를 L_c, 중앙의 볼록한 양을 캠버(camber) C라 한다. C의 값은 대체로 20~30 cm 정도가 보통이다. 만곡 진수대는 다음과 같은 장점이 있기 때문에 널리 사용되고 있다.

① 진수초기의 경사를 완만히 하여 초기 진수력을 적당하게 조절할 수 있다.

② 활주함에 따라서 경사각을 크게 하며, 진수대의 높이를 낮게 할 수 있기 때문에 선미부양이 빨리 생겨 선미침하가 될 우려를 감소시키기 때문에 진수대 후단압력을 떨어뜨릴 수도 있다. 그러나 선미부양을 빠르게 한다는 것은 선수포핏에 가해지는 압력을 높이는 결과가 되기 때문에 이에 대한 적절한 값을 선정해야만 한다.

③ ②의 목적을 달성하기 위해서는 보통 수중 진수대를 연장해야만 하지만, 만곡 진수대를 사용함으로써 그 연장량을 훨씬 줄일 수 있다.

그림 7·16에서 전단부(前端部) 수선(垂線)에서 용골(keel)로부터 수면까지의 높이를 h, 전단부 수선위치로부터 후방 진수대까지의 길이를 L_c, 캠버를 C, 진수대 양단을 연결하는 현(弦)의 경사를 α, 진수대 표면을 원호의 일부라고 하면, 그 반지름 r는 아래의 식으로부터 구해진다.

△OAD는 직각 삼각형이기 때문에

$$r^2=(r-C)^2+\left(\frac{L_c}{2}\right)^2,\ \text{즉}\ r=\frac{L_c^2}{8C}+\frac{C}{2} \tag{7·12}$$

제 2 항은 제 1 항에 비해 매우 작기 때문에 생략하면, $r \fallingdotseq \frac{L_c^2}{8C}$인데 그 값이 대형선에서는 10,000 m 이상이 되기도 한다.

배가 점 A에서 점 A′까지의 거리 x만큼 활주했을 때, 현 AB로부터 고정대까지의 높이 y는 원 내의 한 점을 지나는 2개의 현의 곱의 공식에 의해 다음과 같이 된다.

$$x(L_c-x)=y(2r-y) \fallingdotseq y \cdot 2r$$

$$\therefore\ y=\frac{x(L_c-x)}{2r}=\frac{4Cx(L_c-x)}{L_c^2} \tag{7·13}$$

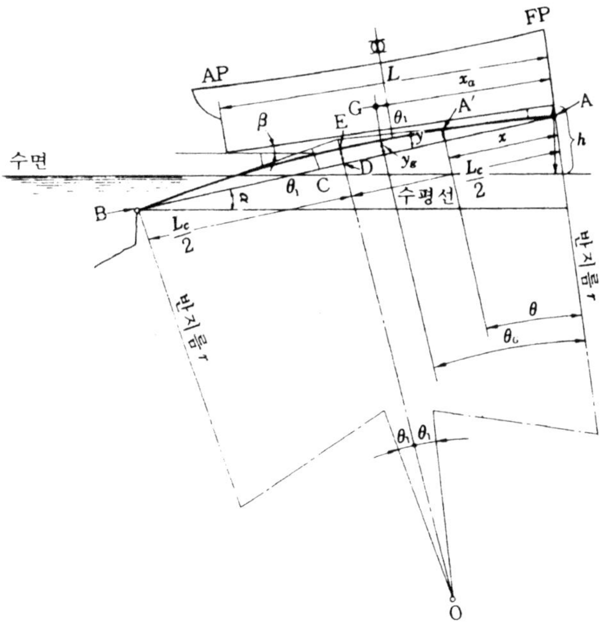

그림 7 · 16 만곡 고정대

그런데, 원호 AA′의 중심각을 θ(radian)라 하면, 최초 β였던 용골 경사가 점 A′에서는 $(\beta+\theta)$로 증가한다.

$$\theta \fallingdotseq \frac{x}{r} = \frac{8Cx}{L_c^2} \tag{7 · 14}$$

진수대 중앙 E와 끝점 A 또는 B와의 사이각을 θ_1(radian)이라 하면,

$$\theta_1 \fallingdotseq \frac{L_c/2}{r} = \frac{4C}{L_c} \tag{7 · 15}$$

전단부 수선에서 중심 G까지의 거리를 x_G라 하고, 점 A와 중심 바로 아래 점과의 사이각을 θ_G(radian)라 하면,

$$\theta_G \fallingdotseq \frac{x_G}{r} = \frac{8Cx_G}{L_c^2} \tag{7 · 16}$$

따라서, 진수대 전단점 A에서의 경사각 $= \alpha - \theta_1$

중심 G 바로 아래의 진수 경사각 $= \alpha - \theta_1 + \theta_G$

진수대 중앙점 E에서의 경사각 $= \alpha - \theta_1 + \theta_1 = \alpha$

진수대 후단점 B에서의 경사각 $= \alpha + \theta_1$

임의의 점 A′에서의 진수대 경사각 $= \alpha - \theta_1 + \theta$

그림 7 · 16과 같이 최초에 선수수선의 용골의 높이가 수면으로부터 위로 h에 있고, 점 A로부터 점 A′까지 거리 x만큼 활주했을 때의 전단부 흘수 d_F는 반지름 $r = \frac{L_c^2}{8C}$을 사용해서 다음과 같이 표시할 수 있다.

$$d_F \fallingdotseq -h + x\sin\alpha - y \fallingdotseq -h + x\alpha - \frac{x(L_c - x)}{2r} \tag{7 · 17}$$

똑같은 경우의 후단부 수선에서의 흘수 d_A는 배의 용골의 경사각이 최초의 경사각 β에서 θ만큼 증가되기 때문에

$$d_A \fallingdotseq d_f + L(\beta + \theta) = -h + x\alpha - \frac{x(L_c - x)}{2r} + L\left(\beta + \frac{x}{r}\right) \tag{7 · 18}$$

이 된다.

이상에서 활주거리 x에 대한 배의 흘수를 알 수 있기 때문에, 본전곡선을 이용하여 부력 및 부심위치를 구할 수 있다.

7.3 진수에 관한 주요항목과 계산

진수중량과 중심위치 및 조고(潮高)가 추정되고, 선체의 건조위치와 진수대 경사 및 캠버(camber) 등이 결정되면 진수계산을 할 수 있다. 즉, 다음의 진수계산에 의해 결정된 항목과 계산 예는 실제 진수된 배의 계산 실례이다.

7.3.1 진수항목

① 선박번호(ship No) :

② 날짜(date) :

③ 장소(place) :

④ 주요치수(principal dimensions)

LOA :	82.650 m
LBP :	76.000 m
B(MLD) :	12.200 m
D(MLD) :	6.200 m
d(DLWL) :	5.293 m
h :	4.927 m

⑤ 진수중량(launching weight) 796.677 ton

⑥ 종방향 무게 중심(LCG) −5.240 m

⑦ 용골 받침목의 경사(keel inclining) 1/17.250

⑧ 진수대 경사(berth inclining) 1/17.6

⑨ 선미부양(stern lift)

활주길이(travel length) 66.304 m(AP from dock gate 13.704 m)

선수흘수(fore draft) −1.160 m

선미흘수(aft draft) 3.246 m

⑩ 자유부양 상태(afloating)

활주길이(travel length) 91.502 m(AP from dock gate 38.902 m)

선수흘수(fore draft) 0.272 m

선미흘수(aft draft) 2.531 m

중앙흘수(mean draft) 1.375 m

트림(trim) 2.259 m

⑪ 조석(tide)

zero point 2.800 m

minimum tide 50 mm

⑫ 거리(distance) : AP～dock gate 52.600 m

7.3.2 진수중량

경하중량(light weight) 1089.000 ton

종방향 무게중심(LCG) −4.760 m

진수중량(launching weight) 796.677 ton

종방향 무게중심(LCG) −5.240 m

※ 여기서 진수중량(launching weight)은 경하중량(light weight)에서 미탑재물의 중량을 공제한 것이다(7.3.6항 참조).

7.3.3 부양상태 계산

$$w = 796.677\,\text{ton}$$

$$d_M = 1.375\,\text{m}$$

$$\text{LCB} = 0.944\,\text{m}$$

$$\text{BG}_2 = 6.184\,\text{m}$$

$$\text{LCF} = 0.88\,\text{m}$$

$$\text{MTC} = 21.81\,\text{ton}\cdot\text{m}$$

$$\text{trim} = \frac{796.677 \times 6.184}{100 \times 21.81} = 2.259\,\text{m}$$

$$d_A = 1.375 + \frac{\frac{76}{2} + 0.880}{76} \times \text{trim} = 2.531\,\text{m}$$

$$d_F = 1.375 - \frac{\frac{76}{2} - 0.880}{76} \times \text{trim} = 0.272\,\text{m}$$

$$s = (0.272 + 4.927)/\tan\alpha = 91.502\,\text{m}$$

7.3.4 선미부양 계산

표 7·3

s(m)	w(ton)	l_G(m)	$w \cdot l_G$(ton·m)	$\gamma\nabla$(ton)	l_B(m)	$\gamma\nabla \cdot l_B$(ton·m)
40				113.430	50.451	5722.6569
50				245.160	49.312	12,089.329
60				485.090	43.895	21,293.825
70	796.677	37.175	29,616.467	803.670	42.924	34,496.731
80				1,175.380	40.883	48,053.060
90				1,563.210	38.783	60,625.973
100				1,980.920	37.637	74,555.886

$w \cdot l_G = \gamma\nabla \cdot l_B$일 때에 선미부양 발생

$$\therefore\ s = \frac{(29,616.467 - 21,293.825)\times 10}{34,496.731 - 21,293.025} + 60 = 66.303\,\text{m}$$

$$d_F = -4.927 + \frac{66.303}{17.6} = -1.160\ \text{m}$$

$$d_A = -1.160 + \frac{76}{17.25} = 3.246\ \text{m}$$

7.3.5 선미침하 계산

표 7·4

s(m)	$\gamma\nabla$(ton)	s_B(m)	$\gamma\nabla \cdot s_B$ (ton·m)	w(ton)	s_G(m)	$w \cdot s_G$ (ton·m)	$\gamma\nabla \cdot s_B - w \cdot s_G$
40	113.430	−32.184	−3,639.2881		−45.360	−36,137.2680	32,497.9800
50	245.160	−23.223	−5,693.3506		−35.360	−28,170.4980	22,477.1480
60	485.090	−18.640	−9,042.0776		−25.360	−20,203.7280	11,161.6510
70	803.670	−9.611	−7,724.0723	796.677	−15.360	−12,236.9580	4,512.8860
80	1,175.380	−1.652	−1,941.7277		−5.360	−4,270.1887	2,328.4610
90	1,563.210	6.248	9,766.9360		4.640	3,696.58120	6,070.3548
100	1,980.920	15.102	29,915.8530		14.640	11,663.3510	18,252.5020

표 7·4와 같이 $\gamma\nabla \cdot s_B - w \cdot s_G > 0$이므로 선미침하가 발생하지 않는다.

7.3.6 참 고

진수중량(launching weight) 추정

경하중량(light weight) : 1,089 ton

LCG : −4.760 m

표 7·5 미탑재물

항 목	w(ton)	LCG(m)	모멘트(ton·m)
No. 1 hatch cover	32.258	23.010	+742.257
No. 2 hatch cover	57.347	−4.585	−262.936
accommodation	118.324	−26.668	−3,155.464
windlass, boom, anchor chain			
각종 철의장품	84.394	19.754	1,667.119
경하중량(light weight)	1,089.000	−4.760	−5,183.640
미탑재물 총중량	292.323	−3.452	−1,009.026
진수중량(launching weight)	796.677	−5.240	−4,174.614

7.4 점검 및 계측

7.4.1 선수침하(drop)와 슬립점검

진수 12시간 전에 진수요원들은 준비를 갖추고 슬립점검(slip check)을 실시한다. 7.4.2항와 7.4.3항의 시간과 거리는 그림 7·17과 같은 위치에서 계측한 값이다.

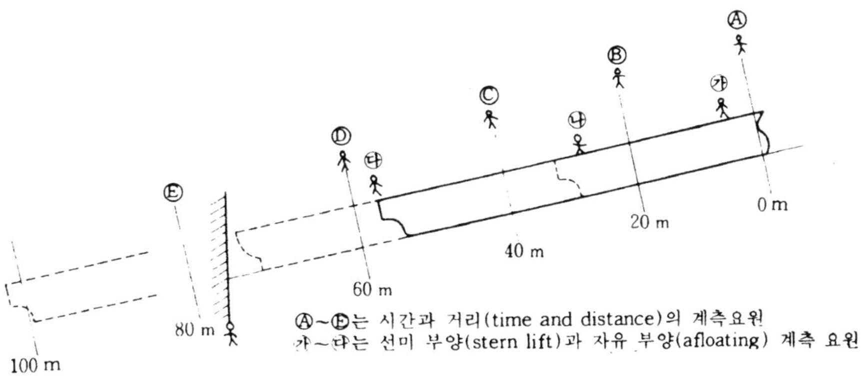

그림 7·17

7.4.2 시간과 거리

대부분의 진수 작업에서는 배가 움직인 시간과 거리를 관측해서 기록해 두는 것이 관례로 되어 있다. 이와 같은 기록은 진수시 배의 속도, 가속도, 감속도, 저항 및 에너지 등을 계산하는 데 필요한 자료들을 제공한다. 이들 자료들을 해석하면 진수 중의 마찰계수, 물의 저항 및 제동장치의 효과 등을 결정할 수 있다.

표 7·6 선수침하와 슬립점검의 예

받침목 제 거	계 측 시 간	slip 평균값	우 현					좌 현				
			FR41	FR57	FR70	FR79	트리거	FR41	FR57	FR70	FR79	트리거
#1 KB	16:10	0	0	0	0	0	0	0	0	0	0	0
#2 KB	16:20	0.110	0	0	0	0	0	0.200	0.200	0.200	0.300	0.500
#3 KB	16:30	1.090	1.000	1.000	1.000	1.700	8.500	0.500	0.800	1.200	1.500	16.000
#4 SB	17:31	5.500	6.000	6.000	6.000	6.500	14.500		4.000	5.000	5.000	19.000
#5 SB	17:42	17.400		17.000	17.000	17.000	15.000			18.000	18.000	21.000
#6 SB	18:25	20.900		20.000	21.000	21.000	15.000			20.500	22.000	21.000

표 7·7

선수침하 평균값			FR38	FR54	FR63	FR38	FR54	FR63
#1 KB	16:10	0	0	0	0	0	0	0
#2 KB	16:20	0	0	0	0	0	0	0.200
#3 KB	16:30	0.320	0.500	0	0	0.300	0.300	0.800
#4 SB	17:31	1.330	3.000	1.000	0.800	0.500	1.200	1.500
#5 SB	17:42	2.780	4.000	1.500	2.000	2.000	3.200	4.000
#6 SB	18:25	5.120	5.500	3.000	3.000	3.500	9.200	6.500

7.4.3 진수속도 점검

표 7·8

계측거리(m)	20 m	40 m	60 m	80 m	100 m
계측시간(sec)	14 sec	19 sec	23 sec	28 sec	36 sec
속 력(m/sec)	1.430 m/sec	2.110 m/sec	2.610 m/sec	2.860 m/sec	2.780 m/sec

7.4.4 선미부양(stern lift)과 자유부양(afloating) 점검

표 7·9

계 측 장 소	선 미 부 양		자 유 부 양	
	시 간	활 주 거 리	시 간	활 주 거 리
선 상	31 sec	71 m	38 sec	
선 대	28.5 sec	70 m	34 sec	87 m

7.5 계 산 예

7.5.1 배수량 계산

(1) 진수 후 흘수

$$d_F = 0.250, \quad d_M = 1.330, \quad d_A = 2.410, \quad \text{trim} = 2.160$$

(2) 흘수수정

$$\Delta d_F = \frac{2.160 \times 3.720}{76 - 3.720 - 2.980} = 0.120 \text{ m}$$

$$\Delta d_A = \frac{2.160 \times 2.980}{76 - 3.720 - 2.980} = 0.090 \text{ m}$$

$$\therefore \; d_F = 0.250 - 0.120 = 0.130 \text{ m}$$

$$d_A = 2.410 + 0.090 = 2.500 \text{ m}$$

$$d_M = 1.315 \text{ m}, \quad \text{trim} = 2.370 \text{ m}$$

$d_M = 1.315$ m일 때 배수량 등곡선도에서 $w = 758.000$ ton

(3) 트림수정

$$\Delta w_t = \frac{\otimes F \times TPC \times 100 \times trim}{L} = \frac{-0.820 \times 6.400 \times 100 \times 2.370}{76} = -16.360 \text{ ton}$$

$$w_T = w + \Delta w_t = 741.640 \text{ ton}$$

7.5.2 중심의 종방향 위치(LCG) 계산

$$BG_L = \frac{\text{MTC} \times 100 \times \text{trim}}{w_T} = \frac{21.600 \times 100 \times 2.370}{741.640} = 6.900 \text{ m}$$

$$\text{LCB} = 0.970 \text{ m}$$

$$\text{LCG} = \text{LCB} - \text{BG}_L = 0.970 - 6.900 = -5.930\text{ m}$$

7.5.3 자유부양 계산

$$d_F = 0.130\text{ m}, \quad d_A = 2.500\text{ m}, \quad d_M = 1.315\text{ m}$$

$$s = (0.130 + 4.927)/\tan\alpha = 89.000\text{ m}$$

7.5.4 선미부양 계산

표 7·10

s(m)	w(ton)	l_G(m)	$w \cdot l_G$(ton·m)	$\gamma\nabla$ (ton)	l_B(m)	$\gamma\nabla \cdot l_B$(ton·m)
60	741.640	37.865	28,082.199	485.090	43.895	21,293.025
70				803.670	42.924	34,496.731

$w \cdot l_G = \gamma\nabla \cdot l_B$일 때 선미부양

$$s = 65.140\text{ m}$$

$$d_F = -4.927 + \frac{65.140}{17.600} = -1.230\text{ m}$$

$$d_A = -1.230 + \frac{76}{17.250} = 3.180\text{ m}$$

7.6 진수결과 비교

표 7·11 결과 비교표

항 목	진 수 전	진 수 후	비 교
진수 중량(launching weight)	796.677 ton	741.640 m	55.037 ton(7.4%)
중심의 종방향의 위치(LCG)	−5.240 m	−5.930 m	−0.690 m
선미부양(stern lift)	66.304 m	65.140 m	1.164 m
자유부양(floating) 선수흘수(fore draft) 선미흘수(after draft)	91.502 m 0.272 m 2.531 m	89.000 m 0.130 m 2.500 m	2.502 m 0.142 m 0.031 m
조석(tide)	115 cm	115 cm	
선미침하(tipping)	none	none	
피벗팅(pivoting)	none	none	

이 배의 초기진수 중량은 경하중량에서 탑재되지 않은 중량을 제하여 추정하였다. 추정 결과는 796.677 ton이었으며, 진수결과 741.640 ton으로 55.037 ton의 차이가 있었다.

또, 중심의 위치는 초기계산보다 0.690 m 후방에 위치했으므로 선미부양은 예상보다 1.164 m 짧게 활주한 후에 일어났고, 자유부양 상태 도달은 예상보다 2.502 m 짧게 활주하였을 때 일어났다.

7.7 진수곡선

진수계산 결과로 얻어진 진수곡선의 예는 그림 7·18과 같다.

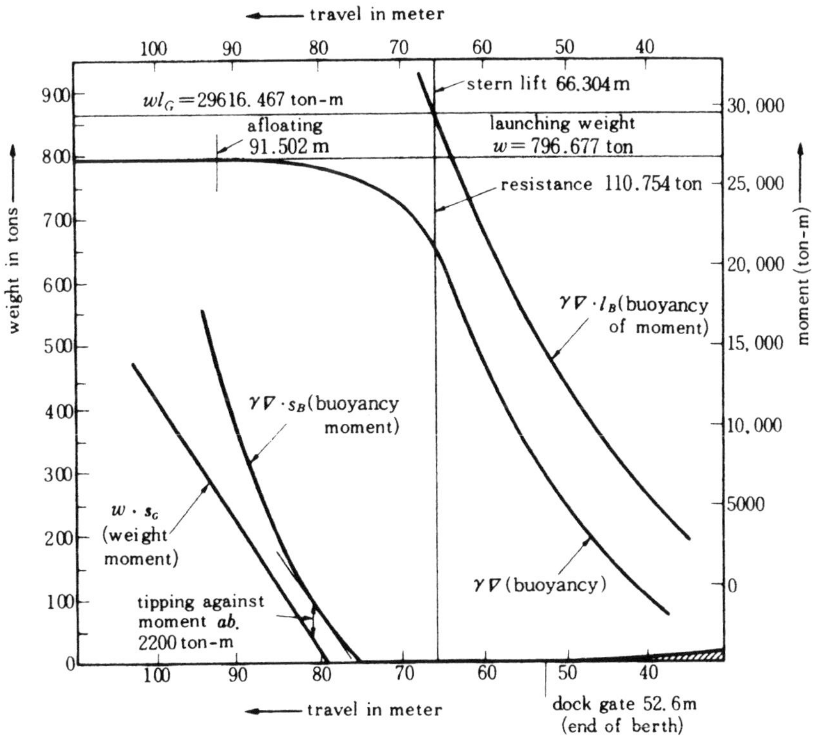

그림 7·18 진수곡선

7.8 진수 계산용 소프트웨어 사용

다음은 선박 계산용 소프트웨어로 널리 사용되고 있는 SIKOB program 시스템의 진수계산 사용 예를 보이고 있다.

SIKOB-PROGRAM LEVEL 13-019 19○○ TIME○○ PAGE 1

DEMO SHIP FOR THE SIKOB PROGRAM SYSTEM

LAUNCHING CALCULATION

INPUT DATA

UNITS USED ARE

REGARDING SYMBOLS SEE DESCRIPTION

SHIP DATA	A	W	LCG	KG	SW		
	50.000	3430.000	3.500	6.060	1.025000		
CRADLE DATA	B	CRDH1	CRDH2	CRDL	CRDB	POPPL	
	10.000	0.300	0.300	100.000	1.000	1.000	
WAY DATA	WAYL	WAYH	WAYC	STEP			
	200.000	11.800	0.000	10.000			
SPEED CALC	G	CR					
	9.8100	0.0002000					
	MY	TRAV	MY	TRAV	MY	TRAV	MY TRAV
	0.0310	0.00	0.0270	3.00	0.0270	150.00	
	NO FORCE	TRAV	FORCE	TRAV	FORCE	TRAV	FORCE TRAV
	1 40.000	150.00					
WATERLEVELS	1.500						

SIKOB-PROGRAM LEVEL 13-019 19○○ time○○ PAGE 2

DEMO SHIP FOR THE SIKOB PROGRAM SYSTEM

LAUNCHING CALCULATION FOR WATER-LEVEL=1.500 ABOVE THE LOWER WAY END

		DRAFT FROM BL AT		BUOYANCY		FORCE AND		PRESSURE FROM THE WAY		
				BUOY-	LCB	FORCE	CENTRE	DISTRIBUTION		OVER L
TRAV	POS	AP	FP	ANCY	XCOORD	Q	XQ	L	QA	QF
0.00	WAY	-1.75	-9.24			3430.0	3.14	100.00	20.63	47.97
10.00	WAY	-1.16	-8.65			3430.0	3.14	100.00	20.63	47.97
20.00	WAY	-0.57	-8.06			3430.0	3.14	100.00	20.63	47.97
30.00	WAY	0.02	-7.47	0.0	-56.80	3430.0	3.14	100.00	20.63	47.97
40.00	WAY	0.61	-6.88	1.4	-53.70	3428.6	3.16	100.00	20.58	48.00
50.00	WAY	1.20	-6.29	19.1	-49.16	3410.9	3.44	100.00	19.91	48.30
60.00	WAY	1.79	-5.70	77.9	-45.11	3352.1	4.26	100.00	17.91	49.14
70.00	WAY	2.38	-5.11	214.9	-40.75	3215.1	6.08	90.00	24.83	46.62
80.00	WAY	2.97	-4.52	465.9	-36.28	2964.1	9.34	80.00	29.16	44.94
90.00	WAY	3.56	-3.93	841.2	-32.16	2588.8	14.61	70.00	27.12	46.85
100.00	WAY	4.15	-3.34	1331.0	-28.50	2099.0	23.21	60.00	11.53	58.44
110.00	WAY	4.74	-2.75	1935.5	-25.13	1494.5	39.76	20.23	0.00	147.74
120.00	LIFT	4.56	-2.04	2152.7	-22.22	1277.3	46.00	1.00	1277.32	1277.32
130.00	LIFT	4.15	-1.29	2259.6	-18.91	1170.4	46.00	1.00	1170.42	1170.42
140.00	LIFT	3.71	-0.53	2436.2	-14.12	993.8	46.00	1.00	993.76	993.76
150.00	LIFT	3.26	0.22	2685.6	-8.46	744.4	46.00	1.00	744.38	744.38
160.00	LIFT	2.80	0.98	2963.9	-3.28	466.1	46.00			
160.00	FREE	2.09	2.16	3430.0	3.500					

SIKOB-PROGRAM LEVEL 13-019 19○○ TIME○○ PAGE 3
DEMO SHIP FOR THE SIKOB PROGRAM SYSTEM

LAUNCHING CALCULATION FOR WATER-LEVEL= 1.500 ABOVE THE LOWER WAY END
THE COLUMN METACENT STATES THE VIRTUAL METACENTREHEIGHT FOR KG= 6.060

TRAV	ANTITIPPING MOMENT	MAXIMUM PRESSURE AT X-COORD	FRAME NO	PRESS.	METACENT	ACCEL.	SPEED	TIME
0.00		46.50	122.63	47.970		0.2747	0.00	0.00
10.00		46.50	122.63	47.970		0.3139	2.48	8.27
20.00		46.50	122.63	47.970		0.3139	3.53	11.60
30.00		46.50	122.63	47.971		0.3139	4.33	14.15
40.00		46.50	122.63	47.997		0.3138	5.00	16.29
50.00		46.50	122.63	48.303		0.3118	5.59	18.18
60.00		46.50	122.63	49.135		0.3051	6.12	19.89
70.00	159,391.75	46.50	122.63	46.620		0.2890	6.59	21.46
80.00	126,978.50	46.50	122.63	44.940		0.2583	6.99	22.93
90.00	98,666.19	46.50	122.63	46.849		0.2113	7.32	24.33
100.00	77,045.87	46.50	122.63	58.442		0.1487	7.56	25.67
110.00	64,644.46	46.50	122.63	147.737		0.0712	7.70	26.98
120.00		46.50	122.63	1277.315	3.405	0.0425	7.78	28.27
130.00		46.50	122.63	1170.415	4.336	0.0281	7.82	29.56
140.00		46.50	122.63	993.763	5.293	0.0052	7.84	30.83
150.00		46.50	122.63	744.382	5.848	-0.1405	7.82	32.11
160.00		46.50	122.63	********	6.082	-0.1705	7.62	33.40

SIKOB-PROGRAM LEVEL 13-019 19○○ TIME○○ PAGE 4
DEMO SHIP FOR THE SIKOB PROGRAM SYSTEM

LAUNCHING CALCULATION FOR
WATER-LEVEL=1.500 ABOVE THE LOWER WAY END

TRAV	ACCEL.	SPEED	TIME
170.00	-0.2201	7.32	34.74
180.00	-0.2116	7.02	36.13
190.00	-0.2034	6.72	37.59
200.00	-0.1956	6.42	39.11
210.00	-0.1881	6.11	40.71
220.00	-0.1808	5.80	42.39
230.00	-0.1738	5.49	44.16
240.00	-0.1671	5.17	46.04
250.00	-0.1607	4.84	48.03
260.00	-0.1545	4.50	50.18
270.00	-0.1485	4.15	52.49
280.00	-0.1428	3.79	55.01
290.00	-0.1373	3.40	57.79
300.00	-0.1320	2.97	60.93
310.00	-0.1269	2.50	64.59
320.00	-0.1220	1.94	69.10
330.00	-0.1173	1.17	75.54
340.00	-0.1144	0.00	81.70

부록 I 배수량 등곡선도 계산연습

아래 선박의 배수량 등곡선도 계산표를 작성하라. 또한 이 결과를 이용해서 배수량 등곡선도를 작도하라.

PRINCIPAL PARTICULARS

LENGTH OVER ALL	100.010 m
LENGTH ON D.L.W.L.	94.280 m
LENGTH BETWEEN PERPENDICULARS	94.500 m
BREADTH MOULDED	14.630 m
DRAUGHT MOULDED TO D.L.W.L.	6.480 m
SQUARE STATIONS APART	h=9.450 m
WATER LINES APART	H=1.200 m
NORMAL TRIM	0.

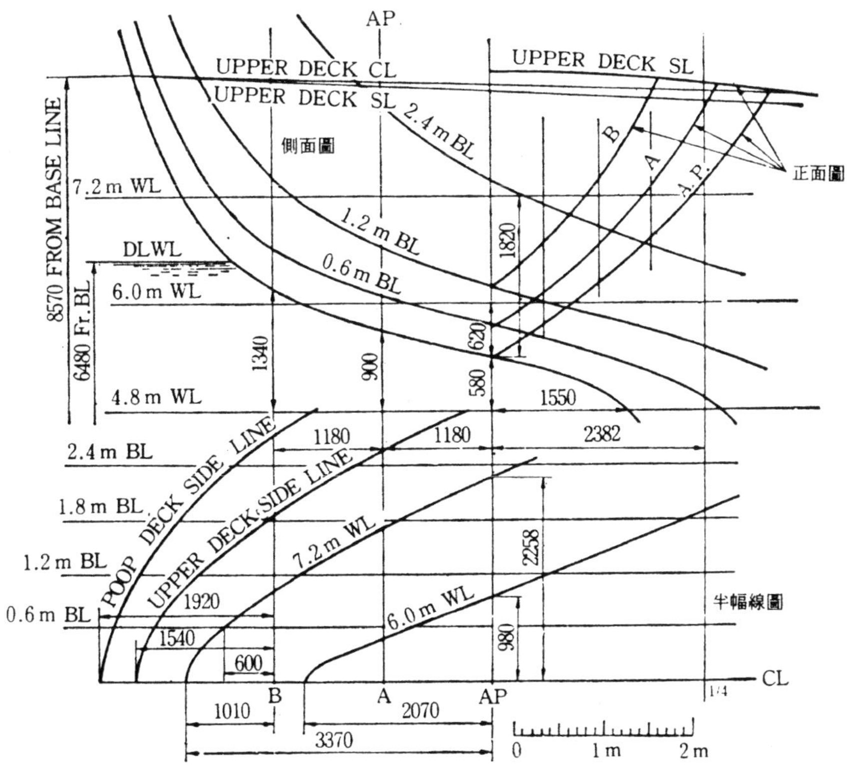

계산예의 선미 부가부 선도

오프셋(offsets)

half breadth(m)

no. of ord.	0.6WL	1.2WL	1.8WL	2.4WL	3.6WL	4.8WL	6.0WL	7.2WL	upper deck	f'cle deck
B(−¼)	—	—	—	—	—	—	—	1.058	1.848	2.760
A(−⅛)	—	—	—	—	—	—	0.525	1.697	2.553	3.558
AP(0)	—	—	—	—	—	—	0.980	2.258	3.152	4.238
¼	0.170	0.117	—	—	0.088	0.480	1.895	3.250	4.132	5.257
½	0.393	0.542	0.659	0.758	1.027	1.562	2.813	4.120	4.903	5.950
¾	0.757	1.074	1.310	1.508	1.930	2.590	3.717	4.890	5.527	6.435
1	1.174	1.650	1.986	2.270	2.820	3.570	4.560	5.538	6.030	6.790
1½	2.188	2.946	3.440	3.842	4.558	5.263	5.930	6.510	6.748	7.200
2	3.458	4.350	4.902	5.343	5.998	6.462	6.807	7.064	7.150	7.315
2½	4.780	5.605	6.113	6.445	6.866	7.100	7.228	7.293	7.308	7.315
3	5.908	6.548	6.920	7.098	7.258	7.310	7.315	7.315	7.315	7.315
4	6.875	7.236	7.315	7.315	7.315	7.315	7.315	7.315	7.315	—
5	6.875	7.236	7.315	7.315	7.315	7.315	7.315	7.315	7.315	—
6	6.875	7.236	7.315	7.315	7.315	7.315	7.315	7.315	7.315	—
7	6.620	7.080	7.263	7.315	7.315	7.315	7.315	7.315	7.315	—
7½	5.788	6.418	6.748	6.935	7.108	7.176	7.200	7.218	7.220	—
8	4.520	5.264	5.690	5.983	6.336	6.533	6.670	6.773	6.849	—
8½	2.958	3.680	4.160	4.480	4.958	5.312	5.600	5.858	6.118	—
9	1.430	1.947	2.340	2.645	3.144	3.578	3.990	4.390	4.948	—
9¼	0.807	1.200	1.500	1.757	2.210	2.620	3.030	3.456	4.168	5.222
9½	0.282	0.557	0.787	0.981	1.330	1.665	2.018	2.410	3.203	4.480
9¾	—	0.029	0.237	0.312	0.520	0.730	0.968	1.257	2.015	3.380
FP(10)	—	—	—	—	—	—	—	—	0.560	1.728

height above base line(m)

no. of ord.	0.6BL	1.2BL	2.4BL	3.6BL	4.8BL	up.dk.side line	f'cle dk. side line
B(−1/4)	6.604	7.408	9.706	—	—	8.495	10.756
A(−1/8)	6.062	6.629	8.187	10.807	—	8.437	10.687
AP(0)	5.706	6.180	7.363	9.172	—	8.380	10.620
1/4	4.950	5.465	6.410	7.580	9.440	8.273	10.498
1/2	1.500	4.120	5.648	6.684	8.022	8.172	10.396
3/4	0.368	1.510	4.526	5.886	7.094	8.080	10.310
1	0.118	0.627	2.689	4.840	6.278	7.995	10.230
1 ½		0.152	0.740	2.017	4.007	7.855	10.108
2		0.030	0.217	0.675	1.666	7.744	10.019
2 ½		0.013	0.050	0.190	0.610	7.660	—
3		0.013	0.042	0.068	0.170	7.620	—
4		0.013	0.042	0.068	0.097	7.620	—
5		0.013	0.042	0.068	0.097	7.620	—
6		0.013	0.042	0.068	0.097	7.620	—
7		0.013	0.042	0.068	0.097	7.827	—
7 ½		0.013	0.042	0.068	0.182	8.008	—
8		0.013	0.042	0.218	0.781	8.238	—
8 ½		0.013	0.304	1.116	3.150	8.522	—
9	0.057	0.407	1.920	4.860	8.416	8.843	—
9 ¼	0.345	1.200	4.140	7.590	10.412	9.025	11.260
9 ½	1.303	3.143	7.176	10.018	—	9.210	11.442
9 ¾	4.070	6.988	10.192	—	—	9.408	11.652
FP(10)	9.728	11.145	—	—	—	9.620	11.890

수선제의 배수량, 부심위치의 계산(1)

수선면 station 번호	간격수 (l)	Simpson 곱수(sm)				면적함수 $\Sigma(sm)\cdot y$	곱 $\Sigma(sm\cdot y)\cdot(sm)$	moment 함수 $\Sigma(sm\cdot y)\cdot(sm)\cdot l$				면적함수	곱	moment 함수
water line no. of ords.	mults. for lev.	simp. mults.	(y) $(sm)y$ / $(sm)y$			funct. of areas	multiples of areas	moments				funct. of area	multiples of area	moment
AP														
¼														
½														
¾														
1														
1½														
2														
3														
4														
5														
6														
7														
8														
8½														
9														
9¼														
9½														
9¾														
FP														
funct. of WL														
simp. mults. (sm)														
mults. of WL														
mults. for lev. (l)														
funct. of moments														
					VCB above BL (KB)	)	LCB (¤B))				VCB above BL (KB)	)	LCB (¤B))	

주선체의 배수량, 부심위치의 계산(2)

수선면 station 번호	간격수 (l)	Simpson 곱수(sm)				면적함수 $\Sigma(sm)\cdot y$	곱 $\Sigma(sm\cdot y)\cdot(sm)$	moment 함수 $\Sigma(sm\cdot y)\cdot(sm)\cdot l$				면적함수	곱	moment 함수
water line no. of ords.	mults. for lev.	simp. mults.				funct. of areas	multiples of areas	moments				funct. of area	multiples of area	moment
AP			(y) (sm)y (sm)y											
¼														
½														
¾														
1														
1½														
2														
3														
4														
5														
6														
7														
8														
8½														
9														
9¼														
9½														
9¾														
FP														
funct. of WL														
simp.mults. (sm)														
mults. of WL														
mults. for lev. (l)														
funct. of moments														
					VCB above BL (KB)		LCB (∞B)				VCB above BL (KB)		LCB (∞B)	

하부 부가물에 대한 계산

하부 부가물								
ordinate 번 호	Simpson 곱 수	편측 면적	면적 함수	간격수	moment 함 수	하부 부가물의 부심 KB		
no. of ord. or sect	① simp. mults	② 1/2 area	①×②=③ function of area	④ levers for hori. moment	③×④=⑤ function of horizontal moments	vertical CB from base line KB		
AP		0.00				용적함수	수선면 함수	용적/면적
$\frac{1}{4}$		0.12				(▽) function of volume	(A) function of W.plan	▽/A
$\frac{1}{2}$		0.45						
$\frac{3}{4}$		0.85						
1		1.28					◉	
$1\frac{1}{2}$		2.44				홀 수 d	곱 수 multiplier	
2		3.86						
3		6.66						
4		7.77				=		
5		7.77					÷)______	
6		7.77					KB = ______	
7		7.41						
8		5.08						
$8\frac{1}{2}$		3.32						
9		1.61						
$9\frac{1}{4}$		0.93						
$9\frac{1}{2}$		0.33						
$9\frac{3}{4}$		0.16						
FP		0.00						
		Σ =		Σ =				
		=		=				
volume(		) =		)				
tons dispt. =		=		LCB =				

선미 부가물의 계산

cruiser stern appendage

배수량과 부심의 위치(disp. & LCB)

단 면	면 적	곱 수(sm)	면적함수	레버	moment 함수
AP	2.27				
A	1.44				
B	0.61				
C	0.00				

aperture † = 1.180 m

mults 2×† 1.180×3/8 =

volume(m^3) =

tons dispt.(∇ ×1.025) =

B from AP

LCB from ⊗

부심의 높이(KB)

면적함수	ordinate 함수	∇ / A
흘 수 draft	곱 수 multiplier	

∇ /A =

÷3 =

CB =

KB =

침수 표면적과 외판 배수량

단 면	거 스	곱 수(sm)	곱
AP	2.95		
A	2.34		
B	1.53		
C	0.00		

Σ =

mults = =

sec θ (midle WL) =

wetted surface area

shell displacement

수선면적 / 부면심 / 수선면의 2차 moment

단 면	반 폭	곱 수 (sm)	함 수	레 버	함 수	레 버	2차 moment 함수	반폭의 세제곱	곱 수 (sm)	함 수
AP										
A										
B										
C										

mults. = =

water plane area =

distance of CG of W.P. from AP =

distance of AP from ⊗ =

=

=

=

=

=

mults. =

I_{AP} =

$I_⊗$ =

$\gamma I_⊗$ =

mults. Σ =

=

$I(A_{PP})$ =

γ =

γI(main part) =

γI (total) =

I / ∇ = BM = =

(3) 곱수(multiplier)

WL

function of ord.	(N)	LCF	moments
area			
Do(app.)	(5)	(7)	
total area			

$I_⊗$ (main part)	
Do (app.)	
$I_⊗$ (sum)	
$A_W \cdot$ ⊗F^2	
γI_L	

⊗F =

⊗F^2 =

$A_W \cdot$ ⊗F^2 =

γ =

$\frac{I_L}{\nabla}$ = BML =

⊗F : LCF form ⊗

침수면적 및 외판 배수량 계산

(침수 표면적과 외판 배수량)

횡단면	Simpson 곱 수	편측 거스(g)	곱 g·(sm)	편측 거스	곱	편측 거스	곱	편측 거스	곱
AP		0.00		1.20		3.6		6.55	
¼		1.30		2.50		4.97		8.65	
½		1.41		2.63		5.17		8.72	
¾		1.71		2.99		5.63		8.99	
1		2.17		3.55		6.29		9.42	
1½		3.29		4.79		7.61		10.34	
2		4.62		6.22		8.84		11.31	
3		6.90		8.22		10.63		13.03	
4		7.69		8.89		11.29		13.69	
5		7.69		8.89		11.29		13.69	
6		7.69		8.89		11.29		13.69	
7		7.46		8.89		11.29		13.69	
8		5.60		7.03		9.46		11.88	
8½		4.02		5.49		8.00		10.48	
9		2.40		3.80		6.34		8.90	
9¼		1.79		3.12		5.64		8.19	
9½		1.16		2.45		4.92		7.44	
9¾		0.23		1.45		3.86		6.32	
FP		0.00		1.20		3.6		6	
			Σg·(sm) =		Σg·(sm) =		Σg·(sm) =		Σg·(sm) =
		곱수=	=						
		침수 표면적	=						
		침수 표면적의 차	=						
		곱수 =	=						
		외판 배수량	=						
		총합계(전체 배수량)	=						

※ 외판 평균두께 : 14 mm

각 수선에 대한 배수량과 부심위치의 계산

각 수선에 대한 배수량과 부심의 위치								
항목 / 수선	각 배수량	합 배수량	연 직 방 향			수 평 방 향		
			각 KB	모멘트	KB	각 LCB	모멘트	LCB

횡메타센터의 계산

수선면																
station 위 치	곱 수 (*sm*)	반 폭 (*y*)	반 폭의 세제곱 (y^3)	세제곱 함 수 ($sm \cdot y^3$)	반 폭 (*y*)	반 폭의 세제곱 (y^3)	세제곱 함 수 ($sm \cdot y^3$)	반 폭 (*y*)	반 폭의 세제곱 (y^3)	세제곱 함 수 ($sm \cdot y^3$)	반 폭 (*y*)	반 폭의 세제곱 (y^3)	세제곱 함 수 ($sm \cdot y^3$)	반 폭 (*y*)	반 폭의 세제곱 (y^3)	세제곱 함 수 ($sm \cdot y^3$)
water line																
mo. of ords.	simp. mults	ordinates	cubes of ordinates	function of cubes	ordinates	cubes of ordinates	function of cubes	ordinates	cubes of ordinates	function of cubes	ordinates	cubes of ordinates	function of cubes	ordinates	cubes of ordinates	function of cubes
AP																
¼																
½																
¾																
1																
1½																
2																
3																
4																
5																
6																
7																
8																
8½																
9																
9¼																
9½																
9¾																
FP																
○ 곱 수 multiplier = = =		BM_T at ____ WL			BM_T at ____ WL			BM_T at ____ WL			BM_T at ____ WL			BM_T at ____ WL		

부면심 및 종메타센터의 계산(1)

수선면													
station 번호	곱수 (간격수) (l)	반폭의 함수 ($sm \cdot y$)	부면심의 함수 ($sm \cdot y \cdot l$)	곱수 (간격수) (l)	2차 moment 함수 ($sm \cdot y \cdot l^2$)	반폭의 함수 ($sm \cdot y$)	부면심의 함수 ($sm \cdot y \cdot l$)	곱수 (간격수) (l)	2차 moment 함수 ($sm \cdot y \cdot l^2$)	반폭의 함수 ($sm \cdot y$)	부면심의 함수 ($sm \cdot y \cdot l$)	곱수 (간격수) (l)	2차 moment 함수 ($sm \cdot y \cdot l^2$)
water line													
no. of ords.	mults. for lev.	functions of ordinates (N)	functions for C.G.of W. plane (M)	mults. for lever	functions for moment of inertia of W. plane (O)	functions of ordinates (N)	functions for C.G. of W. plane(M)	mults. for lever	functions for moment of inertia of W. plane (O)	functions of ordinates (N)	functions for C.G. of W. plane (M)	mults. for lever	functions for moment of inertia of W. plane (O)
AP													
$\frac{1}{4}$													
$\frac{1}{2}$													
$\frac{3}{4}$													
1													
$1\frac{1}{2}$													
2													
3													
4													
5													
6													
7													
8													
$8\frac{1}{2}$													
9													
$9\frac{1}{4}$													
$9\frac{1}{2}$													
$9\frac{3}{4}$													
FP													
× 곱수 multiplier													
=													
=													
=		=		=		=		=		=		=	
					×)				×)				×)
		BM_L at				BM_L at				BM_L at			

부면심 및 종메타센터의 계산(2)

수 선 면									
station 번 호	곱 수 (간격수) (l)	반 폭의 함 수 $(sm \cdot y)$	부면심의 함 수 $(sm \cdot y \cdot l)$	곱 수 (간격수) (l)	2차 moment 함 수 $(sm \cdot y \cdot l^2)$	반 폭의 함 수 $(sm \cdot y)$	부면심의 함 수 $(sm \cdot y \cdot l)$	곱 수 (간격수) (l)	2차 moment 함 수 $(sm \cdot y \cdot l^2)$
water line									
no. of ords.	mults. for lev.	functions of ordinates (N)	functions for C.G.of W. plane (M)	mults. for lever	functions for moment of inertia of W. plane (O)	functions of ordinates (N)	functions for C.G. of W. plane(M)	mults. for lever	functions for moment of inertia of W. plane (O)
AP									
$\frac{1}{4}$									
$\frac{1}{2}$									
$\frac{3}{4}$									
1									
$1\frac{1}{2}$									
2									
3									
4									
5									
6									
7									
8									
$8\frac{1}{2}$									
9									
$9\frac{1}{4}$									
$9\frac{1}{2}$									
$9\frac{3}{4}$									
FP									
× 곱 수 multiplier									
=									
=									
=		=		=		=		=	
				=	×)			=	×)
		BM$_L$ at				BM$_L$ at			

종합 계산

<table>
<tr><th colspan="8">종합계산(summary of calculations)</th></tr>
<tr><td colspan="3">수 선 면</td><td></td><td></td><td></td><td></td><td></td></tr>
<tr><td rowspan="4">수선면
WL</td><td colspan="2">수선면적 함수[$\Sigma y \cdot (sm)$]</td><td></td><td></td><td></td><td></td><td></td></tr>
<tr><td colspan="2">수선면적 $A_W = [\Sigma y \cdot (sm)][2\times 9.45/3]$</td><td></td><td></td><td></td><td></td><td></td></tr>
<tr><td colspan="2">수선면적 계수 $C_W = A_W / L \cdot B$</td><td></td><td></td><td></td><td></td><td></td></tr>
<tr><td colspan="2">매센티배수 톤수 TPC$=A_W \times 1.025/100$</td><td></td><td></td><td></td><td></td><td></td></tr>
<tr><td rowspan="3">중 앙
횡단면</td><td colspan="2">면적함수 [$\Sigma y \cdot (sm)$]</td><td></td><td></td><td></td><td></td><td></td></tr>
<tr><td colspan="2">면적($A_{⊗} = [\Sigma y \cdot (sm)] \times [2\times 1.20/3]$)</td><td></td><td></td><td></td><td></td><td></td></tr>
<tr><td colspan="2">중앙 횡단면 계수($C_M = A_{⊗} / B \cdot$ draft)</td><td></td><td></td><td></td><td></td><td></td></tr>
<tr><td rowspan="6">배수량
(As)</td><td rowspan="4">형표면</td><td>배수량($\triangle ML_D$)</td><td></td><td></td><td></td><td></td><td></td></tr>
<tr><td>방형계수($C_B = \triangle / L \times B \times$ draft$\times$ 1.025)</td><td></td><td></td><td></td><td></td><td></td></tr>
<tr><td>주형계수($C_P = C_B / C_M$)</td><td></td><td></td><td></td><td></td><td></td></tr>
<tr><td>연직 주형계수($C_{VP} = C_B / C_W$)</td><td></td><td></td><td></td><td></td><td></td></tr>
<tr><td colspan="2">외판 배수량 $\triangle_{SHELL}$</td><td></td><td></td><td></td><td></td><td></td></tr>
<tr><td colspan="2">외판을 포함한 배수량 △</td><td></td><td></td><td></td><td></td><td></td></tr>
<tr><td>침 수
표면적</td><td colspan="2">외판침수 표면적(As)</td><td></td><td></td><td></td><td></td><td></td></tr>
<tr><td rowspan="3">연 직
방 향</td><td colspan="2">기선에서 부심높이(KB)</td><td></td><td></td><td></td><td></td><td></td></tr>
<tr><td colspan="2">메타센터 반지름(BM_T)</td><td></td><td></td><td></td><td></td><td></td></tr>
<tr><td colspan="2">기선에서 메타센터 높이(KM_T)</td><td></td><td></td><td></td><td></td><td></td></tr>
<tr><td rowspan="4">종방향</td><td colspan="2">⊗에서 부심까지(LCB)</td><td></td><td></td><td></td><td></td><td></td></tr>
<tr><td colspan="2">⊗에서 부면심까지(LCF)</td><td></td><td></td><td></td><td></td><td></td></tr>
<tr><td colspan="2">종메타센터 반지름(BM_L)</td><td></td><td></td><td></td><td></td><td></td></tr>
<tr><td colspan="2">기선에서 종메타센터 높이(KM_L)</td><td></td><td></td><td></td><td></td><td></td></tr>
<tr><td colspan="3">매센티 트리밍 모멘트 MTC$\fallingdotseq \triangle \cdot BM_L / L \times 100$</td><td></td><td></td><td></td><td></td><td></td></tr>
<tr><td colspan="3">매센티 트림수 정톤수 △(cm)(LCF$\times$TPC$/L$)</td><td></td><td></td><td></td><td></td><td></td></tr>
</table>

부록 II CASE STUDY

40,000DWT 석유제품 운반선을 공시선으로 해서 산업현장에서 계산한 예를 아래와 같이 수록하였다.

- 배수량 등곡선도 계산
- 복원성 및 선체강도 검토를 위한 재화상태 계산
- 경사시험
- 건형계산
- 배수량 계산용 컴퓨터 프로그램

1. 선박의 주요제원

- MAIN DIMENSIONS

LENGTH O. A.	186.00 m
LENGTH B. P.	176.00 m
BREADTH(MLD)	32.00 m
DEPTH	18.00 m
DRAFT(Designed) (MLD)	10.66 m
DRAFT(Scantling) (MLD)	12.19 m
BILGE RADIUS	1.70 m

- INTENDED CARGO PETROLEUM, PRODUCT OIL, CRUDE OIL
- CLASSIFICATION DNV
- NOTATION ION + 1A1, "TANKER FOR OIL" + MV, INERT, COW, EO, ICEC

- DEADWEIGHT	AT DESIGNED DRAFT	38,700 MT
	AT SCANTLING DRAFT	49,900 MT
- MAIN ENGINE	TYPE	HYUNDAI-B&W 6S50MC
	M.C.R.	10,500 BHP×115 RPM
	N.C.R.	9450 BHP×111 RPM
- SERVICE SPEED		14.500 KTS

2. 선도와 오프셋표

2.1 선도 (Lines plan)

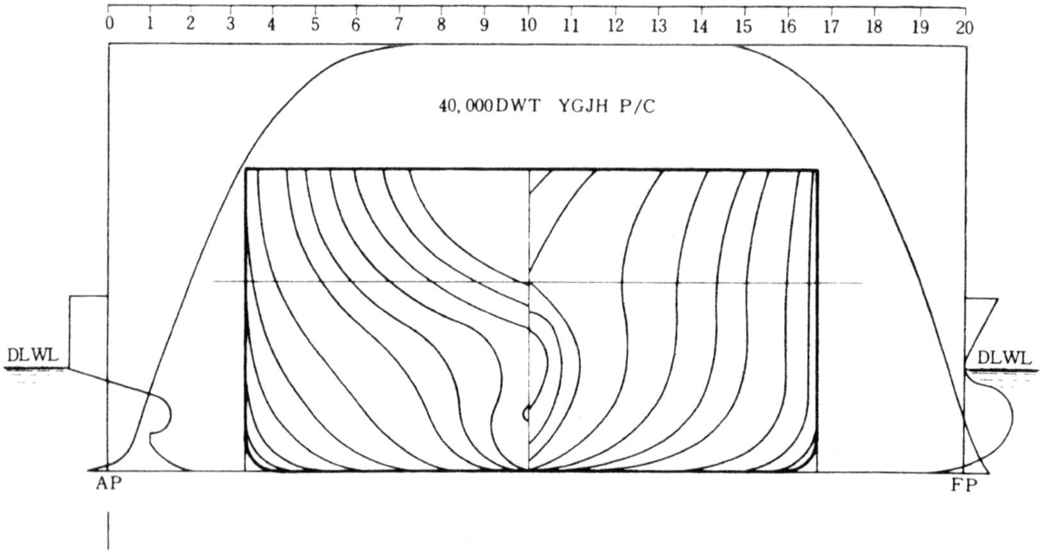

L_{OA}	L_{WL}	L_{BP}	B	D	d	C_B	C_{BA}	C_{BF}	LCB	C_P	CN	C_M	BR	WS	NCR • RPM
186.0	180.0	176.0	32.00	18.00	10.66	0.8005	0.7509	0.8511	2.44	0.8034	0.8731	0.9964	1.70	7901.2	9450 • 111.0

TR	AP	0.50	1.00	1.50	2.00	3.00	4.00	5.00	6.00	7.00	8.00	9.00	10.00
0.0005	0.0127	0.0488	0.1724	0.3186	0.4316	0.6694	0.8286	0.9284	0.9770	0.9938	0.9966	1.0000	1.0000
13.50	15.00	16.00	17.00	18.00	18.50	19.02	19.50	FP	A	B			
1.0000	0.9910	0.9503	0.8565	0.6924	0.5754	0.4354	0.2793	0.1153	0.0609	0.0184			

BL	GI	EA1	EA2	RA	Vs • Fn
5.0	55.7	54.7	27.8	26.3	3.3 • 0.041
BA	SCH	S/M	L/B	B/T	D • Z
11.53	15.0	6.0	5.50	3.00	4.0 • 99

HALLA SHIP RESEARCH INSTITUTE

22-jun-1994

2.2 오프셋표(offsets table)

선 체 치 수 표(Offsets table)

횡단면	반 폭(half breadth) m													기선상의 높이(height above base line) m								횡단면
	B.T.	0.5 WL	1.0 WL	2.0 WL	4.0 WL	6.0 WL	8.0 WL	10 WL	12 WL	14 WL	16 WL	UP DK	F'CLE DK	C.L.	1.0 BL	2.0 BL	4.0 BL	8.0 BL	S.T.	UP DK	F'CLE DK	
A.E.									3.40	6.50	6.50	6.50		10.80	11.08	11.44	12.28					A.E.
A1									4.75	7.52	7.52	7.52		10.20	10.50	10.82	11.62					A1
AP								1.40	6.06	8.54	8.54	8.54		9.60	9.89	10.21	10.99	13.20				A.P.
½								5.06	6.65	10.68	10.68	10.68		2.48, 3.88, 8.32	8.58	8.85	9.56	11.57				½
1	0.00	1.27	1.62	1.80	1.09	0.65	3.65	8.15	9.83	12.55	12.55	12.55		0.00	0.06, 4.1, 8, 6.98	7.49	8.12	9.92				1
1½	0.47	2.02	2.47	2.82	2.36	2.52	7.42	10.68	12.78	14.06	14.06	14.06			0.04	0.48	6.68	8.29				1½
2	0.84	2.62	3.20	3.73	3.62	6.22	10.35	12.75	14.28	15.14	15.14	15.14			0.00	0.19	5.03	6.71				2
3	1.70	3.83	4.54	5.30	8.05	11.92	14.10	15.30	15.90	16.10	16.10	16.10				0.01	0.58	3.97	13.6			3
4	3.84	5.18	6.07	8.75	12.87	14.88	15.78	16.10	16.10							0.00	0.07	1.74	10.37			4
5	4.99	8.55	10.64	13.00	15.20	15.98	16.10										0.00	0.40	7.37			5
6	9.65	12.80	13.96	15.20	16.04	16.10												0.00	4.80			6
7	12.98	15.00	15.54	16.02	16.10														2.86			7
8	14.10	15.42	15.83	16.10															2.00			8
9																						9
10																						10
11																						11
12																						12
13																			2.00			13
14	14.10	15.42	15.83	16.10	16.10	16.10	16.10	16.10	16.10	16.10	16.10	16.10										14
15	12.93	14.55	15.12	15.68	15.92	15.92	15.92	15.92	15.92	15.96	16.00	16.04										15
16	10.43	12.73	13.50	14.40	15.07	15.20	15.20	15.20	15.20	15.31	15.47	15.60						0.00				16
17	7.03	9.94	11.0	12.24	13.40	13.82	13.90	13.90	13.93	14.16	14.42	14.68					0.00	0.05				17
18	3.36	6.26	7.45	8.90	10.61	11.21	11.38	11.31	11.60	12.06	12.53	13.03				0.00	0.01	1.31				18
18½	1.70	4.24	5.36	6.83	8.62	9.40	9.53	9.40	9.78	10.44	11.09	11.74			0.00	0.01	0.40	3.12				18½
19	0.22	2.15	3.20	4.65	6.48	7.30	7.40	7.06	7.48	8.32	9.15	10.01	11.32	0.00	0.11	0.40	1.50	13.22			21.04	19
19½		0.38	1.20	2.52	4.20	5.02	5.07	4.50	4.58	5.62	6.68	7.77	8.85	0.38	0.85	1.55	3.65	18.4			21.17	19½
FP		0	0	0.52	2.00	2.78	2.77	1.45	0.60	2.03	3.36	4.67	6.74	1.70, 10.97, 11.60	1.98, 10.21, 12.50	3.98, 9.42, 13.95	16.98				21.30	F.P.
A				0	1.01	1.80	1.72				0.64	2.54	4.95	2.83, 9.67, 15.75	3.97, 9.16, 16.20						21.36	A
B					0	0.83	0.58						2.38	4.82, 8.40, 20.00						18.00	21.41	B

수선 간격 : A.E.~AP : 2.0m
A.E.~FP : 8.7m
FP~B : 2.0m

약어 : B.T : BOTTON TANGENT
WL : WATER LINE
BL : BUTTOCK LINE

UP DK : UPPER DECK
F'CLE DK : FORE CASTLE DECK

3. 배수량 등곡선도 계산

계산은 이 장에 수록한 표와 같이 다음의 값들을 흘수별로 계산하였다.

- 방형계수(block coefficient) : C_B
- 주상계수(prismatic coefficient) : C_P
- 중앙 단면계수(midship section coefficient) : $C_{⊗}$
- 수선면 계수(waterplane coefficient) : C_W
- 연직 주형계수(vertical prismatic coefficient) : C_{VP}
- 배수용적(moulded volume) : ∇
- 배수량(displacement) : Δ
- 부력 중심(longitudinal center of buoyancy, vertical center of buoyancy) : LCB (±⊗B), VCB(KB)
- 부면심(longitudinal center of flotation) : LCF(±⊗F)
- 가로 메타센터(transverse metercentric height) : KMTT
- 세로 메타센터(longitudinal metercentric height) : KMTL
- cm당 트림 모멘트(moment to change trim one cm) : MTC
- cm당 배수 톤수(ton per cm) : TPC

배수량 계산 예

W.L.		0 W.L.		0.5 W.L.		1 W.L.		$\Sigma f(y_H)$	S.M.	$f(V)$	x	$x \cdot f(V)$
NO.	S.M.	1		4		1						
A.E	0.227	0.000	0.000	0.000	0.000	0.000	0.000	0.000	0.227	0.00	-10.45	0.000
AI	0.909	0.000	0.000	0.000	0.000	0.000	0.000	0.000	0.909	0.00	-10.23	0.000
AP	0.727	0.000	0.000	0.000	0.000	0.000	0.000	0.000	0.727	0.00	-10.00	0.000
½	2.00	0.000	0.000	0.000	0.000	0.000	0.000	0.000	2.00	0.00	-9.50	0.000
1	1.00	0.000	0.000	0.930	0.930	1.420	1.420	5.140	1.00	5.14	-9.00	-46.260
1½	2.00	0.420	0.840	2.160	4.320	2.780	5.560	11.840	2.00	23.68	-8.50	-201.280
2	1.50	1.120	1.680	3.400	5.100	4.170	6.255	18.890	1.50	28.34	-8.00	-226.680
3	4.00	3.370	13.480	6.050	24.200	7.000	28.000	34.570	4.00	138.28	-7.00	-967.960
4	2.00	6.200	12.400	8.860	17.720	9.870	19.740	51.510	2.00	103.02	-6.00	-618.120
5	4.00	9.180	36.720	11.550	46.200	12.470	49.880	67.850	4.00	271.40	-5.00	-1357.000
6	2.00	11.650	23.300	13.700	27.400	14.420	28.840	80.870	2.00	161.74	-4.00	-646.960
7	4.00	13.260	53.040	14.920	59.680	15.400	61.600	88.340	4.00	353.36	-3.00	-1060.080
8	2.00	14.060	28.120	15.370	30.470	15.750	31.500	91.290	2.00	182.58	-2.00	-365.160
9	4.00	14.300	57.200	15.540	62.160	15.880	63.520	92.340	4.00	369.36	-1.00	-369.360
10	2.00	14.300	28.600	15.540	31.080	15.880	31.760	92.340	2.00	184.68	0.00	-5858.860
11	4.00	14.300	57.200	15.540	62.160	15.880	63.520	92.340	4.00	369.36	1.00	-369.360
12	2.00	14.300	28.600	15.540	31.080	15.880	31.760	92.340	2.00	184.68	2.00	369.360
13	4.00	14.300	57.200	15.540	62.160	15.880	63.520	92.340	4.00	369.36	3.00	1108.079
14	2.00	14.130	28.260	15.400	30.800	15.700	31.400	91.430	2.00	182.86	4.00	731.440
15	4.00	13.020	52.080	14.850	59.400	15.350	61.400	87.770	4.00	351.08	5.00	1755.401
16	2.00	10.700	21.400	13.320	26.640	14.120	28.240	78.100	2.00	156.20	6.00	937.200
17	4.00	7.500	30.000	10.750	43.000	11.900	47.600	62.400	4.00	249.60	7.00	1747.198
18	1.50	3.560	5.340	6.950	10.425	8.370	12.555	39.730	1.50	59.59	8.00	476.759
18½	2.00	1.700	3.400	4.900	9.800	6.250	12.500	27.550	2.00	55.10	8.50	468.349
19	1.00	0.430	0.430	2.930	2.930	4.120	4.120	16.270	1.00	16.27	9.00	146.430
19½	2.00	0.100	0.200	1.250	2.500	2.100	4.200	7.200	2.00	14.40	9.50	136.800
FP	0.727	0.000	0.000	0.000	0.000	0.590	0.429	0.590	0.727	0.43	10.00	4.291
A	0.909	0.000	0.000	0.000	0.000	0.000	0.000	0.000	0.909	0.00	10.23	0.000
B	0.227	0.000	0.000	0.000	0.000	0.000	0.000	0.000	0.227	0.00	10.45	0.000
$\Sigma f(y)$		539.490		650.425		689.319		$\Sigma f(V)=3830.5$				8250.67
S.M.		1		4		1						
$f(V)$		539.490		2601.700		689.319						$\Sigma x \cdot f(V)=2391.81$
Z		0		1		2						
$Z \cdot f(V)$		0.000		2601.700		1378.638		$\Sigma Z \cdot f(V)=3980.338$				

비 고

- 횡단면 간격(h) : 8.8 m
- 수선간 간격(H) : 0.5 m

1) 배수용적(V)
$=2\times h/3\times H/3\times \Sigma f(V)$
$=2\times 8.8/3\times 2/3\times 3830.5$
$=3745.4(m^3)$

2) 배수량(Δ)
$=V\times 1.025$
$=3745.4\times 1.025$
$=3839(T)$

3) 부력 전후 중심(LCB)
$=\dfrac{\text{배수량 1차 모멘트}}{\text{배수용적}}$
$=\dfrac{\Sigma x\cdot f(V)\times h}{\Sigma f(V)}$
$=\dfrac{2391.8\times 8.8}{3830.5}$
$=5.49(m)$

4) 부력 상하 중심(KB)
$=\dfrac{\text{배수량 1차 모멘트}}{\text{배수용적}}$
$=\dfrac{\Sigma Z\cdot f(V)\times H}{\Sigma f(V)}$
$=\dfrac{3980.3\times 0.5}{3830.5}$
$=0.52(m)$

5) 방형 비척계수(C_B)
$=3745/(175\times 32\times 1)$
$=0.665$

W.L. NO.	S.M.	1 W.L. (1)		1.5 W.L. (4)		2 W.L. (1)		$\Sigma f(y_H)$	S.M.	$f(V)$	x	$x \cdot f(V)$
A.E	0.227	0.000	0.000	0.000	0.000	0.000	0.000	0.000	0.227	0.00	-10.45	0.000
A1	0.909	0.000	0.000	0.000	0.000	0.000	0.000	0.000	0.909	0.00	-10.23	0.000
AP	0.727	0.000	0.000	0.000	0.000	0.000	0.000	0.000	0.727	0.00	-10.00	0.000
½	2.00	0.000	0.000	0.000	0.000	0.000	0.000	0.000	2.00	0.00	-9.50	0.000
1	1.00	1.420	1.420	1.750	1.750	1.930	1.930	10.350	1.00	10.35	-9.00	-93.150
1½	2.00	2.780	5.560	3.200	6.400	3.490	6.980	19.070	2.00	38.14	-8.50	-324.190
2	1.50	4.170	6.255	4.680	7.020	5.050	7.575	27.940	1.50	41.91	-8.00	-335.280
3	4.00	7.000	28.000	7.670	30.680	8.180	32.720	45.860	4.00	183.44	-7.00	-1284.080
4	2.00	9.870	19.740	10.570	21.140	11.160	22.320	63.310	2.00	126.62	-6.00	-759.720
5	4.00	12.470	49.880	13.130	52.520	13.650	54.600	78.640	4.00	314.56	-5.00	-1572.800
6	2.00	14.420	28.840	14.900	29.800	15.230	30.460	89.250	2.00	178.50	-4.00	-714.000
7	4.00	15.400	61.600	15.670	62.680	15.840	63.360	93.920	4.00	375.68	-3.00	-1127.040
8	2.00	15.750	31.500	15.950	31.900	16.000	32.000	95.550	2.00	191.10	-2.00	-382.200
9	4.00	15.880	63.520	15.980	63.920	16.000	64.000	95.800	4.00	383.20	-1.00	-383.200
10	2.00	15.880	31.760	15.980	31.960	16.000	32.000	95.800	2.00	191.60	0.00	-6975.660
11	4.00	15.880	63.520	15.980	63.920	16.000	64.000	95.800	4.00	383.20	1.00	383.200
12	2.00	15.880	31.760	15.980	31.960	16.000	32.000	95.800	2.00	191.60	2.00	383.200
13	4.00	15.880	63.520	15.980	63.920	16.000	64.000	95.800	4.00	383.20	3.00	1149.599
14	2.00	15.700	31.400	15.980	31.960	16.000	32.000	95.620	2.00	191.24	4.00	764.960
15	4.00	15.350	61.400	15.640	62.560	15.830	63.320	93.740	4.00	374.96	5.00	1874.801
16	2.00	14.120	28.240	14.610	29.220	14.950	29.900	87.510	2.00	175.02	6.00	1050.120
17	4.00	11.900	47.600	12.610	50.440	13.110	52.440	75.450	4.00	301.80	7.00	2112.597
18	1.50	8.370	12.555	9.320	13.980	10.000	15.000	55.650	1.50	83.47	8.00	667.799
18½	2.00	6.250	12.500	7.130	14.260	7.850	15.700	42.620	2.00	85.24	8.50	724.539
19	1.00	4.120	4.120	4.900	4.900	5.540	5.540	29.260	1.00	29.26	9.00	263.340
19½	2.00	2.100	4.200	2.780	5.560	3.340	6.680	16.560	2.00	33.12	9.50	314.640
FP	0.727	0.590	0.429	1.030	0.749	1.420	1.033	6.130	0.727	4.46	10.00	44.582
A	0.909	0.000	0.000	0.170	0.155	0.610	0.555	1.290	0.909	1.17	10.23	11.994
B	0.227	0.000	0.000	0.000	0.000	0.000	0.000	0.000	0.227	0.00	10.45	0.000
$\Sigma f(V)$		689.319		713.353		730.112		$\Sigma f(V)=4772.8$				9745.37
S.M.		1		4		1						
$f(V)$		689.319		2853.414		730.112						$\Sigma x \cdot f(V)=2769.71$
Z		0		1		2						
$Z \cdot f(V)$		0.000		2853.414		1460.224		$\Sigma Z \cdot f(V)=4313.638$				

비 고

· 횡단면 간격(h) : 8.8 m
· 수선간 간격(H) : 0.5 m

1) 배수용적(V)
$=2\times h/3\times H/3\times \Sigma f(V)$
$=2\times 8.8/3\times 0.5/3\times 4273$
$=4178(m^2)$

2) 배수량($\triangle$)
$=V\times 1.025$
$=4178\times 1.025$
$=4282(T)$

3) 부력 전후 중심(LCB)
$=\dfrac{\text{배수량 1차 모멘트}}{\text{배수용적}}$
$=\dfrac{\Sigma x\cdot f(V)\times h}{\Sigma f(V)}$
$=\dfrac{2769.7\times 8.8}{4273}$
$=5.70(m)$

4) 부력 상하 중심(KB)
$=\dfrac{\text{배수량 1차 모멘트}}{\text{배수용적}}$
$=\dfrac{\Sigma Z\cdot f(V)\times H}{\Sigma f(V)}$
$=\dfrac{4313.6\times 0.5}{4273}$
$=0.742(m)$

10.0m에서 HYDROSTATIC 재계산

1) 배수용적/(V)
$=3830.5+4178$
$=7923(m^3)$

2) 배수량($\triangle$)
$=3839+4282$
$=8121(T)$

3) 부력 전후 중심(LCB)
$=5.73(m)$

4) 부력 상하 중심(KB)
$=1024(m)$

5) 방형 비척계수(C_B)
$=7923/(176\times 32\times 2)$
$=0.703$

NO.	S.M.	2 W.L. (1)		3 W.L. (4)		4 W.L. (1)		$\Sigma f(y_H)$	S.M.	$f(V)$	x	$x \cdot f(V)$
A.E	0.227	0.000	0.000	0.000	0.000	0.000	0.000	0.000	0.227	0.00	−10.45	0.000
A1	0.909	0.000	0.000	0.000	0.000	0.000	0.000	0.000	0.909	0.00	−10.23	0.000
AP	0.727	0.000	0.000	0.000	0.000	0.000	0.000	0.000	0.727	0.00	−10.00	0.000
½	2.00	0.000	0.000	0.300	0.600	0.000	0.000	1.200	2.00	2.40	−9.50	−22.800
1	1.00	1.930	1.930	2.020	2.020	1.780	1.780	11.790	1.00	11.79	−9.00	−106.110
1½	2.00	3.490	6.980	3.800	7.600	3.950	7.900	22.640	2.00	45.28	−8.50	−384.880
2	1.50	5.050	7.575	5.570	8.355	6.030	9.045	33.360	1.50	50.04	6.00	−400.320
3	4.00	8.180	32.720	9.040	36.160	9.820	39.280	54.160	4.00	216.64	−7.00	−1516.480
4	2.00	11.160	22.320	12.130	24.260	12.950	25.900	72.630	2.00	145.26	−6.00	−871.560
5	4.00	13.650	54.600	14.420	57.680	14.970	59.880	86.300	4.00	345.20	−5.00	−1726.000
6	2.00	15.230	30.460	15.620	31.240	15.840	31.680	93.550	2.00	187.10	−4.00	−748.400
7	4.00	15.840	63.360	15.980	63.920	16.000	64.000	95.760	4.00	383.04	−3.00	−1149.120
8	2.00	16.000	32.000	16.000	32.000	16.000	32.000	96.000	2.00	192.00	−2.00	−384.000
9	4.00	16.000	64.000	16.000	64.000	16.000	64.000	96.000	4.00	384.00	−1.00	−384.000
10	2.00	16.000	32.000	16.000	32.000	16.000	32.000	96.000	2.00	192.00	0.00	−7693.67
11	4.00	16.000	64.000	16.000	64.000	16.000	64.000	96.000	4.00	384.00	1.00	384.000
12	2.00	16.000	32.000	16.000	32.000	16.000	32.000	96.000	2.00	192.00	2.00	384.000
13	4.00	16.000	64.000	16.000	64.000	16.000	64.000	96.000	4.00	384.00	3.00	1151.999
14	2.00	16.000	32.000	16.000	32.000	16.000	32.000	96.000	2.00	192.00	4.00	768.000
15	4.00	15.830	63.320	15.950	63.800	15.950	63.800	95.580	4.00	382.32	5.00	1911.601
16	2.00	14.950	29.900	15.330	30.660	15.480	30.960	91.750	2.00	183.50	6.00	1101.000
17	4.00	13.110	52.440	13.740	54.960	14.090	56.360	82.160	4.00	328.64	7.00	2300.477
18	1.50	10.000	15.000	10.920	16.380	11.500	17.250	65.180	1.50	97.77	8.00	782.159
18½	2.00	7.850	15.700	8.900	17.800	9.590	19.180	53.040	2.00	106.08	8.50	901.679
19	1.00	5.540	5.540	6.530	6.530	7.220	7.220	38.880	1.00	38.88	9.00	349.919
19½	2.00	3.340	6.680	4.230	8.460	4.860	9.720	25.120	2.00	50.24	9.50	477.279
FP	0.727	1.420	1.033	2.090	1.520	2.550	1.855	12.330	0.727	8.97	10.00	89.673
A	0.909	0.610	0.555	1.170	1.064	1.530	1.391	6.820	0.909	6.20	10.23	63.409
B	0.227	0.000	0.000	0.000	0.000	0.560	0.127	0.560	0.227	0.13	10.45	1.331
$\Sigma f(y)$		730.112		753.008		767.328		$\Sigma f(V)=4509.4$				10666.5
S.M.		1		4		1						
$f(V)$		730.112		3012.034		767.328						$\Sigma x \cdot f(V)=2972.85$
Z		0		1		2		$\Sigma Z \cdot f(V)=4546.689$				
$Z \cdot f(V)$		0.000		3012.034		1534.655						

비 고

· 횡단면 간격(h) : 8.8 m
· 수선간 간격(H) : 1.0 m

1) 배수용적(V)
$=2\times h/3\times H/3\times \Sigma f(V)$
$=2\times 8.8/3\times 1/3\times 4509$
$=8818(m^2)$

2) 배수량(Δ)
$=V\times 1.025$
$=8818\times 1.025$
$=9039(T)$

3) 부력 전후 중심(LCB)
$=\dfrac{\text{배수량 1차 모멘트}}{\text{배수용적}}$
$=\dfrac{\Sigma x\cdot f(V)\times h}{\Sigma f(V)}$
$=\dfrac{2973\times 8.8}{4509}$
$=5.801(m)$

4) 부력 상하 중심(KB)
$=\dfrac{\text{배수량 1차 모멘트}}{\text{배수용적}}$
$=\dfrac{\Sigma Z\cdot f(V)\times H}{\Sigma f(V)}$
$=\dfrac{4547\times 1}{4509}$
$=1.0(m)$

10.0m에서 HYDROSTATIC 재계산

1) 배수용적/(V)
$=7923+8818$
$=16,742(m^3)$

2) 배수량(Δ)
$=8121+9039$
$=17,160(T)$

3) 부력 전후 중심(LCB)
$=5.68(m)$

4) 부력 상하 중심(KB)
$=2.04(m)$

5) 방형 비척계수(C_B)
$=16,742/(176\times 32\times 4)$
$=0.743$

NO.	S.M.	2 W.L.		3 W.L.		4 W.L.		$\Sigma f(y_H)$	S.M.	$f(V)$	x	$x \cdot f(V)$
		1		4		1						
A.E	0.227	0.000	0.000	0.000	0.000	0.000	0.000	0.000	0.227	0.00	-10.45	0.000
A1	0.909	0.000	0.000	0.000	0.000	0.000	0.000	0.000	0.909	0.00	-10.23	0.000
AP	0.727	0.000	0.000	0.000	0.000	0.000	0.000	0.000	0.727	0.00	-10.00	0.000
½	2.00	0.000	0.000	0.000	0.000	0.000	0.000	0.000	2.00	0.00	-9.50	0.000
1	1.00	1.780	1.780	1.480	1.480	2.020	2.020	9.720	1.00	9.72	-9.00	-87.480
1½	2.00	3.950	7.900	4.120	8.240	5.270	10.540	25.700	2.00	51.40	-8.50	-436.900
2	1.50	6.030	9.045	6.500	9.750	8.140	12.210	40.170	1.50	60.26	-8.00	-482.040
3	4.00	9.820	39.280	10.580	42.320	12.250	49.000	64.390	4.00	257.56	-7.00	-1802.920
4	2.00	12.950	25.900	13.620	27.240	14.670	29.340	82.100	2.00	164.20	-6.00	-985.200
5	4.00	14.970	59.880	15.350	61.400	15.770	63.080	92.140	4.00	368.56	-5.00	-1842.800
6	2.00	15.840	31.680	15.960	31.920	16.000	32.000	95.680	2.00	191.36	-4.00	-765.440
7	4.00	16.000	64.000	16.000	64.000	16.000	64.000	96.000	4.00	384.00	-3.00	-1152.000
8	2.00	16.000	32.000	16.000	32.000	16.000	32.000	96.000	2.00	192.00	-2.00	-384.000
9	4.00	16.000	64.000	16.000	64.000	16.000	64.000	96.000	4.00	384.00	-1.00	-384.000
10	2.00	16.000	32.000	16.000	32.000	16.000	32.000	96.000	2.00	192.00	0.00	-8322.780
11	4.00	16.000	64.000	16.000	64.000	16.000	64.000	96.000	4.00	384.00	1.00	384.000
12	2.00	16.000	32.000	16.000	32.000	16.000	32.000	96.000	2.00	192.00	2.00	384.000
13	4.00	16.000	64.000	16.000	64.000	16.000	64.000	96.000	4.00	384.00	3.00	1151.999
14	2.00	16.000	32.000	16.000	32.000	16.000	32.000	96.000	2.00	192.00	4.00	768.000
15	4.00	15.950	63.800	15.950	63.800	15.950	63.800	95.700	4.00	382.80	5.00	768.000
16	2.00	15.480	30.960	15.500	31.000	15.500	31.000	92.980	2.00	185.96	6.00	1914.000
17	4.00	14.090	56.360	14.270	57.080	14.300	57.200	85.470	4.00	341.88	7.00	1115.759
18	1.50	11.500	17.250	11.860	17.790	12.100	18.150	71.040	1.50	106.56	8.00	2393.157
18½	2.00	9.590	19.180	10.020	20.040	10.370	20.740	60.040	2.00	120.08	8.50	852.479
19	1.001	7.220	7.220	7.700	7.700	8.130	8.130	46.150	1.001	46.15	9.00	1020.679
19½	2.00	4.850	9.720	5.220	10.440	5.450	10.900	31.190	2.00	62.38	9.50	415.349
FP	0.727	2.550	1.855	2.810	2.044	2.790	2.029	16.580	0.727	12.06	10.00	592.609
A	0.909	1.530	1.391	1.790	1.627	1.750	1.591	10.440	0.909	9.49	10.23	20.582
B	0.227	0.560	0.127	0.810	0.184	0.830	0.189	4.630	0.227	1.05	10.45	11.001
$\Sigma f(y)$		767.328		778.055		795.919		$\Sigma f(V)=4675.5$				11220.7
S.M.		1		4		1						
$f(V)$		767.328		3112.219		795.919						$\Sigma x \cdot f(V)=2897.90$
Z		0		1		2		$\Sigma Z \cdot f(V)=4704.056$				
$Z \cdot f(V)$		0.000		3112.219		1591.837						

비 고

· 횡단면 간격(h) : 8.8 m
· 수선간 간격(H) : 1.0 m

1) 배수용적(V)
$=2\times h/3\times H/3\times \Sigma f(V)$
$=2\times 8.8/3\times 1/3\times 4676$
$=9143(m^3)$

2) 배수량(Δ)
$=V\times 1.025$
$=9143\times 1.025$
$=9372(T)$

3) 부력 전후 중심(LCB)
$=\dfrac{\text{배수량 1차 모멘트}}{\text{배수용적}}$
$=\dfrac{\Sigma x\cdot f(V)\times h}{\Sigma f(V)}$
$=\dfrac{2898\times 8.8}{4676}$
$=5.45(m)$

4) 부력 상하 중심(KB)
$=\dfrac{\text{배수량 1차 모멘트}}{\text{배수용적}}$
$=\dfrac{\Sigma Z\cdot f(V)\times H}{\Sigma f(V)}$
$=\dfrac{4704\times 1}{4676}$
$=1.006(m)$

10.0m에서 HYDROSTATIC 계계산

1) 배수용적/(V)
$=16742+9143$
$=25,885(m^3)$

2) 배수량(Δ)
$=17,160+9372$
$=26,532(T)$

3) 부력 전후 중심(LCB)
$=5.616(m)$

4) 부력 상하 중심(KB)
$=3.04(m)$

5) 방형 비척계수(C_B)
$=25,885/(176\times 32\times 6)$
$=0.766$

W.L.		6 W.L.		7 W.L.		8 W.L.		$\Sigma f(y_H)$	S.M.	$f(V)$	x	$x \cdot f(V)$
NO.	S.M.	1		4		1						
A.E	0.227	0.0000	0.000	0.000	0.000	0.000	0.000	0.000	0.227	0.00	10.45	0.000
A1	0.909	0.000	0.000	0.000	0.000	0.000	0.000	0.000	0.909	0.00	-10.23	0.000
AP	0.727	0.000	0.000	0.000	0.000	0.000	0.000	0.000	0.727	0.00	-10.00	0.000
½	2.00	0.000	0.000	0.000	0.000	0.010	0.020	0.010	2.00	0.02	-9.50	-0.190
1	1.00	2.020	2.020	1.470	1.470	3.500	3.500	11.400	1.00	11.40	-9.00	-102.600
1½	2.00	5.270	10.540	4.460	8.920	6.650	13.300	29.760	2.00	59.52	-8.50	-505.920
2	1.50	8.140	12.210	6.170	9.255	9.300	13.950	42,120.01	1.50	63.18	-8.00	-505.440
3	4.00	12.250	49.000	11.430	45.720	12.980	51.920	70.950	4.00	283.80	-7.00	-1986.600
4	2.00	14.670	29.340	14.200	28.400	15.050	30.100	85.520	2.00	173.04	-6.00	-1038.240
5	4.00	15.770	63.080	15.600	62.400	15.880	63.520	94.050	4.00	376.20	-5.00	-1881.000
6	2.00	16.000	32.000	16.000	32.000	16.000	32.000	96.000	2.00	192.00	-4.00	-768.000
7	4.00	16.000	64.000	16.000	64.000	16.000	64.000	96.000	4.00	384.00	-3.00	-1152.000
8	2.00	16.000	32.000	16.000	32.000	16.000	32.000	96.000	2.00	192.00	-2.00	-384.000
9	4.00	16.000	64.000	16.000	64.000	16.000	64.000	96.000	4.00	384.00	-1.00	-384.000
10	2.00	16.000	32.000	16.000	32.000	16.000	32.000	96.000	2.00	192.00	0.00	-8708.99
11	4.00	16.000	64.000	16.000	64.000	16.000	64.000	96.000	4.00	384.00	1.00	384.000
12	2.00	16.000	32.000	16.000	32.000	16.000	32.000	96.000	2.00	192.00	2.00	384.000
13	4.00	16.000	64.000	16.000	64.000	16.000	64.000	96.000	4.00	384.00	3.00	1151.999
14	2.00	16.000	32.000	16.000	32.000	16.000	32.000	96.000	2.00	192.00	4.00	768.000
15	4.00	15.950	63.800	15.950	63.800	15.590	63.800	95.700	4.00	382.80	5.00	1914.0000
16	2.00	15.500	31.000	15.500	31.000	15.500	31.000	93.000	2.00	186.00	6.00	1115.999
17	4.00	14.300	57.200	14.300	57.200	14.300	57.200	85.800	4.00	343.20	7.00	2402.397
18	1.50	12.100	18.150	12.050	18.075	12.100	18.150	72.400	1.50	108.60	8.00	868.799
18½	2.00	10.370	20.740	10.260	20.520	10.400	20.800	61.810	2.00	123.62	8.50	1050.769
19	1.00	8.130	8.130	6.980	6.980	8.200	8.200	44.250	1.00	44.25	9.00	398.249
19½	2.00	5.450	10.900	5.410	10.820	5.370	10.740	32.460	2.00	64.92	9.50	616.739
FP	0.727	2.790	2.029	2.900	2.109	2.430	1.767	16.820	0.727	12.23	10.00	122.327
A	0.909	1.750	1.591	1.880	1.709	1.370	1.245	10.640	0.909	9.67	10.23	98.926
B	0.227	0.830	0.189	0.910	0.207	0.000	0.000	4.470	0.227	1.02	10.45	10.621
$\Sigma f(y)$		795.919		784.585		805.213		$\Sigma f(V)=4739.5$				11286.8
S.M.		1		4		1						
$f(V)$		785.919		3138.339		805.213						$\Sigma x \cdot f(V)=2578.83$
Z		0		1		2						
$Z \cdot f(V)$		0.000		3138.339		1610.425		$\Sigma Z \cdot f(V)=4748.765$				

비 고

· 횡단면 간격(h) : 8.8 m
· 수선간 간격(H) : 1.0 m

1) 배수용적(V)
$=2\times h/3\times H/3\times \Sigma f(V)$
$=2\times 8.8/3\times 1/3\times 4739$
$=9268(m^2)$
2) 배수량(△)
$=V\times 1.025$
$=9268\times 1.025$
$=9500(T)$
3) 부력 전후 중심(LCB)
$=\dfrac{\text{배수량 1차 모멘트}}{\text{배수용적}}$
$=\dfrac{\Sigma x\cdot f(V)\times h}{\Sigma f(V)}$
$=\dfrac{2579\times 8.8}{4739}$
$=4.79(m)$
4) 부력 상하 중심(KB)
$=\dfrac{\text{배수량 1차 모멘트}}{\text{배수용적}}$
$=\dfrac{\Sigma Z\cdot f(V)\times H}{\Sigma f(V)}$
$=\dfrac{4749\times 1}{4739}$
$=1.002(m)$

10.0m에서 HYDROSTATIC 재계산

1) 배수용적/(V)
$=25,885+9268$
$=35,153(m^3)$
2) 배수량(△)
$=9500+26,532$
$=36,032(T)$
3) 부력 전후 중심(LCB)
$=5.438(m)$
4) 부력 상하 중심(KB)
$=4.048(m)$
5) 방형비척계수(C_B)
$=35,153/(176\times 32\times 8)$
$=0.78$

NO. (W.L.)	S.M.	8 W.L. (1)		9 W.L. (4)		10 W.L. (1)		$\Sigma f(y_H)$	S.M.	$f(V)$	x	$x \cdot f(V)$
A.E	0.227	0.000	0.000	0.000	0.000	0.000	0.000	0.000	0.227	0.00	-10.45	0.000
A1	0.909	0.000	0.000	0.000	0.000	0.400	0.364	0.400	0.909	0.36	-10.23	-3.719
AP	0.727	0.000	0.000	0.000	0.000	1.750	1.273	1.750	0.727	1.27	-10.00	-12.727
½	2.00	0.010	0.020	2.430	4.860	4.470	8.940	14.200	2.00	28.40	-9.50	-269.800
1	1.00	3.500	3.500	5.360	5.360	7.000	7.000	31.940	1.00	31.94	-9.00	-287.460
1½	2.00	6.650	13.300	8.060	16.120	9.330	18.660	48.220	2.00	96.44	-8.50	-819.740
2	1.50	9.300	13.950	10.400	15.600	11.310	16.905	62.210	1.50	93.32	-8.00	-746.520
3	4.00	12.980	51.920	13.620	54.480	14.120	56.480	81.580	4.00	326.32	-7.00	-2284.240
4	2.00	15.050	30.100	15.330	30.660	15.530	31.060	91.900	2.00	183.80	-6.00	-1102.800
5	4.00	15.880	63.520	15.920	63.680	15.970	63.880	95.530	4.00	382.12	-5.00	-1910.600
6	2.00	16.000	32.000	16.000	32.000	16.000	32.000	96.000	2.00	192.00	-4.00	-768.000
7	4.00	16.000	64.000	16.000	64.000	16.000	64.000	96.000	4.00	384.00	-3.00	-1152.000
8	2.00	16.000	32.000	16.000	32.000	16.000	32.000	96.000	2.00	192.00	-2.00	-384.000
9	4.00	16.000	64.000	16.000	64.000	16.000	64.000	96.000	4.00	384.00	-1.00	-384.000
10	2.00	16.000	32.000	16.000	32.000	16.000	32.000	96.000	2.00	192.00	0.00	-10125.6
11	4.00	16.000	64.000	16.000	64.000	16.000	64.000	96.000	4.00	384.00	1.00	384.000
12	2.00	16.000	32.000	16.000	32.000	16.000	32.000	96.000	2.00	192.00	2.00	384.000
13	4.00	16.000	64.000	16.000	64.000	16.000	64.000	96.000	4.00	384.00	3.00	1151.999
14	2.00	16.000	32.000	16.000	32.000	16.000	32.000	96.000	2.00	192.00	4.00	768.000
15	4.00	15.950	63.800	15.950	63.800	15.590	63.800	95.700	4.00	382.80	5.00	1914.0000
16	2.00	15.500	31.000	15.500	31.000	15.500	31.000	93.000	2.00	186.00	6.00	1115.999
17	4.00	14.300	57.200	14.300	57.200	14.300	57.200	85.800	4.00	343.20	7.00	2402.397
18	1.50	12.100	18.150	12.100	18.150	12.100	18.150	72.600	1.50	108.90	8.00	871.199
18½	2.00	10.400	20.800	10.400	20.800	10.420	20.840	62.420	2.00	124.84	8.50	1061.138
19	1.00	8.200	8.200	8.220	8.220	8.210	8.2100	49.290	1.00	49.29	9.00	443.609
19½	2.00	5.370	10.740	5.260	10.520	5.130	10.260	31.540	2.00	63.08	9.50	599.259
FP	0.727	2.430	1.767	1.560	1.135	0.280	0.204	8.950	0.727	6.51	10.00	65.0912
A	0.909	1.370	1.245	0.100	0.091	0.000	0.000	1.770	0.909	1.61	10.23	16.457
B	0.227	0.000	0.000	0.000	0.000	0.000	0.000	0.000	0.227	0.00	10.45	0.000
$\Sigma f(y)$		767.328		778.055		795.919		$\Sigma f(V)=4906.2$				11,177.1
S.M.		1		4		1						
$f(V)$		767.328		3112.219		795.919				$\Sigma x \cdot f(V)=1051.54$		
Z		0		1		2						
$Z \cdot f(V)$		0.000		3112.219		1591.837		$\Sigma Z \cdot f(V)=4931.271$				

비 고

· 횡단면 간격(h) : 8.8 m
· 수선간 간격(H) : 1.0 m

1) 배수용적(V)
$=2\times h/3\times H/3\times \Sigma f(V)$
$=2\times 8.8/3\times 1/3\times 4906$
$=9594(m^2)$

2) 배수량(△)
$=V\times 1.025$
$=9594\times 1.025$
$=9834(T)$

3) 부력 전후 중심(LCB)
$=\dfrac{\text{배수량 1차 모멘트}}{\text{배수용적}}$
$=\dfrac{\Sigma x\cdot f(V)\times h}{\Sigma f(V)}$
$=\dfrac{1052\times 8.8}{4906}$
$=1.886(m)$

4) 부력 상하 중심(KB)
$=\dfrac{\text{배수량 1차 모멘트}}{\text{배수용적}}$
$=\dfrac{\Sigma Z\cdot f(V)\times H}{\Sigma f(V)}$
$=\dfrac{4931\times 1}{4906}$
$=1.002(m)$

10.0m에서 HYDROSTATIC 재계산

1) 배수용적/(V)
$=35{,}153+9594$
$=44{,}748(m^3)$

2) 배수량(△)
$=36{,}032+9834$
$=45{,}866(T)$

3) 부력 전후 중심(LCB)
$=4.791(m)$

4) 부력 상하 중심(KB)
$=5.054(m)$

5) 방형 비척계수(C_B)
$=44{,}748/(176\times 32\times 10)$
$=0.795$

W.L. NO.	S.M.	10 W.L. (1)		12 W.L. (4)		14 W.L. (1)		$\Sigma f(y_H)$	S.M.	$f(V)$	x	$x \cdot f(V)$
A.E	0.227	0.000	0.000	3.130	0.711	5.400	1.227	17.920	0.227	4.07	-10.45	-42.579
A1	0.909	0.400	0.364	4.200	3.818	6.200	5.636	23.400	0.909	21.27	-10.23	-217.562
AP	0.727	1.750	1.273	5.170	3.760	7.100	5.164	29.530	0.727	21.48	-10.00	-214.764
½	2.00	4.470	8.940	7.320	14.640	8.870	17.740	42.620	2.00	85.24	-9.50	-809.780
1	1.00	7.000	7.000	9.320	9.320	10.560	10.560	54.840	1.00	54.84	-9.00	-493.560
1½	2.00	9.330	18.660	11.090	22.180	12.070	24.140	65.760	2.00	131.52	-8.50	-1117.920
2	1.50	11.310	16.965	12.610	18.915	13.360	20.040	75.110	1.50	112.67	-8.00	-901.320
3	4.00	14.120	56.480	14.800	59.200	15.150	60.600	88.470	4.00	353.88	-7.00	-2477.160
4	2.00	15.530	31.060	15.780	31.560	15.900	31.800	94.550	2.00	189.10	-6.00	-1134.600
5	4.00	15.970	63.880	16.000	64.000	16.000	64.000	95.970	4.00	383.88	-5.00	-1919.400
6	2.00	16.000	32.000	16.000	32.000	16.000	32.000	96.000	2.00	192.00	-4.00	-768.000
7	4.00	16.000	64.000	16.000	64.000	16.000	64.000	96.000	4.00	384.00	-3.00	-1152.000
8	2.00	16.000	32.000	16.000	32.000	16.000	32.000	96.000	2.00	192.00	-2.00	-384.000
9	4.00	16.000	64.000	16.000	64.000	16.000	64.000	96.000	4.00	384.00	-1.00	-384.000
10	2.00	16.000	32.000	16.000	32.000	16.000	32.000	96.000	2.00	192.00	0.00	-12016.6
11	4.00	16.000	64.000	16.000	64.000	16.000	64.000	96.000	4.00	384.00	1.00	384.000
12	2.00	16.000	32.000	16.000	32.000	16.000	32.000	96.000	2.00	192.00	2.00	384.000
13	4.00	16.000	64.000	16.000	64.000	16.000	64.000	96.000	4.00	384.00	3.00	1151.999
14	2.00	16.000	32.000	16.000	32.000	16.000	32.000	96.000	2.00	192.00	4.00	768.000
15	4.00	15.950	63.800	15.950	63.800	15.950	63.800	95.700	4.00	382.80	5.00	1914.000
16	2.00	15.500	31.000	15.500	31.000	15.580	31.160	93.080	2.00	186.16	6.00	1116.959
17	4.00	14.300	57.200	14.300	57.200	14.520	58.080	86.020	4.00	344.08	7.00	2408.557
18	1.50	12.100	18.150	12.190	18.285	12.480	18.720	73.340	1.50	110.01	8.00	880.079
18½	2.00	10.420	20.840	10.550	21.100	10.950	21.900	63.570	2.00	127.14	8.50	1080.688
19	1.00	8.210	8.210	8.310	8.310	8.780	8.780	50.230	1.00	50.23	9.00	452.069
19½	2.00	5.130	10.260	5.140	10.280	5.740	11.480	31.430	2.00	62.86	9.50	597.169
FP	0.727	0.280	0.204	0.310	0.225	1.400	1.018	2.920	0.727	2.12	10.00	21.236
A	0.909	0.000	0.000	0.000	0.000	0.000	0.000	0.000	0.909	0.00	10.23	0.000
B	0.227	0.000	0.000	0.000	0.000	0.000	0.000	0.000	0.227	0.00	10.45	0.000
$\Sigma f(y)$		830.285		854.305		871.845				$\Sigma f(V)=5119.3$		11,158.8
S.M.		1		4		1						
$f(V)$		830.285		3417.219		871.845						$\Sigma x \cdot f(V)=857.888$
Z		0		1		2						
$Z \cdot f(V)$		0.000		3417.219		1743.690		$\Sigma Z \cdot f(V)=5160.910$				

비 고

· 횡단면 간격(h) : 8.8 m
· 수선간 간격(H) : 2.0 m

1) 배수용적(V)
$=2\times h/3\times H/3\times \Sigma f(V)$
$=2\times 8.8/3\times 2/3\times 5119$
$=20{,}022(m^3)$

2) 배수량(Δ)
$=V\times 1.025$
$=20{,}022\times 1.025$
$=20{,}522(T)$

3) 부력 전후 중심(LCB)
$=\dfrac{\text{배수량 1차 모멘트}}{\text{배수용적}}$
$=\dfrac{\Sigma x\cdot f(V)\times h}{\Sigma f(V)}$
$=\dfrac{-857.9\times 8.8}{5119}$
$=-1.475(m)$

4) 부력 상하 중심(KB)
$=\dfrac{\text{배수량 1차 모멘트}}{\text{배수용적}}$
$=\dfrac{\Sigma Z\cdot f(V)\times H}{\Sigma f(V)}$
$=\dfrac{5160.9\times 2}{5119}$
$=2.016(m)$

10.0m에서 HYDROSTATIC 재계산

1) 배수용적/(V)
$=44{,}748+20{,}022$
$=64{,}770(m^3)$

2) 배수량(Δ)
$=44{,}866+20{,}552$
$=66{,}389(T)$

3) 부력 전후 중심(LCB)
$=3.790(m)$

4) 부력 상하 중심(KB)
$=7.073(m)$

5) 방형 비척계수(C_B)
$=64{,}770/(176\times 32\times 14)$
$=0.821$

W.L.		14 W.L.		16 W.L.		18 W.L.		$\Sigma f(y_H)$	S.M.	$f(V)$	x	$x \cdot f(V)$
NO.	S.M.	1		4		1						
A.E	0.227	5.400	1.227	6.700	1.523	7.000	1.591	39.200	0.227	8.91	10.45	-93.140
A1	0.909	6.200	5.636	7.350	6.682	7.750	7.045	43.350	0.909	39.41	-10.23	403.048
AP	0.727	7.100	5.164	8.070	5.869	8.460	6.153	47.840	0.727	34.79	10.00	-347.927
½	2.00	8.870	17.740	9.660	19.320	9.970	19.940	57.480	2.00	114.96	-9.50	-1092.120
1	1.00	10.560	10.560	11.170	11.170	11.400	11.400	66.640	1.00	66.64	-9.00	-599.760
1½	2.00	12.070	24.140	12.550	25.100	12.690	25.380	74.960	2.00	149.92	-8.50	-1274.320
2	1.50	13.360	20.040	13.700	20.550	13.820	20.730	81.980	1.50	122.97	-8.00	-983.760
3	4.00	15.150	60.600	15.300	61.200	15.400	61.600	91.750	4.00	367.00	-7.00	-2569.000
4	2.00	15.900	31.800	15.970	31.940	16.000	32.000	95.780	2.00	191.56	-6.00	-1149.360
5	4.00	16.000	64.000	16.000	64.000	16.000	64.000	96.000	4.00	384.00	-5.00	-1920.000
6	2.00	16.000	32.000	16.000	32.000	16.000	32.000	96.000	2.00	192.00	-4.00	-768.000
7	4.00	16.000	64.000	16.000	64.000	16.000	64.000	96.000	4.00	384.00	-3.00	-1152.000
8	2.00	16.000	32.000	16.000	32.000	16.000	32.000	96.000	2.00	192.00	-2.00	-384.000
9	4.00	16.000	64.000	16.000	64.000	16.000	64.000	96.000	4.00	384.00	-1.00	-384.000
10	2.00	16.000	32.000	16.000	32.000	16.000	32.000	96.000	2.00	192.00	0.00	13,120.4
11	4.00	16.000	64.000	16.000	64.000	16.000	64.000	96.000	4.00	384.00	1.00	384.000
12	2.00	16.000	32.000	16.000	32.000	16.000	32.000	96.000	2.00	192.00	2.00	384.000
13	4.00	16.000	64.000	16.000	64.000	16.000	64.000	96.000	4.00	384.00	3.00	1151.999
14	2.00	16.000	32.000	16.000	32.000	16.000	32.000	96.000	2.00	192.00	4.00	768.000
15	4.00	15.950	63.800	15.950	63.800	16.000	64.000	95.750	4.00	383.00	5.00	1915.001
16	2.00	15.580	31.160	15.700	31.400	15.800	31.600	94.180	2.00	188.36	6.00	1130.159
17	4.00	14.520	58.080	14.800	59.200	15.100	60.400	88.820	4.00	355.28	7.00	2486.957
18	1.50	12.480	18.720	12.970	19.455	13.590	20.385	77.950	1.50	116.92	8.00	935.399
18½	2.00	10.950	21.900	11.560	23.120	12.260	24.520	69.450	2.00	138.90	8.50	1180.648
19	1.00	8.780	8.780	9.520	9.520	10.370	10.370	57.230	1.00	57.23	9.00	515.069
19½	2.00	5.740	11.480	6.770	13.540	7.870	15.740	40.690	2.00	81.38	9.50	773.109
FP	0.727	1.400	1.018	2.840	2.065	4.300	3.127	17.060	0.727	12.41	10.00	124.073
A	0.909	0.000	0.000	0.390	0.355	0.000	0.000	1.560	0.909	1.42	10.23	14.504
B	0.227	0.000	0.000	0.000	0.000	0.000	0.000	0.000	0.227	0.00	10.45	0.000
$\Sigma f(y)$		871.845		885.808		896.981				$\Sigma f(V)=5311.1$		11762.9
S.M.		1		4		1						
$f(V)$		871.845		3543.233		896.981						$\Sigma x \cdot f(V)=1357.52$
Z		0		1		2						
$Z \cdot f(V)$		0.000		3543.233		1791.962		$\Sigma Z \cdot f(V)=5335.195$				

비 고

· 횡단면 간격(h) : 8.8 m
· 수선간 간격(H) : 2.0 m

1) 배수용적(V)
$=2\times h/3\times H/3\times \Sigma f(V)$
$=2\times 8.8/3\times 2/3\times 5311$
$=20,772(m^2)$

2) 배수량($\triangle$)
$=V\times 1.025$
$=20,772\times 1.025$
$=21,291(T)$

3) 부력 전후 중심(LCB)
$=\dfrac{\text{배수량 1차 모멘트}}{\text{배수용적}}$
$=\dfrac{\Sigma x\cdot f(V)\times h}{\Sigma f(V)}$
$=\dfrac{-1358\times 8.8}{5311}$
$=-2.249(m)$

4) 부력 상하 중심(KB)
$=\dfrac{\text{배수량 1차 모멘트}}{\text{배수용적}}$
$=\dfrac{\Sigma Z\cdot f(V)\times H}{\Sigma f(V)}$
$=\dfrac{5335\times 2}{5311}$
$=2.009(m)$

10.0m에서 HYDROSTATIC 재계산

1) 배수용적/(V)
$=64,770+20,772$
$=85,542(m^3)$

2) 배수량($\triangle$)
$=66,389+21,291$
$=87680(T)$

3) 부력 전후 중심(LCB)
$=2.932(m)$

4) 부력 상하 중심(KB)
$=9.086(m)$

5) 방형 비척계수(C_B)
$=855,42/(176\times 32\times 18)$
$=0.844$

1.0 m WL.

STA. NO.	ORD.	SIMP MULT.	FUNCT. OF ORD.	ARM	FUNCT. OF MOMENT	ARM	FUNCT. OF LONGI MOMNET INERT.	CUBE ORD.	SIMP MULT.	FUNCT. OF CUBE ORD
NO.	y	S.M	$f(y)$	x	$x \cdot f(y)$	x	$x^2 \cdot f(y)$	y^3	S.M.	$f(y^3)$
A.E.	0.00	0.23	0.00	−10.5	0.00	−10.5	0.00	0.00	0.2	0.00
A1	0.00	0.91	0.00	−10.2	0.00	−10.2	0.00	0.00	0.9	0.00
AP	0.00	0.73	0.00	−10.0	0.00	−10.0	0.00	0.00	0.7	0.00
½	0.00	2.00	0.00	−9.5	0.00	−9.5	0.00	0.00	2.0	0.00
1	1.42	1.00	1.42	−9.0	−12.78	−9.0	115.02	2.86	1.0	2.86
1½	2.78	2.00	5.56	−8.5	−47.26	−8.5	401.71	21.48	2.0	42.97
2	4.17	1.50	6.26	−8.0	−50.04	−8.0	400.32	72.504	1.5	108.97
3	7.00	4.00	28.00	−7.0	−196.00	−7.0	1372.00	343.007	4.0	1372.00
4	9.87	2.00	19.74	−6.0	−118.44	−6.0	710.64	961.505	2.0	1923.01
5	12.47	4.00	49.88	−5.0	−249.40	−5.0	1247.00	1939.10	4.0	7756.384
6	14.42	2.00	28.84	−4.0	−115.36	−4.0	461.44	2998.44	2.0	5996.89
7	15.40	4.00	61.60	−3.0	−184.80	−3.0	554.40	3652.26	4.0	14609.06
8	15.75	2.00	31.50	−2.0	−63.00	−2.0	126.00	3906.98	2.0	7813.97
9	15.88	4.00	63.52	−1.0	−63.52	−1.0	63.52	4004.53	4.0	16018.12
10	15.88	2.00	31.76	0.0	0.00	0.0	0.00	4004.53	2.0	8009.06
11	15.88	4.00	63.52	1.0	63.52	1.0	63.52	4004.53	4.0	16018.11
12	15.88	2.00	31.76	2.0	63.52	2.0	127.04	4004.53	2.0	8009.05
13	15.88	4.00	63.52	3.0	190.56	3.0	571.68	4004.53	4.0	16018.11
14	15.70	2.00	31.40	4.0	125.60	4.0	502.40	3869.89	2.0	7739.78
15	15.35	4.00	61.40	5.0	307.00	5.0	1535.00	3616.81	4.0	14467.23
16	14.12	2.00	28.24	6.0	169.44	6.0	1016.64	2815.17	2.0	5630.33
17	11.90	4.00	47.60	7.0	333.20	7.0	2332.40	1685.16	4.0	6740.63
18	8.37	1.50	12.55	8.0	100.44	8.0	803.528	586.38	1.5	879.56
18½	6.25	2.00	12.50	8.5	106.25	8.5	903.12	244.14	2.0	488.28
19	4.12	1.00	4.12	9.0	37.08	9.0	333.72	39.93	1.0	69.93
19½	2.10	2.00	4.20	9.5	39.90	9.5	379.05	9.26	2.0	18.52
FP	0.59	0.73	0.43	10.0	4.29	10.0	42.91	0.21	0.7	0.15
A	0.00	0.91	0.00	10.2	0.00	10.2	0.00	0.00	0.9	0.00
B	0.00	0.23	0.00	10.5	0.00	10.5	0.00	0.00	0.2	0.00
	$\Sigma f(y)=689$			$\Sigma x \cdot f(y)=440$			$\Sigma x^2 f(y)=14{,}063$		$\Sigma f(y^3)=139{,}733$	

10) $MTC = \frac{\Delta \times BM_L}{100L} = \frac{3839 \times 1672.52}{17,600} = 364.82\,(m)$

비 고

· 횡단면 간격(h) : 8.8 m

1) 수선면적(A_W)
$= 2 \times h/3 \times \Sigma f(y)$
$= 2 \times 8.8/3 \times 689 = 4044(m^2)$

2) 부면심 중심(LCF)
$= \frac{h \Sigma x \cdot f(y)}{\Sigma f(y)}$
$= \frac{8.8 \times 481}{730}$
$= 5.62(m)$

3) 종축 2차 모멘트(I_L)
$= \left[\Sigma x^2 f(y) - \frac{(\Sigma x \cdot f(y))^2}{\Sigma f(y)} \right] \times 2/3 \times h^3$
$= \left(14063 - \frac{19,360}{689} \right) \times 2/3 \times 8.8^3$
$= 6,261,337(m^4)$

4) 횡축 2차 모멘트(I_T)
$= 2/3 \times h/3 \times \Sigma f(y^3)$
$= 2/3 \times 8.8/3 \times 139,733$
$= 273,255(m^4)$

5) $TPC = A_W \times 0.01 \times 1.025$
$= 41.45(T/cm)$

6) $BM_T = I_T/V$
$= 6,261,337/3830$
$= 72.96(m)$

7) $KM_T = KB + BM_T$
$= 0.52 + 72.96$
$= 73.48(m)$

8) $BM_L = I_L/V$
$= 273,255/3830$
$= 1672(m)$

9) $KM_L = KB + BM_L$
$= 0.52 + 1672$
$= 1672.52(m)$

2.0 m WL.

STA. NO	ORD.	SIMP MULT.	FUNCT. OF ORD.	ARM	FUNCT. OF MOMENT	ARM	FUNCT. OF LONGI MOMNET INERT.	CUBE ORD.	SIMP MULT.	FUNCT. OF CUBE ORD
NO.	y	S.M	$f(y)$	x	$x \cdot f(y)$	x	$x^2 \cdot f(y)$	y^3	S.M.	$f(y^3)$
A. E.	0.00	0.23	0.00	−10.5	0.00	0.00	0.00	0.00	0.2	0.00
A1	0.00	0.91	0.00	−10.2	0.00	0.00	0.00	0.00	0.9	0.00
AP	0.00	0.73	0.00	−10.0	0.00	0.00	0.00	0.00	0.7	0.00
½	0.00	2.00	0.00	−9.5	0.00	0.00	0.00	0.00	2.0	0.00
1	1.93	1.00	1.93	−9.0	156.33	7.19	156.33	7.19	1.0	7.19
1½	3.49	2.00	6.98	−8.5	504.31	45.51	504.31	42.51	2.0	85.02
2	5.05	1.50	7.58	−8.0	484.80	128.79	484.80	128.79	1.5	193.18
3	8.18	4.00	32.72	−7.0	1603.28	547.34	1603.28	547.34	4.0	2189.37
4	11.16	2.00	22.32	−6.0	803.522	1389.93	803.52	1389.93	2.0	2779.86
5	13.65	4.00	54.60	−5.0	1365.00	2543.30	1365.00	2543.30	4.0	10,173.21
6	15.23	2.00	30.46	−4.0	487.364	3532.64	487.36	3532.64	2.0	7065.29
7	15.84	4.00	63.36	−3.0	570.248	3974.34	570.24	3974.34	4.0	15,897.38
8	16.00	2.00	32.00	−2.0	128.00	4096.00	128.00	4096.00	2.0	8192.00
9	16.00	4.00	64.00	−1.0	64.00	4096.00	64.00	4096.00	4.0	16,384.01
10	16.00	2.00	32.00	0.0	0.00	4096.00	0.00	4096.00	2.0	8192.00
11	16.00	4.00	64.00	1.0	64.00	4096.00	64.00	4096.00	4.0	16,383.99
12	16.00	2.00	32.00	2.0	128.00	4096.00	128.00	4096.00	2.0	8192.00
13	16.00	4.00	64.00	3.0	64.00	4096.00	576.00	4096.00	4.0	16,383.99
14	16.00	2.00	32.00	4.0	128.00	4096.00	512.00	4096.00	2.0	8192.00
15	15.83	4.00	63.32	5.0	576.000	4096.00	1583.00	3966.82	4.0	15,867.29
16	14.95	2.00	29.90	6.0	512.000	4096.00	1076.40	3341.36	2.0	6682.72
17	13.11	4.00	52.44	7.0	1583.00	3966.82	2569.56	2253.24	4.0	9012.96
18	10.00	1.50	15.00	8.0	1076.40	3341.36	960.008	1000.00	1.5	1500.00
18½	7.85	2.00	15.70	8.5	2569.56	2253.24	1134.32	483.74	2.0	967.47
19	5.54	1.00	5.54	9.0	960.00	1000.00	448.74	170.03	1.0	170.03
19½	3.34	2.00	6.68	9.5	1134.32	483.74	602.87	37.26	2.0	74.52
FP	1.42	0.73	1.03	10.0	448.74	170.03	103.27	2.86	0.7	2.08
A	0.61	0.91	0.55	10.2	602.87	37.26	58.00	0.23	0.9	0.21
B	0.00	0.23	0.00	10.5	103.27	2.86	0.00	0.00	0.2	0.00
	$\Sigma f(y)=730$			$\Sigma x \cdot f(y)=481$			$\Sigma x^2 \cdot f(y)=15983$		$\Sigma f(y^3)=154588$	

10) $MTC = \frac{\Delta \times BM_L}{100L} = \frac{8121 \times 898.31}{17,600} = 414.50\,(m)$

비 고

· 횡단면 간격(h) : 8.8 m

1) 수선면적(A_W)
$= 2 \times h/3 \times \Sigma f(y)$
$= 2 \times 8.8/3 \times 730 = 4283(m^2)$

2) 부면심 중심(LCF)
$= \frac{h\Sigma x \cdot f(y)}{\Sigma f(y)}$
$= \frac{8.8 \times 481}{730}$
$= 5.79(m)$

3) 종축 2차 모멘트(I_L)
$= \left[\Sigma x^2 f(y) - \frac{\{\Sigma x \cdot f((y))\}^2}{\Sigma f(y)}\right] \times 2/3 \times h^3$
$= \left(15,983 - \frac{23,136}{730}\right) \times 2/3 \times 8.8^3$
$= 7,117,546(m^4)$

4) 횡축 2차 모멘트(I_T)
$= 2/3 \times h/3 \times \Sigma f(y^3)$
$= 2/3 \times 8.8/3 \times 154,588$
$= 302,305(m^4)$

5) $TPC = A_W \times 0.01 \times 1.025$
$= 43.90(T/cm)$

6) $BM_T = I_T/V$
$= 302,305/7923$
$= 38.17(m)$

7) $KM_T = KB + BM_T$
$= 5.73 + 38.17$
$= 39.18(m)$

8) $BM_L = I_L/V$
$= 7,117,546/7923$
$= 898.31(m)$

9) $KM_L = KB + BM_L$
$= 5.73 + 898.31$
$= 899.33(m)$

4.0 m WL.

STA. NO	ORD.	SIMP MULT.	FUNCT. OF ORD.	ARM	FUNCT. OF MOMENT	ARM	FUNCT. OF LONGI MOMNET INERT.	CUBE ORD.	SIMP MULT.	FUNCT. OF CUBE ORD
NO.	y	S.M	$f(y)$	x	$x \cdot f(y)$	x	$x^2 \cdot f(y)$	y^3	S.M.	$f(y^3)$
A.E.	0.00	0.23	0.00	−10.5	0.00	−10.5	0.00	0.00	0.2	0.00
A1	0.00	0.91	0.00	−10.2	0.00	−10.2	0.00	0.00	0.9	0.00
AP	0.00	0.73	0.00	−10.0	0.00	−10.0	0.00	0.00	0.7	0.00
½	0.00	2.00	0.00	−9.5	0.00	−9.5	0.00	0.00	2.0	0.00
1	1.78	1.00	1.93	−9.0	−16.02	−9.0	144.18	5.64	1.0	5.64
1½	3.95	2.00	7.90	−8.5	−67.15	−8.5	570.78	61.63	2.0	123.26
2	6.03	1.50	9.50	−8.0	−72.36	−8.0	578.88	219.26	1.5	328.88
3	9.82	4.00	39.28	−7.0	−274.96	−7.0	1924.72	946.97	4.0	3787.86
4	12.95	2.00	25.94	−6.0	−155.40	−6.0	932.40	2171.75	2.0	4343.49
5	14.97	4.00	59.88	−5.0	−299.40	−5.0	1497.00	3354.79	4.0	13,419.16
6	15.84	2.00	31.68	−4.0	−126.72	−4.0	506.88	3974.34	2.0	7948.69
7	16.00	4.00	64.00	−3.0	−192.00	−3.0	576.00	4096.00	4.0	16,384.01
8	16.00	2.00	32.00	−2.0	−64.00	−2.0	128.00	4096.00	2.0	8192.00
9	16.00	4.00	64.00	−1.0	−64.00	−1.0	64.00	4096.00	4.0	16,384.01
10	16.00	2.00	32.00	0.0	0.00	0.0	0.00	4096.00	2.0	8192.00
11	16.00	4.00	64.00	1.0	64.00	1.0	64.00	4096.00	4.0	16,383.99
12	16.00	2.00	32.00	2.0	64.00	2.0	128.00	4096.00	2.0	8192.00
13	16.00	4.00	64.00	3.0	192.00	3.0	576.00	4096.00	4.0	16,230.99
14	16.00	2.00	32.00	4.0	128.00	4.0	512.00	4096.00	2.0	8192.00
15	15.95	4.00	63.80	5.0	319.00	5.0	1595.00	4057.72	4.0	16,230.88
16	15.48	2.00	30.96	6.0	185.76	6.0	1114.56	3709.48	2.0	7418.95
17	14.09	4.00	56.36	7.0	394.52	7.0	2761.64	2797.26	4.0	11,189.03
18	11.50	1.50	17.25	8.0	138.00	8.0	1104.00	1520.88	1.5	2281.31
18½	9.59	2.00	19.18	8.5	163.03	8.5	1385.75	881.97	2.0	1763.95
19	7.22	1.00	7.22	9.0	64.98	9.0	584.82	376.37	1.0	376.37
19½	4.86	2.00	9.72	9.5	92.34	9.5	877.23	114.79	2.0	229.58
FP	2.55	0.73	1.85	10.0	18.55	10.0	185.45	16.58	0.7	12.06
A	1.53	0.91	1.39	10.2	14.23	10.2	145.49	3.58	0.9	3.26
B	0.56	0.23	0.13	10.5	1.33	10.5	13.91	0.18	0.2	0.04
	$\Sigma f(y)=767$			$\Sigma x \cdot f(y)=508$			$\Sigma x^2 \cdot f(y)=17971$		$\Sigma f(y^3)=167,766$	

10) $MTC = \frac{\Delta \times BM_L}{100L} = \frac{17,160 \times 478.55}{17600} = 466\ (m)$

비 고

- 횡단면 간격(h) : 8.8 m
- 1) 수선면적(A_W)
  $=2 \times h/3 \times \Sigma f(y)$
  $=2 \times 8.8/3 \times 767 = 4502(m^2)$
- 2) 부면심 중심(LCF)
  $= h\frac{\Sigma x \cdot f(y)}{\Sigma f(y)}$
  $= \frac{8.8 \times 508}{767}$
  $= 5.82(m)$
- 3) 종축 2차 모멘트(I_L)
  $= \left[\Sigma x^2 f(y) - \frac{(\Sigma x \cdot f(y))^2}{\Sigma f(y)}\right] \times 2/3 \times h^3$
  $= \left(17,971 - \frac{258,064}{767}\right) \times 2/3 \times 8.8^3$
  $=8,011,720(m^4)$
- 4) 횡축 2차 모멘트(I_T)
  $=2/3 \times h/3 \times \Sigma f(y^3)$
  $=2/3 \times 8.8/3 \times 167,766$
  $=328,077(m^4)$
- 5) $TPC = A_W \times 0.01 \times 1.025$
  $=46.14(T/cm)$
- 6) $BM_T = I_T/V$
  $=8,011,720/16,742$
  $=19.60(m)$
- 7) $KM_T = KB + BM_T$
  $=2.04+19.60$
  $=21.64(m)$
- 8) $BM_L = I_L/V$
  $=8,011,720/16,742$
  $=478.55(m)$
- 9) $KM_L = KB + BM_L$
  $=2.04+478.55$
  $=480.58(m)$

6.0 m WL.

STA. NO.	ORD.	SIMP MULT.	FUNCT. OF ORD.	ARM	FUNCT. OF MOMENT	ARM	FUNCT. OF LONGI MOMNET INERT.	CUBE ORD.	SIMP MULT.	FUNCT. OF CUBE ORD
NO.	y	S.M	$f(y)$	x	$x \cdot f(y)$	x	$x^2 \cdot f(y)$	y^3	S.M.	$f(y^3)$
A. E.	0.00	0.23	0.00	−10.5	0.00	−10.5	0.00	0.00	0.2	0.00
A1	0.00	0.91	0.00	−10.2	0.00	−10.2	0.00	0.00	0.9	0.00
AP	0.00	0.73	0.00	−10.0	0.00	−10.0	0.00	0.00	0.7	0.00
½	0.00	2.00	0.00	−9.5	0.00	−9.5	0.00	0.00	2.0	0.00
1	2.02	1.00	2.02	−9.0	−18.18	−9.0	163.62	8.24	1.0	8.24
1½	5.27	2.00	10.54	−8.5	−89.59	−8.5	761.52	146.36	2.0	292.73
2	8.14	1.50	12.21	−8.0	−97.68	−8.0	781.44	539.35	1.5	809.03
3	12.25	4.00	49.00	−7.0	−343.00	−7.0	2401.00	1838.27	4.0	7353.06
4	14.67	2.00	29.34	−6.0	−176.04	−6.0	1056.24	3157.11	2.0	6314.23
5	15.77	4.00	63.08	−5.0	−315.40	−5.0	1577.00	3921.89	4.0	15,687.55
6	16.00	2.00	32.00	−4.0	−128.00	−4.0	512.00	4096.00	2.0	8192.00
7	16.00	4.00	64.00	−3.0	−192.00	−3.0	576.00	4096.00	4.0	16,384.01
8	16.00	2.00	32.00	−2.0	−64.00	−2.0	128.00	4096.00	2.0	8192.00
9	16.00	4.00	64.00	−1.0	−64.00	−1.0	64.00	4096.00	4.0	16,384.01
10	16.00	2.00	32.00	0.0	0.00	0.0	0.00	4096.00	2.0	8192.00
11	16.00	4.00	64.00	1.0	64.00	1.0	64.00	4096.00	4.0	16,384.01
12	16.00	2.00	32.00	2.0	64.00	2.0	128.00	4096.00	2.0	8192.00
13	16.00	4.00	64.00	3.0	192.00	3.0	576.00	4096.00	4.0	16,383.99
14	16.00	2.00	32.00	4.0	128.00	4.0	512.00	4096.00	2.0	8192.00
15	15.95	4.00	63.80	5.0	319.00	5.0	1595.00	4057.72	4.0	16,230.88
16	15.50	2.00	31.00	6.0	186.00	6.0	1116.00	3723.88	2.0	7447.75
17	14.30	4.00	57.20	7.0	400.40	7.0	2802.80	2924.21	4.0	11,696.81
18	12.10	1.50	18.15	8.0	145.20	8.0	1161.60	1771.56	1.5	2657.34
18½	10.37	2.00	20.74	8.5	176.29	8.5	1498.46	1115.16	2.0	2230.31
19	8.13	1.00	8.13	9.0	73.17	9.0	658.53	537.37	1.0	537.37
19½	5.45	2.00	10.90	9.5	103.55	9.5	983.72	161.88	2.0	323.76
FP	2.79	0.73	2.03	10.0	20.29	10.0	202.91	21.72	0.7	15.79
A	1.75	0.91	1.59	10.2	16.27	10.2	166.40	5.36	0.9	4.87
B	0.83	0.23	0.19	10.5	1.97	10.5	20.62	0.57	0.2	0.13
	$\Sigma f(y)=796$				(+)1833.23 $\Sigma x \cdot f(y)=402$		$\Sigma x^2 \cdot f(y)=19{,}507$			$\Sigma f(y^3)=178{,}106$

10) $MTC = \dfrac{\Delta \times BM_L}{100\,L} = \dfrac{26{,}532 \times 341.85}{17{,}600} = 515.34\ (m)$

비 고

· 횡단면 간격(h) : 8.8 m

1) 수선면적(A_W)
$=2 \times h/3 \times \Sigma f(y)$
$=2 \times 8.8/3 \times 796 = 4669(m^2)$

2) 부면심 중심(LCF)
$= \dfrac{h\Sigma x \cdot f(y)}{\Sigma f(y)}$
$= \dfrac{8.8 \times 402}{766}$
$= 4.45(m)$

3) 종축 2차 모멘트(I_L)
$= \left[\Sigma x^2 f(y) - \dfrac{\{\Sigma x \cdot f(y)\}^2}{\Sigma f(y)}\right] \times 2/3 \times h^3$
$= \left(19{,}507 - \dfrac{161{,}604}{796}\right) \times 2/3 \times 8.8^3$
$=8769892(m^4)$

4) 횡축 2차 모멘트(I_T)
$=2/3 \times h/3 \times \Sigma f(y^3)$
$=2/3 \times 8.8/3 \times 178{,}106$
$=348{,}296(m^4)$

5) $TPC = A_W \times 0.01 \times 1.025$
$=47.86(T/cm)$

6) $BM_T = I_T/V$
$=348{,}296/25{,}885$
$=13.46(m)$

7) $KM_T = KB + BM_T$
$=3.04+13.46$
$=16.50(m)$

8) $BM_L = I_L/V$
$=8{,}769{,}892/25{,}885$
$=338.80(m)$

9) $KM_L = KB + BM_L$
$=3.04+338.80$
$=341.85(m)$

8.0 m WL.

STA. NO.	ORD.	SIMP MULT.	FUNCT. OF ORD.	ARM	FUNCT. OF MOMENT	ARM	FUNCT. OF LONGI MOMNET INERT.	CUBE ORD.	SIMP MULT.	FUNCT. OF CUBE ORD
NO.	y	S.M	$f(y)$	x	$x \cdot f(y)$	x	$x^2 \cdot f(y)$	y^3	S.M.	$f(y^3)$
A.E.	0.00	0.23	0.00	−10.5	0.00	0.00	0.2	0.00	0.2	0.00
A1	0.00	0.91	0.00	−10.2	0.00	0.00	0.9	0.00	0.9	0.00
AP	0.00	0.73	0.00	−10.0	0.00	0.00	0.7	0.00	0.7	0.00
½	0.01	2.00	0.02	−9.5	1.80	0.00	2.0	0.00	2.0	0.00
1	3.50	1.00	350	−9.0	283.50	42.88	1.0	42.88	1.0	8.24
1½	6.65	2.00	13.30	−8.5	960.93	294.08	2.0	588.16	2.0	292.73
2	9.30	1.50	13.95	−8.0	892.80	804.36	1.5	1206.54	1.5	809.03
3	12.98	4.00	51.92	−7.0	2544.08	2186.88	4.0	8747.50	4.0	7353.06
4	15.05	2.00	30.10	−6.0	1083.60	3408.86	2.0	6817.73	2.0	6314.23
5	15.88	4.00	63.52	−5.0	1588.00	4004.53	4.0	16018.12	4.0	15,687.55
6	16.00	2.00	32.00	−4.0	512.00	4096.00	2.0	8192.00	2.0	8192.00
7	16.00	4.00	64.00	−3.0	576.00	4096.00	4.0	16384.01	4.0	16,384.01
8	16.00	2.00	32.00	−2.0	128.00	4096.00	2.0	8192.00	2.0	8192.00
9	16.00	4.00	64.00	−1.0	64.00	4096.00	4.0	16384.01	4.0	16,384.01
10	16.00	2.00	32.00	0.0	0.00	4096.00	2.0	8192.00	2.0	8192.00
11	16.00	4.00	64.00	1.0	64.00	4096.00	4.0	16383.99	4.0	16,383.99
12	16.00	2.00	32.00	2.0	128.00	4096.00	2.0	8192.00	2.0	8192.00
13	16.00	4.00	64.00	3.0	576.00	4096.00	4.0	16383.99	4.0	16,230.99
14	16.00	2.00	32.00	4.0	512.00	4096.00	2.0	8192.00	2.0	8192.00
15	15.95	4.00	63.80	5.0	1595.00	4057.72	4.0	16230.88	4.0	16,230.88
16	15.50	2.00	31.00	6.0	1116.00	3728.88	2.0	7447.75	2.0	7447.75
17	14.30	4.00	57.20	7.0	2802.80	2924.21	4.0	11696.81	4.0	11,696.81
18	12.10	1.50	18.15	8.0	1161.60	1771.56	1.5	2657.34	1.5	2657.34
18½	10.40	2.00	20.80	8.5	1502.80	1124.86	2.0	2249.72	2.0	2230.31
19	8.20	1.00	8.20	9.0	664.20	551.37	1.0	551.37	1.0	537.37
19½	5.37	2.00	10.74	9.5	969.28	154.85	2.0	309.71	2.0	323.76
FP	2.43	0.73	1.77	10.0	176.73	14.35	0.7	10.44	0.7	15.79
A	1.37	0.91	1.25	10.2	130.27	2.57	0.9	2.34	0.9	4.87
B	0.00	0.23	0.00	10.5	0.00	0.00	0.2	0.00	0.2	0.13
	$\Sigma f(y)=805$			$\Sigma x \cdot f(y)=316$			$\Sigma x^2 \cdot f(y)=20{,}033$		$\Sigma f(y^3)=181{,}073$	

10) $\text{MTC} = \dfrac{\Delta \times BM_L}{100L} = \dfrac{36,032 \times 257.31}{17,600} = 526.78\ (m)$

비 고

· 횡단면 간격(h) : 8.8 m

1) 수선면적(A_W)

$=2 \times h/3 \times \Sigma f(y)$

$=2 \times 8.8/3 \times 805 = 4724(m^2)$

2) 부면심 중심(LCF)

$= \dfrac{h\Sigma x \cdot f(y)}{\Sigma f(y)}$

$= \dfrac{8.8 \times 316}{781}$

$= 3.45(m)$

3) 종축 2차 모멘트(I_L)

$= \left[\Sigma x^2 f(y) \quad \dfrac{\{\Sigma x \cdot f(y)\}^2}{\Sigma f(y)}\right] \times 2/3 \times h^3$

$= \left(20,033 - \dfrac{99856}{781}\right) \times 2/3 \times 8.8^3$

$=9,045,242(m^4)$

4) 횡축 2차 모멘트(I_T)

$=2/3 \times h/3 \times \Sigma f(y^3)$

$=2/3 \times 8.8/3 \times 181,073$

$=354,099(m^4)$

5) $TPC = A_W \times 0.01 \times 1.025$

$=48.42(T/cm)$

6) $BM_T = I_T/V$

$=354,099/35,153$

$=10.07(m)$

7) $KM_T = KB + BM_T$

$=4.48 + 10.07$

$=14.12(m)$

8) $BM_L = I_L/V$

$=9,045,242/35,153$

$=257.31(m)$

9) $KM_L = KB + BM_L$

$=4.048 + 257.31$

$=261.36(m)$

10.0 m WL.

STA. NO.	ORD.	SIMP MULT.	FUNCT. OF ORD.	ARM	FUNCT. OF MOMENT	ARM	FUNCT. OF LONGI MOMNET INERT.	CUBE ORD.	SIMP MULT.	FUNCT. OF CUBE ORD
NO.	y	S.M	$f(y)$	x	$x \cdot f(y)$	x	$x^2 \cdot f(y)$	y^3	S.M.	$f(y^3)$
A.E.	0.00	0.23	0.00	−10.5	0.00	−10.5	0.00	0.00	0.2	0.00
A1	0.40	0.91	0.36	−10.2	−3.72	−10.2	38.04	0.06	0.9	0.06
AP	1.75	0.73	1.27	−10.0	−12.73	−10.0	127.27	5.36	0.7	3.90
½	4.47	2.00	8.94	−9.5	−84.93	−9.5	806.83	89.31	2.0	178.63
1	7.00	1.00	7.00	−9.0	−63.00	−9.0	567.00	343.00	1.0	343.00
1½	9.33	2.00	18.66	−8.5	−158.61	−8.5	1348.19	812.17	2.0	1624.33
2	11.31	1.50	16.97	−8.0	−135.72	−8.0	1085.76	1446.73	1.5	2170.10
3	14.12	4.00	56.48	−7.0	−395.36	−7.0	2767.52	2815.17	4.0	11,260.67
4	15.53	2.00	31.06	−6.0	−186.36	−6.0	1118.16	3745.54	2.0	7491.08
5	15.97	4.00	63.88	−5.0	−319.40	−5.0	1597.00	4073.00	4.0	16,292.01
6	16.00	2.00	32.00	−4.0	−128.00	−4.0	512.00	4096.00	2.0	8192.00
7	16.00	4.00	64.00	−3.0	−192.00	−3.0	576.00	4096.00	4.0	16,384.01
8	16.00	2.00	32.00	−2.0	−64.00	−2.0	128.00	4096.00	2.0	8192.00
9	16.00	4.00	64.00	−1.0	−64.00	−1.0	64.00	4096.00	4.0	16,383.99
10	16.00	2.00	32.00	0.0	0.00	0.0	0.00	4096.00	2.0	8192.00
11	16.00	4.00	64.00	1.0	64.00	1.0	64.00	4096.00	4.0	16,384.01
12	16.00	2.00	32.00	2.0	64.00	2.0	128.00	4096.00	2.0	8192.00
13	16.00	4.00	64.00	3.0	192.00	3.0	576.00	4096.00	4.0	19,383.99
14	16.00	2.00	32.00	4.0	128.00	4.0	512.00	4096.00	2.0	8192.00
15	15.95	4.00	63.80	5.0	319.00	5.0	1595.00	4057.72	4.0	16,230.88
16	15.50	2.00	31.00	6.0	186.00	6.0	1116.00	3723.88	2.0	7447.75
17	14.30	4.00	57.20	7.0	400.40	7.0	2802.80	2924.21	4.0	11,696.81
18	12.10	1.50	18.15	8.0	145.20	8.0	1161.60	1771.56	1.5	2657.34
18½	10.42	2.00	20.84	8.5	177.14	8.5	1505.69	1131.37	2.0	2262.73
19	8.21	1.00	8.21	9.0	73.89	9.0	665.01	553.39	1.0	553.39
19½	5.13	2.00	10.26	9.5	97.47	9.5	925.96	135.01	2.0	270.01
FP	0.28	0.73	0.20	10.0	2.04	10.0	20.36	0.02	0.7	0.02
A	0.00	0.91	0.00	10.2	0.00	10.2	0.00	0.00	0.9	0.00
B	0.00	0.23	0.00	10.5	0.00	10.5	0.00	0.00	0.2	0.00
	$\Sigma f(y)=830$			$\Sigma x \cdot f(y)=41$			$\Sigma x^2 \cdot f(y)=21,808$		$\Sigma f(y^3)=186,979$	

10) $MTC = \frac{\Delta \times BM_L}{100L} = \frac{45,866 \times 226.45}{17,600} = 590.13\,(m)$

비 고

· 횡단면 간격(h) : 8.8 m

1) 수선면적(A_w)
$= 2 \times h/3 \times \Sigma f(y)$
$= 2 \times 8.8/3 \times 830 = 4371(m^2)$

2) 부면심 중심(LCF)
$= \frac{h \Sigma x \cdot f(y)}{\Sigma f(y)}$
$= \frac{8.8 \times 41}{830}$
$= 0.44(m)$

3) 종축 2차 모멘트(I_L)
$= \left[\Sigma x^2 f(y) - \frac{(\Sigma x \cdot f(y))^2}{\Sigma f(y)}\right] \times 2/3 \times h^3$
$= \left(21,808 - \frac{1681}{830}\right) \times 2/3 \times 8.8^3$
$= 9,906,848(m^4)$

4) 횡축 2차 모멘트(I_T)
$= 2/3 \times h/3 \times \Sigma f(y^3)$
$= 2/3 \times 8.8/3 \times 186,979$
$= 365,647(m^4)$

5) $TPC = A_W \times 0.01 \times 1.025$
$= 49.93(T/cm)$

6) $BM_T = I_T/V$
$= 365,647/44,748$
$= 8.17(m)$

7) $KM_T = KB + BM_T$
$= 5.054 + 8.17$
$= 13.27(m)$

8) $BM_L = I_L/V$
$= 9,906,848/44,748$
$= 221.39(m)$

9) $KM_L = KB + BM_L$
$= 5.054 + 221.39$
$= 226.45(m)$

14.0 m WL.

STA. NO	ORD.	SIMP MULT.	FUNCT. OF ORD.	ARM	FUNCT. OF MOMENT	ARM	FUNCT. OF LONGI MOMNET INERT.	CUBE ORD.	SIMP MULT.	FUNCT. OF CUBE ORD
NO.	y	S.M	$f(y)$	x	$x \cdot f(y)$	x	$x^2 \cdot f(y)$	y^3	S.M.	$f(y^3)$
A.E.	5.40	0.23	1.23	-10.5	-12.83	-10.5	134.14	157.46	0.2	35.79
A1	6.20	0.91	5.64	-10.2	-57.64	-10.2	589.55	238.33	0.9	216.66
AP	7.10	0.73	5.16	-10.0	-51.64	-10.0	516.36	357.91	0.7	260.30
½	8.87	2.00	17.74	-9.5	-168.53	-9.5	1601.04	697.86	2.0	1395.73
1	10.56	1.00	10.56	-9.0	-95.04	-9.0	855.36	1177.58	1.0	1177.58
1½	12.07	2.00	24.14	-8.5	-205.19	-8.5	1744.12	1758.42	2.0	3516.83
2	13.36	1.50	20.04	-8.0	-160.32	-8.0	1282.56	2384.62	1.5	3576.93
3	15.15	4.00	60.60	-7.0	-424.20	-7.0	2969.40	3477.27	4.0	13,909.06
4	15.90	2.00	31.80	-6.0	-190.80	-6.0	1144.80	4019.68	2.0	8039.36
5	16.00	4.00	64.00	-5.0	-320.00	-5.0	1600.00	4096.00	4.0	16,384.00
6	16.00	2.00	32.00	-4.0	-128.00	-4.0	512.00	4096.00	2.0	8192.00
7	16.00	4.00	64.00	-3.0	-192.00	-3.0	576.00	4096.00	4.0	16,384.01
8	16.00	2.00	32.00	-2.0	-64.00	-2.0	128.00	4096.00	2.0	8192.00
9	16.00	4.00	64.00	-1.0	-64.00	-1.0	64.00	4096.00	4.0	16,384.01
10	16.00	2.00	32.00	0.0	0.00	0.0	0.00	4096.00	2.0	8192.00
11	16.00	4.00	64.00	1.0	64.00	1.0	64.00	4096.00	4.0	16,384.01
12	16.00	2.00	32.00	2.0	64.00	2.0	128.00	4096.00	2.0	8192.00
13	16.00	4.00	64.00	3.0	192.00	3.0	576.00	4096.00	4.0	16,383.99
14	16.00	2.00	32.00	4.0	128.00	4.0	512.00	4096.00	2.0	8192.00
15	15.95	4.00	63.80	5.0	319.00	5.0	1595.00	4057.72	4.0	16,230.88
16	15.58	2.00	31.16	6.0	186.96	6.0	1121.76	3781.83	2.0	7563.66
17	14.52	4.00	58.08	7.0	406.56	7.0	2845.92	3061.261	4.0	12,245.01
18	12.48	1.50	18.72	8.0	186.15	8.0	1198.08	1943.76	1.5	2915.64
18½	10.95	2.00	21.90	8.5	79.02	8.5	1582.27	1312.93	2.0	2625.86
19	8.78	1.00	8.78	9.0	109.06	9.0	711.18	676.84	1.0	676.84
19½	5.74	2.00	11.48	9.5	10.18	9.5	1036.07	189.12	2.0	378.24
FP	1.40	0.73	1.02	10.0	0.00	10.0	101.82	2.74	0.7	2.00
A	0.00	0.91	0.00	10.2	0.00	10.2	0.00	0.00	0.9	0.0024
B	0.00	0.23	0.00	10.5	0.00	10.5	0.00	0.00	0.2	0.00
	$\Sigma f(y) = 872$			$\Sigma x \cdot f(y) = -240$			$\Sigma x^2 \cdot f(y) = 25,189$		$\Sigma f(y^3) = 197,646$	

10) $MTC = \frac{\Delta \times BM_L}{100L} = \frac{66,389 \times 176.22}{17,600} = 664.72$ (m)

비 고

· 횡단면 간격(h) 8.8 m

1) 수선면적(A_w)
$= 2 \times h/3 \times \Sigma f(y)$
$= 2 \times 8.8/3 \times 872 = 5115(m^2)$

2) 부면심 중심(LCF)
$= \frac{h \Sigma x \cdot f(y)}{\Sigma f(y)}$
$= \frac{8.8 \times (-240)}{872}$
$= -2.42$(m)

3) 종축 2차 모멘트(I_L)
$= \left[\Sigma x^2 f(y) - \frac{\{\Sigma x \cdot f(y)\}^2}{\Sigma f(y)}\right] \times 2/3 \times h^3$
$= \left(25,189 - \frac{57,600}{872}\right) \times 2/3 \times 8.8^3$
$= 11,414,030(m^4)$

4) 횡축 2차 모멘트(I_T)
$= 2/3 \times h/3 \times \Sigma f(y^3)$
$= 2/3 \times 8.8/3 \times 197,646$
$= 386,508(m^4)$

5) $TPC = A_w \times 0.01 \times 1.025$
$= 52.43$(T/cm)

6) $BM_T = I_T/V$
$= 386,508/64,770$
$= 5.97$(m)

7) $KM_T = KB + BM_T$
$= 7.073 + 5.97$
$= 13.04$(m)

8) $BM_L = I_L/V$
$= 11,414,030/64,770$
$= 176.22$(m)

9) $KM_L = KB + BM_L$
$= 7.073 + 176.22$
$= 183.3$(m)

18.0 m WL.

STA. NO.	ORD.	SIMP MULT.	FUNCT. OF ORD.	ARM	FUNCT. OF MOMENT	ARM	FUNCT. OF LONGI MOMNET INERT.	CUBE ORD.	SIMP MULT.	FUNCT. OF CUBE ORD
NO.	y	S.M	$f(y)$	x	$x \cdot f(y)$	x	$x^2 \cdot f(y)$	y^3	S.M.	$f(y^3)$
A.E.	7.00	0.23	1.59	−10.5	−16.63	−10.5	173.88	343.00	0.2	77.95
A1	7.75	0.91	7.05	−10.2	−72.06	−10.2	736.93	465.48	0.9	423.17
AP	8.46	0.73	6.15	−10.0	−61.53	−10.0	615.27	606.50	0.7	440.36
½	9.97	2.00	19.94	−9.5	−189.43	−9.5	1799.59	991.03	2.0	1982.05
1	11.40	1.00	11.40	−9.0	−102.60	−9.0	934.40	1481.54	1.0	1481.54
1½	12.69	2.00	25.38	−8.5	−215.73	−8.5	1833.71	2043.55	2.0	4087.10
2	13.82	1.50	20.73	−8.0	−165.84	−8.0	1326.72	2639.51	1.5	3959.27
3	15.40	4.00	61.60	−7.0	−431.20	−7.0	3018.26	3662.26	4.0	14,609.06
4	16.00	2.00	32.00	−6.0	−192.00	−6.0	1152.00	4096.00	2.0	8192.00
5	16.00	4.00	64.00	−5.0	−320.00	−5.0	1600.00	4096.00	4.0	16,384.00
6	16.00	2.00	32.00	−4.0	−128.00	−4.0	512.00	4096.00	2.0	8192.00
7	16.00	4.00	64.00	−3.0	−192.00	−3.0	576.00	4096.00	4.0	16,384.01
8	16.00	2.00	32.00	−2.0	−64.00	−2.0	128.00	4096.00	2.0	8192.00
9	16.00	4.00	64.00	−1.0	−64.00	−1.0	64.00	4096.00	4.0	16,384.01
10	16.00	2.00	32.00	0.0	0.00	0.0	0.00	4096.00	2.0	8192.00
11	16.00	4.00	64.00	1.0	64.00	1.0	64.00	4096.00	4.0	16,383.99
12	16.00	2.00	32.00	2.0	64.00	2.0	128.00	4096.00	2.0	8192.00
13	16.00	4.00	64.00	3.0	192.00	3.0	576.00	4096.00	4.0	16,383.99
14	16.00	2.00	32.00	4.0	128.00	4.0	512.00	4096.00	2.0	8192.00
15	16.00	4.00	64.00	5.0	320.00	5.0	1600.00	4096.00	4.0	16,384.01
16	15.80	2.00	31.60	6.0	189.60	6.0	1137.60	3944.31	2.0	7888.62
17	15.10	4.00	60.40	7.0	422.80	7.0	2959.60	3442.95	4.0	13,771.79
18	13.59	1.50	20.38	8.0	163.08	8.0	1304.64	2509.91	1.5	3764.86
18½	12.26	2.00	24.52	8.5	208.42	8.5	1771.57	1842.77	2.0	3685.54
19	10.37	1.00	10.37	9.0	93.33	9.0	839.97	1115.16	1.0	1115.16
19½	7.87	2.00	15.74	9.5	149.53	9.5	1420.53	487.44	2.0	974.89
FP	4.30	0.73	3.13	10.0	31.27	10.0	312.73	79.51	0.7	57.82
A	0.00	0.91	0.00	10.2	0.00	10.2	0.00	0.00	0.9	0.00
B	0.00	0.23	0.00	10.5	0.00	10.5	0.00	0.00	0.2	0.00
	$\Sigma f(y)=896$			$\Sigma x \cdot f(y)=-189$			$\Sigma x^2 \cdot f(y)=27{,}087$		$\Sigma f(y^3)=205{,}775$	

10) $\text{MTC} = \dfrac{\Delta \times \text{BM}_L}{100L} = \dfrac{87,680 \times 143.65}{17,600} = 715.64\,(\text{m})$

비 고

· 횡단면 간격(h) : 8.8 m

1) 수선면적(A_W)
$=2 \times h/3 \times \Sigma f(y)$
$=2 \times 8.8/3 \times 896 = 5256(\text{m}^2)$

2) 부면심 중심(LCF)
$= \dfrac{h \Sigma x \cdot f(y)}{\Sigma f(y)}$
$= \dfrac{8.8 \times (-189)}{896}$
$= -1.86(\text{m})$

3) 종축 2차 모멘트(I_L)
$= \left[\Sigma x^2 f(y) - \dfrac{\{\Sigma x \cdot f(y)\}^2}{\Sigma f(y)}\right] \times 2/3 \times h^3$
$= \left(27087 - \dfrac{35721}{896}\right) \times 2/3 \times 8.8^3$
$=12{,}287{,}700(\text{m}^4)$

4) 횡축 2차 모멘트(I_T)
$=2/3 \times h/3 \times \Sigma f(y^3)$
$=2/3 \times 8.8/3 \times 205{,}775$
$=402{,}405(\text{m}^4)$

5) $\text{TPC} = A_W \times 0.01 \times 1.025$
$=53.88(\text{T/cm})$

6) $\text{BM}_T = I_T/V$
$=402{,}405/85{,}542$
$=4.70(\text{m})$

7) $\text{KM}_T = \text{KB} + \text{BM}_T$
$=9.086 + 4.70$
$=13.79(\text{m})$

8) $\text{BM}_L = I_L/V$
$=12{,}287{,}700/85{,}542$
$=143.65(\text{m})$

9) $\text{KM}_L = \text{KB} + \text{BM}_L$
$=9.086 + 143.65$
$=152.73(\text{m})$

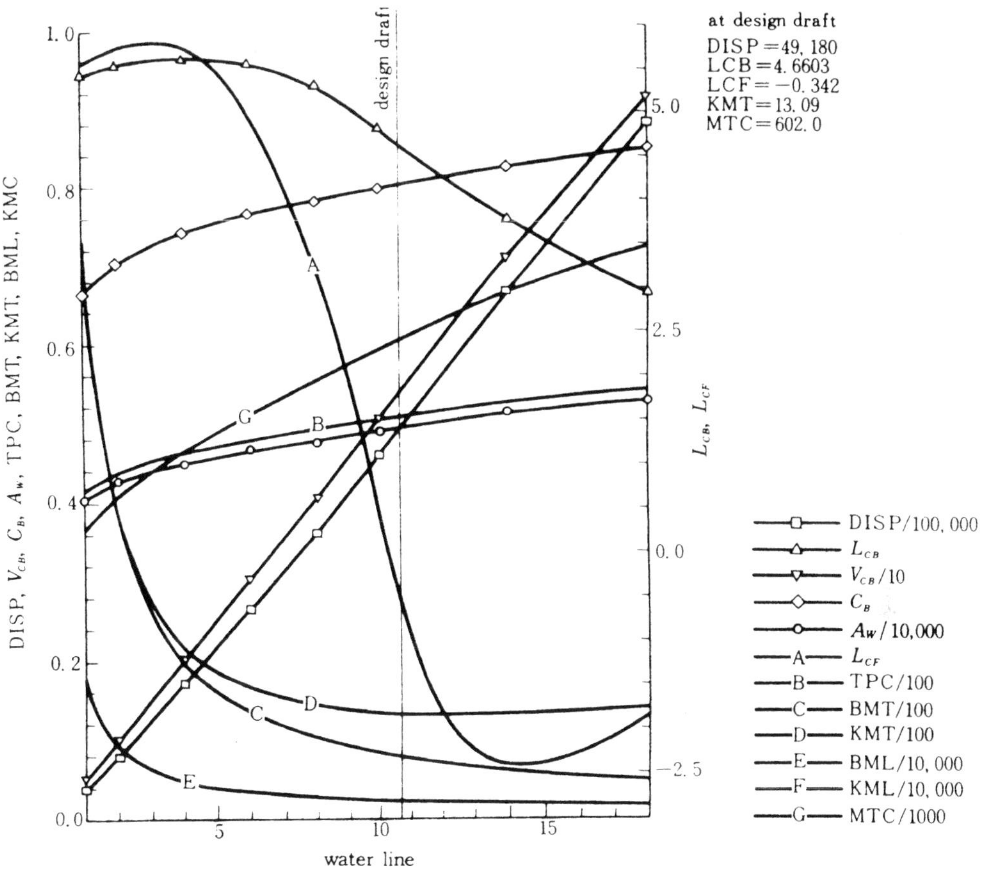

4. loading condition 계산

이 계산은 선박의 재화상태에서의 복원성 및 선체강도를 검토하기 위하여 수행되는 으로서

- 재화상태에서의 흘수
- 재화상태에서의 트림
- 재화상태에서의 메타센터
- 정수 중의 굽힘 모멘트와 전단력
- 복원력 계산(동복원력)

등의 항목을 포함하고 있다.

4.1 기본적인 loading condition

[1] loading condition은 선주의 요구에 따라 운항목적에 부합되도록 종류와 상태가 결정되나, 기본적으로 작업초기에 확인하는 loading condition 경우는 다음과 같다.

- lightship condition
- docking condition
- light ballast condition(입항과 출항)
- heavy ballast condition(입항과 출항)
- homo. design load condition(입항과 출항)
- homo. scantling load condition(입항과 출항)
- homo. ballast condition(tanker인 경우)

[2] departure와 arrival condition은 선박의 운항에 필요한 consumable, 즉 bunker provision과 crew effect에 대해 일반적으로 적용되는 출항과 입항시의 적재기준에 따라 구분 적용되는 내용으로 다음과 같다.

(1) consumable tanks

구 분	Departure	Arrival	비 고
F.O.T., D.O.T., F.W.T.	100 %	10 %	
Lub. Oil tank	100 %	90 %	
Cooling W. Tank	100 %	100 %	

(2) provisions 및 crew effect

- crew effect : 선원수×0.120(ton)
- provisions : 선원수×항해일수×0.0045(ton)
- stores : $(L_{BP} \times 2 + 3 \times \text{DMCR}) / 2000$(ton)

구 분	Departure	Arrival	비 고
Crew effect	100 %	100 %	
Provisions	100 %	50 %	
Stores	100 %	100 %	

4.2 loading condition 작성기준

· docking condition ┬ arrival condition 기준
　　　　　　　　　　└ 선미트림 0.100m 이내

· ballast condition
  - propeller immersion 만족
  - 선미트림 $0.015 \times L_{BP}$ 이내
  - 슬래밍 관련선수 흘수 확인

· homo. design load condition
  - 트림 0.100% L_{BP} 이내
  - 선수 트림시에 min. bow height 만족

· free surface 고려
  - consumable tank는 max. free surface moment 적용
  - 항해 중 ballast tank에 ballasting 및 deballasting하는 경우에는 max. free surface moment 적용

4.3 비손상 복원력 규정(IMO resolution A 167)

As this ship is required to comply with Schedule 4 Part 1, para 2 of the 1968 Load Line Rules it is most important to ensure that in any sailing condition the stability complies at least the following minimum criteria.

[1] The area under the curve of Righting Levers(GZ curve) shall not be less than

(1) 0.055 metre-radians up to an angle of 30 degrees :

(2) 0.090 metre-radians up to an angle of either 40 degrees or the angle at which the lower edges of any openings in the hull, superstructures of deckhouses, being which cannot be closed weathertight, are immersed if that angle be less

(3) 0.030 meter-radians between the angles of heel of 30 degrees and 40 degrees or such lesser angle as is referred to in(2).

[2] The Righting Lever(GZ) shall be at least 0.200 metres at an angle of heel equal to or greater than 30 degrees.

[3] The maximum Righting Lever(GZ) shall occur at an angle of heel not less than 30 degrees.

[4] The initial transverse metacentric height shall not be less than 0.150

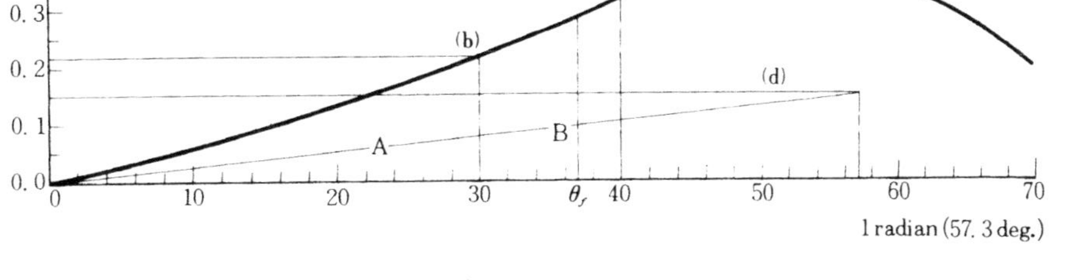

stability criteria

metres.

Angle of heel(degrees)

(a) Area A to be at least 0.055 metre-radians

Area A + B to be at least 0.090 metre-radians

Area B to be at least 0.030 metre-radians

(b) Lever to be at least 0.200 m at an angle of heel of at least 30°

(c) Maximum lever shall occur at an angle of heel not less than 30°

(d) Initial G′M shall not be less than 0.150 m

4.4 loading condition 계산 예

부록 1에 기재된 40,000 product oil tanker에 대한 design load condition에 대한 복원성 계산은 다음과 같다.

[1] tank capacity

Compartment name	Volume (m^3)	Center of gravity (m)			Inertia moment (m^3)
		LCG	VCG	TCG	
No. 1 C.O.T. (C)	5386	68.46	10.510	0.000	14,577.4
No. 2 C.O.T. (C)	6947	52.64	10.364	0.000	26,563.1
No. 3 C.O.T. (C)	7303	36.22	10.298	0.000	29,865.2
No. 4 C.O.T. (C)	6110	21.13	10.295	0.000	25,153.3
No. 5 C.O.T. (C)	7333	6.00	10.295	0.000	30,184.0
No. 6 C.O.T. (C)	7333	−10.50	10.295	0.000	30,184.0
No. 7 C.O.T. (C)	7270	−26.96	10.317	0.000	29,691.6
No. 8 C.O.T. (C)	6573	−43.22	10.706	0.000	26,784.6
Slop T. (S)	482	−53.13	10.706	5.666	527.1
Slop T. (P)	482	−53.13	10.706	−5.666	527.1
No. 1 W.B.T. (S)	2001	59.81	6.610	10.004	6795.0
No. 2 W.B.T. (S)	2106	29.43	5.825	11.430	10,279.6
No. 3 W.B.T. (S)	2288	−2.24	5.793	11.435	11,266.1
No. 4 W.B.T. (S)	2893	−38.63	6.392	11.125	9873.9
No. 1 W.B.T. (P)	2001	59.81	6.610	−10.004	6795.0
No. 2 W.B.T. (P)	2106	29.43	5.825	−11.430	10,279.6
No. 3 W.B.T. (P)	2288	−2.24	5.793	−11.435	11,266.1
No. 4 W.B.T. (P)	2893	−38.63	6.392	−11.125	9873.9
F.P.T.	2043	81.56	10.059	0.000	4701.0
A.P.T.	675	−85.54	12.945	−0.091	3595.4
F.O.T. (C)	890	−55.75	11.366	0.000	3833.3
F.O.T. (S)	185	−60.26	13.501	13.717	17.9
F.O.T. (P)	170	−59.94	13.441	−13.735	16.6
H.F.O. Sett. T. (P)	44	−56.20	13.476	−10.921	3.3

H.F.O. Serv. T. (P)	46	−56.20	13.447	−8.026	3.3
D.O.T.(S)	116	−64.06	1.207	3.766	288.8
D.O.T.(P)	91	−61.94	1.174	−3.911	249.8
D.O. Sett. T.(P)	23	−65.79	16.171	−12.794	7.4
D.O. Serv. T.(P)	25	−64.19	16.171	−12.929	9.1
L.O. Sump. T.(C)	18	−68.40	1.220	0.000	7.1
M/E L.O. Stor. T.(S)	16	−66.60	15.200	10.950	3.3
M/E L.O. Sett. T.(S)	16	−66.60	15.200	8.030	3.3
CYL.O. Stor. T.(S)	15	−66.58	15.857	13.441	1.4
A/E L.O. Stor. T.(P)	4	−78.51	12.667	−9.396	0.8
A/E L.O.Sett.T. (P)	6	−76.93	12.406	−9.609	1.6

Compartment name	Volume (m^3)	Center of gravity (m)			Inertia moment (m^4)
		LCG	VCG	TCG	
HYD. 0.Stor. T.(P)	10	−59.40	8.150	−2.190	22.4
S.T.C. W. T.(C)	18	−81.23	3.190	0.000	2.9
F.W.T.(S)	81	−81.92	15.886	7.617	47.9
F.W.T.(P)	81	−81.92	15.886	−7.617	47.9

[2] departure / arrival loading condition

(1) departure bunker

Weight item	Spec. Grav.	Weight (ton)	VCG (m)	LCG (m)	TCG (m)	Gree surface inertia moment (m^4)
H.F.O. Sett. T.(P)	0.98	42.6	13.383	−56.200	−10.922	3.3
H.F.O. Serv. T.(P)	0.98	44.2	13.348	−56.200	−8.030	3.3
F.O.T.(C)	0.98	854.5	11.223	−55.750	0.000	3833.31
F.O.T.(S)	0.98	177.6	13.412	−60.253	13.715	17.9
F.O.T.(P)	0.98	163.0	13.351	−59.935	−13.732	16.6
F.O. Total		1281.9	11.942	−56.936	−0.485	3874.4
D.O.T.(S)	0.85	96.7	1.190	−64.057	3.756	288.89
D.O.T.(P)	0.85	75.6	1.155	−61.936	−3.899	249.86
D.O. Sett. T.(P)	0.85	19.2	16.133	−65.789	−12.805	7.4
D.O. Serv. T.(P)	0.85	20.7	16.132	−64.191	112.942	9.1
D.O. total		212.1	3.987	−63.471	−2.098	555.1
L.O. total	0.90	66.0	11.567	−68.499	5.394	17.5
F.W. Total	1.00	161.3	15.886	−81.921	0.000	53.76
Provisions		8.0	19.500	−66.600	0.000	
Deadweight Constant		102.1	15.000	−61.000	0.000	
Grand total		1831.5	11.557	−60.579	−0.388	4338

(2) arrival bunker

Weight item	Spec. Grav.	Weight (ton)	VCG (m)	LCG (m)	TCG (m)	Free surface moment (ton · m)
H.F.O. Sett.(T)	0.98	42.6	13.383	−56.200	−10.922	3.3
H.F.O. Serv.(P)	0.98	44.2	13.348	−56.200	−8.030	3.3
F.O.T.(C)	0.98	41.4	2.543	−55.750	0.000	3833.3
F.O. Total		128.2	9.824	−56.055	−6.398	3839.9
D.O. Serv. T.(P)	0.85	20.7	16.132	−64.191	−12.942	9.1
D.O. Total		20.7	16.132	−64.191	−12.942	9.1
L.O. Total	0.90	59.4	11.633	−68.652	5.304	17.5
F.W. Total	1.00	16.1	13.779	−81.900	0.000	53.76
Provisions		0.8	19.500	−66.600	0.000	
Deadweight constant		102.1	15.000	−61.000	0.000	
Grand total		327.3	12.384	−61.695	−2.360	3920.26

[3] DESIGN LOAD CONDITION

(1) condition : design load condition (s.g. = 0.700) (departure.)

Item	Weight (tonnes)	VCG	Vertical moment	LCG	Longi. moment	Inert. moment	RMk
Light ship	9295	11.21	104,197	−10.96	−101,873		
Dep. Bunker	1831.5	11.56	21,172	−60.58	−110,952	4500.76	4500.76
No.1 C.O.T. (C)	3695.0	10.51	38,834	68.46	252,960		
No.2 C.O.T. (C)	4766.0	10.20	48,613	52.65	250,930		
No.3 C.O.T. (C)	5010.0	10.13	50,751	36.22	181,462		
No.4 C.O.T. (C)	4191.0	10.13	42,455	21.13	88,556		
No.5 C.O.T. (C)	5030.0	10.13	50,954	6.00	30,180		
No.6 C.O.T. (C)	5030.0	10.13	50,954	−10.50	−52,815		
No.7 C.O.T. (C)	4987.0	10.15	50,618	−26.96	−134,450		
No.8 C.O.T. (C)	4509.0	10.55	47,570	−43.21	−194,834		
Slop T. (S)	330.0	11.14	3676	−53.13	−17,533		
Slop T. (P)	330.0	11.14	3676	−53.13	−17,533		
Total Deadweght	39,709.5	10.31	409,273	6.95	275,971	4500.76	
Light Weight	9295.0	11.21	104,197	−10.96	−101,873		
Displacement(MLD)	49,004.5	10.48	513,470	3.55	174,098	4500.76	
Freesurf. Corr.	0.09 m		LCB	4.66 m	$\text{Trim} = \frac{49{,}004.5 \times 1.11}{602} = 90.4\,\text{cm}$		
Virtual KG	10.57 m		LCB − LCG	1.11 m			

KMT	13.09 m	LCF	−0.342 m	$Df = 10.66 - (88.0 + 0.342)$ $\times 0.904/176$ $= 10.21$ m
GM	2.52 m	MTC	602 t · m	
Freesurf. Corr. = 4388/49,005 = 0.09(m)		D eq	10.66 m	$Da = 10.66 - (88.0 - 0.342)$ $\times 0.904/176$ $= 11.11$ m
		D mean	10.66 m	
		Df *Da*	10.21 m 11.11 m	

(2) **condition : design load condition** (s.g. = 0.700) (arrival.)

Item	Weight (tonnes)	VCG	Vertical moment	LCG	Longi. moment	Inert. moment	Rmk
Light ship	9295	11.21	104,197	−10.96	−101,873		
Dep. Bunker	327.3	12.38	4052	−61.70	−20,194	3920.26	
No. 1 C.O.T.(C)	3695.0	10.51	38,834	68.46	252,960		
No. 2 C.O.T.(C)	4766.0	10.20	48,613	52.65	250,930		
No. 3 C.O.T.(C)	5010.0	10.13	50,751	36.22	181,462		
No. 4 C.O.T.(C)	4191.0	10.13	42,455	21.13	88,556		
No. 5 C.O.T.(C)	5030.0	10.13	50,954	6.00	30,180		
No. 6 C.O.T.(C)	5030.0	10.13	50,954	−10.50	−52,815		
No. 7 C.O.T.(C)	4987.0	10.15	50,618	−26.96	−134,450		
No. 8 C.O.T.(C)	4509.0	10.55	47,570	−43.21	−194,834		
Slop T.(S)	330.0	11.14	3676	−53.13	−17,533		
Slop T.(P)	330.0	11.14	3676	−53.13	−17,533		
A.P.T.	692.0	12.95	8961	−85.54	−59,194	3595.4	
Total deadweght	38,897.3	10.31	401,114	7.91	307,535	7515.66	
Light weight	9295.0	11.21	104,197	−10.96	−101,873		
Displacement(MLD)	48,192.3	10.48	505,311	4.27	205,662	7515.66	

Freesurf. Corr.	0.16 m	LCB	4.70 m	$Trim = \dfrac{48{,}192.3 \times 0.43}{594}$ $= 34.9$ cm
Virtual KG	10.64 m	LCB − LCG	0.43 m	
KMT	13.15 m	LCF	−0.25 m	$Df = 10.38 - (88.0 + 0.25)$ $\times 0.35/176$ $= 10.20$ m
GM	2.51 m	MTC	594 t · m	
Freesurf. Corr. =7525/48,192 =0.16m		D eq	10.38 m	$Da = 10.38 - (88.0 - 0.25)$ $\times 0.35/176$ $= 10.55$ m
		D mean	10.38 m	
		Df *Da*	10.20 m 10.55 m	

5. 경사시험

선박의 건조 완료 단계에서 선박의 경하중량과 중심위치를 결정하기 위하여 실시되는 시험으로서, 경사시험 결과에 근거하여 선박의 복원력 계산은 최종화되며, 선주와의 계약 사항인 재화중량을 확인할 수 있게 된다(제3장 참조).

5.1 경사시험의 절차

선박의 건조 완료 시점에서 임의의 흘수에서 이미 알고 있는 메타센터와 트림의 영향을 이용하여, 선박의 경하상태의 경하중량, Longitudinal center of gravity와 Vertical center of gravity를 결정하게 된다.

(1) 경사시험 절차서 작성/승인
- 경사시험 조건
- 경사시험 방법(경사중량 : 액체/고체, pendulum 배치 등)

(2) 경사시험 실시
- 경사시험 상태계측(해수 비중량, 풍향, 풍속, 수심, 경사시험 상태에서의 흘수)
- 미탑재/비탑재 확인(각종 tank sounding 포함)
- 경사시험 실시(최소 8회 이상 경사 중량 이동)

경사시험은 선주 및 항만청(일반적으로 선급대행)의 입회하에서 실시된다.

5.2 경사시험의 일반적인 조건

노르웨이 선급협회(DNV)의 Classification Notes No. 20.2 [Lightweight Determination Ships(Inclining Test and Lightweight Survey)]에 기록된 내용을 간략히 요약한다.

(1) 경사시험 실시시점 : 건조공정의 약 98%

(2) 경사시험 상태의 트림 조건 : 수선간 길이의 약 1% 미만(약 0.5° 경사)

(3) 비탑재 항목 중량
- 고형중량은 최종 경하중량의 2% 이내
- 액체중량은 최종 경하중량의 10% 이내(water ballast)
- 해수를 이용하여 경사시험을 실시할 경우에는 20%까지 가능

(4) 풍속 : 10knots 이내

(5) 경사각도 : 각 현으로 2° 이상 3° 미만(단, 대형선의 경우에는 1.5° 가능)

(6) pendulum 길이 : 최소 4m

(7) 경사 중량의 개수 : 최소 8개

5.3 경사시험 결과서의 예(40,000 DWT Product oil tanker)

[1] General

(1) Main dimensions

Length over all	: 183.200(m)
Length between perpendiculars	: 174.000(m)
Breadth(moulded)	: 32.200(m)
Depth(moulded)	: 18.000(m)
Summer draft(moulded)	: 12.190(m)
Summer draft(extremed)	: 12.205(m)

(2) Location and date

Place	: Quay of Halla Inchon Ship Yard
Date	: 1993. 9. 19.
Started at	: 07:40
Finished at	: 16:30

(3) Condition

Weather	: Fine
Wind	: 1.000(m/sec)
Sea Condition	: Beaufort 1
Specific gravity of sea water	: 1.020
Temperature(Air)	: 26.0°C
(Sea water)	: 24.0°C

(4) Representatives present during inclining experiment

Class/DNV	: Mr. R. Seyffarth
Owner	: Mr. R. P. Corbett
Yard	: Mr. S. K. Lee

[2] Draft & Displacement

(1) Apparent draft at draft marks(unit : metric)

unit : metric

Item	Fore	Midship	Aft
Port	3.195	3.850	4.470
Stb'd	3.180	3.750	4.450
Mean	3.1875	3.850	4.460

* **Apparent trim by the stern** : 1.273(m)

(2) Correction for fore & aft drafts

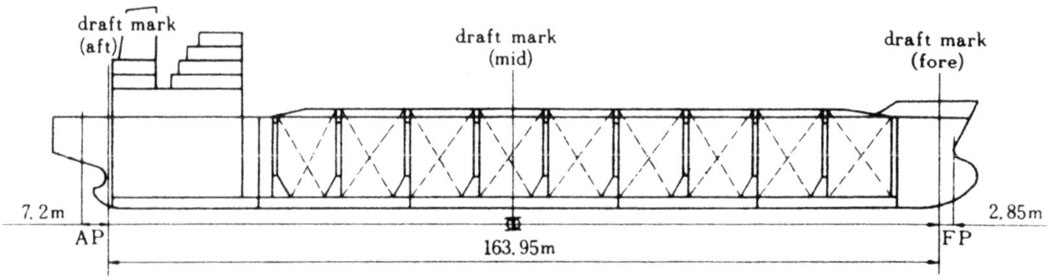

- Correction for fore draft : − 0.022(m)
- Correction for aft draft : 0.056(m)
- Fore draft : 3.166(m)
- Aft draft : 4.516(m)
- Mean draft (Fore & Aft) : 3.841(m)
- Trim by the stern : 1.350(m)

(3) Correction for deflection

- Draft at midship : 3.800(m)
- Mean draft(Fore & Aft) : 3.841(m)
- Deflection(Hogging) : 0.041(m)
- Correction for(Hogging)

Fore	$3.166 \times 1 = 3.166$
Midship	$3.800 \times 6 = 22.800$
Aft	$4.516 \times 1 = 4.516$
	$8 \,\rfloor\, 30.482$
	3.810(m)

(The Above Equation was obtained from KR CIRCULAR No. 25)

(4) Correction for trim

- Center of floation from midship(from hydro table) : 6.220(m)
- Correction from trim : $\dfrac{-1.350 \times 6.220}{174} = 0.044$(m)
- Equivalent draught : $3.810 - 0.048 = 3.762$(m)
- Displacement for equivalent

  Draft(Sea water S.G. = 1.025) : 15,166.42 tonnes

(From hydro table)

(5) Correction for displacement

- Displacement for equivalent draft : 15,166.42 tonnes
- Correction for specific gravity for sea water : 15,166.42×1.020/1.025

  = 15,092.43 tonnes
- actucal displacement : 15,092.43 tonnes

[3] **Detail of shifting weight & pendulums**

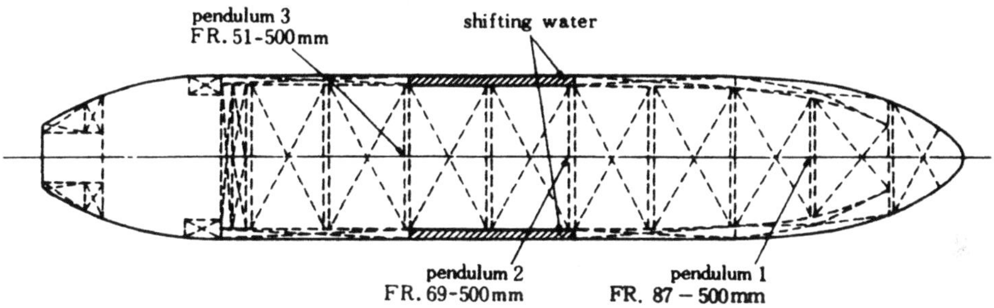

(1) Detail of pendulum position

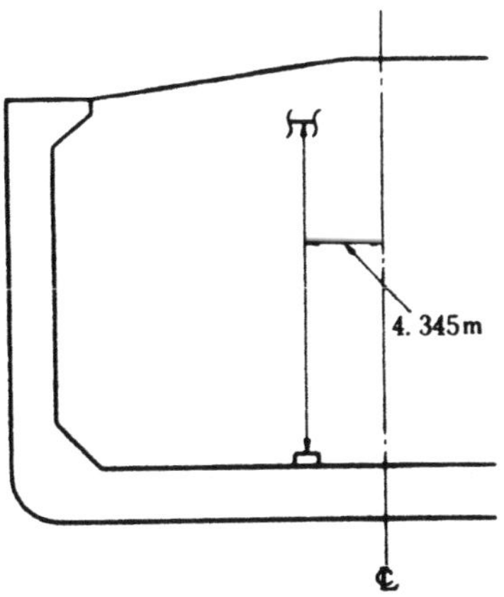

All pendulum positions are same as shown in the figure;

Pendulum length

- Pendulum 1 : 13.18 m
- Pendulum 2 : 13.18 m
- Pendulum 3 : 13.20 m

(2) Detail of shifting water

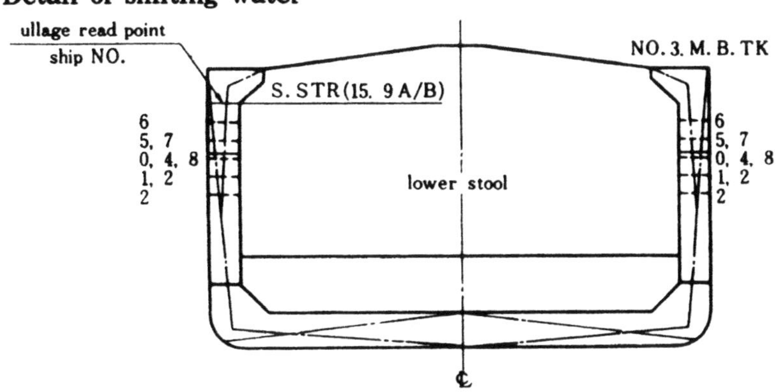

[4] Deviations of pendulum

No	Shifting weight		Moved weight (tonnes)	Ullage reading(m)		Heel'g moment (t · m)	Deviation of pendulum (m)		
	port	stb'd		No. 3 w.b.t	No. 3 w.b.t		No.1 pend. $L=13.18$ m	No.1 pend. $L=13.18$ m	No.1 pend. $L=13.20$ m
0	W1, W2	W3, W4		4.670	4.590				
1	W1	W2, W3, W4	93.62	6.140	3.110	2827.3	0.170	0.173	0.171
2		W1,2,3,4	94.13	7.610	1.620	2842.7	0.171	0.170	0.172
3	W1	W2, W3, W4	95.97	6.110	3.135	2898.3	0.174	0.173	0.175
4	W1, W2	W3, W4	92.90	4.660	4.600	2805.6	0.171	0.171	0.173
5	W1,W2,W3	W4	94.74	3.165	6.080	2861.1	0.174	0.175	0.173
6	W1,2,3,4		96.37	1.660	7.590	2910.4	0.177	0.177	0.176
7	W1,W2,W3	W4	98.62	3.210	6.050	2978.3	0.180	0.180	0.180
8	W1, W2	W3, W4	93.82	4.685	4.585	2833.4	0.174	0.172	0.173
Total			760.17			22,957.1	1.391	1.391	1.393
Mean			95.02			2869.6	0.174	0.174	0.174
Tan							0.0132	0.0132	0.01318

- Moved distance(d) : 32.20 m
- Total heeling moment($W \times d$) : 22,957.100 t·m
- Length of pendulum : No. 1 Pendulum = 13.180 m
  No. 2 Pendulum = 13.180 m
  No. 3 Pendulum = 13.200 m
- Total deviation of pendulum : No. 1 Pendulum = 1.391 m
  No. 2 Pendulum = 1.391 m
  No. 3 Pendulum = 1.393 m

[5] Calculation of G_0M

(1) G_0M of No. 1 Pendulum

$$G_0M = \frac{\text{Total heeling moment}}{\text{Total pendulum deviation}} \times \frac{\text{Pendulum length}}{\text{Displacement}}$$

$$= 22{,}957.100 / 1.391 \times 13.180 / 15{,}092.430 = 14.413\,\text{m}$$

(2) G_0M of No. 2 Pendulum

$$G_0M = \frac{\text{Total heeling moment}}{\text{Total pendulum deviation}} \times \frac{\text{Pendulum length}}{\text{Displacement}}$$

$$= 22{,}957.100 / 1.391 \times 13.180 / 15{,}092.430 = 14.413\,\text{m}$$

(3) G_0M of No. 3 Pendulum

$$G_0M = \frac{\text{Total heeling moment}}{\text{Total pendulum deviation}} \times \frac{\text{Pendulum length}}{\text{Displacement}}$$

$$= 22{,}957.100 / 1.391 \times 13.200 / 15{,}092.430 = 14.414\,\text{m}$$

(4) Average $G_0M = (G_0M1 + G_0M2 + G_0M3) / 3$

$$= (14.413 + 14.413 + 14.414) / 3$$

$$= 14.413\,\text{m}$$

[6] The figure of moment & Heeling angle

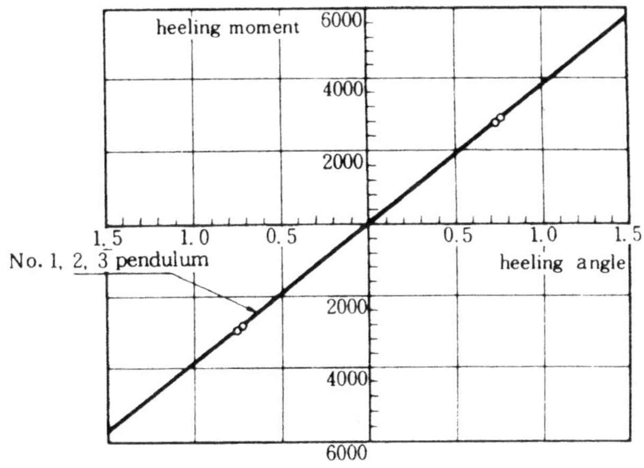

[7] Calculation of LCG & VCG

* Displacement corresponding to equivalent draft : 15,092.430 tonnes

(1) Longitudinal center of gravity from midship(LCG)

- Longitudinal center of buoyance(LCB) : 6.667 m
  (From hydro. table)
- Moment to change trim 1cm : 41,156.400 t·m
  (From hydro. table)
- Longitudinal center of gravity(LCG) :

$$6.667 - (41{,}156.400 \times 1.350) / 15{,}092.430 = 2.986\ \text{m}$$

(2) Vertical center of gravity above base line(KG)

- Transvers metacentric height(GM)

$$GM = G_0M + GG_0$$

$$= 14.413 + 0.008$$

$$= 14.421\,\text{m}$$

- Transverse metacenter above base line(KM)

$$KM = 23,426.000\ m\text{(From hydro. table)}$$

- Free surface correction(GG_0)

$$GG_0 = (S.G. \times I) / \nabla = 117.880 / 15,092.430 = 0.008\ m$$

- Vertical center of gravity(KG)

$$KG = KM - GM$$

$$= 9.005\ m$$

[8] Lightweight calculation

Item	Weight (tonnes)	LCG (m)	L-MOM (t · m)	VCG (m)	V-MOM. (t · m)
Displacement at test	15,092.43	2.986	45,066.0	9.005	135,907.3
Weight to be deducted	6099.80	23.535	143,557.3	5.769	35,188.0
Weight to be added	9.37	−20.065	−188.0	20.725	194.2
Lightweight	9002.00	−10.962	−98,679.3	11.210	100,913.5

[주] : 미탑재/비탑재 주량은 간략하게 집계된 결과를 기록하였다.

6. 건 현 계 산

선박설계 초기에 선박의 깊이를 결정하는 데 영향을 미치며, 궁극적인 목적은 선박의 복원력 확보를 위한 건현의 제한을 만족시키는 데 있으며, 만재 흘수선 기준인 International Load Line Convention(ILLC 1966)을 적용한다.

6.1 건현계산의 예

[1] General

Kind of ship — Product oil carrier

[2] Principal dimensions

Length	O. A.	ab. 183.200 m
Length	B. P.	ab. 174.000 m
Breadth	(MLD)	ab. 32.200 m
Depth	(MLD)	ab. 18.000 m
Draft(Scantling)	(MLD)	ab. 12.190 m

[3] Freeboard particulars

(1) Type of ship

① Freeboard type Tupe "A" ship

② Freeboard deck Upper deck

(2) Principal dimensions

① Freeboard length(L_f / Whichever is greater) ………………… 175.778 m

– L_{WL} at 85% depth(MLD) ……………………………… 179.791 m

$0.96 \times L_{WL}$ ……………………………………… 172.600 m

– Length from the foreside of the stem

To the axis of the rudder stock on

a waterline at 85% depth(MLD) …………………………… 175.778 m

② Amidship $= L_f/2$ ……………………………………………… 87.890 m

③ Breadth(MLD) ……………………………………………… 32.200 m

④ Freeboard depth(D_f) ………………………………………… 18.012 m

– 85% Depth (MLD) ……………………………………… 15.300 m

– Thickness of keel plate ………………………………… 0.0155 m

– Thickness of upper deck plate ………………………… 0.012 m

⑤ Volume(MLD) at 85% depth(MLD) ………………………… 70,374 m

⑥ C_B at 85% depth……………………………………………… 0.8126

$$C_B = \nabla/(L_f \times B \times 0.85 D_F)$$

$$= 70,374.000 / (175.778 \times 32.200 \times 15.300 = 0.8126)$$

⑦ Length and height of superstructure(F′ CLE Deck)

Effective length……………………………………………… 11.811 m

Height ………………………………………………………… 3.300 m

[4] Profile and Midship section

(1) Profile

① L_{WL} at 85% depth(MLD)

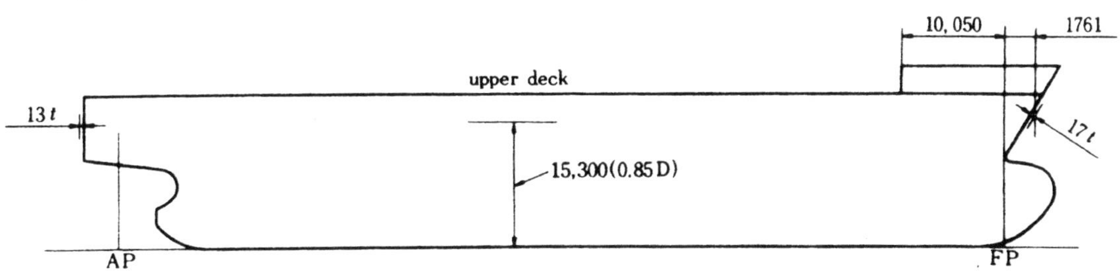

$= 0.013 + 4.000 + 174.000 + 1.761 + 0.017$

$= 179.791\,\text{m}$

here, $0.96 \times L_{WL} = 172.600\,\text{m}$

② Length from foreside of the stem to centerline axis of rudder stock

$= 174.000 + 1.761 + 0.017$

$= 175.778\,\text{m}$

③ Length for freeboard

Whichever is greater 175.778 m

(2) Midship section

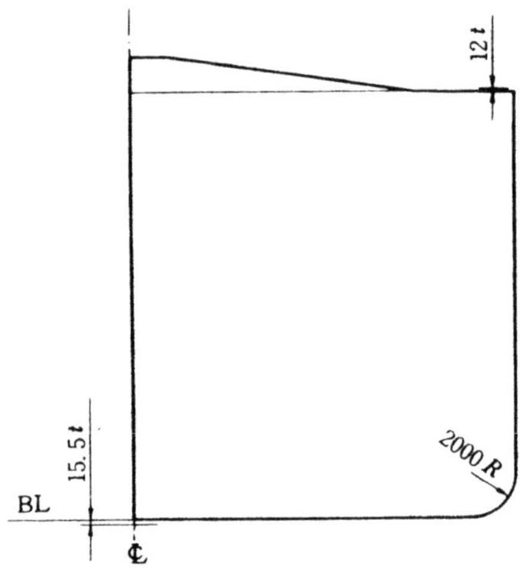

[5] **Freeboard calculation**

(1) Tabular freeboard(F_0) 2342.000 mm

175.000 m : 2332.000 mm

176.000 m : 2345.000 mm

175.778 m = (2345.000 − 2332.000) × 0.778 + 2332.000

= 2342.000 mm

(2) Correction for block coefficient 2570 mm

$$F_0 \times \frac{C_B + 0.680}{1.360} = 2342.000 \times \frac{0.8126 + 0.680}{1.360}$$

$$= 2570.000$$

(3) Correction for depth

$$(D_F - L_f / 15) \times R = (18.012 - 175.778 / 15) \times 250$$

Here, $R = 250$ ($L > 120$ m)

(4) Deduction for Superstructure 50.000 mm

unit : m

Item	Mean covered length	Height	Effective length (L_E)
F'cle dk	11.811	3.300	11.811
Total	11.811	–	11.811

① Percentage covered L_E / L_f 11.811 / 175.778 = 0.067 L_f

② Standard value of deduction 1070.000 mm

③ Deduction percentage 4.700 %

④ Height of deduction 1070.000 × 4.700 / 100 = 50.000 mm

(5) Correction for sheer 599.000 mm

(Aft half)

Item		Standard			Actual		
st.	height	ord.	mul.	prod.	ord.	mul.	prod.
AP	$25.0 \times (L_f/3 + 10)$	1715	1	1715	0	1	0
$L_f/3$	$11.1 \times (L_f/3 + 10)$	761	3	2283	0	3	0
$L_f/6$	$2.8 \times (L_f/3 + 10)$	192	3	576	0	3	0
AMID.	0	0	1	0	0	1	0
Sum		$As = 4574$			$Aa = 0$		

(Fore half)

Item		Standard			Actual		
st.	height	ord.	mul.	prod.	ord.	mul.	prod.
AMID.	0	0	1	0	0	1	0
$L_f/3$	$5.6 \times (L_f/3 + 10)$	384	3	1152	0	3	0
$L_f/6$	$22.2 \times (L_f/3 + 10)$	1523	3	4569	0	3	0
FP	$50.0 \times (L_f/3 + 10)$	3430	1	3430	0	1	0
Sum		$As = 9151$			$Aa = 0$		

① Deficiency of sheer

AFT Sheer $(A_s - A_a) / 8 = (4574.000 - 0) / 8 = 571.800$

Fore sheer $(A_s - A_a) / 8 = (9151.000 - 0) / 8 = 1144.000$

Total $(571.800 + 1144.000) / 2 = 858.000$

② Sheer credit

Standard height of structure

$$S1 = (Y/3) \times (L_E / L_f)$$

$$= \{(3300 - 2300)/3\} \times (11.811/175.778)$$

$$= 22.400$$

③ Correction for sheer

(Deficiency of sheer − Sheer credit) × $(0.750 - 0.500 \times L_E / L_f)$

$$= (858.000 - 22.400) \times (0.750 - 0.500 \times 11.811/175.778)$$

$$= 599.000$$

[6] **Summary**

(1) Correction for each item

Correction for C_B	2570.000 mm
Correction for depth	1573.000 mm
Deduction for superstructure	− 50.000 mm
Dorrection for sheer	599.000 mm
(2) Summer freeboard(Sum of correction for each item)	4692.000 mm
Deck plate	12.000 mm
Moulded draft	13,320.000 mm
Keel plate	15.500 mm
Extreme draft	13,335.500 mm
(3) Actual summer freeboard	5822.000 mm
Scantling draft(MLD)	12,190.000 mm
Scantling draft(EXT)	12,205.000 mm

[7] **Minimum bow height**

(1) Required bow height $= 56 \times \times L_f \times \left(1 - \frac{L_f}{500}\right) \times \frac{1.360}{C_B + 0.680}$ $(L < 250\,\text{m})$

$$= 56 \times 175.778 \times \left(1 - \frac{175.778}{500}\right) \times \frac{1.360}{0.8126 + 0.680}$$

$$= 5.816\,\text{m}$$

(2) Actual bow height = Side height of upper

Deck + Thickness of deck plate − Moulded draft

$= 18 + 0.012 - 12.190 \quad = 5.822\,\text{m}$

Actual bow height > Required bow height ⟶ Satisfied

7. 배수량 계산용 컴퓨터 프로그램

```
      PROGRAM
      MAIN
C     HYDRO, CALCULATION PROGRAM
C     DATED Mon 12-26-1994 09 : 19 : 02
      COMMON /OFF /XSTAT(40),ZWL(40),YHALF(40,40),
     -        XAPRO(40),XFPRO(40),NWL,NSTAT
      COMMON /COEF1 /QML,QWLA,QLCF,QLPP,QB,QT
      COMMON /COEF2 /QIT,QIL,QBMT,QBML,QTPC,QVCB,QLCB,QWSA
      COMMON /COEF3 /QCW,QCM,QCB,VOLM,AREMID
      COMMON /AREA1/SECA(40,40),WPLA(40),SECZ(40),SECARE(40)
      COMMON /LONGF /YDRAFT(40)
      COMMON /VCB /WPA(40),ZVCB(40),NDRAFT
      COMMON /WET /GIRLN(40)
C     NWL       : NO. OF WATERLINE
C     NSTAT     : NO. OF STATION
C     XSTAT     : X-COORDINATE FOR EACH STATION
C     ZWL       : Z-COORDINATE FOR EACH WATERLINE
C     YHALF     : HALF BREADTH
C     XAPRO     : AFTER PROFILE
C     XFPRO     : FORWARD PROFILE
C     SECARE    : SEACTION AREA FOR D.L.W.L
C     SECA      : SEACTION AREA FOR EACH WATER LINE
C     SECZ      : THEN WATER LINE HEIGHT
C     QML       : LONGITUDINAL MOMENT OF AREA
C     QWLA      : WATERPLANE AREA
C     QLCF      : LONGITUDINAL CENTER OF FLOATATION
C     QLPP      : LPP
C     QB        : BREADTH
C     QT        : DRAFT
C     QTT       : TRANSEVERSE MOMENT OF INERTIA
C     QIL       : LONGITUDINAL MOMENT OF INERTIA
C     QBMT      : TRANSEVERSE METACENTRIC HEIGHT
C     QBML      : LONGITUDINAL METACENTRIC HEIGHT
C     QTPC      : TON /CM
C     QVCB      : VERTICAL CENTER OF BUOYANCY
C     QLCB      : LONGITUDINAL CENTER OF BUOYANCY
C     QWSA      : WETTED SUREACE AREA
C     QCW       : WATER PLANE AREA COEFF.
C     QCM       : MIDSHIP SECTION AREA COEFF.
C     QCB       : BLOCK COEFF.
C     WPA       : WATER PLANE AREA
C     ZVCB      : HEIGHT OF WATER LINE
      OPEN(11,FILE='CHK.DAT')

      CALL READIN
      CALL DISP
      CALL LONCF
      CALL TRAMH
      CALL LONMH
      CALL TONPC
      CALL VERCB
      CALL LONCB
      CALL WETSA
```

```
      CALL ETCCO
C     CALL MOMTC

      STOP
      END
C---------------------------------------------------------------------------
C     CALCULATION LONGITUDINAL CENTER OF FLOATATION
C---------------------------------------------------------------------------
      SUBROUTINE LONCF

      COMMON /OFF /XSTAT(40), ZWL(40), YHALF(40, 40),
     -           XAPRO(40), XFPRO(40), NWL, NSTAT
      COMMON /AREA1/SECA(40, 40), WPLA(40), SECZ(40), SECARE(40)
      COMMON /LONGF /YDRAFT(40)
      COMMON /COEF1 /QML, QWLA, QLCF, QLPP, QB, QT
      COMMON /COEF2 /QIT, QIL, QBMT, QBML, QTPC, QVCB, QLCB, QWSA
      COMMON /COEF3 /QCW, QCM, QCB, VOLM, AREMID
      DIMENSION XWORK(40), YWORK(40)
C---------------------------------------------------------------------------
C     QML       : LONGITUDINAL MOMENT OF AREA
C---------------------------------------------------------------------------
C---------- SEARCH HALF BREADTH AT D.L.W.L-----------------------------------
      DRAFT=QT
      DO I=1, NSTAT
      DO J=1, NWL
      XWORK(J)=ZWL(J)
      YWORK(J)=YHALF(I,J)
      END DO
      CALL SEARCH(XWORK, YWORK, DRAFT, RESULT, NWL)
      IF(RESULT.LE.0) RESULT=0.0
      YDRAFT(I)=RESULT
      WRITE(11,*)RESULT
      END DO
C---------- CAL, LCF---------------------------------------------------------
C---------- CAL. LONGITUDINAL MOMENT ----------------------------------------
      NSTART=1
      NEND=3
      QML=0.0
10    CONTINUE
      DO I=NSTART, NEND
      XWORK(I-NSTART+1)=XSTAT(I)
      YWORK(I-NSTART+1)=XSTAT(I)*YDRAFT(I)
      END DO
      CALL AREA(XWORK, YWORK, 3, AR)
      QML=AR+QML
      NSTART=NSTART+2
      NEND=NEND+2
      IF(NEND.LE.NSTAT) GO TO 10
      QML=QML*2
C---------- CAL. WATERPLANE AREA --------------------------------------------
      NSTART=1
      NEND=3
      QWLA=0.0
20    CONTINUE
      DO I=NSTART, NEND
      XWORK(I-NSTART+1)=XSTAT(I)
      YWORK(I-NSTART+1)=YDRAFT(I)
```

```
      END DO
      CALL AREA(XWORK, YWORK, 3, AR)
      QWLA=AR+QWLA
      NSTART=NSTART+2
      NEND=NEND+2
      IF(NEND.LE.NSTAT) GO TO 20
      QWLA=QWLA*2.
C-----CAL. LOGITUDINAL CENTER OF FLOATATION-----------------------------
      QLCF=QML/QWLA
      WRITE(*,*) 'LONGITUDINAL MOMENT OF AREA=',QML
      WRITE(*,*) 'WATERPLANE AREA=', QWLA
      WRITE(*,*) 'LOGITUDINAL CENTER OF FLOATATION FORW LPP/2='
     -           ,QLCF-QLPP/2.
      RETURN
      END
C--------------------------------------------------------------------
C     READ OFFSET DATA
C--------------------------------------------------------------------
      SUBROUTINE READIN

      COMMON/OFF/XSTAT(40), ZWL(40), YHALF(40, 40),
     -           XAPRO(40), XFPRO(40), NWL, NSTAT
      COMMON/COEF1/QML, QWLA, QLCF, QLPP, QB, QT
      COMMON/COEF2/QIT, QIL, QBMT, QBML, QTPC, QVCB, QLCB, QWSA
      COMMON/COEF3/QCW, QCM, QCB, VOLM, AREMID
      CHARACTER*40 TITLE

      OPEN(15, FILE='INPUT', STATUS='OLD')

      READ(15, 111)TITLE
      WRITE(*, 111)TITLE
111   FORMAT(A40)
      READ(15, *)NWL, NSTAT, QLPP, QB, QT
      READ(15, *)(ZWL(J), J=1, NWL)
      DO 20 I=1, NSTAT
      READ(15, *)XSTAT(I), (YHALF(I, J), J=1, NWL)
20    CONTINUE

      READ(15, *)((XAPRO(J), J=1, NWL)
      READ(15, *)(XFPRO(J), J=1, NWL)
      CLOSE(15)

      RETURN
      END

      SUBROUTINE DISP

      COMMON/OFF/XSTAT(40),ZWL(40), YHALF(40, 40),
     -           XAPRO(40), XFPRO(40), NWL, NSTAT
      COMMON/COEF1/QML, QWLA, QLCF, QLPP, QB, QT
      COMMON/COEF2/QIT, QIL, QBMT, QBML, QTPC, QVCB, QLCB, QWSA
      COMMON/COEF3/QCW, QCM, QCB, VOLM, AREMID
      COMMON/AREA/SECA(40, 40), WPLA(40), SECZ(40), SECARE(40)
      DIMENSION XWORK(40), YWORK(40)

      DO I=1, NSTAT
      NPOINT=1
      NSTART=1
      NEND=3
      SECA(I, 1)=0.0
      SECZ(1)=0.0
10    CONTINUE
```

```
      NPOINT=NPOINT+1
      DO J=NSTART, NEND
      XWORK(J-NSTART+1)=ZWL(J)
      YWORK(J-NSTART+1)=YHALF(I,J)
      END DO
      CALL AREA(XWORK, YWORK, 3,AR)
      SECA(I,NPOINT)=AR+SECA(I, NPOINT-1)
      SECZ(NPOINT)=ZWL(NEND)
      NSTART=NSTART+2
      NEND=NEND+2
      IF(NEND.LE.NWL) GO TO 10
      END DO
      AREMID=-99999.
      DO I=1, NSTAT
      DO J=1, NPOINT
      XWORK(J)=SECZ(J)
      YWORK(J)=SECA(I, J)
      END DO
      DRAFT=QT
      CALL SEARCH(XWORK, YWORK, DRAFT, RESULT, NPOINT)
      SECARE(I)=RESULT
      IF(RESULT.GE.AREMID) AREMID=RESULT
      END DO

      DO I=1, NSTAT
      WRITE(11, *)SECARE(I)
      END DO

      NSTART=1
      NEND=3
      VOLM=0.0
20    CONTINUE
      DO I=NSTART, NEND
      XWORK(I-NSTART+1)=XSTAT(I)
      YWORK(I-NSTART+1)=SECARE(I)
      END DO
      CALL AREA(XWORK, YWORK, 3, AR)
      VOLM=AR+VOLM
      NSTART=NSTART+2
      NEND=NEND+2
      IF(NEND.LE.NSTAT) GO TO 20
      VOLM = 2. *VOLM

      WRITE(*, *)' DISPLACEMENT=', VOLM,'m^3'

      RETURN
      END
C-----------------------------------------------------------------------
C     SEARCH SOLUTION USING CUBIC SPLINE
C-----------------------------------------------------------------------
      SUBROUTINE SEARCH (X,Y,XOUT,YOUT,NSER)
      DIMENSION X(40), Y(40), S(40), A(40, 4)

C     X          : X-COORDINATE OF INPUT DATA
C     Y          : Y-COORDINATE OF INPUT DATA
C     XOUT       : X-COORDINATE OF RESULT
C     YOUT       : Y-COORDINATE OF RESULT
C     NSER       : NO. OF INPUT DATA

      CALL CUBSPL(X,Y,S,NSER,1,A,0.,0.)
      CALL INTERP(X,Y,XOUT,YOUT,S,NSER,1)
```

```
      RETURN
      END
C-----------------------------------------------------------------------
C     AREA CALCULATION (SIMPSON 1ST RULE)
C-----------------------------------------------------------------------
      SUBROUTINE AREA(X,Y,NT,AR)
      DIMENSION X(40), Y(40)

      AR=0.0
      S=X(2)-X(1)
      A(NM2,1)=(DXN2**2-DXN1**2)/DXN2
      A(NM2,2)=(DXN1+DXN2)*(DXN1+2.*DXN2)/DXN2
      GO TO 100

100   DO 110 NINI=2,NM2
      A(NINI, 2)=A(NINI, 2)-A(NINI, 1)/A(NINI-1, 2)*A(NINI-1, 3)
      A(NINI, 4)=A(NINI, 4)-A(NINI, 1)/A(NINI-1, 2)*A(NINI-1, 4)
110   CONTINUE

      A(NM2, 4)=A(NM2, 4)/A(NM2, 2)

      DO 120 NINI=2, NM2
      J=NM1-NINI
      A(J, 4)=(A(J, 4)-A(J, 3)*A(J+1, 4))/A(J, 2)
120   CONTINUE

      DO 130 NINI=1, NM2
      S(NINI + 1) = A(NINI, 4)
130   CONTINUE

      GO TO(150, 160, 170, 180, 190, 200), IEND
150   S(1)=0.
      S(N)=0.
      RETURN
160   S(1)=S(2)
      S(N)=S(N-1)
      RETURN
170   S(1)=((DX1+DX2)*S(2)+DX1*S(3))/DX2
      S(N)=((DXN2+DXN1)*S(NM1)-DXN1*S(NM2))/DXN2
      RETURN
180   S(1)=(3./DX1) * ((Y(2)-Y(1))/DX1-SLOPL-DX1 * S(2)/6.)
      S(N)=0.
      RETURN
190   S(1)=0.
      S(N)=(0.5 * DXN1*S(N-1)-S(N-1) * DXN1-(Y(N)-Y(N-1))/DXN1+
     -      DXN1 * S(N-1)/3.+SLOPR)/(0.5 * DXN1-DXN1/6.)
      RETURN
200   S(1)=(3./DX1) * ((Y(2)-Y(1))/DX1-SLOPL-DX1 * S(2)/6.)
      S(N)=(0.5 * DXN1 * S(N-1)-S(N-1) * DXN1-(Y(N)-Y(N-1))/DXN1+
     -      DXN1 * S(N-1)/3.+SLOPR)/(0.5 * DXN1-DXN1/6.)
      RETURN
      END
C-----------------------------------------------------------------------
C     CALCULATION TRANSVERSE METACENTRIC HEIGHT
C-----------------------------------------------------------------------
      SUBROUTINE TRAMH

      COMMON/OFF/XSTAT(40), ZWL(40), YHALF(40, 40),
     -           XAPRO(40), XFPRO(40) NWL, NSTAT
      COMMON/COEF1/QML, QWLA, QLCF, QLPP, QB, QT
      COMMON/COEF2/QIT, QIL, QBMT, QBML, QTPC, QVCB, QLCB, QWSA
```

```
      COMMON /COEF3 /QCW, QCM, QCB, VOLM, AREMID
      COMMON /AREA1/SECA(40, 40), WPLA(40), SECZ(40), SECARE(40)
      COMMON /LONGF /YDRAFT(40)
      DIMENSION XWORK(40), YWORK(40)

      NSTART=1
      NEND=3
      QIT=0.0
10    CONTINUE
      DO I=NSTART, NEND
      XWORK(I-NSTART+1)=XSTAT(I)
      YWORK(I-NSTART+1)=YDRAFT(I)**3
      END DO
      CALL AREA(XWORK, YWORK, 3, AR)
      DO I=1, NT
      CHKIND=-1**1
      IF(CHKIND.GT.0) COEF=2.0
      IF(CHKIND.LT.0) COEF=4.0
      IF(I.EQ.1) COEF=1.0
      IF(I.EQ.NT) COEF=1.0
      AR=S /3.*COEF*Y(I)+AR
      END DO

      RETURN
      END
C-----------------------------------------------------------------------
      SUBROUTINE INTERP(XIN, YIN, XOUT, YOUT, S, NIN, NOUT)
C-----------------------------------------------------------------------
      DIMENSION XIN(NIN), YIN(NIN), XOUT(NOUT), YOUT(NOUT), S(NIN)

      DO 20 J=1,NOUT
      DO 20 I=1,NIN-1
      IF(XOUT(J).GE.XIN(I).AND.XOUT(J).LE.XIN(I+1)) THEN
      H=XIN(I+1)-XIN(I)
      A=(S(I+1)-S(I)) /(6.*H)
      B=S(I) /2.
      C=(YIN(I+1)-YIN(I)) /H-(2. * H * S(I)+H * S(I+1)) /6.
      D=YIN(I)
      YOUT(J)=A * (XOUT(J)-XIN(I)) **3+B * (XOUT(J)-XIN(I))**2+
     -        C*(XOUT(J)-XIN(I))+D
      END IF
20    CONTINUE

      RETURN
      END

C-----------------------------------------------------------------------
      SUBROUTINE CUBSPL(X, Y, S, N, IEND, A, SLOPL, SLOPR)
C-----------------------------------------------------------------------
      DIMENSION X(N), Y(N), S(N), A(N, 4)

      NM2=N-2
      NM1=N-1
      DX1=X(2)-X(1)
      DY1=(Y(2)-Y(1)) /DX1*6.

      DO 10 NINI=1,NM2
        DX2=X(NINI+2)-X(NINI+1)
        DY2=(Y(NINI+2)-Y(NINI+1)) /DX2*6
        A(NINI,1)=DX1
        A(NINI,2)=2.*(DX1+DX2)
        A(NINI,3)=DX2
```

```
         A(NINI,4)=DY2-DY1
         DX1=DX2
         DY1=DY2
10     CONTINUE

       GO TO (20,50,80,80,80,80), IEND
20     GO TO 100
50     A(1,2)=A(1,2)+X(2)-X(1)
       A(NM2,2)=A(NM2,2)+X(N)-X(NM1)
       GO TO 100
80     DX1=X(2)-X(1)
       DX2=X(3)-X(2)
       A(NINI,2)=(DX1+DX2) * (DX1+2.*DX2)/DX2
       A(NINI,3)=(DX2*DX2-DX1*DX1)/DX2
       DXN2=X(NM1)-X(NM2)
       DXN1=X(N)-X(NM1)
       QIT=AR+QIT
       NSTART=NSTART+2
       NEND=NEND+2
       IF(NEND.LE.NSTAT) GO TO 10
       QIT=(2./3.)*QIT

       QBMT=QIT/VOLM

       WRITE(*,*)' TRANSVERSE METACENTRIC HEIGHT=',QBMT

       RETURN
       END

C ------------------------------------------------------------------------
C      CALCULATION LONGITUDINAL METACENTRIC HEIGHT
C ------------------------------------------------------------------------
       SUBROUTINE LONMH

       COMMON/OFF/XSTAT(40),ZWL(40), YHALF(40, 40),
     -            XAPRO(40), XFPRO(40), NWL, NSTAT
       COMMON/COEF1/QML, QWLA, QLCF, QLPP, QB, QT
       COMMON/COEF2/QIT, QIL, QBMT, QBML, QTPC, QVCB, QLCB, QWSA
       COMMON/COEF3/QCW, QCM, QCB, VOLM, AREMID
       COMMON/VCB/WPA(40), ZVCB(40), NDRAFT
       COMMON/AREA1/SECA(40, 40), WPLA(40), SECZ(40), SECARE(40)
       COMMON/LONGF/YDRAFT(40)
       DIMENSION XWORK(40), YWORK(40)

       NSTART=1
       NEND=3
       QIL=0.0
10     CONTINUE
       DO I=NSTART, NEND
       XWORK(I-NSTART+1)=XSTAT(I)-QLCF
       YWORK(I-NSTART+1)=(XSTAT(I)-QLCF)** 2 *YDRAFT(I)
       END DO
       CALL AREA(XWORK, YWORK, 3, AR)
       QIL=AR+QIL
       NSTART=NSTART+2
       NEND=NEND+2
       IF(NEND.LE.NSTAT) GO TO 10
       QIL=2.*QIL

       QBML=QIL/VOLM

       WRITE(*, *)' LONGITUDINAL METACENTRIC HEIGHT=', QBML

       RETURN
```

```
      END
C------------------------------------------------------------------------------
C     CALCULATION VERTICAL CENTER OF BUOYANCY
C------------------------------------------------------------------------------
      SUBROUTINE VERCB
      COMMON /OFF /XSTAT(40), ZWL(40), YHALF(40, 40),
     -             XAPRO(40), XFPRO(40), NWL, NSTAT
      COMMON /COEF1 /QML, QWLA, QLCF, QLPP, QB, QT
      COMMON /COEF2 /QIT, QIL, QBMT, QBML, QTPC, QVCB, QLCB, QWSA
      COMMON /COEF3 /QCW, QCM, QCB, VOLM, AREMID
      COMMON /VCB /WPA(40), ZVCB(40), NDRAFT
      COMMON /AREA1/SECA(40, 40), WPLA(40), SECZ(40), SECARE(40)
      COMMON /LONGF /YDRAFT(40)
      DIMENSION XWORK(40), YWORK(40)
      DIMENSION XTMP(100), YTMP(100), A(100, 4)

C-------------- CAL. WATERPLANE AREA FOR EACH WATERLINE ----------------------
C-------------- USING SIMPSON 1ST RULE----------------------------------------

      DO I=1, NWL
      IF(ZWL(I).GE.QT.AND.ZWL(I-1).LT.QT) NDRAFT=I
      END DO

C-------------- NDRAFT : NO. OF WATERLINE BELOW D.L.W.L ----------------------

      DO I=1,NDRAFT
      NSTART=1
      NEND=3
      WPA(I)=0
10    CONTINUE
      DO J=NSTART, NEND
      XWORK(J-NSTART+1)=XSTAT(J)
      IF(I.EQ.NDRAFT) THEN
      YWORK(J-NSTART+1)=YDRAFT(J)
      ELSE
      YWORK(J-NSTART+1)=YHALF(J,I)
      END IF
      END DO
      CALL AREA(XWORK, YWORK, 3, AR)
      WPA(I)=AR+WPA(I)
      NSTART=NSTART+2
      NEND=NEND+2
      IF(NEND.LE.NSTAT) GO TO 10
      WPA(I)=WPA(I)
      IF(I.EQ.NDRAFT) THEN
      ZVCB(I)=QT
      ELSE
      ZVCB(I)=ZWL(I)
      END IF
      END DO

C-------------- CAL. VERTICAL CENTER OF BUOYANCY USING TRAPEZOIDAL RULE -------

      VOLM1=0,
20    CONTINUE
      DO I=1, NDRAFT
      XWORK(I)=ZVCB(I)
      YWORK(I)=WPA(I)
      END DO
```

```
      CALL AREAT(XWORK, YWORK, NDRAFT, AR)
      VOLM1=AR
      DO I=1, NDRAFT
      XWORK(I)=ZVCB(I)
      YWORK(I)=WPA(I)*ZVCB(I)
      END DO
      CALL AREA(XWORK, YWORK, NDRAFT, AR)
      VOLM2=AR

      QVCB=VOLM2/VOLM1

      WRITE(*, *)' VERTICAL CENTER OF BUOYANCY (TRAPEZOIDAL
     -          RULE)=', QVCB

C --------------- CAL. VCB USING DIFFERENCE METHOD------------------------------------------------
      DO I=1, 100
      XTMP(I)=(11./(99.))*FLOAT(I-1)
      END DO
      CALL CUBSPL(ZVCB, WPA, S, NDRAFT, 1, A, 0.,0.)
      CALL INTERP(ZVCB, WPA, XTMP, YTMP, S, NDRAFT, 100)

      VOLM1=0.0
      DO I=2,100
      DA=0.5*(YTMP(I)+YTMP(I-1))*(XTMP(I)-XTMP(I-1))
      VOLM1=VOLM1+DA
      END DO

      VOLM2=0.0
      DO I=2,100
      DA=0.5*(YTMP(I)+YTMP(I-1))*(XTMP(I)-XTMP(I-1))*
     -   0.5*(XTMP(I)+XTMP(I-1))
      VOLM2=VOLM2+DA
      END DO

      QVCB=VOLM2/VOLM1

      WRITE(*, *)' VERTICAL CENTER OF BUOYANCY (DIFFERENCE
     -          METHOD)=', QVCB

      RETURN
      END
C-----------------------------------------------------------------------------------------------
C     CALCULATION TPC
C-----------------------------------------------------------------------------------------------
      SUBROUTINE TONPC
      COMMON/COEF1/QML, QWLA, QLCF, QLPP, QB, QT

      QTPC=1.025*QWLA/100
      WRITE(*, *)' TON PER CENTIMETER IMMERSION (SW)=', QTPC
      QTPC=QWLA/100
      WRITE(*, *)' TON PER CENTIMETER IMMERSION (FW)=', QTPC

      RETURN
      END

C-----------------------------------------------------------------------------------------------
C     CALCULATION LONGITUDINAL CENTER OF BUOYANCY
C-----------------------------------------------------------------------------------------------
      SUBROUTINE LONCB

      COMMON/OFF/XSTAT(40), ZWL(40), YHALF(40, 40),
     -          XAPRO(40), XFPRO(40), NWL, NSTAT
```

```
      COMMON /COEF1 /QML, QWLA, QLCF, QLPP, QB, QT
      COMMON /COEF2 /QIT, QIL, QBMT, QBML, QTPC, QVCB, QLCB, QWSA
      COMMON /COEF3 /QCW, QCM, QCB, VOLM, AREMID
      COMMON /AREA1/SECA(40, 40), WPLA(40), SECZ(40), SECARE(40)
      COMMON /LONGF /YDRAFT(40)
      DIMENSION XWORK(40), YWORK(40)

      NSTART=1
      NEND=3
      VOLM3=0.0
20    CONTINUE
      DO I=NSTART, NEND
      XWORK(I-NSTART+1)=XSTAT(I)
      YWORK(I-NSTART+1)=XSTAT(I)*SECARE(I)
      END DO
      CALL AREA(XWORK, YWORK, 3, AR)
      VOLM3=AR+VOLM3
      NSTART=NSTART+2
      NEND=NEND+2
      IF(NEND.LE.NSTAT) GO TO 20
      VOLM3=2.*VOLM3
      QLCB=VOLM3/VOLM-QLPP/2.
      WRITE(*, *)' LONGITUDINAL CENTER OF BUOYANCY=', QLCB

      RETURN
      END
C-----------------------------------------------------------------------
C     AREA CALCULATION(TRAPEZOIDAL RULE)
C-----------------------------------------------------------------------
      SUBROUTINE AREAT(X,Y,NT,AR)
      DIMENSION X(40), Y(40)

      AR=0.0
      DO I=1, NT-1
      S=X(I+1)-X(I)
      AR=0.5*S*(Y(I+1)+Y(I))+AR
      END DO

      RETURN
      END
C-----------------------------------------------------------------------
C     CALCULATION WETTED SURFACE AREA
C-----------------------------------------------------------------------
      SUBROUTINE WETSA
      COMMON /OFF /XSTAT(40), ZWL(40), YHALF(40, 40),
     -            XAPRO(40), XFPRO(40), NWL, NSTAT
      COMMON /COEF1 /QML, QWLA, QLCF, QLPP, QB, QT
      COMMON /COEF2 /QIT, QIL, QBMT, QBML, QTPC, QVCB, QLCB, QWSA
      COMMON /COEF3 /QCW, QCM, QCB, VOLM, AREMID
      COMMON /AREA1/SECA(40, 40), WPLA(40), SECZ(40), SECARE(40)
      COMMON /LONGF /YDRAFT(40)
      COMMON /VCB /WPA(40), ZVCB(40),NDRAFT
      COMMON /WET /GIRLN(40)
      DIMENSION XWORK(40), YWORK(40)

C------ CAL.GIRTH LENGTH FOR EACH STATION ------------------------------
      DO I=1, NSTAT
      DO J=1, NDRAFT-1
      XWORK(J)=ZWL(J)
      YWORK(J)=YHALF(I,J)
      END DO
```

```
          XWORK(NDRAFT)=QT
          YWORK(NDRAFT)=YDRAFT(I)
          DELS=0.0
          GIRLN(I)=0.
          DO J=1,NDRAFT
          IF(J.EQ.1) THEN
          DELS=SQRT(XWORK(J)**2+YWORK(J)**2)
          ELSE
          DELS=SQRT((XWORK(J)-XWORK(J-1)) ** 2+(YWORK(J)-YWORK(J-1)**2)
          END IF
          GIRLN(I)=GIRLN(I)+DELS
          END DO
          END DO

          NSTART=1
          NEND=3
          VOLM4=0.0
20        CONTINUE
          DO I=NSTART, NEND
          XWORK(I-NSTART+1)=XSTAT(I)
          YWORK(I-NSTART+1)=GIRLN(I)
          END DO
          CALL AREA(XWORK, YWORK, 3, AR)
          VOLM4=AR+VOLM4
          NSTART=NSTART+2
          NEND=NEND+2
          IF(NEND.LE.NSTAT) GO TO 20
          QWSA=2.*VOLM4

          WRITE(*, *)' WETTED SURFACE AREA=', QWSA

          RETURN
          END

C ---------------------------------------------------------------------------------
C         CALCULATION HYDROSTATIC CHARACTERISTICS
C ---------------------------------------------------------------------------------
          SUBROUTINE ETCCO
          COMMON /OFF /XSTAT(40), ZWL(40), YHALF(40, 40),
     -               XAPRO(40), XFPRO(40), NWL, NSTAT
          COMMON /COEF1 /QML, QWLA, QLCF, QLPP, QB,QT
          COMMON /COEF2 /QIT, QIL, QBMT, QBML, QTPC, QVCB, QLCB, QWSA
          COMMON /COEF3 /QCW, QCM, QCB, VOLM, AREMID
          COMMON /AREA1/SECA(40, 40), WPLA(40), SECZ(40), SECARE(40)
          COMMON /LONGF /YDRAFT(40)
          COMMON /VCB /WPA(40), ZVCB(40), NDRAFT
          COMMON /WET /GIRLN(40)

          QCW=QWLA /(QLPP*QB)
          QCM=2.*AREMID /(QT*QB)
          QCB=VOLM /(QLPP*QB*QT)

          WRITE(*, *)' Cw=', QCW
          WRITE(*, *)' Cm=', QCM
          WRITE(*, *)' Cb=', QCB

          RETURN
          END
```

부록 Ⅲ 배수량, 비중량(또는 중량밀도), 비중, 밀도 및 각종 단위

선박의 배수용적(▽)에 선박 주위 유체의 비중량(specific weight)을 곱해서 배수량(△)을 구한다. 여기서 비중량은 중량밀도(weight density)라고도 한다. 이 때 비중량은 단위체적당의 중량으로 정의되는 값으로서, 무차원(無次元)수인 비중(specific gravity)과는 완전히 다른 값이다. 또한, 중량을 표시하는 단위가 SI계에서는 N(newton)이나 kN(kilo newton, 1,000N)등으로 표시되는 반면에 kg이나 ton은 질량의 단위를 나타낸다. 하지만 관습적으로 쓰고 있는 MKS계에서는 kg이나 ton이 kg중(kgf)나 ton중(tonf)의 의미를 갖는 것으로서 '중(重)'이나 첨자 'f'를 생략한 상태로 중량의 단위로 사용되고 있다. 이를테면 '홍길동의 몸무게가 70kg이다'라든지 '선박의 배수량이 4000 ton이다'라고 할 때 kg과 ton은 kg중이나 ton중을 의미하는 중량의 단위를 뜻한다. 이 경우 이 숫자에 중력 가속도를 곱한 값이 힘의 단위와 같은 중량의 단위로 될 것이다. 이러한 점에서 선박의 배수량을 계산할 때 비중량과 밀도(density)를 혼동해서 쓰는 경우가 있다. 이제 이러한 혼동을 예방하도록 비중량, 비중 및 밀도의 정의를 정리하여 보면 아래와 같다.

$$\text{비중량(또는 중량 밀도, }\gamma) = \frac{\text{중량 (W)}}{\text{부피 (V)}} = \text{밀도}(\rho) \times \text{중력 가속도 (g)}$$

$$\text{비중}(S) = \frac{\text{어떤 물질의 비중량 또는 밀도}}{\text{표준물질(: 액체의 경우는 보통 4℃의 물)의 비중량 또는 밀도}}$$

$$\text{밀도}(\rho) = \frac{\text{질량 (M)}}{\text{부피 (V)}}$$

또한, 톤(ton)의 단위에는 아래의 3가지 종류가 있다.

(1) 미터톤(metric ton)

: 1 ton=1,000 kg

(2) 영(英)톤 또는 대(大)톤(long ton 또는 gross ton)

: 1 ton=2,240 lb≒1,016.1 kg

(3) 미(美)톤 또는 소(小)톤(short ton 또는 net ton)

: 1 ton=2,000 lb≒907.2 kg

이제 각종 양들의 차원, 단위, 청수 및 바닷물의 밀도 및 비중량 등을 소개하면 아래 표와 같다.

양 및 MLT차원		SI 계	ft－lb 계	MKS(관습)계
질량[M]		kg, ton	slug, lb_m (1 lb＝1 slug · ft/s^2)	kgm, (1kgm＝1 kg · s^2/m)
길이[L]		m	ft	m
시간[T]		s	s	s
중력가속도[LT^{-2}]		9.8 m/s^2	32.2 ft/s^2	9.8 m/s^2
중량(힘) [MLT^{-2}]		N (1 N＝1 kg · m/s^2)	lb (1 lb＝32.2 $lb_m ft/s^2$)	kg, ton
밀 도 [ML^{-3}]	청수	1.000 ton/m^3	62.4 lb_m/ft^3 1.938 $slug/ft^3$ ($\rho_{slug} = \rho_{lb_m}/32.2$)	1,000 kgm/m^3
	해수	1.025 ton/m^3	64 lb_m/ft^3 1.988 $slug/ft^3$	1,025 kgm/m^3
비중량 [$MT^{-2}L^{-2}$]	청수	9.81 kN/m^3	62.4 lb/ft^3 $\frac{1}{36}$ ton/ft^3	1.000 ton/m^3
	해수	10.06 kN/m^3	64 lb/ft^3 $\frac{1}{35}$ ton/ft^3	1.025 ton/m^3

찾 아 보 기

선박계산

1997년 4월 15일 초 판 발 행	• 편저자 대한조선학회
2002년 1월 20일 제 4 판 발 행	• 발행인 최 국 주
2011년 8월 25일 4판10쇄발행	• 발행처 동 명 사

경기도 파주시 교하읍 문발리 535-10 파주출판단지 30블록 4롯트
전 화 : 031) 955-7200(代), 955-7201~4, 7203 (편집부)
팩시밀리 : 031) 955-7205
출판등록 : 1950년 11월 1일(제1-76호)
E-mail : dms723@chol.com
홈페이지 : www.dmsbook.com

정가 19,000원

ISBN 978-89-411-0904-4 93550